"十四五"时期国家重点出版物出版专项规划项目

有色金属理论与技术前沿丛书

铝电解智能优化制造基础与应用

Fundamentals and Applications of Intelligent Optimization Manufacturing in Aluminum Electrolysis

李劼 著

Li Jie

中南大学出版社
www.csupress.com.cn
·长沙

内容简介

Introduction

本书分为3篇共计18章，以作者及其团队30多年的研究成果为主线，对构建现代铝电解企业智能优化制造技术体系的重要技术基础与关键技术进行了系统的归纳与总结。其中，第1篇为读者呈现了我国铝电解工业及其智能优化制造技术发展现状与发展趋势总体概貌；第2篇系统介绍了铝电解槽的动态平衡与数学模型，使读者能深刻理解铝电解槽的物料平衡与热平衡特性及铝电解多相多场特性，并掌握相关基础理论、计算方法和测试分析方法，为了解和研究铝电解智能优化制造技术奠定基础；第3篇系统介绍了铝电解智能优化制造关键技术及应用，内容涵盖了智能优化制造的基础知识与系统基本构架、铝电解智能控制、铝电解槽分布式感知、数据预处理与可视化分析、数据与机理融合的槽况分析、动态仿真、数字孪生体构建，以及关键技术集成与发展展望等，使读者能沿着由浅入深、由传统到最新的发展脉络，全面了解用于构建铝电解智能优化制造技术体系的关键知识、关键技术与重要研究方法。

本书可作为冶金专业大学生、研究生的教学用书，也适合从事铝电解工业业务的相关人士和工程技术人员阅读。

作者简介

About the Author

李劼，中南大学党委委员、二级教授、博士生导师，教育部“长江学者奖励计划”特聘教授，国家“百千万人才工程”入选者和国务院政府特殊津贴获得者。曾任中南大学校长助理、研究生院院长、冶金与环境学院院长。现任低碳有色冶金国家工程研究中心主任，并兼任湖南省普通本科材料类教学指导委员会主任、中国冶金教育学会副会长、中国有色金属学会轻金属冶金学术委员会副主任及矿冶过程计算与模拟仿真专业委员会副主任等职。长期从事智能与数字冶金(铝电解)、新能源材料与器件(新能源与储能工程)等领域的科学研究与成果转化。发表学术论文600余篇，获授权发明专利380余项，获国家科技进步奖3项、省部级科技进步一等奖8项。

前言

Foreword

铝电解工业是我国工业领域第一耗电大户和有色金属行业第一碳排大户，年耗电约占全国发电总量的7%，年碳排约占全国碳排总量的4.2%，是我国实现“双碳”战略目标的主战场。近40年来，我国通过自主创新和引进技术消化、吸收、再创新，成功实现了一系列节能减排技术的广泛应用。为追求最大限度的节能减排，推动铝电解技术的持续创新和发展，21世纪以来，我国在开发大型、超大型铝电解槽的同时，探索出一条低电压高效节能的技术路线，并配套开发应用了一系列新技术，其中低电压高效节能新工艺与智能控制技术、数字孪生体与智能优化制造关键技术等智能化技术发挥了重要作用，助推我国铝电解综合电耗指标居于全球领先水平。进入新发展阶段后，我国铝工业面临着更大的铝电解低碳智能化挑战，企业与学术界对智能优化制造技术基础及应用的相关专著产生了迫切需求。

本书在吸收国内外已有的铝电解及智能控制方面专著的精华的基础上，结合作者在铝电解智能控制及智能优化制造领域的研究成果及应用实践，以科学性、严谨性为总体指导，所有取材内容力图具备工程实用性。本书分为3篇，共计18章，主要内容如下：

在第1篇“铝电解工业及智能优化制造发展概况”中，主要叙述了我国铝电解工业现状及智能优化创新发展的新时代背景，并评述了铝电解智能优化制造的发展概况及面临的挑战。

在第2篇“铝电解槽动态平衡与数学建模”中，针对铝电解智能优化制造的基础机理与数学模型的需求，介绍了铝电解动态平衡、铝电解槽多相多场耦合模型及求解实例，并以一个工业实测案例做了进一步阐述。

在第3篇“铝电解智能优化制造关键技术及应用”中，首先介绍了智能优化制造的基础知识；然后基于作者及其团队多年的研究成果，阐述了铝电解控制系统及智能优化制造体系的基本构架、传统的铝电解智能控制、铝电解槽分布式感知、铝电解槽数据预处理与可视化分析、数据与机理融合的铝电解槽故障特征分析及寿命预测与风险预警、氧化铝浓度动态仿真研究、铝电解数字孪生体构建及铝电解智能优化制造关键技术集成等；最后展望了铝电解智能优化制造及其与炼铝新技术的融合发展。

本书适用于铝电解领域的大学生、研究生、教师及工程技术人员阅读，也适用于与铝电解业务相关的人士参考。

本书的主要撰写人员为李劼(第1~3章，第9~18章)、张红亮(第4~8章)；全书由李劼负责定稿与校阅；刘伟、张钦菘、徐宇杰、杨帅、冉岭、李家琦、王佳成、彭晨、罗若木、李神舟等研究生参加了相关模型实践、资料收集与书稿整理。

李劼

2024年9月

目录

Contents

第1篇　铝电解工业及智能优化制造发展概况

第1章　我国铝电解工业发展概况……………………………………………… 3

1.1　我国铝行业运行的总体情况 ………………………………………… 3
1.2　我国铝电解行业创新发展的时代背景 ……………………………… 4
1.3　铝电解发展热点——低碳智能化 …………………………………… 7
参考文献………………………………………………………………………… 8

第2章　铝电解智能优化制造发展概况与面临挑战…………………………… 9

2.1　铝电解智能优化制造发展概况 ……………………………………… 9
2.2　铝电解智能优化制造面临挑战……………………………………… 12
参考文献 ……………………………………………………………………… 14

第2篇　铝电解槽动态平衡与数学建模

第3章　铝电解槽的动态平衡 ………………………………………………… 19

3.1　物料平衡…………………………………………………………………… 19
3.1.1　物料平衡的基本概念…………………………………………………… 19
3.1.2　根据物料平衡关系计算氧化铝消耗速率……………………………… 19
3.1.3　根据计算的消耗速率确定基准下料间隔时间………………………… 20

3.1.4 按物料平衡计算值控制下料存在的问题…… 20
3.1.5 正常下料、欠量下料与过量下料的定义 …… 21
3.1.6 下料量变化对氧化铝浓度影响的理论分析…… 22
3.2 电压平衡…… 23
3.3 能量平衡…… 27
3.3.1 能量平衡的相关概念与基本计算方法…… 27
3.3.2 生产过程中影响能量平衡的主要因素…… 28
参考文献 …… 31

第 4 章 铝电解槽多相多场耦合原理及数学模型 …… 32

4.1 铝电解槽多相多场耦合的概念…… 32
4.2 电场模型…… 36
4.2.1 母线等效电阻模型…… 36
4.2.2 槽内导体电场模型…… 37
4.2.3 电接触…… 37
4.2.4 铝电解槽电场综合计算模型及其边界条件…… 38
4.3 磁场模型…… 38
4.3.1 母线磁场计算模型…… 39
4.3.2 阳极、熔体、阴极炭块及钢棒磁场计算模型 …… 40
4.3.3 槽壳磁场计算模型…… 40
4.3.4 槽体不导电部分及槽周空气磁场计算模型…… 41
4.3.5 磁场边界条件及计算方法…… 41
4.3.6 熔体电磁力场计算模型…… 41
4.4 流场模型…… 41
4.4.1 稳态单相流计算模型…… 42
4.4.2 稳态两相流计算模型…… 43
4.4.3 稳态三相流计算模型…… 48
4.5 磁流体稳定性模型…… 49
4.5.1 线性浅水模型…… 50
4.5.2 非线性浅水模型…… 52
4.6 热场模型…… 55

4.6.1 控制方程 …… 55
4.6.2 熔体与槽帮界面问题 …… 56
4.6.3 模型边界条件 …… 57
4.7 应力场模型 …… 58
4.7.1 热应力模型 …… 58
4.7.2 钠膨胀应力模型 …… 59
4.8 氧化铝输运模型 …… 60
4.8.1 控制方程 …… 60
4.8.2 氧化铝消耗与下料过程的质量源项 …… 62
参考文献 …… 63

第5章 铝电解槽多相多场模型求解方法 …… 65

5.1 铝电解多物理场仿真流程 …… 65
5.2 结构及物性参数的确定 …… 67
5.3 实体及有限元模型的建立 …… 72
5.3.1 实体模型的建立 …… 72
5.3.2 有限元网格的划分 …… 76
5.4 求解器的设置及模型求解 …… 80
5.5 结果导出及后处理 …… 85
参考文献 …… 86

第6章 大型铝电解槽物理场仿真实例 …… 87

6.1 稳态电场 …… 87
6.1.1 电压平衡方程 …… 87
6.1.2 电压降分析 …… 87
6.1.3 阴极钢棒电流分布 …… 88
6.2 稳态磁场 …… 89
6.3 稳态流场 …… 92
6.4 磁流体稳定性 …… 94
6.5 热场 …… 95
6.5.1 阴极切片温度分布结果 …… 95

6.5.2 散热分布结果…………………………………………………… 96
6.5.3 1/4 槽电热场温度分布结果 ………………………………… 97
6.5.4 热场结果综合分析………………………………………………… 98
6.6 应力场…………………………………………………………………… 98
6.6.1 焙烧结束后电解槽位移分析………………………………… 98
6.6.2 启动一个月后电解槽位移分析……………………………… 99
6.6.3 电解槽阴极炭块热应力结果分析 ………………………… 100
6.7 瞬态流场 ……………………………………………………………… 101
6.7.1 瞬态两相磁流体 …………………………………………… 101
6.7.2 瞬态三相磁流体 …………………………………………… 107
6.8 氧化铝浓度场 ………………………………………………………… 110
参考文献……………………………………………………………………… 114

第 7 章 大型预焙铝电解槽物理场测试……………………………………… 115

7.1 大型预焙铝电解槽物理场测试方法与原理 ……………………… 115
7.1.1 电压平衡测试方法 ………………………………………… 115
7.1.2 热场测试方法 ……………………………………………… 116
7.1.3 磁场测试方法 ……………………………………………… 120
7.1.4 流场测试方法 ……………………………………………… 120
7.2 大型预焙铝电解槽物理场测试案例 ……………………………… 121
7.2.1 电场测试案例 ……………………………………………… 121
7.2.2 热场测试案例 ……………………………………………… 127
7.2.3 磁场测试案例 ……………………………………………… 133
7.2.4 流场测试案例 ……………………………………………… 135
参考文献……………………………………………………………………… 137

第 3 篇 铝电解智能优化制造关键技术及应用

第 8 章 智能优化制造基础知识……………………………………………… 141

8.1 信息物理系统 ………………………………………………………… 141

8.1.1 信息物理系统的特征 …… 141
8.1.2 信息物理系统的关键环节 …… 142
8.1.3 信息物理系统的组成 …… 143
8.1.4 信息物理系统的技术体系 …… 145
8.2 工业互联网平台 …… 147
8.2.1 工业互联网平台体系架构 …… 147
8.2.2 5G 与边缘计算 …… 148
8.2.3 云计算 …… 150
8.3 工业机器人 …… 152
8.4 工业大数据 …… 155
8.4.1 大数据基本概念 …… 155
8.4.2 数据的采集与预处理 …… 157
8.4.3 数据存储与数据库技术 …… 157
8.4.4 数据挖掘方法与技术 …… 158
8.5 智能监测 …… 163
8.6 智能优化 …… 164
8.7 智能控制 …… 165
8.8 基于 HCPS 的冶金智能优化制造体系架构 …… 166
8.8.1 冶金工业智能优化制造体系架构 …… 167
8.8.2 冶金工业 HCPS 总体架构 …… 168
8.9 冶金智能工厂体系架构 …… 169
8.9.1 功能架构 …… 169
8.9.2 技术架构 …… 171
参考文献 …… 173

第 9 章 铝电解控制系统及智能优化制造系统的基本架构 …… 176

9.1 铝电解控制系统基本架构的演变 …… 176
9.1.1 单机群控系统 …… 176
9.1.2 集中式控制系统 …… 176
9.1.3 集散式(分布式)控制系统 …… 177
9.1.4 先进的集散式控制系统——网络型控制系统 …… 178

9.2 集散式(分布式)铝电解控制系统配置实例 …… 178
9.3 基于大数据与云计算的铝电解智能优化制造系统结构实例 …… 180
参考文献…… 181

第 10 章 传统的铝电解智能控制 …… 183

10.1 铝电解智能控制发展概况…… 183
10.2 槽电阻的常规解析…… 185
10.2.1 信号采样与槽电阻计算…… 185
10.2.2 槽电阻的滤波与噪声解析…… 188
10.3 槽电阻的常规控制…… 193
10.3.1 正常电阻控制的基本原理与程序…… 193
10.3.2 改善正常电阻控制效果的措施…… 198
10.3.3 出铝、换极过程中的槽电阻监控 …… 201
10.4 氧化铝浓度控制…… 203
10.4.1 传统的定时下料控制方法…… 203
10.4.2 传统的基于槽电阻跟踪的氧化铝浓度控制方法基本原理 …… 205
10.4.3 基于分布式感知与动态仿真的氧化铝浓度分区精准控制方法 …… 210
10.4.4 氧化铝浓度控制效果的影响因素与改进措施…… 210
10.5 电解质分子比控制…… 219
10.5.1 基于槽温、分子比实测值的查表控制法 …… 219
10.5.2 基于分子比、槽温等参数间的回归方程控制法 …… 222
10.5.3 基于初晶温度实测值控制法…… 223
10.5.4 基于槽况综合分析的控制法…… 224
10.5.5 改进分子比控制效果的措施…… 225
参考文献…… 226

第 11 章 铝电解槽的分布式感知 …… 230

11.1 分布式在线检测信号的种类及其检测价值…… 231
11.2 分布式在线检测的整体方案设计…… 232

11.3 阳极电流分布信号的在线检测…………………………………………………… 233
11.4 槽壳温度分布信号的在线检测…………………………………………………… 238
11.5 阴极电流分布信号的在线检测…………………………………………………… 239
11.6 阳极母线位置的在线检测………………………………………………………… 241
11.7 烟气温度信号的在线检测………………………………………………………… 242
11.8 铝电解多源异构数据的抽取与处理技术………………………………………… 243
参考文献……………………………………………………………………………………… 245

第 12 章 铝电解槽数据预处理与可视化分析 …………………………………… 247

12.1 数据采集系统………………………………………………………………………… 247
12.2 数据统计分析………………………………………………………………………… 249
12.2.1 槽寿命相关数据…………………………………………………………… 249
12.2.2 关键工艺参数……………………………………………………………… 250
12.3 探索性数据分析……………………………………………………………………… 252
12.3.1 数据概览…………………………………………………………………… 253
12.3.2 缺失分析…………………………………………………………………… 255
12.3.3 噪声分析…………………………………………………………………… 256
12.3.4 特征缩放…………………………………………………………………… 258
12.4 结果可视化分析……………………………………………………………………… 258
12.4.1 分布可视化分析…………………………………………………………… 259
12.4.2 相关性可视化分析………………………………………………………… 260
参考文献……………………………………………………………………………………… 261

第 13 章 数据与机理融合的铝电解槽故障特征分析 …………………………… 263

13.1 基于信息流的知识模型构建………………………………………………………… 263
13.1.1 破损现象与主要原因……………………………………………………… 263
13.1.2 生产工艺与有效管理……………………………………………………… 266
13.1.3 破损机理模型构建………………………………………………………… 269
13.2 基于多维时间序列的铝电解槽聚类………………………………………………… 271
13.2.1 聚类方法…………………………………………………………………… 271
13.2.2 基于 PCA-K-means 的聚类过程 …………………………………………… 273

13.2.3 聚类结果与分析 …… 276
13.3 基于 XGBoost 的故障特征分析 …… 279
13.3.1 特征工程 …… 279
13.3.2 基于 XGBoost 的故障特征评估过程 …… 280
13.3.3 故障特征评估结果与分析 …… 282
参考文献 …… 287

第 14 章 数据与机理融合的铝电解槽寿命预测与风险预警 …… 288

14.1 基于 Weibull 模型的 RUL 估计 …… 288
14.1.1 可靠性数学理论 …… 289
14.1.2 基于 Weibull 模型的 RUL 估计过程 …… 290
14.1.3 RUL 估计过程与结果分析 …… 294
14.2 基于 TSBP 方法的 RUL 预测 …… 297
14.2.1 健康度评价指标的构建 …… 298
14.2.2 基于健康相似度的 RUL 预测过程 …… 300
14.2.3 RUL 预测过程与结果分析 …… 301
14.3 基于时变 MTF 模型的铝电解槽运行风险预警 …… 306
14.3.1 MTF 模型原理 …… 306
14.3.2 MTF 模型构造过程 …… 307
14.3.3 风险分级与预警分析 …… 309
14.4 基于 PdM 框架的可视化平台设计与实现 …… 311
14.4.1 可视化平台整体方案设计 …… 311
14.4.2 可视化平台模块实现 …… 312
14.4.3 应用与分析 …… 315
参考文献 …… 316

第 15 章 基于分布式感知的氧化铝浓度动态仿真研究 …… 319

15.1 基于分布式感知的动态仿真方法构建 …… 319
15.2 氧化铝浓度分布的离线仿真及仿真库构建 …… 321
15.3 基于分布式感知的氧化铝浓度动态仿真 …… 323
15.3.1 U 形曲线关系模型 …… 323

15.3.2 U形曲线多元回归…… 324
15.3.3 氧化铝浓度动态仿真的实现…… 326
参考文献…… 329

第16章 铝电解数字孪生体 …… 331

16.1 数字孪生基础知识…… 331
16.1.1 概念模型…… 332
16.1.2 系统架构…… 332
16.1.3 成熟度模型…… 333
16.1.4 建模与仿真的一般技术原理…… 335
16.2 铝电解数字孪生体架构…… 338
16.2.1 铝电解数字孪生体五维模型…… 338
16.2.2 铝电解数字孪生体标准体系…… 339
16.3 铝电解数字孪生体原型设计…… 340
16.3.1 原型系统孪生数据设计…… 340
16.3.2 原型系统虚拟模型搭建…… 344
16.3.3 原型系统服务模块划分…… 348
16.4 铝电解数字孪生体原型系统测试…… 349
16.4.1 原型系统发布…… 350
16.4.2 原型系统测试流程…… 350
参考文献…… 354

第17章 铝电解智能优化制造关键技术集成 …… 356

17.1 铝电解槽分布式感知与工况智能识别…… 356
17.1.1 分布式感知与动态工况智能识别的总体方案…… 356
17.1.2 动态工况的一次智能识别…… 358
17.1.3 动态工况的二次智能识别…… 360
17.1.4 支撑智能识别的云计算平台架构…… 365
17.2 铝电解智能决策…… 366
17.3 铝电解智能控制…… 371
17.4 铝电解智能优化制造综合服务平台…… 373

17.4.1 综合服务平台的总体技术方案 …… 373
17.4.2 综合服务平台的基本功能 …… 374
17.4.3 铝电解大数据中心(铝电解工业大数据平台) …… 375
17.4.4 铝电解云服务人-机交互软件平台 …… 376
参考文献 …… 379

第 18 章 铝电解智能优化制造发展及前景展望 …… 380

18.1 铝电解智能优化制造关键技术发展展望 …… 380
18.1.1 总体发展方向 …… 380
18.1.2 发展展望 …… 380
18.2 铝电解智能优化制造技术与铝电解槽结构变革性技术的协同发展 …… 383
18.2.1 铝电解槽结构变革的必要性与变革思路 …… 383
18.2.2 铝电解智能优化制造技术与铝电解槽结构变革性技术协同发展的主要内容与前景展望 …… 386
18.3 铝电解智能优化制造技术与基于惰性电极的“无碳”铝电解技术的协同发展 …… 388
18.3.1 “无碳”铝电解技术的必要性与发展现状 …… 388
18.3.1 铝电解智能优化制造技术与“无碳”铝电解技术协同发展的主要内容及前景展望 …… 389
参考文献 …… 390

第 1 篇

铝电解工业及智能优化制造发展概况

第 1 章　我国铝电解工业发展概况

1.1　我国铝行业运行的总体情况

铝是第一大有色金属，与国民经济产业的关联度高达 91%。铝冶炼是支撑我国实体经济高质量发展和全球制造强国建设的重要基础原材料产业，在经济建设、国防军工及新兴产业发展中发挥着不可替代的战略作用。作为全球规模最大的铝生产国和消费国，我国铝工业与国家发展同向发力，取得了举世瞩目的成就：目前，我国已建立了完整的铝工业体系，原铝产量连续 23 年位居世界第一，原铝产量全球占比高达 60%，正成为引领全球铝工业发展的“强引擎”；我国铝工业部分工艺、设备达到国际先进水平(部分是国际领先水平)，数智化水平快速提升，绿色节能技术持续创新，吨铝综合能耗等指标连续近 20 年全球领先，正成为现代铝冶炼技术“策源地”；能源结构持续改善，产能总量合理约束，按已建成产能计，作为工业领域第一用电大户的电解铝产业，其中清洁能源占比已接近 25%[1]，正成为我国发展和消纳新能源的“压舱石”；产业链条不断延伸，“以铝代钢”等铝应用得到持续扩大，正成为支撑光伏、新能源汽车等国家战略性新兴产业蓬勃发展的“硬基座”。

我国铝行业整体呈现稳定发展态势。最新统计数据显示[2]：2023 年我国电解铝产量 4159 万吨，同比增长 3.7%；氧化铝产量 8244 万吨，同比增长 1.4%；铝土矿进口实物量 14138 万吨，同比增长 12.9%；铝材产量 6303.4 万吨，增幅由上年的下降 1.4%转为增长 5.7%。行业固定资产投资增幅创近十年历史新高，完成固定资产投资比上年增长 17.3%，比上年增速加快 2.8 个百分点。光伏、新能源汽车等领域进一步拉动了金属铝应用增长[3]，累计消费铝约 900 万吨，比上年增长 50%，占全国铝消费量的比重约 20%。

然而，随着产业规模持续扩大，生产运行环境与条件显著变化，以及一系列重大国家战略叠加实施，我们必须以更为清醒的视角看待我国铝工业的发展。当前，我国铝工业发展已经进入动能转换的战略机遇期和关键窗口期，正在由铝工业大国向铝工业强国加速迈进。铝冶炼作为典型的流程工业，涵盖铝土矿、氧化铝、铝用碳素、电解铝等多个环节，其产业链条长且时空跨度大，如图 1-1 所示。在新发展阶段，我国铝工业面临着铝冶炼资源劣质化、环境污染尖锐化、生产管控复杂化、劳动力资源短缺化等一系列突出症结问题，迫切需要推广应用新技术，加快低碳工艺革新和数字化转型。

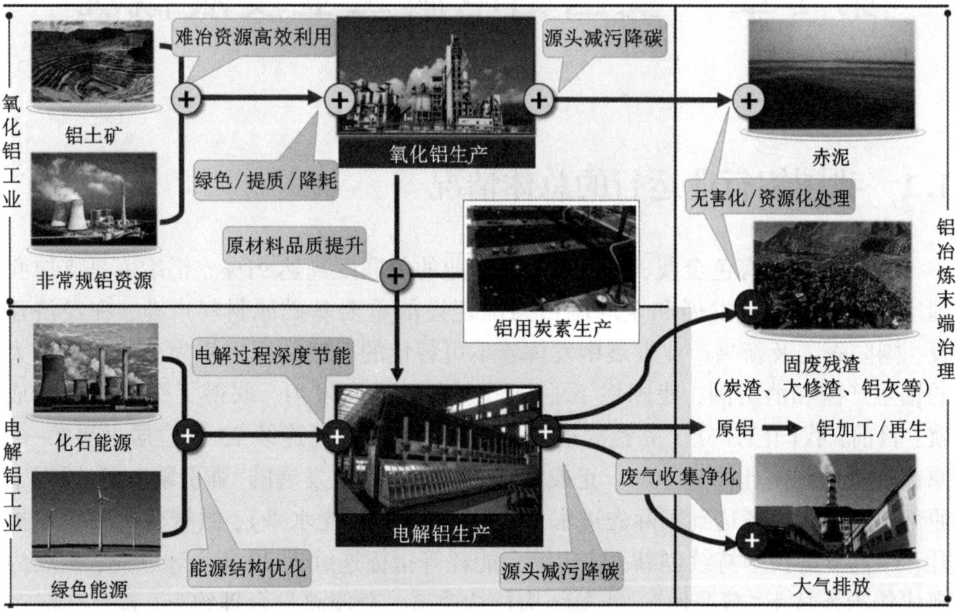

图 1-1　铝冶炼流程工业的生态链接与关键症结点

1.2　我国铝电解行业创新发展的时代背景

1)“高质量发展”新要求下铝电解行业创新发展

我国是全球最具发展活力且规模最大的铝产业聚集地，原铝产量连续多年位居世界第一(图 1-2)。然而中国经济正处于转型升级的关键时期，受到行业政策的限制，原铝生产能力正临近“天花板”，产业横向发展的空间基本饱和，正由持续增长期转入“微增长”的平台期，并具有以下鲜明特点：

一是由“规模扩张”型向“质量效益”型转变。产能盲目扩张得到控制，产量增幅明显回落，整体持续平稳增长。“十三五”期间，电解铝产量年均增幅 2.7%，同比回落 11.5 个百分点[3]。循环型生产方式得到普及推行，再生铝产量持续上升；近 10 年来，我国再生铝年产量由 527 万吨增长到近 800 万吨，增长率为 51.8%，占原铝产量比重接近 20%[4]。此外，铝产业布局发生明显改变，能源结构正在快速优化，电解铝产能正逐步由北方煤电丰富地区向西南方具备绿色低碳能源优势地区转移。

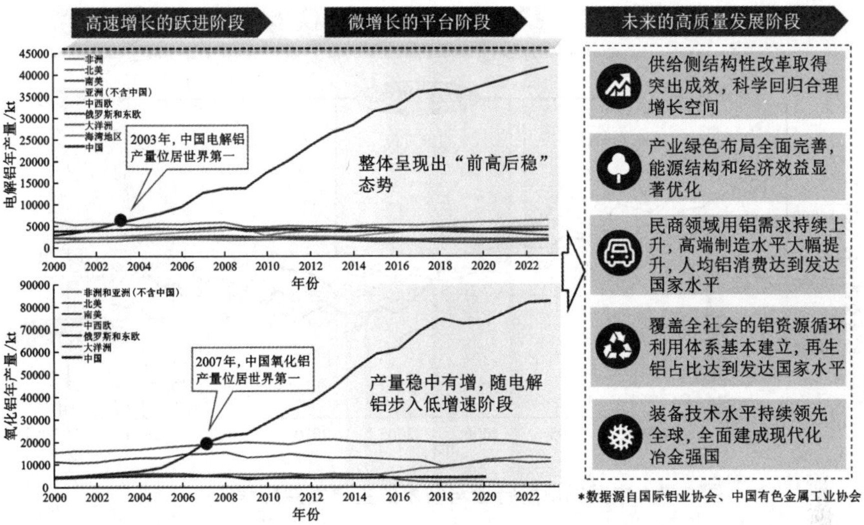

扫一扫，看彩图

图 1-2　世界及中国电解铝和氧化铝产能变化趋势与高质量发展方向

二是由“冶金大国”型到“冶金强国”型升级。我国铝工业由小到大、从弱到强，实现了历史性发展。在铝电解装备规模方面，400 kA 及以上容量的大型电解槽成为主流，600 kA 级铝电解槽在全球率先成功开发并实现产业化运行。在铝电解技术水平方面，我国经历了 20 世纪 80 年代引进吸收日本先进技术的“起步”阶段，20 世纪 90 年代在工艺与控制深度融合的“跟跑”阶段，21 世纪初在高效节能领域自主创新的“领跑”阶段，以及近十年来在节能低碳数智化方面的“全面引领”。综合电耗指标从 20 世纪 80 年代中后期的全球最差发展到十多年来的全球最好。依据统计数据[5, 6]，如图 1-3 所示，横向对比来看，20 世纪 80 年代中后期和 2022 年我国铝电解平均综合电耗分别为 16703 kW·h/t 和 13448 kW·h/t，近 40 年间实现节电 3255 kW·h/t，降幅高达 19.5%；按当前原铝产量计，实现了年节电约 1300 亿 kW·h(对应年降碳超 1 亿吨)，相当于 1.6 个三峡工程发电量。纵向对比来看，在 2022 年，我国在铝冶炼资源劣质化的情况下，平均综合电耗比国外低 1560 kW·h/t Al，领先幅度高达 11.6%。

迈入高质量发展新阶段，我国铝电解行业还需清醒地认识到，由于产业规模庞大，节能降碳形势依然严峻，其依旧处于转变发展方式、转换增长动力的关键时期；面对更加复杂的国内外发展环境，我国铝电解行业还需全面贯彻新发展理念，推动行业高质量发展，加快由生产大国向材料强国和标准强国的转变，力争全面建成现代化铝工业强国。

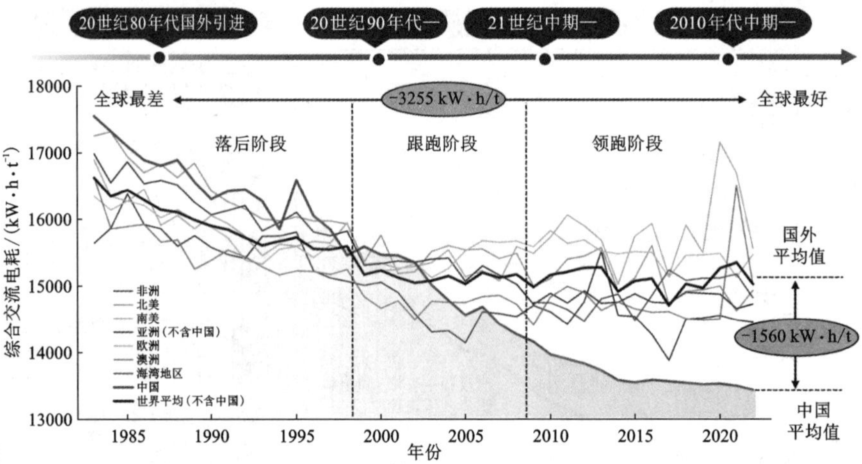

扫一扫，看彩图

图 1-3　中国铝电解行业与技术的主要发展历程

2)“碳达峰、碳中和”新形势下铝电解行业创新发展

实现“碳达峰、碳中和”是一场广泛而深刻的经济社会系统性变革。作为这场变革的重要参与者，我国已经明确提出在2030年前使二氧化碳排放达到峰值，并努力在2060年前实现碳中和的发展目标。然而，我国碳排放基数大，以重型化的产业结构、化石能源为主的能源消费结构尚未根本改变，经济发展和碳排放高度重合。据最新数据统计，全球原铝平均碳足迹约为15.1 t。其中，按工序核算，铝电解生产碳排强度占比70%；按排放源核算，电力供应碳排强度占比约61%。相比之下，我国铝工业碳排放问题更为严峻。一方面，生产规模庞大，铝产业链约占国内二氧化碳排放量的6%，其中，电解铝环节碳排放量为4.2亿吨，占铝行业碳排放量的75%，占有色金属工业碳排放量的65%；另一方面，我国铝行业的能源结构仍以火电为主，占比近75%，这与国外约65%的火电占比相比存在显著的差距。在国家“双碳”战略全面推进背景下，铝电解行业发展已经进入关键的战略机遇期，应充分认识到其所担负的时代重任，应加快绿色低碳工艺革新和数字化转型。

此外，“碳达峰、碳中和”更是一场速度与质量的博弈(图1-4)。欧美等发达国家从碳达峰到碳中和的过渡期长达50至70年，而中国对世界承诺的目标仅在30年内完成。《有色金属行业碳达峰实施方案》[7]进一步要求，铝工业碳达峰时间比全国至少还要提前5年，并于2040年前力争实现减碳40%，率先在行业内实现碳中和，任务极其紧迫。全行业应提速、提质推进节能降碳，坚持产能总量约束；从全产业链推动节能减排，着力优化铝电解用能结构，提高清洁能源使用比

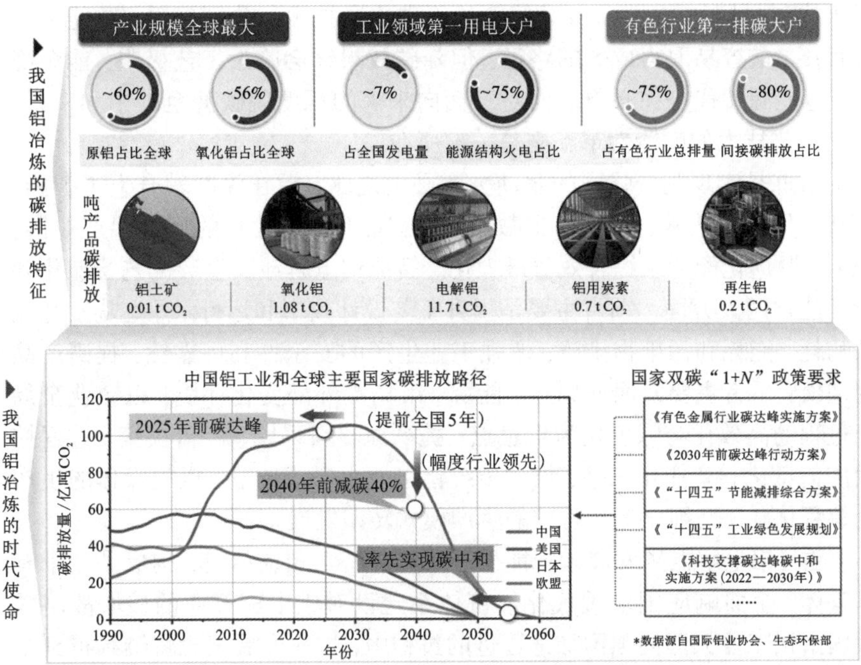

扫一扫，看彩图

图 1-4　中国铝工业的碳排放特征及其肩负的"碳达峰、碳中和"时代使命

例至 30%以上；加大前沿性绿色低碳乃至无碳技术的基础研究，鼓励企业开展节能降碳技术改造；坚持"减量化、再使用、再循环"原则，大力发展再生铝、赤泥综合利用等绿色循环产业，全面提升铝资源循环利用水平。

1.3　铝电解发展热点——低碳智能化

当前，世界正经历百年未有之大变局，经济、科技、文化、安全和政治等各个领域都在发生深刻的调整。我国铝电解行业面临着资源、能源和环境的重重制约，制约产业高质量发展的瓶颈问题日益凸显，必须紧跟时代步伐，勇于变革，加强科技原始创新能力，积极发展绿色、低碳、循环和智能化的新模式，创新产业可持续发展模式，突破资源、能源、环境的多重制约因素，以实现从铝工业大国向铝工业强国的跨越式发展。

低碳铝电解是实现高质量发展的新要求和基本主线，旨在降低铝电解过程中的碳排放和能源消耗，履行"碳达峰、碳中和"战略目标的行业主体责任。目前我国铝电解行业低碳发展包括以下路径：一是节能降碳，主要是实施电解槽装备节能改造，开展余热回收利用，提升能源转换和利用效率；二是能源降碳，主要是布局能源结构调整，以大比例绿电替代解决碳排放总量问题；三是流程降碳，主要是探索碳捕获/封存、惰性阳极等低碳和无碳冶金技术。分别来看，节能降碳是当前最直接、最容易取得成效的路径，但降碳效果终会临近工艺极限；能源降碳方面，绿色能源替代势在必行。而对于面向未来的深度脱碳甚至碳中和来讲，加快铝冶炼工艺技术的颠覆性革新则是关键所在。

智能铝冶炼是实现制造强国的驱动力和必由之路，旨在深度融合人工智能、大数据等新一代信息技术，赋能打造数字化、智能化、柔性化的现代铝产业链，实现资源、能源优化配置及综合效益最大化。智能铝电解涉及生产工艺智能化和生产运行智能化两大方面。前者主要是提升工艺设计效率和运行水平，从工艺流程上降低物耗、能耗和污染物排放，增强工业生产的安全性和可靠性，提高产品质量和附加值；后者主要是面向原料、能源、市场等外部变化环境，以企业全局和生产全过程的高效化与绿色化为出发点，提高原材料采购、经营决策、过程控制等层面的信息化和智能化水平，推动传统铝工业由局部调节、粗放操作的生产模式向全流程优化、精细化运行管控的生产模式转型发展。

总体来看，铝电解低碳发展和智能发展紧密相连、相辅相成，构成了一个有机融合的整体，全面响应国家现代化经济体系建设对铝电解产业的核心战略需求。在我国由铝工业大国向强国加速迈进的过程中，这一发展理念将继续得到丰富和拓展。面向未来，铝电解低碳智能化发展已然成为铝电解工业发展的主流，最终支撑实现铝冶炼的资源配置最优化、环境排放最小化、冶金效益最大化的美好蓝图。

参考文献

[1] 马存真. 绿电铝评价开启有色行业绿色发展新征程[J]. 资源再生，2023(3)：6-8.

[2] 朱逸慧. 十种有色金属产品产量首次突破 7000 万吨[J]. 中国有色金属，2024(5)：18-19.

[3] 中国有色金属工业协会. 2023 中国有色金属发展报告[M]. 北京：冶金工业出版社，2023.

[4] 韩正英，曹樱. 再生铝应用与发展前景分析[J]. 有色金属加工，2023，52(3)：6-7.

[5] 中国有色金属工业协会. 中国有色金属工业改革开放 30 年[M]. 长沙：中南大学出版社，2009.

[6] International Aluminium Institute. Primary Aluminium Production and Smelting Energy Intensity [EB/OL]. (2023-09-26) [2024-02-21]. https://internationalaluminium.org/statistics/primary-aluminium-production/.

[7] 王祝堂.《有色金属行业碳达峰实施方案》发布[J]. 轻合金加工技术，2023，51(1)：14.

第 2 章　铝电解智能优化制造发展概况与面临挑战

2.1　铝电解智能优化制造发展概况

智能优化制造的含义是以企业全局及生产经营全过程的高效化与绿色化为目标，以生产工艺智能优化和生产全流程整体智能优化为特征的制造模式。铝电解作为大型流程工业经历了数十年发展历程，在铝电解过程计算机控制系统的基础上逐渐发展并建立起铝电解智能优化制造关键技术与综合服务平台。

1)铝电解过程计算机控制系统的发展及其意义

铝电解过程计算机控制系统的发展是现代铝电解数智化及智能优化制造体系构建的基础。自 20 世纪 60 年代起，传统的铝电解产业便开始采用新兴的计算机控制技术。随着计算机技术、自动控制理论技术及铝电解工艺的发展，20 世纪 70 年代后大多数技术水平先进的国家已普遍实现电解铝生产的计算机控制与管理。计算机控制与管理功能的不断加强，逐步把操作者从高温、强磁场和高粉尘环境下繁重的体力劳动中解放出来。同时，准确、及时、稳定和精细的控制，一方面，其在现代大型点式下料铝电解槽的容量从过去的 100 kA 级发展到当今的 600 kA 级的过程中提供了不可或缺的技术支撑；另一方面，在不断改进铝电解工艺来实现高效、节能与低排放生产的过程中，其提供了关键技术保障。铝电解槽自动化水平的提高，使封闭式电解槽设计成为可能，有力地推动着铝电解生产朝低污染或无污染的方向迈进。计算机系统的使用及数智化技术的发展，还使铝电解这一传统产业的管理方式迅速走向数据化、标准化和科学化。总之，铝电解过程计算机控制系统已成为现代铝电解生产过程中必不可少的自动化装备，它的发展水平已成为当代铝冶炼技术发展水平的重要标志之一[1-8]。

2)铝电解智能控制及智能优化制造关键技术的发展

铝电解智能优化制造关键技术是在铝电解过程计算机控制系统的构架与平台上逐步发展起来的。铝电解过程计算机控制系统的发展大致经历了单机群控、集中式控制、集散式(或分布式)控制、先进集散式(网络型)控制几个阶段。而伴随着结构与控制方式的发展，导致铝电解过程计算机控制系统控制方法与功能不断发展。以本书作者及其团队的工作为例，20 世纪 90 年代中后期到 21 世纪初，开发应用了集散式铝电解智能控制系统[9]，以及基于 CAN 总线的全分布式铝电解槽自动控制机(槽控机)[10, 11]，并于 2010 年前后开发了基于云构架和服务器集群的先进集散式(网络型)铝电解控制系统，在铝行业得到了广泛推广应用。2015 年以来开发应用阳极电流分布等铝电解槽分布式感知技术、基于分布式感知的铝电解智能识别技术和数字孪生体构建技术，形成了基于分布式感知与数字孪生的铝电解智能优化制造关键技术与综合服务平台，一方面为铝电解生产过程深度节能降碳赋能；另一方面为铝电解企业加快数字工厂、智能工厂及智慧企业的建设步伐提供基础性、支撑性技术。

3)铝电解智能控制及智能优化制造关键技术与工艺技术的融合发展

在先进控制技术出现以前(国外在 20 世纪 80 年代以前，我国在 20 世纪 90 年代以前)，铝电解工业长期采用以高分子比(2.8 以上)-高阳极效应系数(1.0 以上)为主要特征的工艺技术条件。这种工艺技术条件能容许物料平衡(氧化铝浓度)与热平衡(电解质温度和过热度)在较大范围内变化，以适应粗犷的人工操控。电解工艺采取了定时下料并定期(每隔 20~24 h)等待电解槽发生一次阳极效应的方式来消除下料过程可能产生的沉淀，并实现对电解槽物料平衡的强制性“校正”。因此，阳极效应系数高达 1.0~1.2，与现今的阳极效应系数常规控制值(0.01~0.05)相比，其是现今的 21~101 倍，意味着阳极效应产生的温室效应气体 PFC 的排放量为现今的 21~101 倍。这种电解工艺难以获得高电流效率，并因此不能获得低直流电耗。以我国 20 世纪 80 年代从日本引进的 160 kA 铝电解槽为例，采用这种工艺实现的电流效率为 87%左右，直流电耗为 13800 kW · h 左右。

20 世纪 70—80 年代，欧美的铝业公司研发应用了铝电解槽点式下料器，并开发应用了通过跟踪(表观)槽电阻的变化来实现半连续“按需下料”的计算机控制程序[12]，显著提高了氧化铝浓度(物料平衡)的控制精度，并同步改进了热平衡控制策略，从而为实施以低分子比(2.2~2.3)-低阳极效应系数(<0.3)为主要特征的高电流效率型(>93%)工艺技术条件创造了条件，并因此降低吨铝直流电耗，且大幅降低了 PFC 的排放。本书作者及其团队自 20 世纪 80 年代末期开始，在原中国有色金属工业总公司(后为中国铝业公司)的组织下，开展校企合作，针对我国铝电解工业粗放管控导致能耗等指标严重落后的行业难题，先后开发自适应控制技术[13-18]和铝电解智能模糊控制技术与装备[19-25]，支撑高电流效率型电解工艺的开发与应用，有力地扭转了我国铝电解工业主要技术经济指标显著落后全球的局面，并使我国能耗指标在世纪之交进入全球先进行列。

2000 年以来，国外铝电解综合能耗指标停滞不前，而我国一枝独秀，这可以从图 1-3 中所示的铝电解综合能耗变化曲线清楚地看到。这主要是因为，上述由欧美铝业公司率先发展的高电流效率型工艺依赖于保持 4.1~4.3 V 槽电压以维持高极距，但电流效率提升到 93%～95%后，已临近工业槽极限，使进一步节能的目标陷入瓶颈。我国部分铝厂为降低电耗曾尝试降低槽电压至 4.05 V 左右，但运行稳定性变差，电流效率显著降低，电耗不降反升。面向铝电解高效节能与减排，本书作者及其团队深入开展了铝电解设备、工艺与控制技术的综合仿真优化研究[26]，以及铝电解槽多物理场的计算机仿真优化研究[27-34]；结合工业试验取得了低电压高效节能工艺及其配套控制技术的突破[35-37]：研究发现了在 3.75～3.95 V 低电压下也可实现高效低能耗稳定运行的“非常规状态空间”，提出了“五低三窄一高”（即低电压、低温、低过热度、低氧化铝浓度、低效应系数、窄物料平衡工作区、窄热平衡工作区、窄磁流体稳定性调节区、高电流密度）的工艺思想并建立新工艺（注：其中高电流密度的含义为，其一，通过适当强化电流改变我国长期采用的低阳极电流密度设计方案，并扭转了低电压只能采用低阳极电流密度的错误认识；其二，强化电流与形成厚槽膛的技术条件相结合，大幅提升阴极电流密度，为低电压下实现高电流效率创造条件）；针对新工艺下电解槽临近稳定拐点、可控域显著变窄的特性，提出了临界稳定控制策略，发展了临界稳定控制技术，解决了多环节强耦合、多参数临界稳定及多目标综合优化的低电压临界控制难题，实现了高电压工艺向低电压-高效节能工艺的转变，助推我国铝电解综合能耗指标领先全球。

2010 年以来，我国率先开发应用的低电压-高效节能电解工艺又面临了新的挑战，主要体现在以下方面：铝电解能源双控与碳排放双控标准严格化、资源贫瘠化与劣质化、大型/超大型槽时空分布特性复杂化、劳动力资源短缺化、生产经营集团化等。特别是，因此还产生了电解槽运行条件极端化的一系列新问题，例如铝电解槽的大型化（最大槽膛面积超 110 m^2）和槽膛形状的进一步扁形化导致槽内多场-多相耦合作用增强及工况区域差异性增大；氧化铝生产用的铝土矿劣质化导致杂质进入电解槽中积累形成复杂电解质体系；阳极生产用的石油焦劣质化导致阳极质量下降且低质化阳极在复杂电解质体系中服役形成过量炭渣；过量炭渣和复杂电解质导致氧化铝分散溶解性能变差且氧化铝浓度区域分布不均匀性增大。上述因素的交织作用导致槽内磁流体稳定性变差，电解槽运行指标受到严重影响或极易出现大范围波动。面对上述挑战与问题，2013 年以来，本书作者及其团队与中国铝业公司等中国龙头铝企合作，开发应用节能低碳数智化铝电解新技术。其中在工艺优化与生产过程数智化管控技术创新方面的主要突破为[37]：创建了基于在线分布式信号检测与物理场建模的分布式参数精稳在线检测方法，将铝电解槽在线参数采集点从传统 2 种 2 个扩展到最大 7 种共 297 个，并发明了一种氧化铝浓度二次仿真方法，从阳极电流分布等在线检测信息中提取槽内氧化铝浓度动态分布信息，解决了制约铝电解槽数字孪生体构建的核心难题；发明了数据与过程知识融合的铝电解槽物料平衡、热平衡及运行稳定性监控方法和工艺调整方法，创建基于数字孪生(全数字化电解槽)的一体化智能控制系统，进而创建支撑铝电解智能优化制造的“分布式感知-工况识别-数字孪生-在线控制-远程决策”成套关键技术与综合服务平台。这不仅彻底解决了长期困扰铝业界的高精度、高稳定、低成本在线检测铝电解槽阳极电流分布等分布式参数的难题，而且实现了大型/超大型铝电解槽时空分布特性在线感知与分区均衡精准调控，推动铝电解生产管控从“集总参数自动化”时代向“分布参数数智化”时代的跨越。

2.2 铝电解智能优化制造面临挑战

铝电解智能优化制造体系的构建面临诸多挑战，主要体现如下。

1)大型铝电解槽二维/三维动态工况识别难

要构建铝电解智能优化制造体系，首先必须实现铝电解槽数字孪生体(即全数字化电解槽)的构建。而数字孪生体构建的关键是实现对电解槽二维/三维动态工况的准确识别。但其识别难度很大，主要原因有以下几点：

(1)大型铝电解槽作为大型高温电化学反应器，存在多场(电-磁-热-流-力-浓度等六种物理场)-多相(两类气-固-液)的强烈交互作用，是典型的非线性、多变量复杂被控对象。特别是随着电解槽大型/超大型化，其容量主要沿着电解槽长度方向拓展，导致电解槽长宽比增大、槽内物理场分布的不均匀性增大、即时空分布特性复杂化。

(2)目前能经济可靠实现的在线分布式感知信息是阳极电流分布、阴极电流分布、电解槽钢壳温度分布和阴极钢棒温度分布等间接反映槽内工况及其分布特性变化的分布式信息，但重要状态参数的分布式信息(如槽内高温电解质熔体中的氧化铝浓度分布、电解质温度及其过热度分布等)则因高温熔体的强腐蚀性而无法实现直接在线检测。因此，传统建模与识别方法难以从可检测信息中识别出不可检测状态参数的分布式信息，需要采用物理场动态仿真及数据与知识相融合的综合建模方法。

(3)已有成熟的铝电解槽物理场的二维/三维仿真方法因无法满足实时性要求，不能直接使用可在线检测的分布式信息作为输入参数，所以不能直接用于动态仿真，需要进行改造。

2)铝电解生产操作与过程控制的人工干预较多，智能优化控制与决策难

技术与装备的局限性及操作管理理念共同导致了这一方面的问题与难题，例如：

(1)传统的控制系统缺乏对铝电解槽的全槽状态感知能力，实施控制所依据的信息有限，就不得不依赖人工对自动控制过程进行必要的干预(如调整控制参数、处理病槽等)，并因此形成了长期固化的管理理念与作业标准。本书作者及

具团队开发的新技术可以替代人工实现许多优化决策功能，工业实践表明，新技术新系统与操作管理人员之间有一个磨合与适应过程。此外，受现行电解槽结构的固有缺陷制约，一些操作工序(包括更换阳极、出铝、抬母线等)尚未实现无人化自动作业，使生产过程至今无法完全脱离人工干预。

(2)一个铝电解系列一般有 300 多台电解槽串联生产，在运行中随着阴极破损程度的不同、槽膛内型的差异、分批停槽大修导致槽龄的差异等，系列电解槽逐步呈现出“个性差异”。长期以来，个性化的调节交给了现场的工区技术人员，甚至交给了负责电解槽操作维护的电解工，这一方面经常体现出了调节的随意性和盲目性(特别是在操作工技术素质不高的情况下)；另一方面人工调节无法对槽况实现仔细而正确的个性化与精细化的认知与识别，现场一般只能针对少数病槽、实验槽或特殊槽进行重点分析，这便导致铝电解生产中事实上无法根据个性化工况对每台电解槽进行精细决策操作。

(3)2010 年以来，我国铝厂为了追求最大程度的节能降本，普遍推广应用低电压节能电解工艺。与传统工艺相比，新工艺的主要工艺参数可调区间较窄，并逼近其稳定性的“临界点”。而工艺参数的临界化与电解槽的大型化和电解质成分的复杂化等因素叠加导致电解槽时空分布特性更加复杂化，现场操作管理人员难以正确进行干预。而铝厂普遍面临招工困难、高素质工人与技术人员严重短缺的问题。这种情况下再依靠人工基于经验和有限数据(信息)参与控制决策和进行参数调节，就放大了每个操作者个体的知识与信息局限性、决策与调节的随意性和不准确性对电解槽和电解系列运行稳定性的影响，从而对全系列技术经济指标产生重大影响。因为上述情况的出现，许多铝厂有了“多一个人就多一分生产事故风险”的说法。

(4)新的铝电解槽智能优化控制与决策技术的出现正在改变上述局面，但有一个循序渐进的替代过程，需要依次解决分布式感知、数字孪生、智能优化控制、智能优化决策等系列难题，并且需要推动铝厂操作管理理念及作业标准的同步革新。换而言之，铝电解过程的控制与决策从“集总参数自动化”时代向“分布式参数数智化”时代的跨越，而这个跨越过程需要付出艰辛的努力。

3)智能优化制造体系的整体构建难

导致这项难题的因素有很多，其中较突出的因素有以下几种：

(1)铝电解生产全流程中大量的信号检测与信息获取与信息处理技术尚在发展过程中，其中存在一些尚未形成统一的标准与规范，许多子系统与子系统之间也尚未集成与融合，信息孤岛的问题依然存在。

(2)前文已叙及，受现行电解槽结构的固有缺陷制约，一些操作工序(包括更换阳极、出铝、抬母线等)尚未实现无人化自动作业，导致全流程智能优化制造体系被一些人工作业环节所“割裂”并干扰，甚至成为优化控制的“盲区”。

(3)由于以上问题的存在，铝电解大数据系统尚不完善，AI大模型的应用尚处于探索阶段。

(4)智能优化制造体系的构建是一项系统工程，而目前铝电解数智化主要集中在生产主流程(电解生产系列)，并体现在关键技术上的突破，而从全流程、全工厂、全集团来构建智能优化制造体系需要攻克系列难题。特别是，需要整合原材料的采购、经营决策、计划调度、质量控制、返料循环利用、产品销售等各环节与各层级的信息物理系统，构建一体化的智能优化制造体系，实现全流程、全集团的整体优化控制、优化决策与优化运行。

参考文献

[1] 柴天佑，丁进良.流程工业智能优化制造[J].中国工程科学，2018，20(4)：51-58.

[2] LI J，XIAO J，LIU Y，et al. Hierarchical intelligent control system for aluminum reduction cells [C]. Light Metals 1997，Warrendale：TMS，1997：463-468.

[3] 李劼，丁凤其，刘业翔，等.全分布式铝电解槽自动控制机：CN00113334.9[P].2024-07-31.

[4] 丁凤其，李劼，邹忠，等.基于CAN总线的全分布式控制器及其在铝电解过程控制中的应用[J].自动化仪表，2001，22(7)：42-43.

[5] MACAUDIERE，Y. Recent advances in process control of the potline[C]. Light Metals 1988，1988：607-612.

[6] 李劼.点式下料铝电解槽计算机控制模型的研究[D].长沙：中南工业大学，1993.

[7] 李劼，刘业翔，黄永忠，等.点式下料铝电解槽氧化铝浓度新型估计模型[J].中国有色金属学报，1993，3(2)：25-28.

[8] 李劼，刘业翔，黄永忠，等.铝电解过程控制信号的滤波与噪声解析模型的研究[J].中南矿冶学院学报，1993，24(3)：318-325.

[9] 李劼，刘业翔，黄永忠，等.点式下料铝电解槽电解质温度模型[J].中国有色金属学报，1994，4(2)：12-16.

[10] JIE L，YONGZHONG H，HUAZHANG W，et al. An estimation model of alumina concentration for point-feeding aluminum reduction cells[C]. Light Metals 1994，Warrendale：TMS，1994：441.

[11] LI J，LIU Y X，HUANG Y Z，et al. Bath temperature model for point-feeding aluminium reduction cells[J]. Transactions of Nonferrous Metals Society of China，1994，4(1)：26-32.

[12] 李劼，肖劲，张泰山，等.铝电解槽点式下料的专家模糊控制方法[J].中南工业大学学报，1998(1)：32-35.

[13] 李劼，王前普，肖劲，等.预焙铝电解槽智能模糊控制系统[J].中国有色金属学报，1998，8(3)：557-562.

[14] JIE L，FUCANG X，JIN X. An intelligent fuzzy control system for pre-baked anode aluminium reduction cells[C]//The International Conference on Artificial Intelligence for Engineering，

Wuhan, 1998.

[15] 李劼, 丁凤其, 邹忠, 等. 铝电解模糊专家控制器的开发与应用[J]. 有色金属, 2000, 52(4): 61-63.

[16] LI J, DING F Q, ZOU Z, et al. Development of fuzzy expert control technique for aluminum electrolysis[C]//Light Metals 2021, Warrendale: TMS, 2001: 1267-1272.

[17] 李劼, 张文根, 丁凤其, 等. 基于在线智能辨识的模糊专家控制方法及其应用[J]. 中南大学学报(自然科学版), 2004, 35(6): 911-914.

[18] LI J, et al. Innovative development of low-carbon, clean, and intelligent aluminum metallurgy [J]. Strategic Study of Chinese Academy of Engineering, 2024, 26(5): 223-233.

[19] 李劼, 周乃君, 丁凤其, 等. 铝电解设备, 工艺与控制技术的综合仿真优化方法[J]. 中南工业大学学报, 2002, 33(4): 356-359.

[20] 李劼, 程迎军, 赖延清, 等. 大型预焙铝电解槽电、热场的有限元计算[J]. 计算物理, 2003, 20(4): 351-355.

[21] 李劼, 邓星球, 赖延清, 等. 160 kA 预焙铝电解槽在低分子比和低温条件下的三维电热场[J]. 中南大学学报(自然科学版), 2004, 35(6): 875-879.

[22] LI J, LIU W, LAI Y Q, et al. Coupled simulation of 3D electro-magneto-flow field in Hall-Heroult cells using finite element method[J]. Acta Metallurgica Sinica (English Letters), 2006, 19(2): 105-116.

[23] LI J, LIU W, LAI Y Q, et al. Analysis of cathode voltage drop in aluminum electrolysis cells with an electric contact model[C]//SØRLIE M. Light Metals 2007, Orlando: TMS, 2007: 465-470.

[24] LI J, LIU W, YANQING L, et al. An improved finite-element model for electromagnetic analysis in aluminum cells[J]. JOM, 2008, 60: 58-61.

[25] ZHANG H, LI J, WANG Z, et al. The numerical modeling of melt flow and mhd instabilities in an aluminum reduction cell[J]. JOM, 2010, 62: 26-31.

[26] LI J, XU Y, ZHANG H, et al. An inhomogeneous three-phase model for the flow in aluminium reduction cells[J]. International Journal of Multiphase Flow, 2011, 37(1): 46-54.

[27] XU Y, ZHANG H, LI J, et al. A nonlinear shallow-water model combined with gas bubble effect for melt flows and interface instability in aluminum reduction cells[J]. JOM, 2013, 65: 1459-1466.

[28] 李劼, 肖胜华, 吕晓军, 等. 一种预焙铝电解槽电流强化与高效节能的方法: CN201010297450.3[P]. 2010-09-30.

[29] 李劼, 程迎军, 周乃君, 等. 预焙阳极铝电解槽阳极电、热场的数值仿真与优化[J]. 中国有色金属学报, 2003(2): 485-489.

[30] JIE L, XIAOJUN L, HONGLIANG Z, et al. Development of low-voltage energy-saving aluminum reduction technology[C]. Light Metals 2013, 2013: 557-559.

[31] 邹忠, 杨帅, 李勇, 等. 一种铝电解槽的阳极电流在线测量方法与装置: CN201410359119.8[P]. 2014-07-25.

[32] YANG S, ZOU Z, LI J, et al. Online anode current signal in aluminum reduction cells: Measurements and prospects[J]. JOM, 2016, 68: 623-634.

[33] 张红亮, 李劼, 邹忠, 等. 一种全数字化电解槽及其一体化智能控制系统: CN201810762764.2[P]. 2018-07-12.

[34] 李劼, 张红亮, 罗若木, 等. 一种氧化铝浓度二次仿真方法, 系统及存储介质: CN202110471902.3[P]. 2021-04-29.

[35] 李劼, 罗若木, 彭晨, 等. 铝电解数字孪生体构建及应用研究[J]. 中南大学学报(自然科学版), 2023, 54(2): 710-719.

[36] 邹忠, 彭晨, 李劼, 等. 基于分布式感知的铝电解智能识别系统及应用[J]. 中南大学学报(自然科学版), 2023, 54(2): 732-743.

[37] LI J, QIANG K J, YANG C H, et al. Construction and application of digital twin in aluminum electrolysis[C]//SAMNEL WAGSTAFF. Light Metals 2024, TMS, 2024: 453-463.

第 2 篇

铝电解槽动态平衡与数学建模

第 3 章　铝电解槽的动态平衡

3.1　物料平衡

3.1.1　物料平衡的基本概念

加入电解槽中的物料总量(投入)只有与离开电解槽的物料总量(产出)保持一种平衡关系才能保证电解槽的平稳运行。换言之，加入电解槽中的原料只有与电解消耗的原料维持一种平衡关系，才能保证电解槽的平稳运行[1-2]。以氧化铝的添加与消耗为例：

(1)如果添加的氧化铝量小于消耗的氧化铝量，那么电解质中的氧化铝浓度便会降低，当氧化铝浓度降低到一定程度(达到阳极效应的临界浓度)，便会发生阳极效应，电解槽便无法维持正常运行。

(2)反之，如果添加的氧化铝量大于消耗的氧化铝量，那么电解质中的氧化铝浓度便会升高，当升高到一定程度(接近电解质中氧化铝的饱和溶解度)，氧化铝便会从电解质中析出，沉淀于槽膛和槽底，而大量产生的槽底沉淀会导致电解槽无法正常运行。

添加氧化铝原料的控制(称为下料控制，或称为氧化铝浓度控制)是铝电解槽物料平衡控制的中心内容。如果电解质中的氧化铝浓度能被控制在一个理想的范围，便达到了维持氧化铝物料平衡的目的。

3.1.2　根据物料平衡关系计算氧化铝消耗速率

从理论上讲，只要计算出电解槽中氧化铝的消耗速率，然后按照计算的消耗速率来添加氧化铝便能实现氧化铝物料平衡。

根据物料平衡关系来计算电解槽的氧化铝消耗速率是很容易的。电解槽的理论产铝量仅取决于电流强度，若电流强度以 I(kA)表示，则每小时理论产铝 $0.3356 \times I$(kg)，假设电流效率为 η(%)，则每小时的实际产铝量为 $0.3356 \times I \times \eta$(kg)。可从氧化铝的分子式($Al_2O_3$)计算出：每产出 1 kg 铝理论上需要消耗 1.889 kg 的氧化铝。由此可知，电流强度为 I(kA)、电流效率为 η 的电解槽，每小时的氧化铝理论消耗量(F_c)为 $1.889 \times 0.3356 \times I \times \eta$(kg)，见式(3-1)：

$$F_c = 0.6339 \times I \times \eta \tag{3-1}$$

将上式右侧除以 60，得到每分钟(min)的氧化铝理论消耗量(F_c)：

$$F_c = 0.01057 \times I \times \eta \tag{3-2}$$

以 600 kA 铝电解槽为例，假设电流效率为 93%，用式(3-2)可计算出氧化铝的理论消耗速率为 5.895 kg/min。

以上的计算没有考虑氧化铝中杂质含量(同样也未考虑电解产出铝的杂质含量)及下料过程中氧化铝的飞扬损失对氧化铝原料消耗量的影响。如果氧化铝原料的消耗量由下料器来计量，考虑到(一级品)氧化铝中 1.4%的总杂质大部分不会转入金属铝中，且考虑到下料过程的飞扬损失，电解槽在单位时间内的氧化铝消耗量会比上述理论计算值稍大，按照大 2%来考虑，则氧化铝的消耗速率计算值(F_c kg/min)可调整为 $1.02\times0.01057\times I\times\eta$，即：

$$F_c = 0.01078 \times I \times \eta \tag{3-3}$$

以 600 kA 铝电解槽(电流效率为 93%)为例，用式(3-3)可得氧化铝的消耗速率计算值为 6.013 kg/min。

3.1.3 根据计算的消耗速率确定基准下料间隔时间

现代预焙铝电解槽采用中间点式下料器来完成下料操作。下料器利用定容原理来计量氧化铝，例如 1.8 kg 的下料器，当氧化铝充满其定容室时，氧化铝的重量为 1.8 kg(有一定误差)。下料器每动作一次(先打壳，后下料)，向电解槽内下料约 1.8 kg。以 600 kA 铝电解槽为例，每槽安装有 8 个下料器，若每次下料时 8 个下料器同时动作，则向电解槽内添加氧化铝量的计算值为 $8\times1.8=14.4$ kg。用该计算值除以氧化铝消耗速率的计算值(6.013 kg/min)，则得到基准下料间隔时间(又称为基准下料速率)为 $14.4\div6.013\approx2.395$ min = 144 s。对于具有氧化铝浓度分区精准调控功能的控制系统，若实施单点下料控制，则单点下料的平均间隔时间为 $144\div8=18$ s。

3.1.4 按物料平衡计算值控制下料存在的问题

现代铝电解生产均采用槽控机来控制下料器的动作。假如仅依据物料平衡计算值来控制下料过程，下料控制会变得非常简单：槽控机只需按照设定的基准下料间隔时间来定时驱动下料器动作。然而，事实上许多不确定因素和干扰因素会使得实际情况与计算值发生偏差。当偏差积累到一定程度，便会引起物料平衡的破坏。

在实际生产中，下列因素会导致实际下料量与计算的下料量发生偏差：

(1)下料器向槽中添加的物料有时会有部分堆于槽面(成为槽面保温料)，而槽面保温料有时可能会发生塌陷。

(2)加入槽中的物料溶解过程存在滞后性并伴随有沉淀的产生，尤其是采用低分子比、低温这种技术条件，或者因使用国内矿生产的氧化铝导致形成高锂/钾复杂电解质体系后，氧化铝在电解质中的饱和溶解度和溶解速率大大降低，更容易产生沉淀，而发生沉淀的比例与沉淀的溶解速率则不可预料。

(3)由物料与电解质凝固构成的炉膛厚度随槽温、电解质组成等因素的变化而变化，即熔融电解质的体积(重量)发生变化，从而引起氧化铝浓度的变化。

(4)阳极工作、出铝、人工维护等人工作业带入槽中的物料量难以正确地估计和通报。

(5)下料器的计量存在一定的误差，下料器还可能出现故障。

(6)由于电解槽槽况的波动，电流效率也是波动的，实际的电流效率可能会与物料平衡计算中设定的电流效率值发生较大的偏差，这也导致电解槽实际的氧化铝消耗量与按物料平衡估算的氧化铝消耗量间存在偏差。

(7)对于大型铝电解槽，由于电解槽区域工况的差异性随容量增大，下料量与实际消耗量的偏差在不同下料点所对应的区域也会有显著差异。由于上述因素，传统的基于物料平衡计算原理的定时下料控制技术不得不采取定期停止下料、安排阳极效应等待的方式来检验电解槽的物料控制效果(因为电解槽中的氧化铝浓度下限值就是阳极效应发生的临界浓度，一般为1%~1.2%)，同时利用阳极效应来消除可能产生的槽底沉淀。然而，现代铝电解工厂考虑到阳极效应严重破坏电解槽的稳定性(导致能耗增高)并产生大量污染环境的有害气体(PFC)，故采用了一些基于氧化铝浓度估计(辨识)的新型下料控制技术。新技术以维持氧化铝浓度在一个理想的范围为目标，根据对氧化铝浓度的估计结果来调整下料速率(即下料间隔时间)，这样下料间隔时间就不像定时下料技术那样固定不变。先进的分区精准下料技术更是能够基于分布式在线检测和氧化铝浓度的分区识别结果实施单点下料控制，使全槽氧化铝浓度控制更加均匀和精准。氧化铝浓度能控制好便不必安排阳极效应等待，而是尽可能避免阳极效应的发生。

3.1.5 正常下料、欠量下料与过量下料的定义

各种不确定性因素和干扰因素引起的控制偏差会导致氧化铝浓度变化，因此现代下料控制算法均不是一成不变地采用基准下料间隔来控制下料，而是会自动调整下料速率(即调整下料间隔时间)。在计算机控制过程中，采用基准间隔时间进行下料的状态被称为正常下料；当缩短下料间隔时间，使下料间隔时间小于基准间隔值(即下料速率大于基准下料速率，大于氧化铝理论消耗速率)，这种下料状态被称为过量下料(或增量下料)；反之，增加下料间隔，使下料间隔时间大于基准间隔值，这种下料状态被称为欠量下料(或减量下料)；某些情况下(如换极、出铝、边加工、熄灭阳极效应等)还会出现批量下料(非正常的过量下料)。

假定基准下料间隔为 3 min(不考虑分区单点下料)，那么在正常下料状态下 1 h 下料 20 次；如果下料间隔时间延长为之前的 2 倍(即 6 min)，那么在这种欠量下料状态下，1 h 下料 10 次，理论上而言，下料量(10 次)比消耗量(20 次)少了 50%(即欠量 50%)；反之，如果下料时间从 3 min 缩短到 2 min，那么在这种过量下料状态下，1 h 下料 30 次，理论上而言，下料量(30 次)比消耗量(20 次)多了 50%(即过量 50%)。过量(或欠量)百分数与过量(或欠量)下料间隔之间的换算关系见式(3-4)、式(3-5)：

$$\text{过量下料间隔} = \text{基准下料间隔} \div (1 + \text{过量百分数}) \tag{3-4}$$

$$\text{欠量下料间隔} = \text{基准下料间隔} \div (1 - \text{欠量百分数}) \tag{3-5}$$

用此换算关系可以验证上述的举例：基准下料间隔为 3 min 时，过量 50%对应的下料间隔：3÷(1+0.5)= 2 min；欠量 50%对应的下料间隔：3÷(1-0.5)= 6 min。从换算关系可发现，若欠量 100%，则下料间隔计算值为无穷大，这意味着停止下料；若过量 100%，则下料间隔为基准间隔的 1/2。可见，将下料间隔时间缩小为之前的一半下料 1 h 后，理论上需要停止下料 1 h(而不是将下料间隔时间增加为基准值的 2 倍下料 1 h)，才能将过量 1 h 多下的氧化铝消化掉。这样的分析表明，实际应用中(包括计算机控制中)所定义的欠量百分数和过量百分数是针对料量而言的，而不是针对下料间隔时间而言的。

3.1.6 下料量变化对氧化铝浓度影响的理论分析

理想状态下，当熔融电解质的重量维持不变，且下料速率正好等于氧化铝消耗速率时，氧化铝浓度才会保持不变。

假设一台大型铝电解槽的熔融电解质的质量为 20 t，若在运行过程中熔融电解质的质量(体积)不变，要使氧化铝浓度升高(或降低)1%，便需要多添加(或少添加)200 kg 的氧化铝。假如发生阳极效应(氧化铝浓度为 1%左右)，要使阳极效应熄灭后的氧化铝浓度上升到 2.5%，理论上便需要添加约 300 kg 的氧化铝。当然，实际生产中由于沉淀和槽膛熔化可能并不需要添加 300 kg 氧化铝便能使氧化铝浓度上升到 2.5%，也有可能是加入氧化铝过快等原因导致新加入的氧化铝不能完全溶解便沉淀，导致即使一次性加入 300 kg 氧化铝也不一定能使氧化铝浓度上升到 2.5%。特别是熔融电解质的质量发生波动时，氧化铝浓度的这种不可预期的波动便更大。

此外，需指出的是，氧化铝的溶解速率也是影响下料量与氧化铝浓度之间对应关系的重要原因。加入的氧化铝量(记为 F_d)与溶解的氧化铝量(记为 F_s)之间有如图 3-1 所示的定性关系。图 3-1 中曲线的含义为：加入的氧化铝量(F_d)要经过一个溶解滞后时间(τ)才开始溶解，其后随时间的延长而逐渐溶解。本书作者曾在 160 kA 预焙槽上进行实验(主要试验条件：电解质分子比 2.6~2.7，槽温 955 ℃，氟化钙质量分数 5%，原料为国产粉状氧化铝)，发现氧化铝溶解滞后时间为 2 min 左右，溶解时间常数为 10 min 左右(溶解时间常数的定义为溶解 63.2%的氧化铝所需的时间)[1]。可见，若一次性加入的氧化铝量过大，则因溶解滞后导致的沉淀比例也就增大。

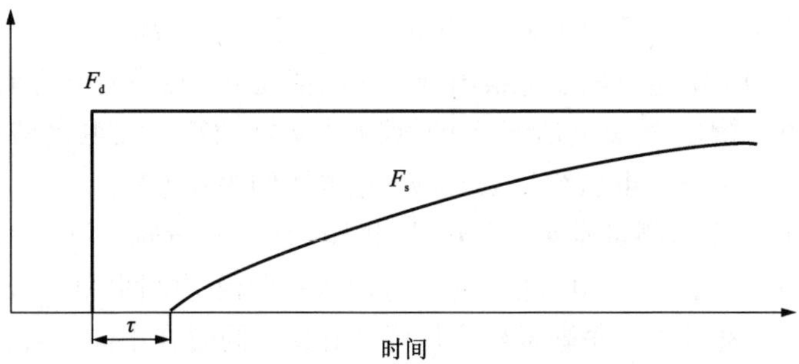

图 3-1　加入的 Al_2O_3 量(F_d)与溶解的 Al_2O_3 量(F_s)的定性关系

3.2　电压平衡

在系列电流不变的情况下，电解槽的电压直接决定着电解槽的能量收入，因而也就直接影响到电解槽的能量平衡。改变电解槽电压的最主要手段是通过调节电解槽的极距来改变电解质的电压降。可见，维持电解槽的“电流通道”中各个部分的电压降需要有一个合理的、稳定的分布(即维持一个理想的电压平衡)，既对维持电解槽的能量平衡有重要意义，又对维持合适的极距有决定性的作用。

1. 槽工作电压与槽平均电压

从电压平衡的角度考虑，关于电解槽的电压有两个重要的定义，一个称为槽工作电压(简称槽电压)，另一个称为槽平均电压。

槽电压是指电解槽的进电端与出电端之间的电压降(对于相邻的电解槽，上台槽的进电端就是下台槽的出电端)。槽电压一般分为四个组成部分：极间电压降($\Delta V_{效极间}$)、阳极电压降($\Delta V_{阳}$)、阴极电压降($\Delta V_{阴}$)及槽母线电压降($\Delta V_{外母}$)，见式(3-6)：

$$\Delta V_{槽} = \Delta V_{极间} + \Delta V_{阳} + \Delta V_{阴} + \Delta V_{外母} \tag{3-6}$$

对于平均电压，各厂的定义稍有区别。以日平均电压为例，一种定义是，槽电压的日平均值与阳极效应的分摊电压(日均值)之和；另一种定义是，槽电压的日平均值与阳极效应分摊电压(日均值)和槽外母线电压降(日均值)之和。槽外母线主要是从整流车间到电解车间的连接母线、穿越电解车间过道的连接母线。

2. 极间电压降

极间电压降($\Delta V_{极间}$)有反电动势($E_{反}$)和电解质电压降($\Delta V_{质}$)两个组成部分。电解过程中为克服反电动势而需要施加的电压称为极化电压。极化电压与反电动势的大小相等，方向相反，因此从数值上而言，可以不区分这两者。极化电压(反电动势)又有理论分解电压和过电压两大部分。细分起来，过电压有阳极电化学过电压、阳极浓差过电压、阴极浓差过电压三个主要组成部分。

工业生产槽上测定反电动势很困难。一般情况下，在系列电流突然停止的一瞬间，电解槽的槽电压表上所显示的读数是反电动势。反电动势的经验值为 1.65 V 左右，其中分解电压约为 1.15 V，过电压约为 0.5 V。

电解质电压降的测量常采用“电压-极距”法。测量时，先分两次上升阳极 10 mm，分别记录槽电压、电流值，然后分两次将阳极下降回原位，分别记录槽电压和电流值。由此计算出每毫米极距压降变化值，同时在不同位置(不同阳极炭块下)测量极距值，然后采用算术平均方法分别计算极距平均值和每 1 mm 极距电压降平均值，最后计算电解质电压降：

$$\Delta V_{电解质} = 单位长度平均压降 \times 平均极距 \tag{3-7}$$

3. 阳极电压降

阳极电压降由卡具压降、导杆压降、爆炸焊压降、钢爪压降、铁碳压降、炭块压降构成。电解槽由若干组阳极构成(如 600 kA 预焙槽有 28 组阳极，其中每组 2 个阳极块；或者有 56 组阳极，其中每组 1 个阳极块)，总的阳极电压降需根据各组阳极的电压降按电流分配系数法计算，计算公式见式(3-8)：

$$\Delta V_{阳极} = \sum_{i=1}^{n} K_i \cdot \Delta V_i \tag{3-8}$$

式中：n 代表阳极的组数；ΔV_i 为第 i 组阳极的电压测量值；K_i 为电流分配系数，它代表通过第 i 组阳极的电流的大小，计算公式如下：

$$K_i = \frac{\Delta V_{i等距}}{\sum \Delta V_{i等距}} \tag{3-9}$$

式中：$\Delta V_{i等距}$为采用等距压降测量法测得的等距电压降。

同样，阳极各部分的电压降按如下方式计算。

(1)卡具压降：

$$\Delta V_{卡具} = \sum_{i=1}^{n} K_i \cdot \Delta V_{i卡具} \tag{3-10}$$

(2)导杆压降：

$$\Delta V_{导杆} = \sum_{i=1}^{n} K_i \cdot \Delta V_{i导杆} \tag{3-11}$$

(3)爆炸焊压降：

$$\Delta V_{爆} = \sum_{i=1}^{n} K_i \cdot \Delta V_{i爆} \tag{3-12}$$

(4)钢爪压降：

$$\Delta V_{钢爪} = \sum_{i=1}^{n} K_i \cdot \Delta V_{i钢爪} \tag{3-13}$$

(5)铁碳压降：

$$\Delta V_{铁碳} = \sum_{i=1}^{m} K_i \cdot \Delta V_{i铁碳} \tag{3-14}$$

式中：m 为实际测点数(如果每组阳极测 3 点，则 $m=3n$)。

(6)炭块压降：

$$\Delta V_{炭块} = \sum_{i=1}^{m} K_i \cdot \Delta V_{i炭块} \tag{3-15}$$

式中：m 为实际测点数(如果每组阳极有 2 块炭块，并且都测量，则 $m=2n$)。

4. 阴极电压降(槽底压降)

铝电解阴极电压降常称为槽底压降，它是指从阴极炭块表面到阴极钢棒出口处(即钢棒与软带的连接处)的电压降，因此包括了阴极炭块压降、铁碳压降、导杆(钢棒)压降及由于槽底沉淀与结壳引起的电压降。由于生产中无法分项测试，故只进行总的阴极电压降测试。测定时一般在多个位置测量，然后取平均值，见式(3-16)：

$$\Delta V_{槽底} = \sum \Delta V_{i槽底} / n \tag{3-16}$$

式中：n 为测点数。

5. 槽母线电压降

槽母线电压降包括发生在下列各个部位的电压降：阴极软带、阴极母线、母线焊接、阳极压接、横梁母线、阳极软母线及阳极母线。

为了准确计算母线系统的压降，分析各部分局部压降变化情况，母线系统一般分几个部分进行测量，各部分当量压降按功率法求之，见式(3-17)：

$$\Delta V = \frac{\sum_{i=1}^{n} \Delta V_i^2 / R_i}{I_{系列}} \tag{3-17}$$

式中：$I_{系列}$ 为系列电流；ΔV_i、R_i 分别为第 i 部分的电压降和电阻；n 为母线系统分成 n 个部分进行测定和计算。

对于不能确定其电阻值(R_i)的部分，如压接口等，先依据与其串联母线的电压值和电阻值求得电流值(I_i)，然后再依据电流值(I_i)及电压测量值(ΔU_i)求得其当量压降，见式(3-18)：

$$\Delta V = \frac{\sum_{i=1}^{n} \Delta V_i \cdot I_i}{I_{系列}} \tag{3-18}$$

采用上式计算相对来说比由接口压降直接求算术平均值更为合理。

6. 阳极效应分摊电压

阳极效应分摊电压由式(3-19)计算：

$$\Delta V_{效应} = k(V_{效应} - V_{槽})\tau_{效应}/(24 \times 60) \tag{3-19}$$

式中：$V_{效应}$为当日内效应发生时段内的平均效应电压；$V_{槽}$为槽电压(日平均值)；$\tau_{效应}$为当日所发生的阳极效应的总持续时间，min；k 为阳极效应系数。

需指出，生产中在制作日报时，一般不考虑阳极效应系数，即取消式(3-19)中的系数 k，这意味着当日发生的阳极效应所增加的电压全部分摊在当日；若当日无阳极效应，则当日效应分摊电压为 0。但在进行电压平衡测试时，一般要考虑阳极效应系数，并且采用较长的时段(如一个月)来计算阳极效应分摊电压。

7. 铝电解槽的阴极、阳极及斜立母线电流分布

电解槽的电压平衡测试与分析常常包括阴极、阳极及斜立母线电流分布的测试与分析。

(1)阴极电流分布

阴极电流分布根据各阴极软带压降的测量值，按式(3-20)、式(3-21)计算：

$$I_i = \frac{\Delta V_i}{R_i} \tag{3-20}$$

$$R_i = 2.8 \times (1 + 0.0036 \cdot t_i)\frac{L_i}{S_i} \tag{3-21}$$

式中：ΔV_i 为电压测量值；R_i 为软带电阻值，由软带长度 L_i、断面积 S_i 及电阻率(与温度有关)计算得到；t_i 为软带温度值。

(2)阳极电流分布

阳极电流分布由测量每根阳极导杆的等距离压降求得，其计算见式(3-22)：

$$I_i = \frac{\Delta V_{i等距}}{R_{i导杆}} \tag{3-22}$$

式中：$\Delta V_{i等距}$为电压测量值；$R_{i导杆}$为阳极导杆电阻值，由阳极导杆长度 L_i、断面积 S_i 及电阻率(与温度有关)计算得到。

(3)斜立母线电流分布

现代大型预焙槽都采用了大面多点进电母线配置方式，如 600 kA 大型槽采用大面七点进电，因此电压平衡测试中往往包括斜立母线进电电流分配关系的测试与分析。通过测量斜立母线的等距压降等数据，按式(3-23)计算斜立母线的电流分布：

$$I_i = \frac{\Delta V_{i等距} \times S_i}{\sum (\Delta V_{i等距} \times S_i)} \times I_{系列} \tag{3-23}$$

式中：$\Delta V_{i等距}$为第 i 组斜立母线等距电压；S_i 为第 i 组斜立母线截面积；I_i 为第 i 组斜立母线电流。

3.3　能量平衡

3.3.1　能量平衡的相关概念与基本计算方法

电解槽的能量平衡是指单位时间内电解槽中能量的收、支相等。换言之，同一时间内，输入电解槽的能量只有等于电解槽支出的能量，电解槽的能量才能维持一种平衡状态，电解槽的状态(特别是温度)才能维持稳定。

以电解槽整体作为计算体系，并以电解温度作为计算基础，输入铝电解槽的电能(记为 $W_{供}$)分配在下列三个方面。

(1)加热物料和反应过程所需能量，即理论电耗 $W_{理}$。

(2)导电母线上的电能损失量 $W_{导}$。

(3)电解槽散热和其他能量损失 $W_{损}$。

当电解槽处于能量平衡状态时，输入等于输出，见式(3-24)：

$$W_{供} = W_{理} + W_{导} + W_{损} \tag{3-24}$$

其中：$W_{供}$ 取决于槽电压(V)和系列电流(I)，当电压的单位为伏(V)，系列电流的单位为千安(kA)时，可按式(3-25)计算：

$$W_{供} = VI \quad (\text{kW·h/h，即千瓦时/时，下同}) \tag{3-25}$$

其中：$W_{理}$ 又可分为两个组分：反应所需的能量($W_{反}$)和加热物料所需的能量($W_{料}$)。

$W_{反}$可从反应式出发来推导计算式。在正常电解温度(930~970 ℃)下，$W_{反}$与系列电流(I)和电流效率(η)的关系见式(3-26)：

$$W_{反} = (0.436 + 1.456\eta)I \tag{3-26}$$

同样可推导出加热物料所需的能量见式(3-27)：

$$W_{料} = (0.044 + 0.188\eta)I \tag{3-27}$$

上述两项之和见式(3-28)：

$$W_{理} = W_{反} + W_{料} = (0.48 + 1.644\eta)I \tag{3-28}$$

$W_{导}$取决于导电母线的电阻(R_e)和系列电流(I)。如果，电阻的单位为 μΩ，电流的单位为 kA，则导电母线上的电能损失见式(3-29)：

$$W_{导} = R_e \cdot I^2/1000 \tag{3-29}$$

$W_{损}$包括通过电解槽的槽底、侧壁、槽面(炉面)及导线的散热损失。热损失有传导、对流和辐射三种主要形式，计算很复杂，因此常常根据能量平衡式来反推电解槽达到平衡时的热损失量，见式(3-30)：

$$W_{损} = W_{供} - (W_{理} + W_{导}) \tag{3-30}$$

考虑到 $W_{导}$也是一种热损失，因此若将 $W_{导}$归入 $W_{损}$中一并考虑，然后利用式(3-25)和式(3-28)可得式(3-31)：

$$\begin{aligned} W_{损} &= W_{供} - W_{理} = VI - (0.48 + 1.644\eta)I \\ &= [V - (0.48 + 1.644\eta)]I \end{aligned} \tag{3-31}$$

$\alpha_{热损}$定义为电解槽的热损失系数，它代表电解槽处于平衡状态时，单位电流强度(kA)和单位时间(1 h)内损失的能量(kW · h)。式(3-32)表明热损失系数取决于体系压降和电流效率：

$$\alpha_{热损} = V - (0.48 + 1.644\eta) \tag{3-32}$$

若电解槽的能量平衡被打破，最直观的现象是电解槽的温度会发生变化，因此，对能量平衡的考察常常简化为对热平衡的考察(在实际生产中两者几乎有一样的含义)。如电压升高使能量输入大于能量输出，电解槽的温度便会升高。温度升高的结果是电解槽的散热增大，能量支出增大，使电解槽趋于一个新的能量平衡(电解槽的温度也趋于稳定在一个新的温度上)。可见电解槽的能量平衡是一种动态的平衡，电解槽具有自我调节保持一种动态平衡的能力，这就是电解槽的自平衡能力。因为电解槽炉膛和炉面结壳厚度可随温度变化而改变且槽内熔体处于较强烈的对流状态，所以电解槽具有较强的自平衡能力。话说回来，如果电解槽的能量平衡被严重打破，那么电解槽就无法尽快达到一种新的平衡状态，要么回复的时间很长，要么虽然回复到新的平衡，但不是一个理想的平衡状态(如槽温过低或过高，槽膛过厚或过薄等)。

3.3.2 生产过程中影响能量平衡的主要因素

众所周知，正常生产过程中，影响铝电解槽能量平衡的因素可以分为两大类：一类是影响能量输入的因素，包括系列电流和槽电压；另一类是影响能量输出的因素，主要有电解槽保温设计方案、电流效率、加料、出铝和阳极更换、覆盖料厚度等[3-15]。

1. 系列电流

为了电解生产系列能量平衡稳定，一般尽可能维持系列电流稳定。单个电解槽的系列电流无法单独调整，因此即使要调整系列电流也是全系列统一行动。一般只在需要增大用电负荷(如全系列强化电流生产)或需要降低用电负荷(如全系列限电)时，才由整流车间调整系列电流。当调整系列电流时，一般需要配套调整全系列电解槽的主要工艺技术条件，以使全系列电解槽在变化后的系列电流下重新建立最有利于生产的能量平衡。近年来，为了使铝电解生产系列能够消纳供应不稳定的新能源，一些研究者正在开发可适应系列电流在较大范围变化的“柔性生产”技术，其中的关键是开发可对电解槽的能量输出项进行可控调节的技术，例如可控调节电解槽上部散热和(或)侧部散热量，以适应电解槽能量输入项的较大范围变化。该方面的有关研究请见本书第 18 章。

2. 槽电压

调整槽电压是铝电解控制系统快速调整铝电解槽能量平衡的主要手段。但槽电压的调整受到了维持合理极距的制约，即必须使阴、阳极之间保持合适的距离，以保证其高电流效率。此外，现代低电压节能工艺与控制技术力图在尽可能低的槽电压下达成稳定的能量平衡状态，并尽可能避免随意用提升槽电压的方式来获得稳定的能量平衡状态或处理不稳定的槽况。由于槽电压随系列电流的波动而波动，现代铝电解控制系统一般不直接对槽电压进行调控，而是先用槽电压和系列电流这两个参数计算出(表观)槽电阻，再对槽电阻进行调控。详见本书第 12 章。

3. 电流效率

电流效率对电解槽能量平衡有重要影响。当输入电解槽的电能一定时，若电流效率降低，则输入电能中转化为化学能的占比降低，而转化为热能的占比升高。这就是电流效率显著降低(一般伴随着电解槽的稳定性显著变差)会导致槽温上升的原因。也可以这样理解：电流效率的降低意味着被电解出来的金属铝扩散到阳极空间发生二次反应的比例增大，而二次反应产生的热量会使槽温上升。

4. 加料

加料影响能量平衡中的 $W_{料}$。它取决于加入槽内的原料种类、质量以及添加方式。在槽正常运行过程中，氧化铝的加热和溶解的吸热是 $W_{料}$ 的主要部分。添加氧化铝(简称下料)是影响能量平衡(从而影响槽温)的一个较为显著的因素。下料对槽温的影响表现在下列两个方面。

(1)能量平衡(热平衡)被暂时打破，即加入的冷料在被加热和溶解过程中因吸收大量热能而导致电解质温度发生短时的急骤变化。本书作者曾在 160 kA 预焙槽上进行对此研究，结果表明[1, 2]，在定时下料制下，每次下料(90 kg)后，在出铝孔处测得的电解质温度急骤降落的极小值为 7~9 ℃，在槽大面(边长的 1/4

和 3/4 处）的阳极边缘附近测得极小值为 4～5 ℃，由此推测在下料器下方局部电解质的温度可降低 15～20 ℃。这便是在定时下料制下为保证 Al_2O_3 的溶解速率，避免难溶性沉淀生成而不得不保持 15 ℃以上的电解质过热度的主要原因。在准连续下料制下，测得每次下料（9 kg）后，电解质温度降落极值在出铝孔处为 1～2 ℃，在槽大面阳极边缘附近一般不足 1 ℃，由此推测在下料器下方局部电解质的温度降落极值为 4 ℃。可见采用准连续下料方式对能量平衡（热平衡）的破坏较小，维持与定时下料制下相同的原料溶解速率，所需的电解质温度与过热度可以大大降低。

（2）能量平衡（热平衡）状态跟随物料平衡状态的变化而变化，即下料速率增大（过量下料）或减小（欠量下料）会引起物料平衡状态变化，能量支出项中的 $W_{料}$ 相应地增大或减小，导致电解质温度（动态平衡温度）相对缓慢地降低或升高（槽膛厚度也随着变厚或变薄），这便导致能量支出项中的 $W_{散}$ 相应地减小或增大，从而弥补 $W_{料}$ 的变化，使电解槽的能量支出依然等于收入（即能量依然保持平衡），然而能量平衡的状态却发生了变化，表现形式是电解槽的温度发生了变化。显然，这是能量平衡（热平衡）状态跟随物料平衡状态的变化而变化所产生的现象。

5. 出铝和阳极更换

出铝和阳极更换这两个周期性人工作业能显著地改变电解槽散热状态，并因此引起额外下料而显著地改变加热原料的能量消耗。这两种作业对槽能量平衡（热平衡）的影响是难以估计的。

阳极更换对热平衡的影响可分两方面考虑：一方面是该作业引起的（一次性）额外下料（对于大型槽为 70～120 kg）；另一方面是该作业引起的散热和新阳极换入后的吸热，该方面引起的槽热平衡状态变化在换极后的前 4 h 最为明显，其后的变化虽然减弱，但变化的持续时间长达 20 多个小时。

出铝对热平衡的直接影响没有阳极更换显著。在大型槽上出铝引起的额外下料在 30～50 kg。但出铝改变了槽底的散热状态，对热平衡的间接影响还是较大，因此，出铝时间和出铝量的调整常常被用作调整热平衡状态的一种手段。

6. 槽面保温料

电解槽上部的散热损失占全部热损失的 60%以上，而槽面保温料的厚度对电解槽上部的热损失有着决定性的影响。可见，维持一个稳定的、均匀的保温料层对维持电解槽的能量平衡至关重要。目前，我国许多预焙槽生产中的一个常见问题就是槽面保温料不足。显然，保温料越薄，槽上部散热损失占全部热损失的比例越大，料面变化便越容易引起能量平衡（热平衡）的变化，电解槽的稳定性也就越差。

参考文献

[1] 李劼. 点式下料铝电解槽计算机控制模型的研究[D]. 长沙：中南工业大学，1993.

[2] 李劼. 提高贵州铝厂 160 kA 铝电解槽计算机控制系统的控制水平[D]. 长沙：中南工业大学，1989.

[3] 李劼，刘业翔，黄永忠，等. 点式下料铝电解槽电解质温度模型[J]. 中国有色金属学报，1994(2)：12-16.

[4] 陈开斌，包生重，李劼，等. 铝电解质中钾的脱除技术[J]. 有色金属(冶炼部分)，2024(7)：69-75.

[5] ZHANG H，LI T，LI J，et al. Progress in aluminum electrolysis control and future direction for smart aluminum electrolysis plant[J]. JOM，2017，69：292-300.

[6] ZHOU W，SHI J，YIN G，et al. Optimal control for aluminum electrolysis process using adaptive dynamic programming[J]. IEEE Access，2020，8：220374-220383.

[7] YANG Y，YI Y，XIA C，et al. Study on inter-electrode process of aluminum electrolysis：An insight into inter-electrode phenomena under current fluctuations[J]. Journal of Sustainable Metallurgy，2024：1-14.

[8] RAN L，WANG Q，LI J，et al. Improved CFD modeling of the whole-cell side ledge behavior in aluminum electrolysis cell[J]. Metallurgical and Materials Transactions B，2023，54(3)：1122-1130.

[9] YUE W，GUI W，XIE Y. Experiential knowledge representation and reasoning based on linguistic Petri nets with application to aluminum electrolysis cell condition identification[J]. Information Sciences，2020，529：141-165.

[10] 邹忠，彭晨，李劼，等. 基于分布式感知的铝电解智能识别系统及应用[J]. 中南大学学报(自然科学版)，2023，54(2)：732-743.

[11] 李震宇，杨帅，邹忠，等. 大型铝电解槽内空间分布性信息在线检测研究进展[J]. 轻金属，2019(9)：22-30.

[12] 桂卫华，岳伟超，谢永芳，等. 铝电解生产智能优化制造研究综述[J]. 自动化学报，2018，44(11)：1957-1970.

[13] 杨帅，李劼，张红亮，等. 铝电解槽电解质与内衬换热系数的数值计算[J]. 中国有色金属学报，2017，27(1)：162-170.

[14] SUN E，WANG M，LI Z，et al. Diagnosis and decision analysis system of high temperature molten aluminum cell based on neural network[C]//2020 IEEE 4th Information Technology，Networking，Electronic and Automation Control Conference (ITNEC)，Chongqing，2020：1624-1628.

[15] IGNATOV I，GLUHCHEV G，KARADZHOV S，et al. Dynamic nano clusters of water on waters catholyte and anolyte：Electrolysis with nano membranes[J]. Physical Science International Journal，2020：46-54.

第 4 章　铝电解槽多相多场耦合原理及数学模型

4.1　铝电解槽多相多场耦合的概念

铝电解槽物理场仿真技术起源于 20 世纪 70 年代，至今已有近 50 年历史。铝电解槽仿真技术诞生之前，铝电解的研究主要集中在电解过程方面，如电极反应、阳极效应机理、电解质组成及其物理化学性质、影响电流效率的因素等。客观条件的制约使得电解槽的设计基本停留在经验设计阶段，尽管在电解槽的结构、技术经济指标等方面的研究都取得了很大的进展，但至今未能有根本性的突破。而在这一阶段已有人开始研究磁场等对电解过程的影响，但未引起足够的重视。

从减少投资和提高劳动生产率角度考虑，增大电解槽容量是经济的。在增大电解槽容量的过程中，一些过去不被重视的物理场对电解过程的影响愈来愈大，甚至到了使电解槽无法增大容量和无法正常运行的程度。因此，从 20 世纪 20 年代后期开始，国际上许多大型铝业公司、研究所及高等院校相继投入了较大的人力、物力开展相关研究工作。在这一阶段，计算机技术的广泛应用和计算机容量的不断增大为物理场的研究提供了强有力的支持。尽管研究者们各自的研究方法和路线不同，但均以母线配置和电流分布为基础，采用数学物理的模拟方法，结合原型工业试验的结果，建立起一整套关于电解槽电场、磁场、热场、流体流动场及其与电解过程电流效率之间关系的数学模型、计算机程序。利用现代计算机仿真方法对电解槽物理场分布及其变化规律进行模拟分析的技术称为物理场的计算机仿真技术。

物理场仿真的研究成果使电解槽的设计由纯经验型转向计算机辅助优化设计，并使人们对电解过程有了更深入的了解。这些研究成果体现在 20 世纪 80 年代初国际上投产了一批 180 kA 级的高效能工业电解槽上，随后更大容量的高效能电解槽不断出现，直至目前出现了 600 kA 级的大型预焙槽。

我国的物理场研究工作从 20 世纪 80 年代以消化引进“日轻”技术为起点。20 世纪 70 年代末期，我国从日本轻金属株式会社引进了全套 160 kA 中间下料预焙槽技术并用于贵州铝厂的建设。在引进的技术资料中，有一套在当时对我国来说还比较陌生的计算机设计软件，即“磁场计算程序”“阴、阳极热解析程序”“槽壳应力分布计算程序”。在消化和开发这套软件技术时，为了方便将它们称为“三场”（磁场、热场和应力场）技术。随着研究和开发过程的深入，人们发现铝电解槽中影响电解过程的物理场并非只有这三种，但作为人们广泛接受的名词，“三场”如今被沿用下来，泛指物理场。

20 世纪 90 年代，我国已成功地应用物理场技术设计和优化 180 kA 级大型预焙铝电解槽。到目前，我国自行开发的物理场技术已达到国际先进水平，并成功地应用于 180~600 kA 预焙槽的开发中。多年来的实践证明，铝电解物理场仿真技术在铝电解的槽型设计和工艺优化过程中发挥了重要影响，对铝电解技术的进步乃至整个铝工业的发展都起到了重要的推动作用，并逐渐成为电解槽优化及新型槽开发过程中不可或缺的研究手段。从简单的 1D 模型到复杂的 3D 模型，从单一的物理场到多场耦合仿真，从单相流到多相流，从自行开发软件到基于大型商业软件进行二次开发，在短短的几十年中，铝电解仿真技术迅速发展，取得了十分显著的进步，其中最突出的标志便是铝电解槽多相多场耦合仿真技术的提出与发展。

铝电解槽内存在着多种物理场，包括电场、磁场、热场、流场、浓度场和应力场等，它们相互作用、相互影响，非常复杂。高强直流电通过铝电解槽是铝电解生产的能量基础，并形成了铝电解槽的电场，成为其他各物理场形成的根源。电流产生磁场，电场与磁场相互作用产生的电磁力及电解反应产生的气体共同作用，推动电解质与铝液的运动，它们的运动促使 Al_2O_3 原料和金属铝发生扩散与溶解，同时冲刷周围槽膛以影响槽帮的形成；电流的热效应产生热场（或称温度场），热场的分布决定了槽帮形状，又反过来影响到电流的分布；电解槽内的温度梯度产生热应力，致使电解槽发生变形，熔体内的温度分布对熔体的运动及物质扩散也产生影响。铝电解槽内各物理场的相互耦合关系如图 4-1 所示。上述物理场的综合作用决定了电解槽的电流效率、直流能耗和槽寿命等关键经济技术指标，因此利用计算机仿真技术对铝电解槽的物理场分布规律进行研究具有重要的理论及现实意义。

在铝电解槽内，多物理场耦合关系主要表现在量间耦合、源项耦合及参数耦合。量间耦合的作用关系最为直接，例如电场通过磁效应和热效应直接决定了磁场分布与温度分布。源项耦合体现了场间的间接作用关系，例如电场和磁场相互作用产生的电磁力作用于熔体的流场，而熔体的流速通过对流源项的影响致使熔体的温度分布和质量传递发生变化。参数耦合体现了场量变化对物性参数的影响程度，例如导热系数与温度之间的关系、弹性模量与温度之间的关系等[1]。

如图 4-1 所示，铝电解槽内主要存在电、磁、流、热、应力和浓度等物理场。这些物理场的量间耦合与源项耦合关系可以通过控制方程体现出来。需要指出的是，这些物理场之间的耦合关系十分复杂，电解过程中物理场的演变规律受各种因素的影响，如槽膛内形、槽底沉淀、电解质成分、温度分布等，使得目前考虑所有

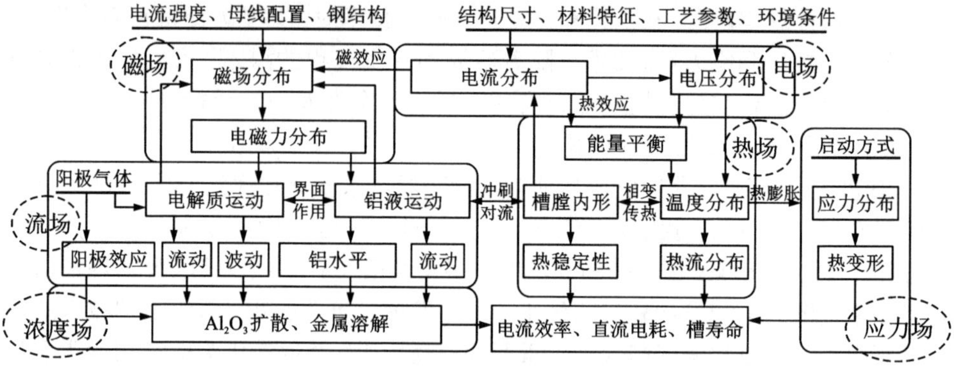

图 4-1 铝电解槽内多物理场耦合示意图

场在内的全息求解无论在计算方法还是在计算资源上都无法实现。故图 4-1 中铝电解槽内多物理场之间的耦合关系，可以概括地总结为“电-磁-流”耦合及“电-热-应力”耦合这两条主线，并加以分别研究，以降低数学模型的建立和求解难度。

对于“电-磁-流”场之间的耦合关系，从图 4-1 中分析可以发现，铝电解过程存在强大电流，从而产生强磁场。铝电解槽中熔融态电解质和金属铝是电磁导体，强磁场和大电流的相互作用产生电磁力，在力的作用下槽内熔体产生运动。一方面，熔体循环流动有利于氧化铝的均匀分布和溶解、电解质成分的均匀、熔体内温度的均匀、熔体向炉帮的稳定传热，对电解过程有利；另一方面，熔体波动使沉积的金属铝向电解质中的扩散加速，降低电流效率，同时铝液对阴极的机械冲蚀加快了阴极破损。大量电解生产实践表明：“电-磁-流”场不仅影响技术经济指标，而且会导致生产过程中的非正常现象，如滚铝、短路及漏炉的发生，所以“电-磁-流”场耦合计算是现代大型预焙槽设计的关键技术之一。

“电-热-应力”的物理场耦合方面，考虑到铝电解槽不仅是一个电化学装置，同时也是一个发热装置，输入的电能用于维持电化学反应和电解过程的高温环境。因此在槽内不同部位存在的温度梯度，以及高温熔盐中钠离子析出后在炭素阴极内的膨胀使得整个槽体发生结构变化。当铝电解槽达到良好电热平衡时，槽膛内形规整，水平电流小，电流效率高；反之则出现冷行程或热行程，影响正常生产，严重者将会引发事故。预热启动是新铝电解槽投产前的必要步骤，在这个阶段槽体受热膨胀和钠膨胀的综合作用不断发生结构变形，加之炭糊质筑炉材料在升温焦化过程中排放挥发导致内衬出现不同程度的裂缝，从而造成了阴极炭块早期缺陷，严重影响铝电解槽使用寿命。

从流场的角度来分析，铝电解槽内分布着熔融电解质和铝液两种熔体，因密度差异分置上下两层(上层为电解质，下层为铝液)。电解生产过程中，电流经母线传导通过阳极进入槽内熔体，再经阴极由钢棒导出汇集至母线进入下一槽。高强度的电流产生相应的磁场，分布于熔体区域的磁场与电场相互作用并形成电磁力场驱动熔体运动，同时，在阳极表面由电化学反应产生大量阳极气泡，气泡受浮力作用上升逸出电解质上表面，这个过程也进一步搅动电解质。因此，对于正常运行下的电解槽，从驱动力角度来看，铝液区域主要受电磁力作用，而电解质区域受电磁力和气泡搅动的共同作用；从多相流动的角度分析，在忽略少量氧化铝颗粒的前提下，该体系属于电磁力作用下的铝液-电解质-气泡三相流体系。

铝电解槽内熔体的运动形态对工业铝电解生产影响重大。熔体的运动关系传质和传热过程，尤其是电解质流场直接影响到氧化铝颗粒的输运、分布及溶解；铝液-电解质界面的分布及波动决定了槽内极距的分布及波动，该界面变形程度过大，会造成槽内电流分布的严重不均，造成局部阳极电流密度过大、槽电压升高及热应力集中等问题，在某些情况下，该界面发生剧烈波动时，甚至会出现局部短路现象，直接影响整个生产的稳定性；熔体的运动(尤其是铝液-电解质界面附近的流动特性)亦在一定程度上影响电流效率及其在槽内的分布；此外，熔体流动会冲刷槽膛内壁和阴极炭块，改变槽帮形状，影响槽寿命等。因此，随着人们对铝电解槽大型化、电解过程高效节能化要求的进一步提高，槽内流体问题越来越受到广泛重视，有关铝电解槽多相流场的研究目前已成为工业铝电解领域涉及核心技术的一大研究热点。

铝电解槽多物理场的计算机仿真的实质是数学模拟与数值解析。因为各个物理场都遵循已知的物理规律，所以运用计算机求解方程组的数值解，然后利用计算机的图形处理能力，便可以图形方式输出计算结果。然而，由于铝电解槽内多相多场现象十分复杂，这也在很大程度上给相应的物理场计算机仿真模型的开发与求解带来了不少难点。铝电解槽中存在数十种介质材料，而不同介质的参数耦合情况差异显著。例如，炭素阳极具有固体的导电、导热性质，但不具有流体的流动性质；而侧部炭块等内衬保温材料则可以导热、导磁，但不能导电；电解质和铝液属于熔体，同时具有导热、导电的性质，且其导热能力与流动状况密切相关。由此可见，物理场的作用范围是不同的。在进行铝电解槽多物理场的仿真研究时，需要根据物理场的具体作用范围，确定合理的求解域，这是铝电解槽仿真研究的难点之一。由于铝电解槽的材料种类众多和结构复杂，单场、两场及三场耦合仿真涉及的求解域往往大不相同，由此产生的问题则是为了实现电解槽内多物理场求解计算，因此必须不断改变求解域，而这样会导致数值计算的准备工作(网格划分、边界条件施加等)十分繁杂。

对铝电解槽进行多物理场建模与计算是现代铝电解不可或缺的技术环节，而物理场建模计算的准确性首先由所采用的物理学原理及数学模型是否可靠和适宜这一点决定。本章将分别对电解槽电场、热场、磁场、流场、应力场及槽内氧化铝运输过程建模所基于的物理学原理及数学模型进行系统介绍[2-12]。

4.2 电场模型

铝电解槽中电流通过母线从阳极导入，通过电解质和铝液到阴极炭块，再由阴极钢棒导出。电场(电流与电压分布)是铝电解槽运行的能量基础，是其他各物理场形成的根源。因此，铝电解槽的电场分布好坏对铝电解生产而言至关重要。铝电解槽的电场计算通常是指对整个电解槽(包括母线、阳极、熔体和阴极)进行稳态电场计算，电场分布满足物理学上稳态电场的基本定律。

4.2.1 母线等效电阻模型

对于电解槽的母线部分，我们通常只需获悉各支路的电流分配及电压降情况，其内部的电场分布不是计算和分析的重点，故在电场建模计算中，可将母线部分简化为等效电阻网络，电流和电压降可根据基尔霍夫定律和欧姆定律进行计算：

$$\sum_j I_j = 0 \tag{4-1}$$

$$U = IR \tag{4-2}$$

式中：j 为电流支路；U 为电压降，V；I 为电流，A；R 为电阻，Ω。

图 4-2 是某种槽型的导电段等效电阻网络模型示意图，计算时将母线段都用

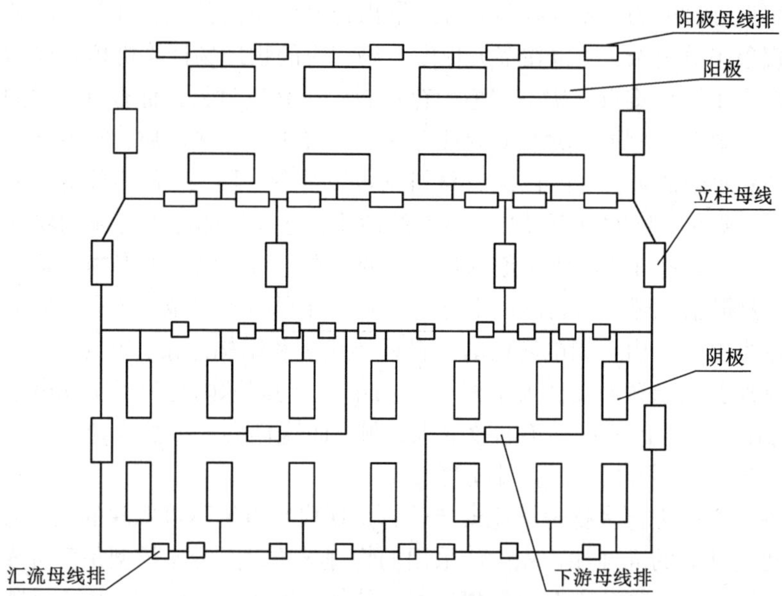

图 4-2　母线段等效电阻网络模型示意图

等效电阻代替，然后根据总电流及各母线段的串并联关系，绘制电路网络图，由式(4-1)和式(4-2)解出各节点的电位及通过各母线段的电流。

4.2.2　槽内导体电场模型

对于槽内的阳极、熔体(电解质和铝液)、阴极等导体部分，可根据稳恒电场的电流守恒定律及欧姆定律(微分形式)对其内部的电压和电流分布进行计算：

$$\nabla \cdot J = 0 \tag{4-3}$$

$$J = -\sigma \nabla \varphi \tag{4-4}$$

式中：J 为电流密度，A/m^2；φ 为标量电位，V；σ 为电导率，S/m。

在稳态情况下，铝电解槽的导电控制方程如式4-5所示：

$$\frac{\partial}{\partial x}\left(\frac{1}{\rho_x}\frac{\partial V}{\partial x}\right) + \frac{\partial}{\partial y}\left(\frac{1}{\rho_y}\frac{\partial V}{\partial y}\right) + \frac{\partial}{\partial z}\left(\frac{1}{\rho_z}\frac{\partial V}{\partial z}\right) = 0 \tag{4-5}$$

应当注意的是，对于电解槽内某些导电部件(比如阴极炭块)，其生产加工方式导致了材料在各个方向上的不均匀性，使得其电导率呈现各向异性，此时，σ 应为一个张量，可表示为$\begin{bmatrix} \sigma_x & 0 & 0 \\ 0 & \sigma_y & 0 \\ 0 & 0 & \sigma_z \end{bmatrix}$。

对于槽内导体电场模型，可采用多种数值计算方法进行求解，例如有限差分法、有限元法、电荷模拟法、表面电荷法等，其中有限元法是目前使用较为广泛的数值计算方法，其原理将在下一章中进行介绍。

4.2.3　电接触

电接触是指两个导体之间相互接触并通过接触界面实现电流传递的一种物理现象，会产生相应的接触压降。电接触现象在铝电解槽体系中广泛存在，尤其对于阳极部分和阴极部分而言，钢爪与碳素阳极连接处的接触压降及钢棒与碳素阴极连接处的接触压降分别在阳极压降和阴极压降中占据重要比例，在电场建模分析中应予以考虑。在不考虑电接触的情况下，接触压降这一电解槽压降的重要组成部分将被忽略，同时还可能导致电磁场计算结果的整体性发生变化。比如，若不考虑阴极部分的钢棒与碳素材料之间的接触压降，将使得电流从铝液流到阴极炭块的阻力变小，电流更易从槽中心向阴极钢棒外端方向偏流，造成铝液层中水平电流增大，垂直磁场相应增大。

在铝电解槽电场建模中，可引入式(4-6)对电接触进行描述：

$$\boldsymbol{J} = \mathrm{ECC} \times (\varphi_t - \varphi_c) \tag{4-6}$$

式中：$\boldsymbol{J}$ 为通过接触面的电流密度；ECC 为接触电导率；φ_t 和 φ_c 分别为两个接触面对应的电势。

接触电阻率与温度、压强、接触材料及其表面性质等多个因素有关，可通过实测获得，亦可通过相关理论或经验公式计算获得。表 4-1 中列出了部分接触电阻率数据。

表 4-1　接触电阻率　　单位：Ω · m

炭-钢	炭-糊	糊-钢
$8\times10^{-6}\sim7\times10^{-4}$	1×10^{-5}	3×10^{-6}

4.2.4　铝电解槽电场综合计算模型及其边界条件

将母线等效电阻模型与槽内导体电场模型(引入电接触)进行有效组合，构成电流的完整通路，即建立起了铝电解槽电场综合计算模型。在确定各导电部件的材料属性及相关参数的前提下，可设定如下边界条件以实现求解：将进电侧母线端头设为零电位，在出电侧母线端头的外法线方向施加电流，其余边界设为绝缘。

4.3　磁场模型

铝电解生产过程中，通过母线和电解槽的高强度直流电引起强磁场，磁场和电场共同作用产生的电磁力场在很大程度上决定了槽内熔体(尤其是铝液)的流场，进而对铝电解槽的工作性能产生影响。铝电解槽磁场计算通常是指基于稳态电场计算结果对铝电解槽内的磁场分布(尤其是熔体区)进行稳态计算。

鉴于在磁导率上的显著差异，铝电解槽内外涉及的材料可以分为铁磁材料和非铁磁材料两类。其中，钢爪、阴极钢棒、钢壳、钢支撑梁是铁磁材料，其余都被认为是非铁磁材料。铁的强磁性随温度上升而减弱，在某一转变温度时消失，这个转变温度被称为居里温度或居里点。纯铁的居里点为 770 ℃。根据铝电解槽中的温度分布特点，阴极炭块内部的钢棒通常超过该温度，可能出现小部分低于该温度的情况，但是温度也较高，可认为其磁性已经较弱；而对于伸出阴极炭块外的钢棒，由于其离熔体区较远，影响已十分有限，故在建模时可近似将阴极钢棒归至非铁磁材料。另外，相关研究表明，钢支撑梁、钢爪对槽内磁场的贡献很小，可在磁场分析中忽略。

铝电解槽内磁场主要由两部分磁场叠加形成，一部分来自通电母线的磁场，另一部分为槽内电流本身产生的磁场，两者都要计算。在任一部分磁场计算中，槽壳的磁屏蔽作用都不能忽略。槽体磁场计算域 Ω 可依据有无电流通过及导磁性差异划分为 3 个子域：槽体导电区域 Ω_1(阳极、熔体、阴极炭块及钢棒)；槽钢

壳区域 Ω_2；槽体其他不导电部分及槽周空气区域 Ω_3。对于这 3 个子域，可应用不同模型进行计算。

4.3.1　母线磁场计算模型

铝电解槽的母线分为斜立母线和平行轴线母线，其中平行轴线母线又可分为串接母线和非串接母线。计算母线电流产生的磁场采用均匀分布的有限长矩形母线来计算槽内的磁场，亦称为矩形母线模型。

设矩形母线与 z 轴平行，母线截面的边长分别为 $2a$ 和 $2b$，如图 4-3 所示。母线长度为 z_2-z_1，通过母线的电流为 I，电流沿 z 轴方向流通。取一截面为 $dx'dy'$ 的细丝形成一平行 z 轴的线形电流，长度为 l，线电流为 I'，并将坐标原点取在母线断面的中心。根据式(4-7)所示毕奥—萨伐定律进行计算：

$$dB = \frac{\mu_0 I'}{4\pi}\frac{dz \times r_0}{r^2} \tag{4-7}$$

式中：B 为磁感应强度；r_0 为 P' 点指向 P 点的矢径 r 方向上的单位矢量；μ_0 为真空中的磁导率，$\mu_0 = 4\pi\times10^{-7}$ H/m。

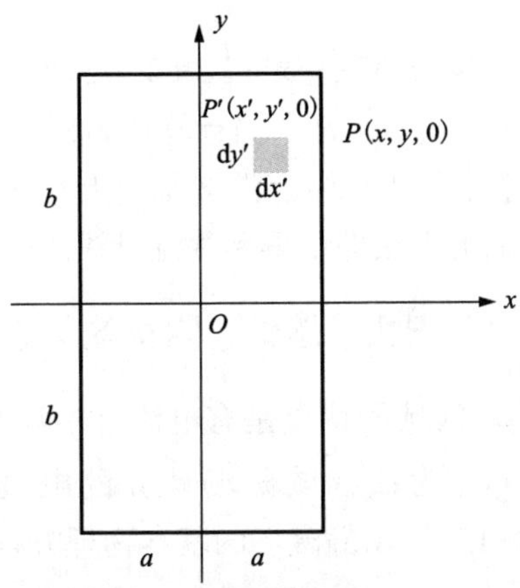

图 4-3　矩形载流母线磁场计算示意图

如式(4-8)、式(4-9)、式(4-10)、式(4-11)、式(4-12)所示：

$$dB = \frac{\mu_0 I'}{4\pi}\frac{dz \times (r_p - r_{p'})}{r^3} \tag{4-8}$$

由于：

$$r = \sqrt{R^2 + Z^2},\ R = \sqrt{(x' - x)^2 + (y' - y)^2},\ \sin(z,\ r_0) = \frac{R}{r} \tag{4-9}$$

因此线电流 I' 在 P 点$(x,\ y,\ 0)$产生的磁感应强度计算如下：

$$B' = \frac{\mu_0 I'}{4\pi}\int_l \frac{\sin(z,\ r_0)}{R^2 + Z^2}dz = \frac{\mu_0 I'}{4\pi\sqrt{(x' - x)^2 + (y' - y)^2}} \times \left[\frac{z_2}{\sqrt{(x' - x)^2 + (y' - y)^2 + z_2^2}} - \frac{z_1}{\sqrt{(x' - x)^2 + (y' - y)^2 + z_1^2}}\right] \tag{4-10}$$

载流母线可视为由有限根细丝线形电流所组成，因此矩形母线所产生的磁场为各线形电流产生的磁场的叠加。线形电流计算如下：

$$I' = \int_x\int_y \frac{I}{4ab}\mathrm{d}x'\mathrm{d}y' \tag{4-11}$$

将I'代入式(4-10)并对之积分，即得P点的磁感应强度：

$$B = \int_{-a}^{a}\int_{-b}^{b} \frac{\mu_0 \mathrm{d}x'\mathrm{d}y'}{16ab\pi\sqrt{(x'-x)^2+(y'-y)^2}} \times \left[\frac{z_2}{\sqrt{(x'-x)^2+(y'-y)^2+z_2^2}} - \frac{z_1}{\sqrt{(x'-x)^2+(y'-y)^2+z_1^2}}\right]\mathrm{d}x\mathrm{d}y \tag{4-12}$$

采用数值积分求得式(4-12)的结果后，再利用$\mathrm{d}Z\times\mathrm{d}r_0$的方向余弦，求得三个分量$B_x$、$B_y$、$B_z$。当计算槽内任一点$P(X, Y, Z)$的磁感应强度时，首先进行坐标变换，将坐标原点沿$Z$轴向上移动$Z$，变换坐标后$P$的坐标为$(X, Y, 0)$，再利用上面的方法即可得到载流母线的磁场。

4.3.2 阳极、熔体、阴极炭块及钢棒磁场计算模型

Ω_1区域的特点是有电流且不涉及铁磁材料，将铝电解槽电场计算所得的电流分布作为该区域磁场计算的电流源，然后应用如式(4-13)、式(4-14)、式(4-15)所示静磁场的基本物理方程进行计算：

$$B = \mu H \tag{4-13}$$

$$\nabla \times H = J \tag{4-14}$$

$$\nabla \cdot B = 0 \tag{4-15}$$

式中：H为磁场强度；J为电流密度；μ为磁导率，该区域的磁导率可近似采用真空中的磁导率代替。

4.3.3 槽壳磁场计算模型

槽壳内的磁场计算需考虑铁磁性介质的磁化，如式(4-16)、式(4-17)所示：

$$B = \mu H = \mu_0(H + M) \tag{4-16}$$

$$M = \left(\frac{\mu}{\mu_0} - 1\right)H \tag{4-17}$$

其中，M为磁化强度，铁磁性介质的M和H并不是线性关系，即磁导率μ不是一个常数，计算中需先确定B–H曲线(磁化曲线)，如式(4-18)、式(4-19)所示。

由于槽壳区域没有电流，因此：

$$\nabla \times H = 0 \tag{4-18}$$

由此可定义标量磁位φ满足：

$$H = -\nabla\varphi \tag{4-19}$$

将式(4-16)和式(4-19)代入式(4-15)中可得：

$$\nabla^2\varphi = \nabla \cdot M \tag{4-20}$$

4.3.4　槽体不导电部分及槽周空气磁场计算模型

区域 Ω_3 中无电流，且非铁磁性介质，故计算模型转变如式(4-21)、式(4-22)所示：

$$\nabla \times H = 0 \tag{4-21}$$

$$\nabla^2\varphi = 0 \tag{4-22}$$

对于该区域，磁导率 μ 可近似取真空磁导率。

4.3.5　磁场边界条件及计算方法

铝电解槽磁场求解本身属于开域问题，假设所建模型的有限槽周空气包的外表面处于无限远处为前提，可在空气包外表面处设定零标量磁位以作为磁场计算的边界条件，如式(4-23)所示：

$$\varphi_{\partial\Omega} = 0 \tag{4-23}$$

理论上所建模型的外边界应与中心电解槽的距离尽可能远，但槽周空气包达到一定尺寸后，进一步增大空气包对计算结果的影响很小。

铝电解槽的磁场问题是基于复杂电流分布且涉及铁磁性介质的多连通区域问题，目前，由 GYIMESI[1] 提出的 GP ψ-DP 标量磁位法正适合于这类问题的求解，求解过程将在下一章中进行介绍。

4.3.6　熔体电磁力场计算模型

电磁力是铝电解槽熔体运动的主要驱动力之一，在对铝电解槽的电场和磁场进行建模计算的基础上，可进一步根据式(4-24)获得电磁力场：

$$F_{EM} = J \times B \tag{4-24}$$

式中：F_{EM} 为电磁力密度，N/m^3；J 为电流密度，A/m^2；B 为磁感应强度，T。

4.4　流场模型

铝电解槽内的铝液和熔融电解质是较为典型的不可压缩黏性牛顿流体，在电磁力驱动下(电解质同时受到阳极气泡的搅动)槽内流体做湍流运动，流体行为对电解槽的工作性能(包括电流效率、氧化铝分散、稳定性等)有重要影响，所以改善槽内流体行为是电场优化的目的之一，是磁场优化的主要目的。

对于槽内流体行为，最需要关注的是两个方面：一个方面是铝液和电解质的流动场；另一个方面是铝液-电解质界面的瞬态波动。前一个方面反映了熔体的基本流动形态（与槽内的传热传质过程息息相关）和两连续相界面分布整体特征；后一个方面则直接反映了电解槽的磁流体稳定性状况。需要指出的是，这两个方面并非彼此独立，而是相互之间存在一定的内在关联，但由于在分析侧重点上的差异，且受到建模方法的限制，这两个方面的研究工作往往独立开展，前者多属于稳态研究，后者则属于瞬态研究。随着理论和技术的发展，铝电解槽流体研究正趋向于通过复杂建模实现槽内流体各种行为的全面解析。由于这两方面研究有各自的技术发展历程，本章将分开介绍这两方面的建模原理，本节介绍基于稳态建模的流场模型，而基于瞬态建模的磁流体稳定性模型将在下一节中进行介绍。

在对槽内流场进行建模研究时，从简化模型的角度出发，通常忽略熔体的温度梯度和浓度梯度，即将电解质和铝液各自视为均匀介质且不考虑由区域间温度差引起的对流，铝液和电解质互不相溶，分层良好，铝液-电解质界面视为自由面，铝液区主要受电磁力驱动，电解质区则除受电磁力作用外，还受到运动阳极气泡的诱导。此外，熔体边界多视为不可渗透壁面。对于已建立的铝电解槽流场模型，一般采用有限体积法或有限元法进行数值求解。

4.4.1 稳态单相流计算模型

在忽略电解质流场对铝液流场影响的前提下，可应用稳态单相流计算模型对铝液流场进行分析，铝液流动行为可由如式(4-25)、式(4-26)所示的 Navier-Stokes 方程组进行描述：

$$\nabla \cdot U = 0 \tag{4-25}$$

$$\left(\frac{\partial}{\partial t} + U \cdot \nabla\right) U = -\nabla\left(\frac{p}{\rho} - f\right) + \nu_{\text{eff}} \nabla^2 U \tag{4-26}$$

式中：U 为流速；p 为压强；ρ 为密度；f 为作用于流体上的体积力（主要为电磁力 F_{EM} 和重力）；ν_{eff} 为有效黏度（分子黏度 ν 与湍流黏度 ν_{t} 之和）；t 为时间，由于是稳态研究，方程中的时间相关项可以省略。

湍流黏度 ν_{t} 如式(4-27)所示：

$$\nu_{\text{t}} = c_{\mu} \frac{k^2}{\varepsilon} \tag{4-27}$$

式中：k 为湍动能；ε 为湍流耗散率。

对于 ν_{t}，一般多使用各种湍流模型进行求解，应用较为广泛的为标准 $k-\varepsilon$ 双方程模型，但也有相关研究指出对于铝电解熔体体系，常湍流黏度更为适宜。

标准 $k-\varepsilon$ 双方程模型如式(4-28)、式(4-29)、式(4-30)所示：

$$\frac{\partial k}{\partial t} + (U \cdot \nabla) k = \nabla \cdot \left[\left(\nu + \frac{\nu_{\text{t}}}{\sigma_k}\right) \nabla k\right] + \frac{G_k}{\rho} - \varepsilon \tag{4-28}$$

$$\frac{\partial \varepsilon}{\partial t} + (U \cdot \nabla)\varepsilon = \nabla \cdot \left[\left(\nu + \frac{\nu_t}{\sigma_\varepsilon}\right)\nabla \varepsilon\right] + \frac{C_{\varepsilon 1}\varepsilon}{\rho k}G_k - C_{\varepsilon 2}\frac{\varepsilon^2}{k} \tag{4-29}$$

其中：

$$G_k = \nu_t \nabla U \cdot (\nabla U + \nabla U^T) \tag{4-30}$$

式(4-28)~式(4-30)中经验常数 $c_\mu = 0.09$、$C_1 = 1.44$、$C_2 = 1.92$、$\sigma_k = 1.0$、$\sigma_\varepsilon = 1.3$。

以铝液流场计算所得的压强分布为基础，根据简单的静力平衡及铝液与电解质界面处压强连续的基本原理可近似计算铝液-电解质界面的形状分布，相应的表达式如式(4-31)所示：

$$h = \frac{p_b - p_m}{g(\rho_m - \rho_b)} \tag{4-31}$$

式中：h 为相对于初始位置电解质-铝液界面的隆起高度；下标 b、m 分别表示电解质和铝液。

根据前面对铝液流动的物理模型的简化，铝液表面为自由表面，即等压面，p_m 为常数，则上式可变为式(4-32)：

$$h = \frac{p_b}{g(\rho_m - \rho_b)} - h_0 \tag{4-32}$$

式中：h_0 为常数。该常数可根据铝液体积不变的原则来确定，如式(4-33)所示：

$$h_0 = \frac{1}{S_0}\iint \frac{p_b}{g(\rho_m - \rho_b)}\mathrm{d}x\mathrm{d}y \tag{4-33}$$

式中：S_0 为铝液界面的面积。

在获悉电解质中压强分布或者对其做出某些假定的前提下，可以通过式(4-32)和式(4-33)近似计算得到铝液-电解质界面形状分布。但在只用单相流模型对铝液流场进行计算的情况下，通常无法获得电解质中的压强分布，且该方法未考虑铝液和电解质的相间作用，故在实际应用中易产生较大偏差。

4.4.2　稳态两相流计算模型

稳态两相流计算模型可以用于电解质-气泡稳态两相流计算，也可以用于铝液-电解质稳态两相流计算，前者是在忽略铝液相影响的情况下，对电解质流场进行建模研究，后者是在忽略气泡相影响的情况下，对铝液及电解质流场进行建模研究。

多相流模型可以分为非均相模型和均相模型两类。后者假定相间曳力足够大，认为计算区域内除温度场和各相体积分数外，所有相的速度场、压力场和其他标量场均一致，实际上是对前者的简化处理。对于铝电解槽流体体系而言，非均相模型的可靠性优于均相模型。

1. 非均相模型

1)多相流相间作用力

流体内各相运动的相互联系主要由相间作用力决定，而相间作用力的主要部分为相间曳力。多相流中运动颗粒对连续相的曳力大小可以用如式(4-34)所示的无量纲曳力系数 C_D 来表征：

$$C_D=\frac{D}{\frac{1}{2}\rho_\alpha(U_\beta-U_\alpha)^2A} \tag{4-34}$$

式中：下标 α、β 分别表示连续相和离散相；D 为曳力；A 为颗粒在流动方向上的投影面积。

假设颗粒的当量直径为 d，则单个颗粒在流动方向上的投影面积 A_p、单个颗粒的体积 V_p、单位体积颗粒数 n_p 分别如式(4-35)所示：

$$A_p=\frac{\pi d^2}{4},\ V_p=\frac{\pi d^3}{6},\ n_p=\frac{r_\beta}{V_p}=\frac{6r_\beta}{\pi d^3} \tag{4-35}$$

式中：r_β 为离散相的体积分数，则单个颗粒施加在连续相上的曳力 D_p 如式(4-36)所示：

$$D_p=\frac{1}{2}C_D\rho_\alpha A_p|U_\beta-U_\alpha|(U_\beta-U_\alpha) \tag{4-36}$$

式中：ρ_α 为连续相的密度；U_α、U_β 分别为连续相和离散相的速度，则单位体积内作用在连续相上的曳力如式(4-37)所示：

$$D_{\alpha\beta}=n_pD_p=\frac{3}{4}\frac{C_D}{d}r_\beta\rho_\alpha|U_\beta-U_\alpha|(U_\beta-U_\alpha) \tag{4-37}$$

对于在牛顿不可压缩流体中运动的给定形状颗粒，无量纲曳力系数 C_D 只与颗粒雷诺数 Re_p 有关，其关系如式(4-38)所示：

$$Re_p=\frac{\rho_\alpha|U_\beta-U_\alpha|d}{\mu_\alpha} \tag{4-38}$$

函数 $C_D(Re_p)$ 可以由经验公式确定，称为曳力曲线。对于固体颗粒，根据颗粒雷诺数的不同，曳力曲线分为以下几个区域：

(1) Stokes 区(stokes region)，$0\leqslant Re_p\leqslant 0.2$。

曳力系数可以由 Stokes 定律得到，如式(4-39)所示：

$$C_{D,\ stokes}=\frac{24}{Re_p} \tag{4-39}$$

(2) 黏性区(viscous region)，$0.2\leqslant Re_p\leqslant 500\sim1000$。

在这个区域内，曳力系数随颗粒雷诺数的增大而单调递减。目前使用较多的有以下几个关系式，如式(4-40)、式(4-41)、式(4-42)所示：

$$C_{D,\,visc}=\frac{24}{Re_p}(1+0.15Re_p^{0.687})\tag{4-40}$$

$$C_{D,\,visc}=\frac{24}{Re_p}(1+0.1Re_p^{0.75})\tag{4-41}$$

$$C_{D,\,visc}=\frac{24}{Re_p}+5.48Re_p^{-0.573}+0.36\tag{4-42}$$

具体计算过程中，可根据对象的特性自行选择。

(3)惯性区(inertial region)，$1000\leqslant Re_p\leqslant(1\sim2)\times10^5$。

曳力系数与颗粒雷诺数无关，为一常数，如式(4-43)所示：

$$C_{D,\,ine}=0.44\tag{4-43}$$

以上曳力系数的关系式仅针对固体颗粒，而非流体颗粒(液滴或气泡)。对于流体颗粒(液滴或气泡)，当颗粒雷诺数足够小时(处于 Stokes 区和黏性区)，表面张力可以忽略，流体颗粒基本上为球形，可以使用固体颗粒的曳力系数关系式。当颗粒雷诺数足够大时(处于惯性区或变形颗粒区)，表面张力起着很重要的作用，流体颗粒会发生变形，由球形变为椭球形(ellipse)，直至变为球帽形(spherical cap)。

在变形颗粒区，曳力系数与颗粒雷诺数无关，但与颗粒的形状有关，可用式(4-44) Ishii-Zuber 关系式进行修正：

$$C_{D,\,dist}=\frac{2}{3}Eo^{1/2}\tag{4-44}$$

式中：Eo 为 Eotvos 数，$Eo=\frac{g(\rho_\alpha-\rho_\beta)d^2}{\sigma}$，其中，$\rho_\beta$ 表示离散相的密度，σ 为表面张力系数。

对于球帽形气泡，曳力系数变为常数，如式(4-45)所示：

$$C_{D,\,cap}=\frac{8}{3}\tag{4-45}$$

颗粒浓度较大时，还必须考虑颗粒间的相互作用，对曳力系数进行浓相修正。铝电解阳极气泡在熔体中的浓度通常较小，属于稀释相，故一般无须修正。

相间作用力除曳力外，还有非曳力存在。非曳力主要有虚拟质量力、提升力、壁面润滑力和湍流耗散力。在多数情况下，相间非曳力不是十分重要。

2)电解质-气泡模型

电解质-气泡两相流除考虑相间作用力外，还需考虑电解质所受的电磁力(电磁场引起)和气泡受到的浮力(重力场引起)，其稳态非均相模型的控制方程如式(4-46)、式(4-47)、式(4-48)、式(4-49)、式(4-50)所示：

$$\nabla\cdot(r_p\boldsymbol{U}_p)=0\tag{4-46}$$

$$\nabla \cdot [r_p(\rho_p U_p \times U_p)] = -r_p \nabla p_p + \nabla \cdot \{r_p \nu_{p,\,eff}[\nabla U_p + (\nabla U_p)^T]\} + r_p(\rho_p - \rho_b)g + f_{p,\,b} \tag{4-47}$$

$$\nabla \cdot (r_b \boldsymbol{U}_b) = 0 \tag{4-48}$$

$$\nabla \cdot [r_b(\rho_b U_b \times U_b)] = -r_b \nabla p_b + \nabla \cdot \{r_b \nu_{b,\,eff}[\nabla U_b + (\nabla U_b)^T]\} + r_b F_{em} + f_{b,\,p} \tag{4-49}$$

$$r_p + r_b = 1 \tag{4-50}$$

式中：下标 b 和 p 分别为电解质和气泡；r 为体积分数；g 为重力加速度；F_{em} 为电磁力；$f_{p,\,b}$(或$f_{b,\,p}$)为气泡和电解质两相的相间曳力，可由式(4-51)计算：

$$f_{p,\,b} = C_{p,\,b}(U_b - U_p) = -f_{b,\,p} \tag{4-51}$$

其中，如式(4-52)所示：

$$C_{b,\,p} = \frac{3}{4}\frac{C_D}{d} r_p \rho_b |U_p - U_b| \tag{4-52}$$

曳力系数 C_D 的计算须考虑曳力分区机制和阳极气泡变形，可根据前述理论及数学模型进行计算。比如，在采用 Ishii-Zuber 关系式的情况下，曳力系数如式(4-53)所示：

$$\begin{aligned} C_{D,\,sph} &= \max\left[\frac{24}{Re_p}(1 + 0.1Re_p^{0.75}),\ 0.44\right] \\ C_{D,\,dist} &= \min\left(\frac{2}{3}Eo^{1/2},\ \frac{8}{3}\right) \\ C_D &= \max(C_{D,\,sph},\ C_{D,\,dist}) \end{aligned} \tag{4-53}$$

非均相模型的湍流黏度可应用均相湍流模型或非均相湍流模型进行计算，但采用均相湍流模型更为普遍。均相湍流模型将流体中的所有流动相在一个湍动场下计算，而不是对不同相分别计算，这样能节约计算资源，提高计算效率。均相湍流模型将在两相流均相模型中进行介绍。

3)铝液-电解质模型

铝液-电解质两相流出除分别考虑铝液及电解质所受外力以外(电磁力和重力)，还需引入两连续相的相间作用力，其稳态非均相模型的控制方程如式(4-54)、式(4-55)、式(4-56)、式(4-57)、式(4-58)所示：

$$\nabla \cdot (r_m \boldsymbol{U}_m) = 0 \tag{4-54}$$

$$\nabla \cdot [r_m(\rho_m U_m \times U_m)] = -r_m \nabla p_m + \nabla \cdot \{r_m \nu_{m,\,eff}[\nabla U_m + (\nabla U_m)^T]\} + r_m(\rho_m - \rho_b)g + r_m F_{em} + f_{m,\,b} \tag{4-55}$$

$$\nabla \cdot (r_b \boldsymbol{U}_m) = 0 \tag{4-56}$$

$$\nabla \cdot [r_b(\rho_b U_b \times U_b)] = -r_b \nabla p_b + \nabla \cdot \{r_b \nu_{b,\,eff}[\nabla U_b + (\nabla U_b)^T]\} + r_b F_{em} + f_{b,\,m} \tag{4-57}$$

$$r_m + r_b = 1 \tag{4-58}$$

式中：下标 b 和 m 分别为电解质和铝液；r 为体积分数；g 为重力加速度；F_{em} 为电磁力；$f_{m,b}$(或$f_{b,m}$)表示铝液和电解质两相的相间曳力，可由式(4-59)计算：

$$f_{m,b} = C_{m,b}(U_b - U_m) = -f_{b,m} \tag{4-59}$$

铝液-电解质界面应视为自由面，$C_{b,m}$ 可用式(4-60)计算：

$$C_{b,m} = C_D \rho_{b,m} A_{b,m} |U_b - U_m| \tag{4-60}$$

其中，如式(4-61)、式(4-62)所示：

$$\rho_{b,m} = r_b \rho_b + r_m \rho_m \tag{4-61}$$

$$A_{b,m} = \frac{2|\nabla r_b||\nabla r_m|}{|\nabla r_b| + |\nabla r_m|} \tag{4-62}$$

式(4-60)中的 C_D 为铝液、电解质间的曳力系数，目前尚无研究对该系数值进行准确测定。由于工业生产中铝液-电解质界面附近熔体湍动行为剧烈，流动以惯性力为主导，其特征与颗粒两相流的惯性区机制有相似之处，故有研究将该系数近似取为 0.44。

对于非均相模型而言，铝液-电解质界面分布可根据计算所得两相体积分数分步获得，通常将满足 $r_b = r_m = 0.5$ 的面视为铝液-电解质界面。

2. 均相模型

均相模型在统一速度场及压力场下对多相流进行计算，其控制方程与单相流整体上一致，如式(4-63)、式(4-64)所示：

$$\nabla \cdot U = 0 \tag{4-63}$$

$$(U \cdot \nabla) U = -\nabla\left(\frac{p}{\rho} - f\right) + \nu_{eff} \nabla^2 U \tag{4-64}$$

式中：f 为单位体积所受的外力(主要为电磁力和重力)；ρ 为密度；ν_{eff} 为有效黏度(分子黏度 ν 与湍流黏度 ν_t 之和)。

值得注意的是，此处的 ρ 和 ν 并不是任何一相的密度和黏度，而是两相混合密度和黏度，由(4-65)式定义：

$$\rho = \sum_{\alpha=1}^{2} r_\alpha \rho_\alpha \tag{4-65}$$

式中：r 为体积分数。

湍流黏度 ν_T 通常采用均相湍流模型计算获得，以标准 $k-\varepsilon$ 模型为例，方程如式(4-66)、式(4-67)、式(4-68)、式(4-69)所示：

$$\nu_T = c_\mu \frac{k^2}{\varepsilon} \tag{4-66}$$

$$\frac{\partial \rho k}{\partial t} + \nabla \cdot (\rho U k) = \nabla \cdot \left[\left(\mu + \frac{\nu_T}{\sigma_k}\right)\nabla k\right] + G_k - \rho\varepsilon \tag{4-67}$$

$$\frac{\partial \rho \varepsilon}{\partial t} + \nabla \cdot (\rho U \varepsilon) = \nabla \cdot \left[\left(\mu + \frac{\nu_T}{\sigma_\varepsilon}\right)\nabla \varepsilon\right] + \frac{\varepsilon}{k}(C_{\varepsilon 1} G_k - C_{\varepsilon 2}\rho\varepsilon) \tag{4-68}$$

其中：

$$G_k = \nu_T \nabla U \cdot (\nabla U + \nabla U^T) \tag{4-69}$$

式(4-66)~式(4-69)中：k 和 ε 分别为湍动能和湍动能耗散率；经验常数 $c_\mu = 0.09$，$C_1 = 1.44$，$C_2 = 1.92$，$\sigma_k = 1.0$，$\sigma_\varepsilon = 1.3$。

对于均相模型，需要通过额外构造一个函数来跟踪某一相在每个计算单元内的体积分数，进而获得两相界面(自由面)的分布，这一点通常采用 VOF 法来实现，其原理如下：

在计算域内每一点上定义一个函数 $f=f(x, y, z, t)$，当该点被某一流体相质点占据时，此点的 $f=1$，否则 $f=0$。当计算域的空间离散为计算单元后，令 F 为一个单元内的某一相流体所占据体积与该单元体的体积之比，如式(4-70)所示：

$$F(x, y, t) = \frac{1}{\Delta V}\iiint_V f(x, y, z, t)\,\mathrm{d}x\mathrm{d}y\mathrm{d}z \tag{4-70}$$

如果 $F=1$，该单元内充满该相流体；如果 $F=0$，该单元内不含该相流体；如果 F 的值在 0 与 1 之间，则该单元内含两相界面。

F 是空间与时间的函数，可以理解为着色在某一流体相质点上并随该流体相质点一起运动的没有质量和黏性的物理量，其运动方程如式(4-71)所示：

$$\frac{\partial F}{\partial t} + U \cdot \nabla F = 0 \tag{4-71}$$

均相模型通过结合 VOF 法可以获得铝液-电解质或者电解质-气泡的两相界面分布。

4.4.3 稳态三相流计算模型

在稳态两相流计算模型的基础上，可进一步建立稳态铝液-电解质-气泡三相流模型。三相流模型可以从流体运动的整体性出发，全面考察铝电解槽内三个主要流体相(铝液、电解质和气泡)的相互作用关系，从而进一步提高流场建模研究的可靠性。

三相流非均相模型的时均 Navier-Stokes 方程组如式(4-72)、式(4-73)所示：

$$\frac{\partial}{\partial t}(r_\alpha \rho_\alpha) + \nabla \cdot (r_\alpha \rho_\alpha U_\alpha) = 0 \tag{4-72}$$

$$\begin{aligned}&\frac{\partial}{\partial t}(r_\alpha \rho_\alpha U_\alpha) + \nabla \cdot [r_\alpha(\rho_\alpha U_\alpha \times U_\alpha)] \\ &= - r_\alpha \nabla p_\alpha + \nabla \cdot \{r_\alpha \mu_{\alpha\mathrm{eff}}[\nabla U_\alpha + (\nabla U_\alpha)^T]\} + S_{M\alpha} + M_\alpha\end{aligned} \tag{4-73}$$

式中：U_α、r_α 和 ρ_α 分别为 α 相的流速、体积分数和密度；$\mu_{\alpha\mathrm{eff}}$ 为 α 相的有效黏度，其物理意义为分子黏度 μ_α 和湍流黏度 μ_T 之和；M_α 为其他流动相对 α 相的内部

表面作用力；$S_{M\alpha}$ 为作用于 α 相的外部体积力。

此外，还应满足体积守恒方程，如式(4-74)所示：

$$\sum_{\alpha=1}^{3} r_\alpha = 1 \tag{4-74}$$

各相动量守恒方程中相关源项的具体表述如表 4-2 所示。表中的 $C_{b,m}$、$C_{b,p}$ 和 ν_T 的计算方法已在上一小节中进行介绍。

表 4-2　各相动量守恒方程中的相关项

	$\mu_{\alpha eff}$	$S_{M\alpha}$	M_α
电解质	$\mu_b + \mu_T$	$r_b F_{em}$	$C_{b,m}(U_m - U_b) + C_{b,p}(U_p - U_b)$
铝液	$\nu_m + \nu_T$	$r_m(\rho_m - \rho_b)g + r_m F_{em}$	$C_{m,b}(U_b - U_m)$
气泡	$\nu_p + \nu_T$	$r_p(\rho_p - \rho_b)g$	$C_{b,p}(U_b - U_p)$

在涉及气泡的多相流计算中，还需要确定单位时间内进入计算域的气泡量，阳极表面释放的气泡主要成分为 CO_2 和 CO，假定 CO_2 和 CO 的摩尔分数分别为 $a\%$和 $b\%$，在不考虑电流效率的情况下，气泡局部质量生成率 m_{loc}[kg/(s · m^2)]可由式(4-75)表示：

$$m_{loc} = \frac{J_a}{10^3 F} \frac{22a + 14b}{2a + b} \tag{4-75}$$

式中：J_a 为阳极表面的局部电流密度，A/m^2；F 为法拉第常数。

4.5　磁流体稳定性模型

铝电解槽磁流体稳定性研究针对的是电解生产中槽内流体波动引起的不稳定现象。在铝液-电解质界面剧烈波动(或者波动随时间增大)的情况下，槽电压相应大幅波动，生产难以稳定进行，甚至出现短路的情况。

工业铝电解槽是一个长方体容器，槽内电解质层及铝液层厚度与电解槽水平尺寸及流体波动的波长的比值很小，体系近似于四周封闭的浅水薄层，符合浅水模型应用的特征条件，故而磁流体稳定性研究通常基于二维浅水模型进行。在铝电解槽磁流体稳定性研究的发展过程中，先后出现了线性浅水模型和非线性浅水模型，本节将分别对这两类模型进行介绍。

4.5.1 线性浅水模型

1. 数学模型

基于线性模型的磁流体稳定性研究认为铝电解槽内铝液-电解质界面的不稳定波动是重力波受电磁力作用形成的。流体的重力波本身是稳定的，其自然频率为一组实数，但在电磁力的作用下，两个频率相近的重力波模态可能相互靠拢，直至重叠，对应的两个重力波频率也同时由实数转化为一对共轭复数，复数的实部为新的自然频率，虚部的绝对值为波动增长率，波幅随时间增长，从而产生了波动的不稳定现象。另外，早期的研究认为波动由一组相互独立的不同频率(可能为复数)的模态线性组合而成，但随着研究的深入，发现各模态并非相互独立，电磁力的频谱特征可使能量在不同模态间相互传递，需考虑各模态间的全面耦合。

线性模型通常由波动方程和扰动电势方程组成，其实质是分析由铝液-电解质界面波动引起的扰动电磁力对磁流体稳定性的影响，控制方程如式(4-76)、式(4-77)所示：

$$\left(\frac{\rho_1}{h_1}+\frac{\rho_2}{h_2}\right)\partial_{\mathrm{tt}}\zeta=\delta(\partial_{xx}+\partial_{yy})\zeta-\mathrm{div}_2 f \tag{4-76}$$

$$(\partial_{xx}+\partial_{yy})\varphi=-\frac{J\zeta}{(h_1h_2)} \tag{4-77}$$

式中：$j_x=-\partial_x\varphi$；$j_y=-\partial_y\varphi$；$\mathrm{div}_2 f=j_y\partial_x B_z-j_x\partial_y B_z$；$\delta=(\rho_2-\rho_1)g$。

模型的边界条件如式(4-78)、式(4-79)所示：

$$\delta\partial_n\zeta=(n_x j_y-n_y j_x)B_z \tag{4-78}$$

$$\partial_n\varphi=0 \tag{4-79}$$

式中：x 和 y 分别为电解槽的长度和宽度方向；ζ 为垂直波动量；φ 为扰动电势；ρ_1 和 ρ_2 分别为电解质密度和铝液密度；h_1 和 h_2 分别为极距和铝液层厚度；J 为槽内电流密度；B_z 为稳态磁场垂直分量；∂_{tt} 为关于时间的二阶偏导；n 为边界外法线方向。显然，要求解以上方程须先获得稳态磁场垂直分量分布。

2. 模型的求解

对上述模型的求解可应用傅里叶级数法来实现[2]。设定铝电解槽的长为 a，宽为 b，相应的 x 和 y 的定义域分别为$[0, a]$和$[0, b]$。

首先定义傅立叶组分，如式(4-80)所示：

$$\varphi_{m,n}=\varepsilon_m\varepsilon_n\cos\left(\frac{m\pi x}{a}\right)\cos\left(\frac{n\pi y}{b}\right) \tag{4-80}$$

式中：$\varepsilon_0=\sqrt{2}/2$，$\varepsilon_1=1$，$\varepsilon_2=1$，$\varepsilon_3=1$，…

$\varphi_{m,n}$ 满足正交归一性，如式(4-81)所示：

$$\langle \varphi_{m,n}, \varphi_{m'n'} \rangle = \begin{cases} 1, & (m, n) = (m', n') \\ 0, & (m, n) \neq (m', n') \end{cases} \tag{4-81}$$

（注：$\langle p, q\rangle = \iint_{\Omega} p \cdot g \mathrm{d}x\mathrm{d}y$）

ζ 和 φ 可展开为傅立叶级数形式，如式(4-82)、式(4-83)所示：

$$\zeta(x, y, t) = \sum_{k,j} \varphi_k \zeta_{k,j} \mathrm{e}^{\mathrm{i}\omega_j t} = \sum_j \zeta_j(x, y, t) \tag{4-82}$$

$$\varphi(x, y, t) = \sum_{k,j} \varphi_k \varphi_{k,j} \mathrm{e}^{\mathrm{i}\omega_j t} = \sum_j \varphi_j(x, y, t) \tag{4-83}$$

式中：$k=(m, n)$，m，$n=0, 1, 2, 3, \cdots$

$$\zeta_j = \sum_k \varphi_k \zeta_{k,j} \mathrm{e}^{\mathrm{i}\omega_j t}$$

$$\varphi_j = \sum_k \varphi_k \varphi_{k,j} \mathrm{e}^{\mathrm{i}\omega_j t}$$

此处的 $\zeta_{k,j}$ 和 $\varphi_{k,j}$ 分别表示 ζ 和 φ 在频率 ω_j 下的模态 k 分量。由于式(4-78)~式(4-81)为齐次线性方程，所以将式(4-75)~式(4-80)中的 ζ 和 φ 替换为 ζ_j 和 φ_j 仍成立。

当 φ_k 满足边界条件式(4-78)，式(4-83)可直接求解，如式(4-84)所示：

$$\varphi_{k,j} = \frac{\zeta_{k,j}\beta}{\Delta_k} \tag{4-84}$$

式中：$\Delta_k = \pi^2[(m/a)^2+(n/b)^2]$；$\beta = J/(h_1 h_2)$。

则得式(4-85)：

$$\varphi_j = \beta \sum_k \left(\frac{1}{\Delta_k}\right) \varphi_k \zeta_{k,j} \mathrm{e}^{\mathrm{i}\omega_j t} \tag{4-85}$$

当 φ_k 不满足边界条件式(4-78)，应用伽辽金法求解式(4-81)，选取 φ_k 为试函数，则：

$$\langle \varphi_k, M\partial_{tt}\zeta_j \rangle = \langle \varphi_k, \delta(\partial_{xx} + \partial_{yy})\zeta_j \rangle - \langle \varphi_k, \mathrm{div}_2 f_j \rangle \tag{4-86}$$

式中：$M=\rho_1/h_1+\rho_2/h_2$；$j_{x,j}=-\partial_x\varphi_j$，$j_{y,j}=-\partial_y\varphi_j$；$\mathrm{div}_2 f_j = j_{y,j}\partial_x B_z - j_{x,j}\partial_y B_z$。

应用 Green 公式处理式(4-86)的右侧，可得：

$$\begin{aligned} \langle \varphi_k, M\partial_{tt}\zeta_j \rangle = & \delta\langle (\partial_{xx} + \partial_{yy})\varphi_k, \zeta_j \rangle + \\ & \oint_{\partial\Omega} \{\varphi_k[\delta\partial_n\zeta_j - (n_x j_{y,j} - n_y j_{x,j})B_z]\} \mathrm{d}s + \\ & \langle \partial_x\varphi_k, B_z j_{y,j} \rangle - \langle \partial_y\varphi_k, B_z j_{x,j} \rangle \end{aligned} \tag{4-87}$$

式中：Ω 为定义域；$\partial\Omega$ 为其边界。

结合得到式(4-88)：

$$(M\omega_j^2 - \delta\Delta_k)\zeta_{k,j} - \beta\sum_{k'} S_{k,k'}(1/\Delta_{k'})\zeta_{k',j} = 0 \tag{4-88}$$

其中：

$$S_{k,k'} = \langle \partial_x \varphi_k, B_z \partial_y \varphi_{k'} \rangle - \langle \partial_y \varphi_k, B_z \partial_x \varphi_{k'} \rangle \tag{4-89}$$

根据式(4-89)求解特征值 ω_j，得到磁流体波动的特征频率。$S_{k,k'}$反映了模态 k 和 k'的耦合程度，$S_{k,k'}$越大，耦合程度越大，波动趋于不稳定的可能性越大。由式(4-89)可知，在模态$(m, 0)$和$(m', 0)$之间或者$(0, n)$和$(0, n')$之间不发生耦合；$S_{k,k'}$与 B_z 的分布密切相关。

3. 磁流体稳定性影响因素

基于线性模型的磁流体稳定性研究衍生了若干稳定性评价指标或准则，这些由不同研究者提出的指标或准则并不统一，且通常需要在解析重力波模态及模态间相互作用的基础上才能采用，故实际应用并不方便。但通过线性建模及基于线性模型的准则研究，可以获悉以下几个已达成共识的影响稳定性的主要因素。

(1)极距、铝液的厚度越大，电解槽越稳定，反之不稳定。

(2)稳态磁场垂直分量 B_z 或其水平梯度$\nabla_\perp B_z$ 越小，电解槽越稳定，反之不稳定。

(3)铝液中的水平电流越小，电解槽越稳定，反之不稳定。

(4)电解槽的长宽比的设计，使得重力波的自然频率之间的间隔越大，电解槽越稳定，反之不稳定。

4.5.2 非线性浅水模型

1. 数学模型

如前文所述，线性模型主要分析的是重力波受扰动电磁力作用而出现的不稳定现象，但对基于其他机理的不稳定因素并没有进行考虑，比如熔体的水平流动及其所形成的流场。在随后的发展中，研究者们开展了非线性建模研究。非线性模型可以同时解析铝液-电解质界面的瞬态波动行为和流体水平流场的演变，控制方程如式(4-90)、式(4-91)、式(4-92)、式(4-93)所示：

$$\frac{\partial U^{\mathrm{a}}}{\partial t} + (U^{\mathrm{a}} \cdot \nabla) U^{\mathrm{a}} = -\frac{1}{\rho_{\mathrm{a}}} \nabla p - g \nabla \zeta + \frac{1}{\rho_{\mathrm{a}}} F^{\mathrm{a}} + \nu_{\mathrm{e}}^{\mathrm{a}} \nabla^2 U^{\mathrm{a}} - \kappa_{\mathrm{a}} U^{\mathrm{a}} \tag{4-90}$$

$$\frac{\partial U^{\mathrm{c}}}{\partial t} + (U^{\mathrm{c}} \cdot \nabla) U^{\mathrm{c}} = -\frac{1}{\rho_{\mathrm{c}}} \nabla p - g \nabla \zeta + \frac{1}{\rho_{\mathrm{c}}} F^{\mathrm{c}} + \nu_{\mathrm{e}}^{\mathrm{c}} \nabla^2 U^{\mathrm{c}} - \kappa_{\mathrm{c}} U^{\mathrm{c}} \tag{4-91}$$

$$\frac{\partial \zeta}{\partial t} = -\nabla \cdot [(H + \zeta) U^{\mathrm{a}}] \tag{4-92}$$

$$\nabla \cdot [(H + \zeta) U^{\mathrm{a}} + (h - \zeta) U^{\mathrm{c}}] = 0 \tag{4-93}$$

式中：U、p 和 ρ 分别为流速、热力学压强以及密度；t 和 g 分别为时间和重力加速度；ζ 为铝液-电解质界面垂直波动量(偏离初始位置的距离)；上标 a 和 c 分别为铝液和电解质。

控制方程采用线性模型描述熔体流动所受的摩擦阻力，κ 为摩擦系数，方程中同时保留了黏性力项(有些非线性模型中没有这一项，将黏性力归到线性摩擦力中)ν_e 为有效运动黏度，对铝电解槽内的熔体而言，其物理黏度远小于湍流黏度(相差 2~3 个数量级)，故可用湍流黏度近似代替有效黏度(可采用常湍流黏度)。另外，需指出的是控制方程中相关物理量的值为其垂直方向上的均值，如铝液流速 U^a 可由式(4-94)描述：

$$U^a = \frac{1}{H+\zeta}\int_{-H}^{\zeta} u^a \mathrm{d}z \tag{4-94}$$

式中：u^a 为槽内实际铝液流速。

该模型只需流速边界条件，设定槽周为光滑无渗透壁面，如式(4-95)所示：

$$(U \cdot n)_{\text{sidewall}} = 0 \tag{4-95}$$

式中：n 为边界外法线方向。

对于非线性模型的机理可作如下描述：上层电解质和下层铝液在电磁力(非扰动部分)的驱动下做湍流流动，导致流体内部压强改变，使得铝液-电解质界面发生变形，槽内电磁场分布相应改变，产生了额外的电磁力(扰动部分)，扰动电磁力进一步改变流体的流动并影响铝液-电解质界面的波动。在这个过程中可能产生波动的不稳定分量，如果摩擦阻力无法有效抑制，则波幅不断增大，即出现磁流体不稳定现象。

2. 电磁力计算模型

电磁力是槽内熔体运动的主要驱动力，将铝液-电解质界面未变形前提下流体区域分布的电磁力定义为 F_0，将由界面变形引起的作用于流体的电磁力定义为 f，则某一时刻铝液所受电磁力 F^a 和电解质所受电磁力 F^c 可分别由式(4-96)和式(4-97)表示：

$$F^a = F_0^a + f^a \tag{4-96}$$

$$F^c = F_0^c + f^c \tag{4-97}$$

1)非扰动电磁力

F_0^a 和 F_0^c 分别根据式(4-98)及式(4-99)计算获得：

$$F_0^a = (J^a \times B^a)_\perp \tag{4-98}$$

$$F_0^c = (J^c \times B^c)_\perp \tag{4-99}$$

式中：J 和 B 分别为电流密度和磁感应强度，“⊥”表示水平分量。稳态电磁场分布可基于电磁场建模计算获得。

2)扰动电磁力

为计算扰动电磁力，先对槽内电磁特性进行讨论。铝液电导率 σ_a、电解质电导率 σ_c 和阴极炭块电导率 σ_t 满足式(4-100)所示关系：

$$\sigma_c \ll \sigma_t \ll \sigma_a \tag{4-100}$$

当铝液-电解质界面发生变形，电解质层局部阻抗改变，产生扰动电流，扰动电流又诱发相应的扰动磁场。由于电解质的导电性差，电流尽可能以最短路径通过电解质层，故该层中的扰动电流主要是垂直方向上的；铝液的导电性远优于电解质及阴极炭块，造成扰动电流在铝液层中封闭，故铝液层中的扰动电流主要是水平方向上的。槽内扰动电流及扰动磁场分布如图 4-4 所示。

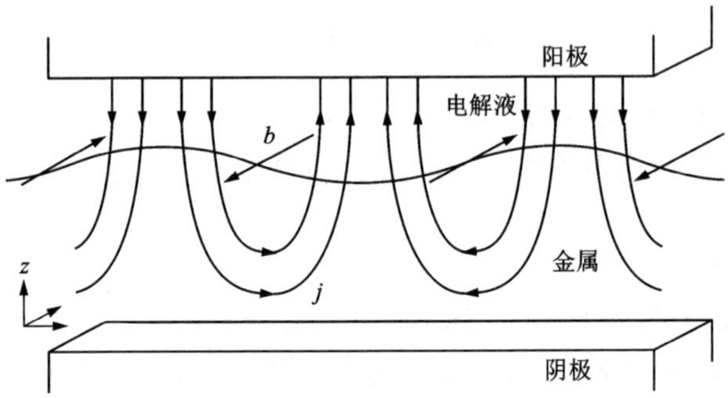

图 4-4　槽内扰动电流及扰动磁场

在以上讨论的基础上，推导出铝液层水平电流与垂直磁场作用产生的电磁力是唯一有重要影响的扰动电磁力组分。据此，可以得到如式(4-101)所示的结论：

$$f^{\mathrm{a}} \approx j_{\perp}^{\mathrm{a}} \times B_z^{\mathrm{a}} \mathrm{e}_z,\ f^{\mathrm{c}} \approx 0 \tag{4-101}$$

式中：下标 z 为电解槽高度方向。

由于电解质层中的电流基本上是垂直方向的，故可将铝液上表面视为等势面，并设定如下：

$$\varphi_{z=\zeta} = 0 \tag{4-102}$$

在此基础上得到阳极底面处的电势如式(4-103)所示：

$$\varphi_{z=h} = \sigma_{\mathrm{c}}^{-1} J_z^{\mathrm{c}} h \tag{4-103}$$

假设阳极底面处的电势相等，则可得式(4-104)：

$$j_z^{\mathrm{c}} = J_z^{\mathrm{c}} \frac{\zeta}{h - \zeta} \tag{4-104}$$

根据上述扰动电流的特征，应用如式(4-105)、式(4-106)所示的泊松方程计算铝液中的水平电流：

$$\Delta_{\perp} \psi = \frac{\partial^2 \psi}{\partial x^2} + \frac{\partial^2 \psi}{\partial y^2} = -j_z^{\mathrm{c}} \tag{4-105}$$

$$(j_x^{\mathrm{a}}, j_y^{\mathrm{a}}) = \frac{1}{H + \zeta}\left(\frac{\partial \psi}{\partial x}, \frac{\partial \psi}{\partial y}\right) \tag{4-106}$$

其中 ψ 为电流势，扰动电流模型的边界条件如式(4-107)所示：

$$\frac{\partial \psi}{\partial n}=0 \text{ at } \partial \Omega,\ \Omega=(0,\ L_x)\times(0,\ L_y) \tag{4-107}$$

应用式(4-101)～式(4-107)，扰动电磁力可获得有效求解。

4.6　热场模型

电流通过有一定阻抗的铝电解槽产生热，从而形成热场。热场对铝电解生产的重要性不言而喻，在合理的热场下，铝液和电解质维持在适宜的温度，槽帮的厚度和形状适宜，槽膛内形稳定，而不合理的热场会导致熔体温度过高或过低、槽膛内形不合理，从而直接影响铝电解生产过程和各项技术经济指标。铝电解槽热场计算通常是指在电场计算的基础上对热平衡状态下的电解槽进行稳态热场计算，由于电场模型的相关参数(电导率)在一定程度上受温度影响，故而在实际建模中，往往建立电-热耦合模型对电热场进行耦合计算。电场计算模型已在前面作过介绍，本节只介绍热场模型。

4.6.1　控制方程

在铝电解槽内部，除熔体区域存在热对流外，其他区域主要的传热方式是热传导，由于熔体做较为剧烈的湍流运动，故可将其近似视为等温(实际熔体中不同区域可能存在微小温差)。在作此简化的基础上，铝电解槽稳态热场计算的主要控制方程即稳态热传导方程：

$$\frac{\partial}{\partial x}\left(k_x \frac{\partial T}{\partial x}\right)+\frac{\partial}{\partial y}\left(k_y \frac{\partial T}{\partial y}\right)+\frac{\partial}{\partial z}\left(k_z \frac{\partial T}{\partial z}\right)+q_s=0 \tag{4-108}$$

式中：k_x、k_y、k_z 为导热系数，W/(m · ℃)；T 为温度，℃；ρ 为密度，kg/m^3；q_s 为热源强度(单位体积热产生率)，W/m^3。

在铝电解槽的各个区域内，主要存在以下热源(生成源或消耗源)。

1)导电区电流产生的焦耳热

$$q_s=\sigma|\nabla \varphi|^2 \tag{4-109}$$

式中：σ 为电导率，S/m；φ 为电势，V。

2)电解质区加热物料消耗的热量

加热的物料主要为参与反应的氧化铝和碳，设定氧化铝及碳由室温(25 ℃)加热到电解温度，热焓分别增加 ΔH_1 J/mol 和 ΔH_2 J/mol，则生产 1 mol 铝，加热物料需要的热量为($0.5\Delta H_1+0.75\Delta H_2$) J，据此，可以计算得到式(4-110)：

$$q_s=\frac{I\cdot(0.5\Delta H_1+0.75\Delta H_2)}{3F\cdot V_h} \tag{4-110}$$

式中：I 为通过电解槽的电流强度，A；F 为法拉第常数，C/mol；V_h 为物料加热区域的体积，m^3。

3）反应区内电化学反应吸收的热量

槽内发生的主体反应[$Al_2O_{3(s)}+1.5C_{(s)} = 2Al_{(s)}+1.5CO_{2(g)}$]是吸热反应，设通过该反应生成 1 mol 铝需要向环境吸热 ΔH_0（CO_2 的温度取其离开电解槽时的温度，其他反应物及生成物温度取电解温度），则该项单位体积热吸收率如式(4-111)所示：

$$q_s = \frac{I \cdot \eta \cdot \Delta H_0}{3F \cdot V_r} \tag{4-111}$$

式中：η 为电流效率；V_r 为反应吸热区域的体积，m^3。

4.6.2 熔体与槽帮界面问题

铝电解生产中，熔体须维持一定的过热度，而槽帮表面温度可近似视为电解质的初晶温度，熔体温度与槽帮表面温度不连续（也有研究认为两者间存在黏稠过渡层），两者之间主要通过对流换热。熔体-槽帮界面是一个动态演变的界面，槽内温度升高，槽帮表面会熔化为电解质；槽内温度降低，槽帮表面附近的熔体会凝固。槽帮-电解质界面因相变而发生移动，则界面上的能量方程可表示为式(4-112)：

$$k_s \frac{\partial T_s(x,\ y,\ t)}{\partial n} - k_L \frac{\partial T_L(x,\ y,\ t)}{\partial n} = \rho L v \cdot n \tag{4-112}$$

式中：$T_s(x, y, t)$ 和 $T_L(x, y, t)$ 分别为 t 时刻界面上点 (x, y) 两侧槽帮和熔体的温度；k_s 为槽帮的导热系数；k_L 为熔体的等效导热系数（需要考虑熔体运动）；n 为界面 $\partial\Omega_L(t)$ 在 (x, y) 处的指向熔体区的单位法向量；v 为界面上点 (x, y) 的速度矢量；L 为相变潜热；ρ 为密度（相变点附近熔体与槽帮密度视为一致）。

理论上，基于瞬态热场建模并结合界面能量方程可以获得槽帮-熔体界面演变过程。但是槽帮-熔体界面演变过程十分缓慢，在多数情况下，只需基于稳态热场建模来获悉稳定状态下的槽帮形状。在进行稳态建模计算时，可以通过反复修正槽帮形状并进行迭代计算求得槽帮表面各点温度恰为电解质初晶度的稳态解，从而在确定槽帮形状的同时获悉电解槽的热场分布。此方法需要式(4-113)定义熔体与槽帮之间的对流换热系数 h_E[$kJ/(m^2 \cdot s^1 \cdot ℃)$]来描述单位时间单位界面上的换热量 Q[($kJ/(m^2 \cdot s)$]：

$$Q = h_E \cdot (T_L - T_S) \tag{4-113}$$

对流传热系数 h_E 与熔体热容、槽帮表面附近熔体流速和流体边界层厚度等因素存在关联，对于不同容量的铝电解槽，该系数有较大变化。通常情况下，随着电解槽容量增大，槽内熔体流速会相应增大，槽帮和熔体间的对流换热系数也会有所增大。

4.6.3 模型边界条件

铝电解槽外表面与周围环境的换热有热对流和热辐射两种方式。对流热损失 $Q_{对}$[J/(m^2·s)]的计算公式如式(4-114)所示：

$$Q_{对} = \alpha_{对}(t_1 - t_0)A \tag{4-114}$$

式中：$\alpha_{对}$为对流换热系数，J/(m^2·s·℃)；t_1 为槽外壁温度，℃；t_0 为环境温度，℃；A 为散热面积，m^2。

对流换热系数 $\alpha_{对}$ 的取值与周围空气的温度、流动状态及槽壁的配置形状有关，可以由式(4-115)努塞尔数 Nu 表征：

$$\alpha_{对} = \frac{kNu}{L} \tag{4-115}$$

式中：k 为流体的导热系数；L 为表面区域的特征尺寸。

在自然对流的情况下，对于上部覆盖料表面、底部槽壳表面及侧部垂直壁面，努塞尔数 Nu 与瑞利数 Ra 存在以下关联。

(1)上部覆盖料表面：

$$\begin{aligned} Nu &= 0.54(Ra)^{1/4} \qquad 10^5 < Ra < 2\times 10^7 \\ Nu &= 0.14(Ra)^{1/4} \qquad 2\times 10^7 < Ra < 3\times 10^{10} \end{aligned} \tag{4-116}$$

(2)底部槽壳表面：

$$Nu = 0.27(Ra)^{1/4} \qquad 3\times 10^5 < Ra < 3\times 10^{10} \tag{4-117}$$

(3)侧部垂直壁面：

$$\begin{aligned} Nu &= 0.59(Ra)^{1/4} \qquad 10^4 < Ra < 2\times 10^9 \\ Nu &= 0.13(Ra)^{1/4} \qquad 10^9 < Ra < 2\times 10^{12} \end{aligned} \tag{4-118}$$

瑞利数 Ra 为普兰特数 Pr 和格拉斯霍夫数 Gr 的乘积，如式(4-119)、式(4-120)、式(4-121)所示：

$$Ra = Pr \cdot Gr \tag{4-119}$$

$$Pr = \frac{\mu C_p}{k} \tag{4-120}$$

$$Gr = \frac{g\beta\rho^2(t_1 - t_0)L^3}{\mu^2} \tag{4-121}$$

式中：μ 为流体的动力黏度；C_p 为流体的比热容；g 为重力加速度；β 为流体的膨胀系数；ρ 为流体的密度。

另外，对于底部和上部，表面特征尺寸 L 可以按式(4-122)进行计算：

$$L = \frac{A_p}{P} \tag{4-122}$$

式中：A_p 为对流换热面面积；P 为换热面周长。

对于侧部垂直壁面，L 可以取壁面高度。

槽表面辐射热损失 $Q_{辐}$[J/(m²·s)]计算如式(4-123)所示：

$$Q_{辐} = \varepsilon\sigma\varphi[(t_1 + 273)^4 - (t_0 + 273)^4]A \tag{4-123}$$

式中：ε 为辐射物体的黑度，小数；σ 为斯蒂芬-玻尔兹曼常数，5.67×10^{-8} W/(m²·K⁴)；φ 为辐射表面与相邻表面相互辐射角度系数；t_1 和 t_0 分别为辐射物体壁面温度和周围环境温度，℃；A 为辐射物体的辐射表面积，m²。

对于铝电解槽，在计算辐射热损失时，较为困难的任务是确定 ε 和 φ 值。黑度值 ε 与物体的性质、表面状况和温度等因素有关，是物体本身的固有特性，与外界环境情况无关。对铝电解槽表面而言，槽壳为粗糙的、氧化了的钢，黑度值可取 0.8，槽体上部覆盖料可取 0.4，铝导杆取 0.07。对于角度系数的确定，在最简单情况下，即一壁向无限大的空间进行热辐射时，角度系数取为 1，但针对铝电解槽，有的可以近似处理，如阳极上盖板的辐射角度系数，而有些则不行。角度系数取值可考虑上部氧化铝面取 0.45，其他部位简化均取值为 0.5。

将辐射散热等效为对流换热，其等效换热系数如式(4-124)所示：

$$\alpha_{辐} = \frac{\varepsilon\sigma\varphi[(t_1 + 273)^4 - (t_0 + 273)^4]}{(t_1 - t_0)} \tag{4-124}$$

槽外综合散热系数如式(4-125)所示：

$$\alpha_{综} = \alpha_{对} + \alpha_{辐} \tag{4-125}$$

铝电解槽环境温度为车间实际温度，上部氧化铝覆盖料的环境温度为烟气温度，均为可测定的值。槽各部位对流换热和辐射散热折合的综合换热系数均与槽壁表面温度 t_1 有关，根据式(4-116)~式(4-123)和式(4-124)~式(4-125)可以计算出不同铝电解槽表面温度下的综合对流换热系数。在槽外施加随温度变化的对流换热系数值，可更准确地计算铝电解槽的温度场分布情况。

4.7 应力场模型

运行中的铝电解槽的各区域在高温下发生膨胀，这种膨胀会受到约束，从而在电解槽内部产生热应力。同时，钠渗透造成阴极炭块膨胀，也会导致阴极内部出现应力。热应力和钠膨胀应力共同构成了铝电解槽的应力场，应力场大小及分布对铝电解槽的寿命有直接影响，本节将对应力场模型进行介绍。

4.7.1 热应力模型

在将铝电解槽涉及材料均近似视为各向同性的弹性材料情况下，热应力计算可基于下列方程组进行。

微分平衡方程如式(4-126)所示：

$$\left.\begin{aligned}
&\frac{\partial\sigma_x}{\partial x}+\frac{\partial\tau_{yx}}{\partial y}+\frac{\partial\tau_{zx}}{\partial z}+F_x=0\\
&\frac{\partial\tau_{xy}}{\partial x}+\frac{\partial\sigma_y}{\partial y}+\frac{\partial\tau_{zy}}{\partial z}+F_y=0\\
&\frac{\partial\tau_{xz}}{\partial x}+\frac{\partial\tau_{yz}}{\partial y}+\frac{\partial\sigma_z}{\partial z}+F_z=0
\end{aligned}\right\}\tag{4-126}$$

式中：σ_x、σ_y、σ_z 为正应力分量；τ_{xy}、τ_{xz}，τ_{yx}、τ_{yz}，τ_{zx}、τ_{zy} 为剪应力分量；F_x、F_y、F_z 分别为体积力在 x、y、z 方向上的分量(对于电解槽来说，所受的主要体积力为重力)。

几何方程如式(4-127)所示：

$$\left.\begin{aligned}
&\varepsilon_x=\frac{\partial u}{\partial x}\quad \gamma_{yz}=\frac{\partial w}{\partial y}+\frac{\partial v}{\partial z}\\
&\varepsilon_y=\frac{\partial v}{\partial y}\quad \gamma_{xz}=\frac{\partial w}{\partial x}+\frac{\partial u}{\partial z}\\
&\varepsilon_z=\frac{\partial w}{\partial y}\quad \gamma_{xy}=\frac{\partial u}{\partial y}+\frac{\partial v}{\partial x}
\end{aligned}\right\}\tag{4-127}$$

式中：ε_x、ε_y、ε_z 为正应变；γ_{yz}、γ_{xz}、γ_{xy} 为剪应变，u、v、w 为位移分量。

物理方程如式(4-128)所示：

$$\left.\begin{aligned}
&\varepsilon_x=\frac{1}{E}[\sigma_x-\mu(\sigma_y+\sigma_z)]+\alpha_x\Delta T\\
&\varepsilon_y=\frac{1}{E}[\sigma_y-\mu(\sigma_x+\sigma_z)]+\alpha_y\Delta T\\
&\varepsilon_z=\frac{1}{E}[\sigma_z-\mu(\sigma_x+\sigma_y)]+\alpha_z\Delta T\\
&\gamma_{yz}=\frac{2(1+\mu)}{E}\tau_{yz}\\
&\gamma_{xz}=\frac{2(1+\mu)}{E}\tau_{xz}\\
&\gamma_{xy}=\frac{2(1+\mu)}{E}\tau_{xy}
\end{aligned}\right\}\tag{4-128}$$

式中：E 为弹性模量；μ 为泊松比；∂_x、∂_y、∂_z 分别为 x、y、z 三个方向上的热膨胀系数；ΔT 为温度变化。

4.7.2　钠膨胀应力模型

在电解槽阴极炭块内部，同时存在着热膨胀和钠膨胀，在同时考虑两种膨胀作用的情况下，正应力-正应变方程可以表示为式(4-129)：

$$\left.\begin{aligned}\varepsilon_x=\frac{1}{E}\sigma_x-\frac{\mu}{E}(\sigma_y+\sigma_z)+\alpha_x\Delta T+\beta_x\Delta C\\ \varepsilon_y=\frac{1}{E}\sigma_y-\frac{\mu}{E}(\sigma_x+\sigma_z)+\alpha_y\Delta T+\beta_y\Delta C\\ \varepsilon_z=\frac{1}{E}\sigma_z-\frac{\mu}{E}(\sigma_x+\sigma_y)+\alpha_z\Delta T+\beta_z\Delta C\end{aligned}\right\}\tag{4-129}$$

式中：E_x、E_y、E_z 为弹性模量；μ 为泊松比；α_x、α_y、α_z 为热膨胀系数；β_x、β_y、β_z 为钠膨胀系数；ΔT 为温度变化；ΔC 为钠浓度变化。

其他计算方程与只考虑热应力时一致。

铝电解槽应力场模型的边界条件：槽底与底部绝缘支柱的接触面在垂直方向的位移为 0，在选取 1/4 槽进行应力场研究的情况下，电解槽长轴和短轴中心面设为对称面。

4.8 氧化铝输运模型

电解质的局部过热度和电导率与局部氧化铝浓度密切相关，获得均匀的氧化铝浓度分布对提高电流效率、减少阳极效应、降低槽电压波动等有重要意义，因此建模研究氧化铝在电解质中的输运过程十分必要。氧化铝输运过程可以通过建立瞬态多相多组分流场模型来进行模拟，本节将对该模型进行系统介绍。

4.8.1 控制方程

通过建立瞬态两相流(电解质-阳极气泡)非均相模型来模拟电解质流场，其质量守恒方程和动量守恒方程分别如式(4-130)、式(4-131)所示：

$$\frac{\partial}{\partial t}(r_\alpha\rho_\alpha)+\nabla\cdot(r_\alpha\rho_\alpha U_\alpha)=0\tag{4-130}$$

$$\begin{aligned}&\frac{\partial}{\partial t}(r_\alpha\rho_\alpha U_\alpha)+\nabla\cdot[r_\alpha(\rho_\alpha U_\alpha\times U_\alpha)]\\&=-r_\alpha\nabla p_\alpha+\nabla\cdot\{r_\alpha\mu_{\alpha\mathrm{eff}}[\nabla U_\alpha+(\nabla U_\alpha)^{\mathrm{T}}]\}+S_{M\alpha}+M_\alpha\end{aligned}\tag{4-131}$$

式中：t 为时间，其他物理量见前文。

规定电解质相为第 1 相，而氧化铝和冰晶石分别为电解质相中的 A 组分和 B 组分，则对电解质相还需要增加组分守恒方程，即氧化铝的质量输运方程，如式(4-132)所示：

$$\frac{\partial}{\partial t}(r_1\rho_1 Y_{i1})+\nabla\cdot\{r_1[\rho_1 U_1 Y_{i1}-r_1 D_{i1}(\nabla Y_{i1})]\}=S_{i1}\tag{4-132}$$

式(4-132)中从左至右分别为 i 组分的质量变化项、对流项、扩散项和源项；r_1、ρ_1 和 U_1 分别为电解质相的体积分数、密度和速度；Y_{i1}、D_{i1} 和 S_{i1} 则分别为电解质相中 i 组分的质量分数、扩散系数和质量源项。

同时，同一相中各组分的质量分数之和恒为 1，如式(4-133)所示：

$$Y_{A1} + Y_{B1} = 1 \tag{4-133}$$

对于多组分流的数值求解，一般的处理方法是将各种组分所处的流体相作为一个整体来求解主体流动过程的速度、压力、温度和湍动强度等参数；而多组分对流场的影响主要通过所处流动相属性的变化来体现，该流动相的属性则受各个组分之间的属性差异影响。各组分均服从自身的质量守恒方程，因此，对式(4-133)进行雷诺平均处理后可将其写成如式(4-134)所示的张量形式：

$$\frac{\partial\widetilde{\rho}_i}{\partial t} + \frac{\partial(\widetilde{\rho}_i\widetilde{U}_j)}{\partial x_j} = -\frac{\partial}{\partial x_j}\left(\rho_i(\widetilde{U}_{ij} - \widetilde{U}_j) - \overline{\rho''_i U''_j}\right) + S_i \tag{4-134}$$

式中：$\widetilde{\rho}_i$ 为相中组分 i 的质量平均后的密度，亦即流体相中单位体积内组分 i 的质量；$\widetilde{U}_{ij}$ 为组分 i 的质量平均后的速度；$\rho_i(\widetilde{U}_{ij}-\widetilde{U}_j)$ 为组分 i 的相对质量流量；S_i 为组分 i 的质量源项，主要包括因化学反应质量的减少或增加量；$\widetilde{U}_j$ 为该流动相的质量平均后的速度场，如式(4-135)所示：

$$\widetilde{U}_j = \frac{\sum(\widetilde{\rho}_i\widetilde{U}_{ij})}{\bar{\rho}} \tag{4-135}$$

由于同一流体相内一种组分的增加必然意味着另一组分的减少，故各组分的质量源项 S_i 之和必然为 0，式(4-134)可写成如式(4-136)所示标准的连续性方程形式：

$$\frac{\partial\bar{\rho}}{\partial t} + \frac{\partial(\widetilde{\rho}\widetilde{U}_j)}{\partial x_j} = 0 \tag{4-136}$$

相对质量流量代表着各组分之间的流动差异性，其影响因素较为复杂，包括浓度梯度、压强梯度、外部作用力和温度梯度等的影响。其中，浓度梯度的影响往往是最为显著的，并可写成式(4-137)的形式：

$$\rho_i(\widetilde{U}_{ij} - \widetilde{U}_j) = -\frac{\Gamma_i}{\bar{\rho}}\frac{\partial\widetilde{\rho}_i}{\partial x_j} \tag{4-137}$$

式中：Γ_i 为组分 i 的分子扩散系数，其定义为密度与组分 i 扩散系数之乘积，如式(4-138)所示：

$$\Gamma_i = \rho D_i \tag{4-138}$$

此外，定义组分 i 的质量分数如式(4-139)所示：

$$\tilde{Y}_i = \frac{\widetilde{\rho_i}}{\bar{\rho}} \tag{4-139}$$

考虑到同一流体相中各组分的质量分数之和恒为 1，将式(4-137)和式(4-139)代入式(4-134)中可得到：

$$\frac{\partial(\bar{\rho}\widetilde{Y_i})}{\partial t} + \frac{\partial(\bar{\rho}\widetilde{U_j}\widetilde{Y_i})}{\partial x_j} = \frac{\partial}{\partial x_j}\left(\Gamma_i \frac{\partial \widetilde{Y_i}}{\partial x_j}\right) - \frac{\partial}{\partial x_j}(\overline{\rho Y_i'' U_j''}) + S_i \tag{4-140}$$

基于涡耗散模型，可将湍流质量通量写成如下表达式：

$$-\overline{\rho Y_i'' U_j''} = \frac{\mu_t}{Sc_t} \frac{\partial \widetilde{Y_i}}{\partial x_j} \tag{4-141}$$

式中：Sc_t 为湍流 Schmidt 数。

将式(4-141)代入式(4-140)中可以得到式(4-142)：

$$\frac{\partial(\bar{\rho}\widetilde{Y_i})}{\partial t} + \frac{\partial(\bar{\rho}\widetilde{U_j}\widetilde{Y_i})}{\partial x_j} = \frac{\partial}{\partial x_j}\left(\Gamma_{ieff} \frac{\partial Y_i}{\partial x_j}\right) + S_i \tag{4-142}$$

其中：

$$\Gamma_{ieff} = \Gamma_i + \frac{\mu_t}{Sc_t} \tag{4-143}$$

式(4-143)为多组分流通用的对流扩散方程，其简化了计算中各组分质量分数的求解过程。

4.8.2 氧化铝消耗与下料过程的质量源项

对于氧化铝的消耗与下料过程，可使用质量源项函数来加以描述。近似认为氧化铝全部在电解质-铝液界面(阴极表面)发生还原，可定义一个位于界面上的消耗函数；下料过程则涉及一个与下料时间间隔相关的瞬态周期性函数。以下分别予以介绍。

1)氧化铝电解消耗过程的质量源项

根据法拉第定律，铝电解槽内的产铝量可以表示为式(4-144)：

$$P = CI\tau\eta \times 10^{-3} \tag{4-144}$$

式中：P 为产铝量，kg；C 为铝的电化学当量，0.3356 g/(A · h)；τ 为电解时间，h；η 为电流效率。

根据铝和氧化铝之间的质量守恒关系，可由式(4-145)推出氧化铝的质量消耗速率公式：

$$m_{loc} = \frac{17}{32400} \cdot CJ_b\eta \tag{4-145}$$

式中：m_{loc} 为氧化铝的局部消耗速率，kg/(s · m^2)；J_b 为电解质底面的电流密度分布，A/m^2。

2) 氧化铝下料过程的质量源项

我国工业铝电解槽普遍使用的点式下料器为定容筒式下料器，按照一定的工艺进行间歇式下料，即每隔一段时间，铝电解槽计算机控制系统根据需要控制电磁阀的开闭，向打壳气缸和定容下料气缸提供压缩空气，并先后完成打壳与下料动作。每次下料量由定容气缸设定好，而下料时间间隔则由控制系统根据氧化铝浓度的识别结果进行调节。根据现场观察，氧化铝颗粒下料后首先是形成一个料堆漂浮在电解质表面，随后被阳极气泡击碎搅动，逐渐分散没入电解质中。基于此，可认为氧化铝并非在下料的瞬间就进入电解质主体，而是具有一定的时间滞后性，且其逐渐溶解进入电解质相的过程亦需要一定的时间，故提出氧化铝下料过程的质量源项时变函数如式(4-146)所示：

$$f(t) = \frac{T_0 m_0}{n\delta} \cdot \mathrm{step}\{\sin[\omega(t + q - \tau)] - \sin(\omega q)\} \tag{4-146}$$

式中：T_0 为铝电解槽的基准下料周期，是理论计算得到的固定值；m_0 为全槽氧化铝的消耗速率，kg/s；n 为下料点的数目；τ 为从下料时刻到氧化铝开始进入电解质主体时刻的时间滞后量；δ 为氧化铝溶解进入氧化铝相所需的时间；ω 和 q 分别为与单个下料间隔 T 有关的频率与函数左移量：

$$\omega = \frac{2\pi}{T} \tag{4-147}$$

$$q = \frac{T}{4} - \frac{\delta}{2} \tag{4-148}$$

式(4-147)和式(4-148)中的下料间隔 T 不同于式(4-146)中固定不变的基准下料周期 T_0，而是由铝电解槽控制系统决定，可根据需要调整：对正常的基准下料，$T=T_0$；对过量下料，则间隔缩短，$T<T_0$；对欠料下料，则周期延长，$T>T_0$。

式(4-146)中的 step 为单位跃阶函数，其定义如式(4-149)所示：

$$\mathrm{step}(x) = \begin{cases} 1, & \text{当 } x \geq 0 \text{ 时} \\ 0, & \text{当 } x < 0 \text{ 时} \end{cases} \tag{4-149}$$

参考文献

[1] GYIMESI M, LAVERS J D. Generalized potential formulation for 3-D magnetostatic problems [J]. IEEE Transactions on Magnetics, 1992, 28(4): 1924-1929.

[2] 李劼, 徐宇杰, 刘伟, 等. 基于波动模态耦合的铝电解槽磁流体稳定性傅立叶级数法分析 [J]. 计算力学学报, 2010, 27(2): 213-217.

[3] SUN Y, GUI W, CHEN X, et al. Evaluation model of aluminum electrolysis cell condition based on multi-source heterogeneous data fusion[J]. International Journal of Machine Learning and Cybernetics, 2024, 15(4): 1375-1396.

[4] ZHOU P, MEI C, ZHOU N, et al. Effect of electromagnetic force on turbulent flow of molten metal in aluminum electrolysis cells[J]. Journal of Central South University of Technology, 2004, 11(3): 265-269.

[5] DISSANAYAKE D W E. Modelling and analysis of wirelessly interrogated SAW based micropumps for drug delivery applications[D]. Adelaide: The University of Adelaide, 2010.

[6] ARIANA M. Simulation Numérique de Transfert de Masse Dans Une Cellule D'électrolyse D'aluminium[D]. Sherbrooke: Université de Sherbrooke, 2015.

[7] SUN Y, CHEN X, GUI W, et al. Superheat degree category refinement of aluminum electrolysis cell using flame hole video apparent spatio-temporal feature clustering network[C]//2023 China Automation Congress (CAC). IEEE, 2023: 1675-1680.

[8] WEI H G, CHUN H Y, XIAO F C, et al. Modeling and optimization problems and challenges arising in nonferrous metallurgical processes[J]. Acta Automatica Sinica, 2013, 39(3): 197-207.

[9] WANG T, ZHANG Y, YU H, et al. Development objectives and key technologies of green manufacturing innovation system [C]//Advanced Manufacturing Technology in China: A Roadmap to 2050, 2012: 99-146.

[10] MAJOR E, CONTENT E. The Manual of Free Energy Devices and Systems[M]. Alexandria: Electrodyne, 1986.

[11] YIN, GANG, et al. Deep learning for electrolysis process anode effect prediction based on long short-term memory network and stacked denoising autoencoder[J]. Rare Metals, 2024, 43(12): 6730-6741.

[12] SUN, YUBO, et al. A large-scale graph clustering method for cell conditions spatio-temporal localization in aluminum electrolysis[J]. Information Sciences, 2024, 671: 120651.

第 5 章　铝电解槽多相多场模型求解方法

随着铝电解技术的发展，一方面，作为炼铝核心的铝电解槽的容量越来越大，多相多场交互作用越来越强烈，对仿真的要求也越来越高；另一方面，为了深刻理解铝电解槽的运行特性，并逐步实现将仿真模型与方法应用于铝电解槽数字孪生体的开发，首先需要建立对铝电解槽多相多场模型的求解方法。对于目前离线进行的耦合仿真计算，首先必须按照规范的流程来完成数值计算模型的建立与求解。同时，尽管常用的铝电解多物理场仿真流程基本在 ANSYS 平台上进行，其模型建立、求解器设置及结果导出与处理仍需要一定的技巧。

5.1　铝电解多物理场仿真流程

本书作者及其团队通过多年的实践和经验，提出的铝电解槽“电-磁-流”和“电-热-应力”耦合求解流程[1-7]分别如图 5-1 和图 5-2 所示。

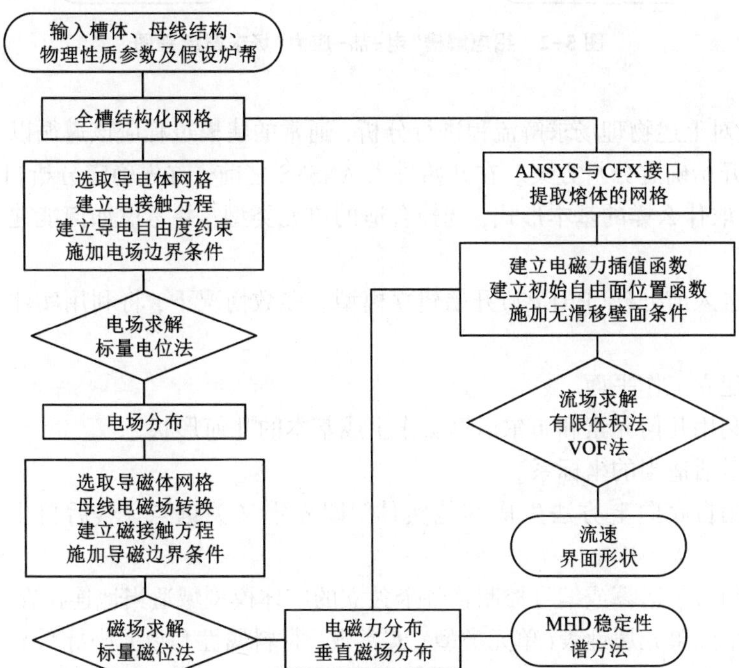

图 5-1　铝电解槽“电-磁-流”场耦合求解流程图

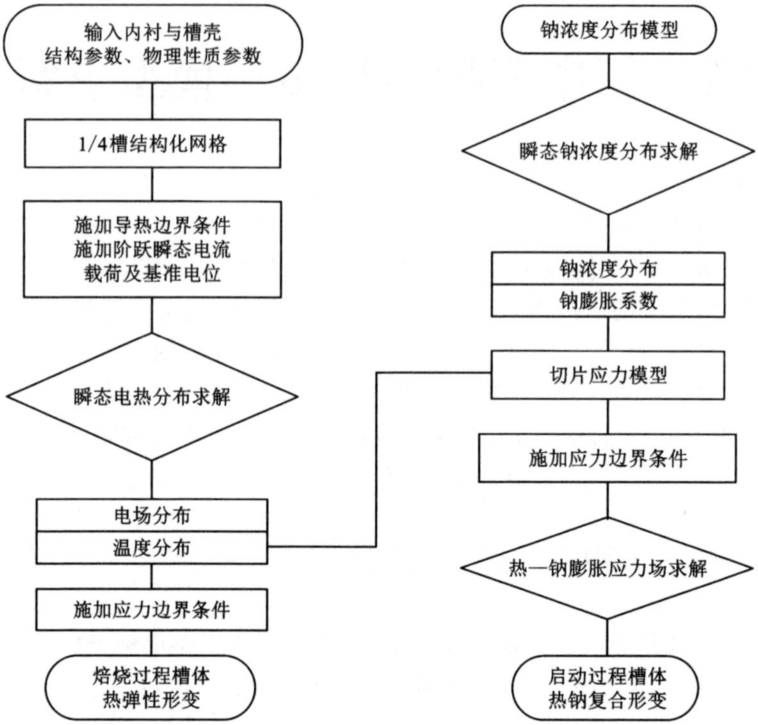

图 5-2　铝电解槽“电-热-应力”场求解流程图

通过对上述物理场求解流程进行分析，通常的建模过程应该遵循以下步骤。

(1)开始确定分析方案。在开始进入 ANSYS 之前，首先确定分析目标，决定模型要采取什么样的基本形式，选择合适的单元类型，并考虑如何能建立适当的网格密度。

(2)进入前处理(PREP7)开始建立模型。多数情况下，将利用实体建模创建模型。

(3)建立工作平面。

(4)利用几何元素和布尔运算操作生成基本的几何形状。

(5)激活适当的坐标系。

(6)用自底向上方法生成其他实体，即先定义关键点，然后再生成线、面和体。

(7)用布尔运算或编号控制将各个独立的实体模型域适当地连接在一起。

(8)生成单元属性表(单元类型、实常数、材料属性和单元坐标系)。

(9)设置网格划分控制以建立想要的网格密度。这通常需要设置一个合适的全局网格尺寸，并对某些复杂区域(如铝电解槽的角部)或需要着重考虑的区域(如槽帮和伸腿等)进行更为细致的网格尺寸设定。

(10)通过对实体模型划分网格来生成节点和单元。

(11)在生成节点和单元之后，再定义面对面的接触单元、自由度耦合及约束方程等。

(12)退出前处理，进行载荷的加载并求解。

(13)求解完毕后进入后处理，并导出需要的计算结果。

尽管上述仿真流程较为复杂，但总的来说可以按照仿真研究的先后顺序大致分为结构及物性参数的确定、实体及有限元模型的建立、求解器的设置及模型求解和结果导出及后处理四个主要步骤，以下分别加以介绍。

5.2　结构及物性参数的确定

铝电解槽物理场仿真的第一步是确定槽型结构，这是后续仿真流程的基本前提。其主要操作是利用 APDL 语言将设计人员得到的铝电解槽的结构与工艺参数进行参数化建模，将其转变为仿真程序的变量，这既有助于程序设计过程中参数的集中化管理，又方便修改以对比不同设计方案的仿真结果。APDL 语言又称 ANSYS 参数化设计语言，其英文全称是 ANSYS Parametric Design Language，可用于来完成一些通用性强的仿真任务，也可用于来完成专业性较强的铝电解槽模型的构建。因此 APDL 语言不但是结构确定和物性参数选取的实现基础，而且可以为后续的仿真操作提供优化设计和自适应网格划分等，还为日常分析提供了便利[8]。

以某 400 kA 大型预焙阳极铝电解槽为例，该槽型的基本结构设计与工艺参数如表 5-1 所示。

表 5-1　某 400 kA 大型预焙阳极铝电解槽基本结构设计与工艺参数

参数	数值	参数	数值
系列电流/kA	400	温度/℃	965
阳极电流密度/($A \cdot cm^{-2}$)	0.83	过热度/℃	8~12
阳极数	48	极距/mm	45
阴极数	26	电解质水平/mm	180
大面加工距离/mm	280	铝水平/mm	290
小面加工距离/mm	390	氧化铝质量分数/%	1.5~2.5

将上述结构与工艺参数使用 APDL 语言转化为 ANSYS 软件中的程序语言，呈现如下：

```
! 阳极方面参数
And_num=48                    ! 阳极总数量
And_lg=1600e-3                ! 阳极长度
And_wd=660e-3                 ! 阳极宽度
And_hg=550e-3                 ! 阳极高度

! 阴极方面参数
Cat_num=26                    ! 阴极炭块数
Cat_blgth=520e-3              ! 阴极炭块长
Cat_blw=3440e-3               ! 阴极炭块宽
Cat_blh=450e-3                ! 阴极炭块高

! 内衬方面参数
Cat_wd=520e-3                 ! 侧部炭块厚度
Dmjg_dst=280e-3               ! 大面加工距离
Xmjg_dst=390e-3               ! 小面加工距离

! 工艺方面参数
Curr_strth=400000             ! 电流强度
ACD=45e-3                     ! 极距
Ele_dp=180e-3                 ! 电解质水平
Alu_dp=290e-3                 ! 铝水平
Tb=965                        ! 电解温度
```

以上“！”后为 ANSYS 平台 APDL 语言的注释说明。对各个变量进行命名时应该遵循简明扼要的原则，并使其具有通用性，同时进行一定的注释说明以增加仿真程序的可读性和移植性。

确定铝电解槽的各项结构设计与工艺参数之后，就需要根据设计方案中对各种结构的材料要求赋予不同材料以相应的物性参数。铝电解槽中多达数十种不同的材料，而每种材料又具有各种电、热、磁和结构等方面的参数，且往往具有一定的温度非线性特点，即物性参数可随温度的改变而变化。本书所用到的铝电解槽内主要材料的各种物性参数，分别如表 5-2～表 5-6 所示[7]。

表 5-2　材料的电阻率　　单位：μΩ/m

材料	100 ℃	200 ℃	300 ℃	400 ℃	500 ℃	600 ℃	700 ℃	800 ℃	900 ℃	1000 ℃
钢棒	0.226	0.296	0.385	0.493	0.62	0.776	0.931	1.115	1.318	1.54
钢壳	0.226	0.296	0.385	0.493	0.62	0.776	0.931	1.115	1.318	1.54
钢爪	0.226	0.296	0.385	0.493	0.62	0.776	0.931	1.115	1.318	1.54
铝导杆	0.041	0.053	0.064	0.076	0.092	0.108	0.165	0.222	0.238	0.25

表 5-3　材料的导热系数　　单位：W/(m·℃)

材料	100 ℃	200 ℃	300 ℃	400 ℃	500 ℃	600 ℃	700 ℃	800 ℃	900 ℃	1000 ℃
钢棒	57.0	53.0	49.3	45.5	41.0	37.0	33.0	28.5	28.0	27.50
焦粒	3.88	3.88	3.88	3.88	3.88	3.88	3.88	3.88	3.88	3.88
冰晶石	1.07	1.09	1.10	1.11	1.13	1.14	1.15	1.16	1.18	1.19
耐火颗粒	0.4	0.4	0.4	0.4	0.4	0.4	0.4	0.4	0.4	0.4
混凝土	0.24	0.24	0.24	0.27	0.27	0.27	0.34	0.34	0.34	0.34
钢壳	57	53	49	45.5	41	37	33	28.5	28	27.5
钢爪	56.68	53.0	49.32	45.63	41.32	37.0	32.75	28.5	28.0	27.5
磷生铁	51.25	51.25	51.25	51.25	51.25	51.25	51.25	51.25	51.25	51.25
铝导杆	206.0	213	229	248.0	268.0	287.0	104.0	122.0	140.0	158.0

表 5-4　不同炭块在不同钠浓度下的钠膨胀系数

钠质量分数/%	1	2	3	4	5
无烟煤炭块钠膨胀系数(10^{-6})	1.83	3.67	5.50	7.34	9.17
半石墨质炭块钠膨胀系数(10^{-6})	1.09	2.18	3.28	4.37	5.46
半石墨化炭块钠膨胀系数(10^{-6})	0.65	1.30	1.95	2.6	3.25
石墨化炭块钠膨胀系数(10^{-6})	0.11	0.20	0.31	0.41	0.54

表 5-5　几种阴极炭块的电热及结构相关性质

参数		无烟煤	半石墨质	半石墨化	石墨化
热膨胀系数/(10^{-6}·℃$^{-1}$)	M*	2.6	2.8	2.8	2.5
	P	3.4	3.5	3.3	3.0

续表5-5

参数			无烟煤	半石墨质	半石墨化	石墨化
弹性模量/GPa		M	10	8	8	7
		P	7	6	6	5
电阻率/(μΩ·m)	20 ℃	M	34	24	18	10.5
		P	48	32	23	12.5
	1000 ℃	M	25	18	16	10
		P	35	26	20	12
导热系数/($W \cdot m^{-1} \cdot K^{-1}$)	30 ℃	M	9	18	27	125
		P	7	14	22	100
	1000 ℃	M	12	14	22	50
		P	11	13	18	40
密度/($g \cdot cm^{-3}$)			1.53	1.56	1.59	1.62
钠扩散系数/($10^{-9} \cdot m^2 \cdot s^{-1}$)[10]			4.0	2.85	2.35	0.55

注：P 代表垂直方向，M 代表挤压方向。

表 5-6 电解槽内衬材料的物性参数

材料	密度/(10^3 $kg \cdot m^{-3}$)	比热容/($J \cdot kg^{-1} \cdot K^{-1}$)	弹性模量/GPa	热膨胀系数/($10^{-6} \cdot K^{-1}$)	泊松比
阴极炭块	—	1672	—	—	—
侧部炭块	1.52	1700	8	2	0.27
捣固糊	1.44	1289	0.6	2	0.25
阴极钢棒	7.85	465	200	12	0.26
耐火砖	2.1	1443	36.8	5.2	0.25
焦粒	1.56	1500	8	7.08	0.2
冰晶石	2.7085	1644	8	—	0.2
底部氧化铝粉	2.2	1220	20	—	0.2
保温层	0.5	1086	80	6.54	0.22
硅酸钙板	0.22	1000	80	6.54	0.2
耐火颗粒	1.1	900	80	7.08	0.16
混凝土	1.2	920	23	10	0.2

续表5-6

材料	密度 /(10^3 kg · m^{-3})	比热容 /(J · kg^{-1} · K^{-1})	弹性模量 /GPa	热膨胀系数 /(10^{-6} · K^{-1})	泊松比
上部结壳	1.3	1315	80	4	0.2
钢壳	7.85	500	800	30	0.3
钢爪	8.0	500	800	20	0.29
磷生铁	7.085	544	179	15	0.29
铝导杆	2.7	900	70	23.6	0.29
阳极炭块	1.6	1354	4.8	1.67	0.2

ANSYS 将每一种材料赋予一个专有的材料参考号，与物性参数组对应的材料参考号表称为材料表。在一个分析中，可能有多个材料特性组(对应的模型中有多种材料)。ANSYS 通过独特的参考号来识别每个材料特性组，如以表 5-2 中的钢棒为例，将其设置为 1 号材料，则通过 ANSYS 界面操作(GUI) Main Menu-Preprocessor-Material Props-Material Models，添加其具有温度非线性的电导率，如图 5-3 所示。

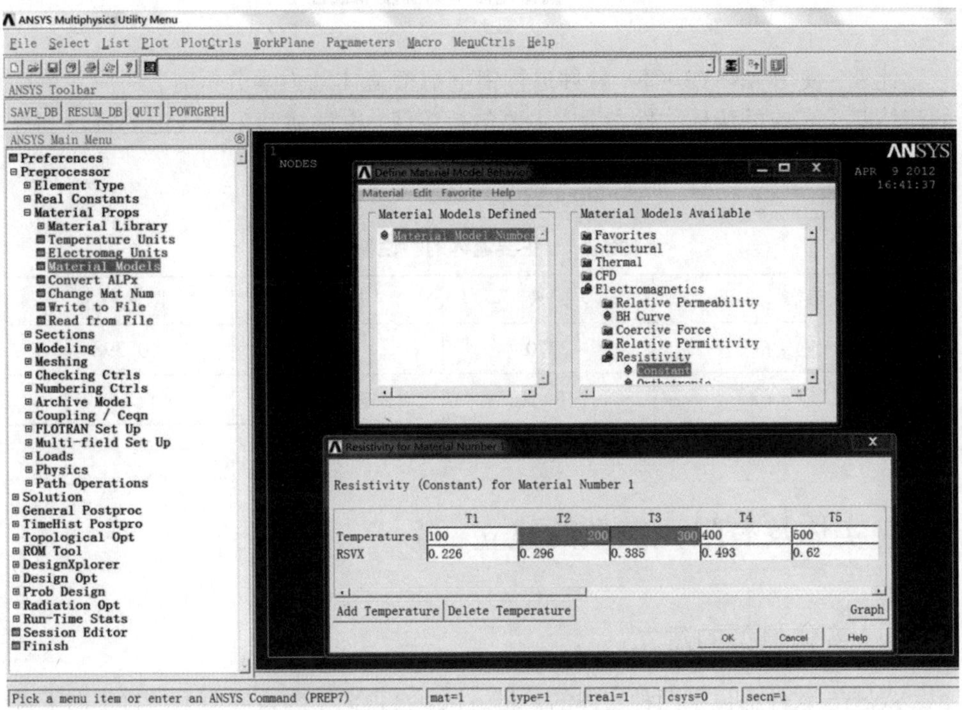

图 5-3　钢棒电导率属性的添加

可通过“Graph”功能对钢棒电阻率的温度非线性变化进行绘图，以温度为横坐标，电阻率为纵坐标，得到钢棒电阻率随温度变化的情况，如图 5-4 所示。

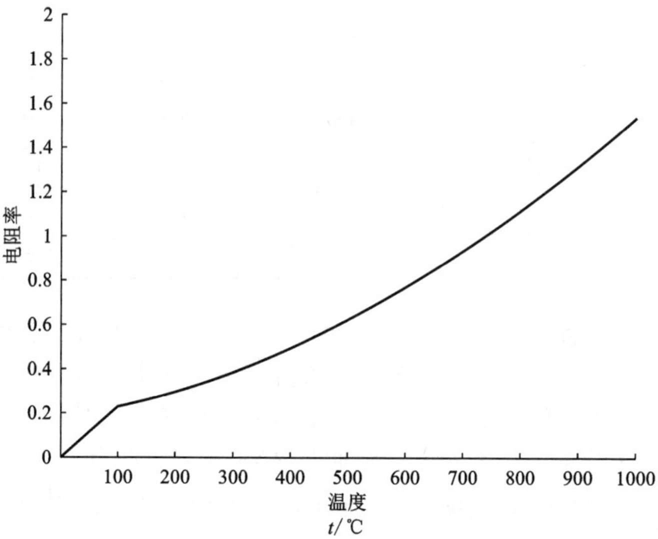

图 5-4 钢棒电阻率的温度非线性

此外，使用 ANSYS-CFX 软件进行铝电解槽流体动力学分析时，还应对槽内的流体赋予相应的流体物性参数，主要包括铝液、电解质和阳极气泡的密度和黏度等物性参数，如表 5-7 所示[2]。

表 5-7 主要流体的物性参数

参数	铝液	电解质	阳极气泡
密度/($kg \cdot m^{-3}$)	2270	2130	0.398
黏度/($Pa \cdot s$)	1.18×10^{-3}	2.513×10^{-3}	5.055×10^{-5}

5.3 实体及有限元模型的建立

5.3.1 实体模型的建立

ANSYS 软件提供了两种实体的建模方法：自顶向下与自底向上。自顶向下进行实体建模时，用户定义一个模型的最高级图元，如球、棱柱，称为基元，程序则自动定义相关的面、线及关键点。用户利用这些高级图元直接构造几何模型，如二维的圆和矩形及三维的块、球、锥和柱。无论使用自顶向下还是自底向上方法建模，用户均能使用布尔运算来组合数据集，从而“雕塑”出一个实体模型。ANSYS 程序提供了完整的布尔运算，诸如相加、相减、相交、分割、黏结和重叠。在创建复杂实体模型时，对线、面、体、基元的布尔操作能减少相当可观的建模工作量[8]。ANSYS 程序还提供了拖拉、延伸、旋转、移动、延伸和拷贝实体模型图元的功能[9-13]。其附加的功能还包括圆弧构造、切线构造、通过拖拉与旋转生成面和体、线与面的自动相交运算、自动倒角生成、用于网格划分的硬点建立、移动、拷贝和删除。自底向上进行实体建模时，用户则从最低级的图元向上构造模型，即用户首先定义关键点，然后依次是相关的线、面、体。

1. 线的创建

线主要用于表示物体的边。像关键点一样，线是在当前激活的坐标系内定义的。实际中并不总是需要明确地定义所有的线，因为 ANSYS 程序在定义面和体时，会自动生成相关的线。但想通过线来定义面时，就需要定义线，如铝电解槽中的槽帮往往十分不规则，故在建模中常通过确定槽帮的轮廓线来确定槽帮表面并最终通过面的组合来产生体。

2. 面的创建

平面可以表示二维实体(如平板或轴对称实体)。曲面和平面都可表示三维的面，如壳、三维实体的面等。用到面单元或由面生成体时，才需定义面。生成面的命令也将自动生成依附于该面的线和关键点；同样，面也可在定义体时自动生成。

3. 体的创建

体用于描述三维实体，仅需要用体单元的实体才必须建立体。生成体的命令自动生成低级的图元。

4. 体素

几何体素是可用单个 ANSYS 命令来创建的常用实体建模的形状(如一个球体或正棱柱)，因为体素是高级图元，可无需首先定义任何关键点而形成，利用体素进行模型生成有时指自上向下建模。当生成一个体素时，ANSYSY 程序会自动生成所有必要的低级图元，包括关键点。几何体素是在工作平面内生成的。常用的体素主要包括面体素和体体素，前者包括矩形、圆形和正多边形等，后者则包括长方体、圆柱体、棱柱体、球体、锥体和环体等。

用面体素工作时应该注意以下两点。

第一，由命令或 GUI 途径生成的面位于工作平面上，方向由工作平面坐标系而定。需注意的是，面体素的面积必须大于 0，即不能用退化面定义线。

第二，在有限元模型中，两个相接触的面体素之间会产生一条不连续的接缝，只有用诸如 NUMMRG、AADD 或 AGLUE 等命令来“焊接”才能将此接缝除去。

若要生成环体，不必给 THETA1 或 THETA2 赋值，必须指定用于定义环的三个半径值（RAD1、RAD2 和 RAD3）。可以以任意顺序指定半径，最小的值是内部半径，中间值为外部半径，最大值为主半径（有一个例外需指定半径值的顺序：如果想生成一个实心环体，内部半径指定为 0 或空，这种情况下 0 或空必须占据 RAD1 或 RAD2 的位置）。其中至少两个值必须指定为正值，它们被用来定义外面半径和主半径。

当用体体素时应当注意以下两点。

第一，几乎所有命令定义的体都是相对于工作平面。

第二，在有限元模型中，两个相接触的体体素间会生成一个不连续的接缝，只有用诸如 NUMMRG、VGLUE 和 VADD 命令来“焊接”才能将此接缝除去。

5. 布尔操作

在布尔代数中，对一组数据可用诸如交、并、减等逻辑运算处理。ANSYS 程序也允许用户对实体模型进行同样的布尔运算。这样修改实体模型就更加容易。

几乎可以对任何实模型进行布尔运算操作，无论是自上向下还是自下向上构造的实体模型。有个例外是通过搭接生成的图元对布尔运算无效，对退化的图元也不能进行某些布尔运算。完成布尔运算之后，紧接着就是对实体模型的加载和单元属性的定义。如果用布尔运算修改了已有的模型，应该注意的是重新进行单元属性和加载的定义。布尔运算主要包括交、并运算。

1）交运算

交运算的结果是由每个初始图元的共同部分形成一个新图元。也就是说，交表示两个或多个图元的重复区域。这个新的图元可能与原始的图元有相同的维数，也可能低于原始图元的维数。例如两条的交可能只是一个关键点（或关键点的集合），也可能是一条线（或线的集合）。

2）加运算

加运算的结果是得到一个包含各个原始图元所有部分的新图元（这种运算也可称为并、连接或和）。这样形成的新图元是一个单一的整体，没有接缝（实际上，加运算形成的图元在网格划分时常不如搭接运算形成的图元效果好）。在 ANSYS 程序中只能对三维实体或二维共面的面进行加操作。面相加可以包含有面内的孔，即内环。

3）减运算

如果从某个图元（E1）减去另一个图元（E2），其结果可能有两种情况：一种是生成一个或多个新图元 E3（E1-E2=>E3），E3 与 E1 有同样的维数，且与 E2 无搭接部分；另一种情况是 E1 与 E2 的搭接部分是个低维的实体。这时，结果将 E1 分成两个或多个新的实体（E1-E2=>E3，E4）。

如果减命令的 SEPO 命令域置空(缺省)，图元的减运算会产生带有公共端点的线；或带有公共边界线的面；或带有公共边界的体。命令域置为“SEPO”，结果图元将不再有公共的边界，而是不同但重合的边界。后一个操作中如果图元的搭接部分不能将输入图元中的一个分成至少两个不同的线、面或体，则该运算无效。

4)搭接运算

搭接命令用于连接两个或多个图元，以生成三个或更多个新的图元的集合。搭接命令除了在搭接域周围生成了多个边界，与加运算非常类似。也就是说，搭接操作生成的是多个相对简单的区域，加运算生成的是一个相对复杂的区域。因而，搭接生成的图元比加运算生成的图元更容易划分网格。值得注意的是，搭接区域必须与原始图元有相同的维数。

5)黏结运算

黏结命令与搭接命令类似，只是图元之间仅在公共边界处相关，且公共边界的维数低于原始图元一维。

由于铝电解槽自身结构的复杂性和相关实体的不规则性，需要综合使用自顶向下和自底向上的实体建模方法。对于大部分槽内实体的建模应该以自顶向下为主，但对于槽帮和伸腿等具有特殊曲面的不规则实体，则需要先定义出关键的点并连成曲线构造曲面，最后由面组合成实体。按照这种方法，得到某 400 kA 预焙铝电解槽的实体模型，如图 5-5 所示。

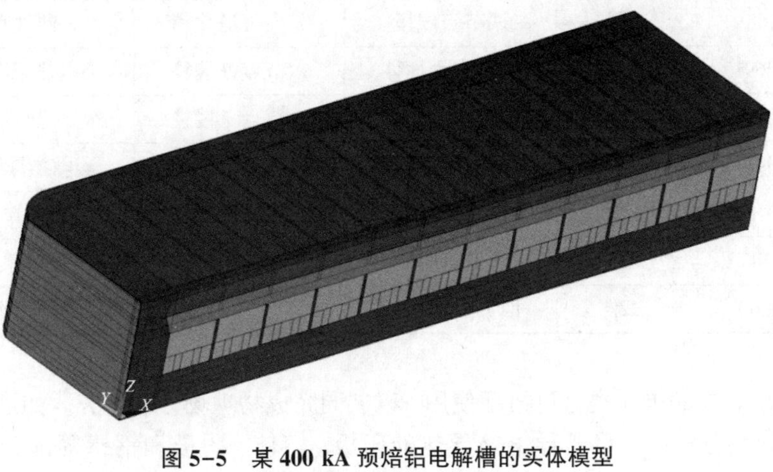

图 5-5　某 400 kA 预焙铝电解槽的实体模型

扫一扫，看彩图

5.3.2 有限元网格的划分

使用有限元法进行铝电解槽物理场仿真的理论基础是变分原理和加权余量法，其基本求解思想需要把计算域划分为有限个互不重叠的单元，在每个单元内，选择一些合适的节点作为求解函数的插值点，将微分方程中的变量改写成由各变量或其导数的节点值与所选用的插值函数组成的线性表达式，借助于变分原理或加权余量法，将微分方程离散求解。因此，当铝电解槽的实体模型建立之后便需要设置各实体的材料属性并进行网格的划分，以得到由多个网格和节点组成的计算域。网格划分通常占据有限元分析一半以上的工作量，其划分好坏与求解的速度、精度和稳定性密切相关[14-15]。

ANSYS 软件平台可根据用户的分析类型需要提供一百多种不同的单元类型，而在铝电解物理场仿真研究中通常只使用十种左右的单元类型，如表 5-8 所示。

表 5-8　铝电解槽物理场仿真研究常用单元类型

名称	实体维数	节点数与形状	退化形式	用途
Solid5	三维	八节点六面体	六节点三棱柱	电磁耦合场
Sourc36	三维	三节点线状	不可退化	磁场的电流源
Solid45	三维	八节点六面体	六节点三棱柱	结构分析
Plane55	二维	四节点四边形	三节点三角形	二维热场
Link68	三维	两节点线段	不可退化	电热线单元
Solid69	三维	八节点六面体	六节点三棱柱	电热耦合场
Solid70	三维	八节点六面体	六节点三棱柱	热场
Solid98	三维	四节点四面体	不可退化	电磁耦合场
TARGE170	三维	三节点曲面	不可退化	目标单元
CONTA173	三维	六节点曲面	不可退化	接触单元
Mesh200	二维	四节点四边形	三节点三角形	面网格划分

表 5-8 中的单元类型可搭配使用，以共同完成物理场分析任务。如进行铝电解槽电热场分析时，将既导电又导热的阳极、熔体、阴极和钢棒等部分划分为 Solid69 单元，而不导电但导热的槽帮、伸腿、结壳、内衬和氧化铝上部覆盖料等划分为 Solid70 单元，Plane55 单元则用于简化的二维热分析模型计算；在电磁场分析时，电解槽槽体各部分用 Solid5 单元划分(若复杂体无法划分为 Solid5 单元则改用 Solid98 单元划分为四面体)，阳极导杆和复杂的母线系统则可以视为三维

线段分别划分为 Sourc36 单元和 Link68 单元，Mesh200 单元用于在槽体外表面划分面网格，再经拖拉操作生成体网格以代表空气包。此外，为了考虑铝电解槽中阴极钢棒和阴极炭块之间的接触现象，还可分别对目标和接触面使用 TARGE170 单元和 CONTA173 单元进行划分，并在二者之间施加接触热导率及接触电导率。

ANSYS 软件可提供使用便捷、高质量的对 CAD 模型进行网格划分的功能[10]，包括四种网格划分方法：延伸划分、映像划分、自由划分和自适应划分。延伸网格划分可将一个二维网格延伸成一个三维网格。映像网格划分允许用户将几何模型分解成简单的几部分，然后选择合适的单元属性和网格控制，生成映像网格。ANSYS 程序的自由网格划分功能十分强大，可直接划分复杂模型，避免了用户对各个部分分别划分然后进行组装时各部分网格不匹配带来的麻烦。自适应网格划分是在生成了具有边界条件的实体模型以后，用户指示程序自动地生成有限元网格，分析、估计网格的离散误差，然后重新定义网格大小，再次分析、估计网格的离散误差，直至误差低于用户定义的值或达到用户定义的求解次数。对图 5-5 中的铝电解槽实体模型以 Solid69 单元和 Solid70 单元划分网格，得到其网格模型如图 5-6 所示。

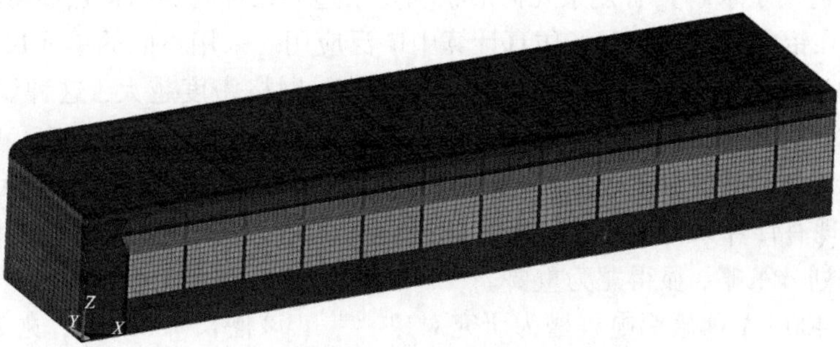

图 5-6　某 400 kA 铝电解槽的网格模型

扫一扫，看彩图

网格划分密度很重要，如果网格过于粗糙，那么结果可能包含严重的错误；如果网格过于细致，将花费过多的计算时间，浪费计算机资源，而且模型可能过大以致于不能在你的计算机系统上运行。为避免这类问题的出现，在生成模型前应当考虑网格密度问题。有限元方法中，在每个单元内选择基函数，用单元基函数的线形组合来逼近单元中的真解，整个计算域上总体的基函数可以认为由每个单元基函数组成，因此整个计算域内的解可以看作是由所有单元上的近似解构成。由此可见，单元尺寸越小，计算结果越精确。计算精度与计算时间随网格数量的变化如图 5-7 所示。当网格数量增加到一定程度后，再继续细化网格精度效果甚微，而计算时间却大幅度增加。所以应注意增加网格数量的经济性。实际应用时可以比较两种网格划分的计算结果，如果两次计算结果相差较大，可以继续增加网格，相反则停止计算。

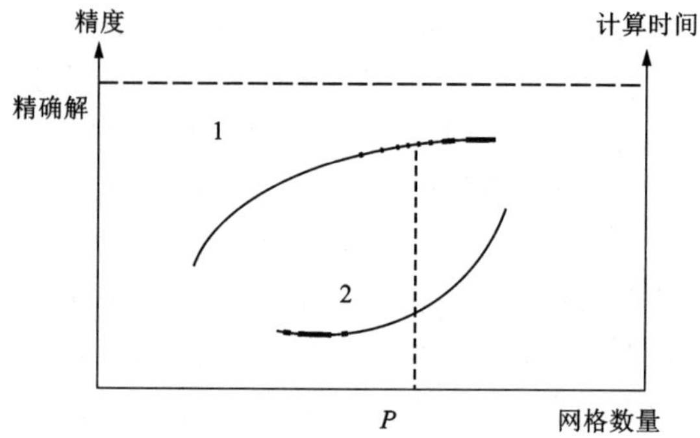

图 5-7　计算精度与计算时间随网格数量的变化

铝电解槽熔体温度高达 960 ℃，腐蚀性强，很难进行温度和电流分布情况的测定。随着现代数学物理理论、数值模拟方法、计算机技术的发展，有限元计算方法以其适用于求解具有复杂几何形状和复杂边界条件问题的特点而得到迅速发展，目前在铝电解槽多物理场仿真计算中广泛应用。采用不同的单元尺寸时，同一模型的计算结果也有一定的差异，一般而言，网格密度越大，这种误差越小，但计算时间大幅增加，特别针对大型预焙铝电解槽这种大型模型而言，单元数高达百万数量级，很容易造成因单元数超过硬件甚至软件的处理能力而无法计算。因此，在现有计算条件下，寻求既能够满足计算精度要求，又能够保证计算经济性的网格划分策略，显得尤为重要。

以某 400 kA 预焙铝电解槽为研究对象[10-15]，该槽长 7.536 m，宽 2.036 m，高 1.465 m，初始模型单元尺寸为 0.07 m 时模型的网格划分图如图 5-8 所示。电解槽导电导热结构有阳极、电解质熔体、铝液、阴极和钢棒等，采用具有电热两个自由度的 8 节点 Solid69 单元进行网格划分；其他仅导热部分如氧化铝覆盖料、电解质结壳、侧部炭块、槽帮伸腿、底部保温材料及槽壳等不导电部分用仅有一个温度自由度的 8 节点 Solid70 单元进行网格划分。阳极钢爪和阳极导杆结构简单，直接采用 Link68 单元建立。定义 Link68 单元和炭阳极 Solid69 单元间的电约束方程，以连接两种用不同方式建立的结构，实现电流的连续流动。为考虑电热场结果的准确性，通过目标单元 TARGET170 和接触单元 CONTACT173 分别定义熔体与槽帮之间的热接触及阴极炭块与钢棒之间的电接触，并定义了阴极炭块与钢棒间的热约束方程，实现温度的连续分布。

本模型将铝电解槽自上至下分为氧化铝覆盖料层(含阳极)、电解质结壳层(含阳极)、含阳极电解质层、极间电解质层、铝液层、阴极炭块不含钢棒层、阴

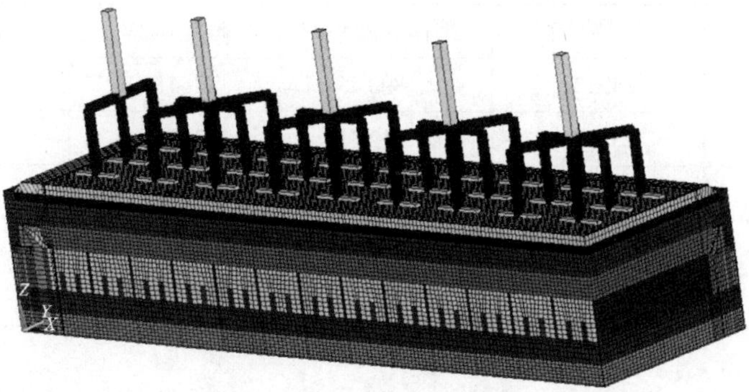

图 5-8　模型网格划分图

扫一扫，看彩图

极炭块含钢棒层及底部保温结构层，如图 5-9 所示。划分网格时，定义单元尺寸要按照一定的顺序调用 ANSYS 结构化设计语言，自上往下分层划分网格。大部分实体均可划分为 6 面体网格，但极少部分形状不规则实体无法扫过，则划分为四面体网格。

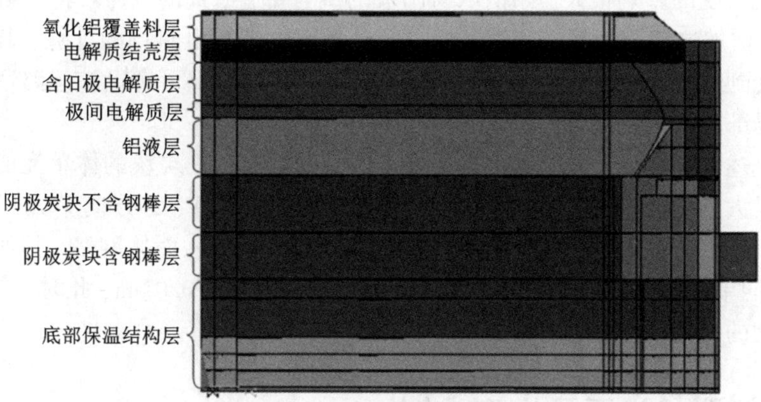

图 5-9　模型分层示意图

扫一扫，看彩图

分别考察整体网格尺寸为 0. 07 m、0. 06 m、0. 05 m、0. 04 m、0. 035 m 和 0. 03 m 时，计算得到的熔体温度和槽电压(槽内欧姆压降)及计算时间，结果见表 5-9。

表 5-9 采用不同全局网格尺寸的计算结果比较

单元尺寸/m	单元数/个	熔体温度/℃	槽电压/V	计算时间/min
0.07	149222	890	2.416	7
0.06	231593	912	2.536	10
0.05	315301	906	2.493	72
0.04	518048	938	2.695	206
0.035	751477	956	2.785	234

从计算效率的角度出发，由表 5-9 可大致确定铝电解槽的整体网格尺寸应该控制在 0.05~0.07 m 时较为合适。同时，为了提高计算精度，需要对局部进行网格细化，主要途径是控制相应区域各方向上的单元尺寸。

通过不同网格划分策略下铝电解槽电热场计算结果的比较，以及局部网格密度与仿真精度的关系研究，我们最终得出如下结论：温度梯度比较大的各部分保温结构及电势梯度比较大的极间电解质层，网格划分尺寸的大小对计算结果影响较小，考虑到计算时间的经济性，无需划分过密的网格；而电流密度比较大的部位则受网格密度的影响很大，如钢爪与阳极的结合部位，此时，为获得准确的计算结果，应增加这部分的网格密度。因此，对于铝电解槽电热场的计算，其计算精度主要受到电流集中区域网格密度的影响，在网格划分上可遵循该思路适当调整全局和局部网格的密度。

对于上述计算案例，上部氧化铝层处于阳极钢爪与阳极炭块的体单元的过渡区域，有很大的电流集中，故细化了该部分的网格，其 X、Y 方向单元尺寸取 0.03 m，Z 方向取 0.04 m。由于网格划分的继承性，划分六面体网格，其他部分的 X、Y 方向单元尺寸均取 0.03 m，Z 方向单元尺寸则可取 0.07 m，此时，在保证了计算精度的前提下，迭代次数最少，计算时间最短。

5.4 求解器的设置及模型求解

铝电解槽的三维实体划分有限元网格后便进入求解步骤，需要根据电解槽的实际工况施加各种载荷。

在 ANSYS 软件中，载荷包括边界条件和外部或内部作用力函数，在不同的分析领域中有不同的表征，但基本上可以分为 6 大类：自由度约束、力(集中载荷)、面载荷、体载荷、惯性载荷及耦合场载荷[11-13]。

(1) 自由度约束(DOF constraints)：将给定的自由度用已知量表示。例如在结构分析中约束是指位移和对称边界条件，而在热力学分析中则指的是温度和热通量平行的边界条件，各种分析类型的自由度约束如表 5-10 所示。

表 5-10　各种物理场分析中可用的自由度约束

分析类型	自由度	ANSYS 标识符
结构分析	平移	UX，UY，UZ
	旋转	ROTX，ROTY，ROTZ
热分析	温度	TEMP
磁场分析	矢量势	AX，AY，AZ
	标量势	MAG
电场分析	电压	VOLT
流体分析	速度	VX，VY，VZ
	压力	PRES
	紊流动能	ENKE
	紊流扩散速率	ENDS

(2)力(集中载荷)(force)：施加于模型节点上的集中载荷或者施加于实体模型边界上的载荷。例如结构分析中的力和力矩、热力分析中的热流速度、磁场分析中的电流段，如表 5-11 所示。

表 5-11　各种物理场分析中可用的表面载荷

学科	表面载荷	ANSYS 标识符
结构分析	压力	PRES
热分析	对流	CONV
	热流量	HFLUX
	无限表面	INF
磁场分析	麦克斯韦表面	MXWF
	无限表面	INF
电场分析	麦克斯韦表面	MXWF
	表面电荷密度	CHRGS
	无限表面	INF

续表5-11

学科	表面载荷	ANSYS 标识符
流场分析	流体结构界面	FSI
	阻抗	IMPD
所有学科	超级单元载荷矢	SELV

(3)面载荷(surface load):施加于某个面上的分布载荷。例如结构分析中的压力、热力学分析中的对流和热通量。

(4)体载荷(body load):体积或场载荷。例如需要考虑的重力和热力分析中的热生成速度等,如表 5-12 所示:

表 5-12　各种物理场分析中可用的体载荷

学科	表面载荷	ANSYS 标识符
结构分析	温度	TEMP
热分析	热生成速率	HGEN
	温度	TEMP
磁场分析	磁场密度	JS
	虚位移	MVDI
	电压降	VLTG
电场分析	温度	TEMP
	体积电荷密度	CHRGD
流体分析	热生成速率	HGEN
	力密度	FORC

(5)惯性载荷(inertia loads):由物体的惯性而引起的载荷。例如重力加速度、角速度、角加速度引起的惯性力。

(6)耦合场载荷(coupled-field loads):是一种特殊的载荷,是考虑到一种分析的结果,并将该结果作为另外一个分析的载荷。例如在铝电解槽的电磁场分析中,常将电场分析中计算得到的电势分布作为磁场分析中的电载荷;而热-应力分析中,需要将热场分析中获得的温度分布作为应力场分析中的热载荷。

上述载荷通常可施加到铝电解槽的实体模型(关键点、线和面)或有限元模型(节点和单元)上,这两种方式都有各自的优缺点。

对于实体模型加载的方式，其优点主要是实体模型载荷独立于有限元网格，这就可以改变单元网格而不影响施加的载荷，允许在仿真试验中更改网格并进行网格敏感性研究而不必每次重新施加载荷。此外，与有限元模型相比，实体模型通常包括较少的实体。因此，选择实体模型的实体并在这些实体上施加载荷要容易得多，尤其是通过图形拾取时。

而在有限元网格上加载载荷则比较直接，可以根据需要灵活选取相应的单元与节点进行加载；但任何有限元网格的修改都使载荷无效，需要删除先前的载荷并在新网格上重新施加载荷，这就给日常的仿真分析带来了更大的工作量，且有时候会出现难以方便图形拾取相应网格的问题。

此外，考虑到铝电解槽的结构对称性，为减小建模的复杂程度并提高仿真效率，在进行电热场和应力场分析时一般选取 1/4 铝电解槽进行研究，这就还需要在对称面上施加对称边界条件。

当所有载荷施加完毕后，就可以进行模型的求解。ANSYS 软件具有强大的求解能力，内嵌了多种类型的求解器，如表 5-13 所示，可根据需要灵活选取。

表 5-13　求解器类型及其选择准则

解法	典型应用场合	模型尺寸	内存占用	硬盘占用
正向直接解法	要求稳定性(非线性分析)或内存受限制时	低于 50000 自由度	低	高
稀疏矩阵直接解法	要求稳定性和求解速度(非线性分析)；线性分析时迭代法收敛很慢时(尤其对于病态矩阵，如形状不好的单元)	自由度为 10000~500000	中	高
雅可比共轭梯度法	在单场问题(如热、磁、声、多物理问题)中求解速度很重要时	自由度为 50000~1000000	中	低
不完全乔类斯基共轭梯度法	在多物理模型应用中求解速度很重要时，处理其他迭代法很难收敛的模型(几乎是无穷矩阵)	自由度为 50000~1000000	高	低
预条件共轭梯度法	当求解速度很重要时(大型模型的线性分析)，尤其适合实体单元的大型模型	自由度为 50000~1000000	高	低
代数多栅求解器	与预条件共轭梯度法相同，可以在共享存储器的并行机上升级到 8 处理器	自由度为 50000~1000000	高	低
分布式求解器	这个解答器在网络上的多重系统中可升级到数打处理器	自由度为 100000~1000000	高	低

如果不能确定求解任务所需的最佳求解器，则可由 ANSYS 软件进行自动选取，即程序根据对求解类型、计算量的大小和收敛程度的判断自动选择和变更求解器。

下面以铝电解槽的磁场求解为例对载荷的加载与求解进行简要介绍。

磁场边界条件如下：铝电解槽磁场求解属于开域问题，假设有限空气的外表面处于无限远处，在模型边界的节点上施加零磁标量位（MAG = 0），即 Dirichlet 边界条件。采用全标量法（GSP）求解，主要求解命令如下[6]：

```
!**************************************
/solu
! 选取空气边界上的节点，设置 MAG=0
alls
nsel, s, loc, y, Ymax
nsel, a, loc, y, Ymin
nsel, a, loc, z, Zmax
nsel, a, loc, z, Zmin
nsel, a, loc, x, Xmax
nsel, a, loc, x, Xmin
D, all, MAG, 0,
alls
! Biot- Savart 积分预估磁场
biot, new
finish
! 设置处理器个数，可选项
/CONFIG, NPROC, n
     /solu                  ! gsp
     magopt, 1              ! Partial solution in iron
     cnvtol, flux, , 1e-3   ! Set convergence criteria
     outres, all, none      ! Do not store results
     nropt, full, , on      ! Full Newton- Raphson, adaptive descent
     solve                  ! Solve
     magopt, 2              ! Partial solution in air
     solve                  ! Solve
     magopt, 3              ! Final solution
     outres, all, last      ! Store converged solution
     solve                  ! Solve
     finish
!***************************************
```

5.5 结果导出及后处理

建立铝电解槽有限元模型并获得解后，就想要得到一些关键问题的答案：该槽型设计投入使用时，是否真的可行？某个区域的应力有多大？内衬结构的温度分布如何？电解槽各区域的散热比例是否合适？通过某个电解槽表面区域的热损失有多少？电解槽的磁场分布是否适当？电解质和铝液的流动速度和形态是否适宜？而这些问题的回答都需要导出计算结果并进行相应的后处理，将计算结果以彩色等值线、梯度、矢量、粒子流迹、立体切片和三维云图等图形方式显示出来，也可将计算结果以图表、曲线形式显示或输出[11-15]。

求解阶段的计算将产生两种类型的数据：

(1)基本数据：包含每个节点计算自由度解，如结构分析的位移、热力分析的温度、磁场分析的磁势等，这些被称为节点解数据。

(2)派生数据：有基本数据计算得到的数据，如结构分析中的应力和应变；热力分析中的热梯度和热流量；磁场分析中的磁通量等。对于每个单元，通常需计算这些数据，可以是下列位置的数据：每个单元的所有节，每个单元的所有积分点或每个单元的质心。派生数据也称为单元解数据。在这些情况下，它们成为节点解数据。

对不同物理场产生的上述两种结果数据类型总结如表 5-14 所示。

表 5-14 不同物理场分析的基本数据和派生数据

物理场分析	基本数据	派生数据
结构分析	位移	应力、应变、反作用力等
热力分析	温度	热流量、热梯度等
磁场分析	磁势	磁通量、磁流密度等
电场分析	标量电势	电场、电流密度等
流体分析	速度、压力	压力梯度、热流量等

一旦完成计算并确定好所需的数据类型，就可通过 ANSYS 后处理器查看结果。可使用两个后处理器：POST1 和 POST26。

POST1 为通用后处理器，可用于查看整个模型或选定的部分模型在某一子步(时间步)的结果。键入 POST1 的命令为/POST1 (main menu-general postproc)，仅在开始阶段有效，可获得等值线显示、变形形状及检查和解释分析的结果的列表。POST1 提供了许多其他功能，包括误差估计、载荷工况组合、结果数据的计算和路径操作。

POST26 为时间历程后处理器，用于查看模型的特定点在所有时间步内的结果。键入 POST26 的命令为/POST26（Main Menu-TimeHist Postpro），仅在开始阶段有效，可获得结果数据对时间(或频率)的关系的图形曲线及列表。POST26 的其他功能包括算术计算和复数运算等。

参考文献

[1] 刘业翔，李劼，等. 现代铝电解 [M]. 北京：冶金工业出版社，2008.

[2] 徐宇杰. 铝电解槽内熔体运动数学建模及应用研究[D]. 长沙：中南大学，2010.

[3] 李劼，张红亮，徐宇杰. 现代大型铝电解槽内复杂物理场的仿真计算与优化[J]. 中国有色金属学报，2011，21(10)：2594-2606.

[4] 周萍，周乃君，梅炽，等. 铝电解槽内铝液电磁搅拌流动的数值模拟[J]. 过程工程学报，2003，3(4)：295-301.

[5] 周萍. 铝电解槽内电磁流动模型及铝液流动数值仿真的研究 [D]. 长沙：中南大学，2002.

[6] 刘伟. 铝电解槽多物理场数学建模及应用研究[D]. 长沙：中南大学，2008.

[7] 伍玉云. 300 kA 铝电解槽电热应力及钠膨胀应力的仿真优化研究[D]. 长沙：中南大学，2007.

[8] 唐兴伦，范群波，张朝晖，等. ANSYS 工程应用教程-热与电磁学篇[M]. 北京：中国铁道出版社，2003.

[9] 崔喜风. 20 kA 级惰性电极铝电解槽多物理场仿真及结构优化[D]. 长沙：中南大学，2011.

[10] 周正明，周乃君，姜昌伟. 铝电解槽电、磁、流数值计算方法的进展[J]. 甘肃冶金，2003，25(4)：1-5.

[11] SUN Y, GUI W, CHEN X, et al. Evaluation model of aluminum electrolysis cell condition based on multi-source heterogeneous data fusion[J]. International Journal of Machine Learning and Cybernetics, 2024, 15(4): 1375-1396.

[12] WEI H G, CHUN H Y, XIAO F C, et al. Modeling and optimization problems and challenges arising in nonferrous metallurgical processes[J]. Acta Automatica Sinica, 2013, 39(3): 197-207.

[13] SUN Y, GUI W, CHEN X, et al. Distributed anode current classification method based on spectral filtering and convolutional neural networks[C]//2023 42nd Chinese Control Conference (CCC). NewYork: IEEE, 2023: 6853-6858.

[14] SUN Y, CHEN X, GUI W, et al. Superheat degree category refinement of aluminum electrolysis cell using flame hole video apparent spatio-temporal feature clustering network[C]//2023 China Automation Congress (CAC). NewYork: IEEE, 2023: 1675-1680.

[15] SUN Y, GUI W, CHEN X, et al. A dynamic spatio-temporal synchronous spectral filtering method for distributed anode current signals Classification [C]//2023 5th International Conference on Industrial Artificial Intelligence (IAI). NewYork: IEEE, 2023: 1-6.

第 6 章　大型铝电解槽物理场仿真实例

在本书第 4、5 章所述知识的基础上，便可开展物理场仿真研究。本章的研究案例是已在生产中实际应用的某 400 kA 级铝电解槽[1-6]。

6.1　稳态电场

6.1.1　电压平衡方程

铝电解槽槽平均电压 V_{ave} 由下列几个部分组成：反电动势（$E_{反}$）、电解质电压降（ΔV_b）、阳极电压降（ΔV_a）、阴极电压降（ΔV_c）、母线电压降（ΔV_{bus}）和气泡压降（ΔV_g）。

$$V_{ave} = E_{反} + \Delta V_b + \Delta V_a + \Delta V_c + \Delta V_{bus} + \Delta V_g \tag{6-1}$$

式中：反电动势 $E_{反}$ 取值 1.700 V；ΔV_g 取经验值 100 mV；其余的 ΔV_b、ΔV_a、ΔV_c 及 ΔV_{bus} 则根据电场模型计算得到。

6.1.2　电压降分析

应用前文所述的电热耦合计算模型，对电热场进行计算，电场的有限元模型及全槽欧姆压降结果如图 6-1 及图 6-2 所示。

图 6-1　电场计算模型

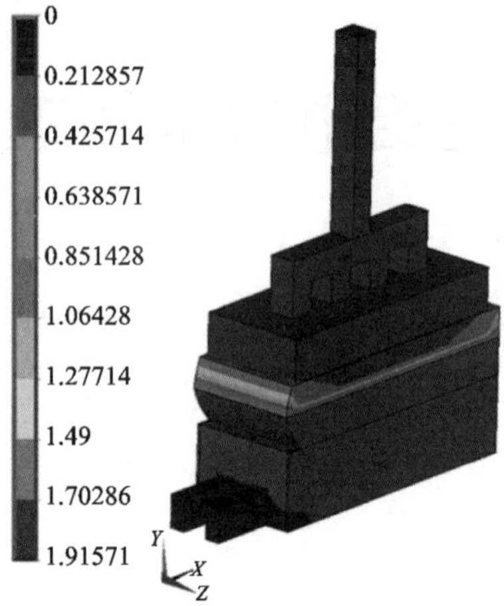

扫一扫，看彩图

图 6-2　电解槽典型电场计算有限元模型

根据电压降计算结果可列出电压平衡表，如表 6-1 所示。

表 6-1　电压平衡表

项目	电压降/mV
阳极部分 ΔV_a	321
电解质及铝液 ΔV_b	1290
阴极部分 ΔV_c	327
反电动势 $E_{反}$	1723
气泡压降 ΔV_g	30
母线压降 ΔV_{bus}	243
效应分摊电压 ΔV_{AE}	10
总压降	3944

由于采用了开槽阳极、斜捣固糊等措施，再结合理想的磁场及磁流体稳定性设计，极距还可以进一步降低，电压完全可以保持在 3.94 V 以下。

6.1.3　阴极钢棒电流分布

进出电两侧每组钢棒电流分布如图 6-3 所示。进电侧电流合计 203674 A，占总电流的 48.5%，最大值 9157 A。出电侧电流合计 216326 A，占总电流的 51.5%，最大值 9487 A。从分布趋势上看，每侧的阴极钢棒内电流分布不是很理想，且两侧电流总量有所偏差。总体趋势如下：①A 侧电流总量略小于 B 侧电流总量；②阴极钢棒载流量与理论载流量有些差异，最大的超过 8%[7-8]。

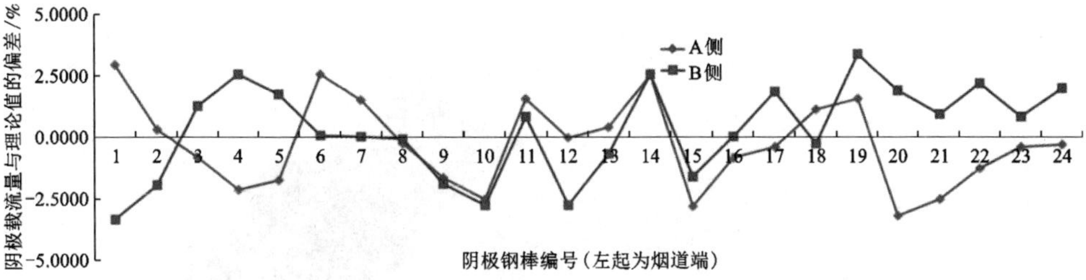

图 6-3　目标槽阴极钢棒组（软母线）载流量与理论偏差

目标槽的立柱母线载流量如图 6-4 所示。从图 6-4 中可以看出，立柱 1 及立柱 6 所流经的电流量偏低，立柱 3 及立柱 4 较高，立柱 2 与立柱 5 较为合理。总体来说，在最外面两个端部的载流量低于理论值。

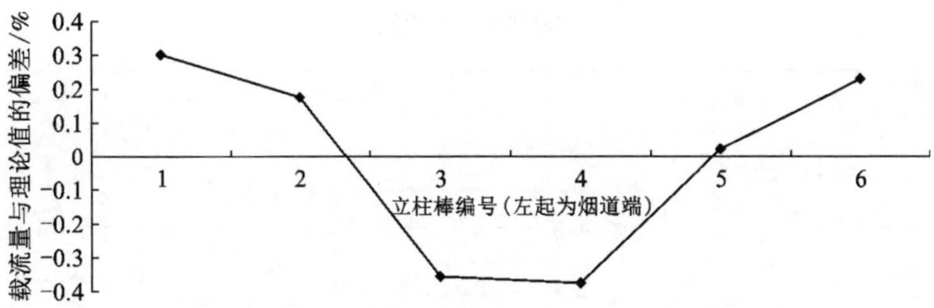

图 6-4　阳极立柱母线载流量与理论偏差

从以上计算结果可知，前文所述的计算方法可明确分析阴极钢棒载流量分布，从而了解各阴极钢棒组的载流量及立柱母线的载流量与理论的偏差，再据此对母线的电阻平衡进行优化。

6.2　稳态磁场

在上述电场计算的基础上，根据双标量法计算磁场的原理和步骤，可建立该铝电解槽磁场的三维仿真计算模型[图 6-5(a)]，并进行磁场的计算。在计算过程中，考虑前后各有六台电解槽，并同时考虑了铁磁物质和相邻列电解槽的影响，使用 Newton-Raphson 求解器，设置磁通量收敛残差为 1.0×10^{-3}，计算槽内三维磁感应强度，可获得铝液层的三维磁感应强度分布的计算结果。

图 6-5(b)是槽内铝液中部磁场在 X 方向上的磁感应强度 B_x 的分布；图 6-5(c)是槽内铝液中部磁场在 Y 方向上的磁感应强度 B_y 的分布；图 6-5(d)是槽内铝液中部磁场在 Z 方向上的磁感应强度 B_z 的分布。

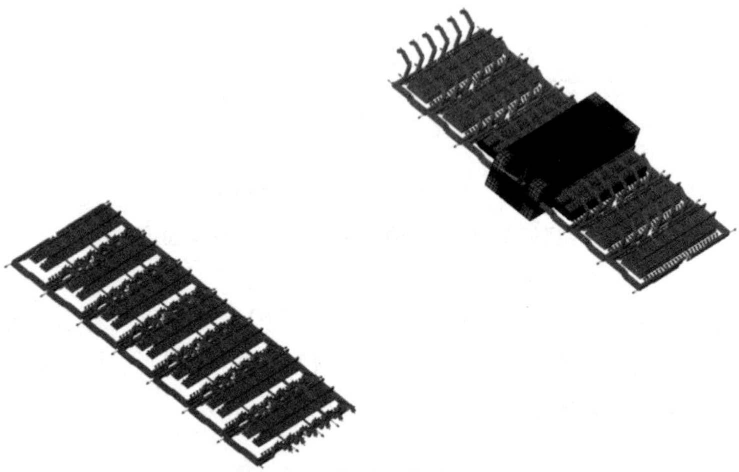

(a) 磁场计算模型

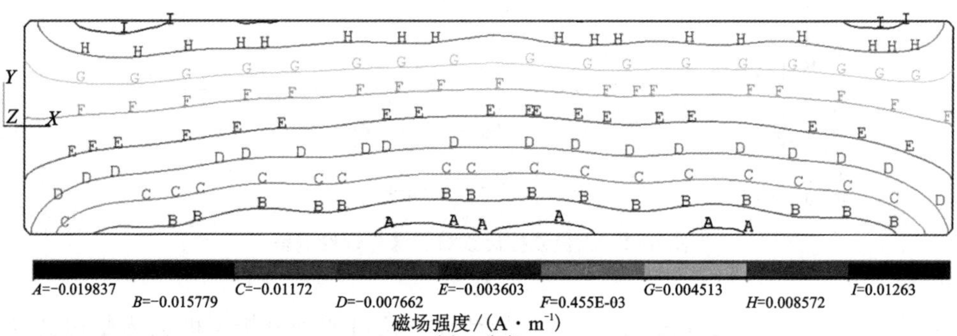

(b) B_x 分布

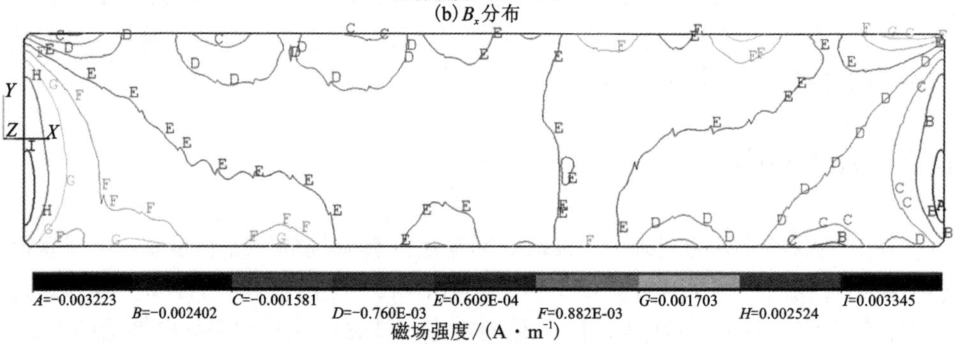

(c) B_y 分布

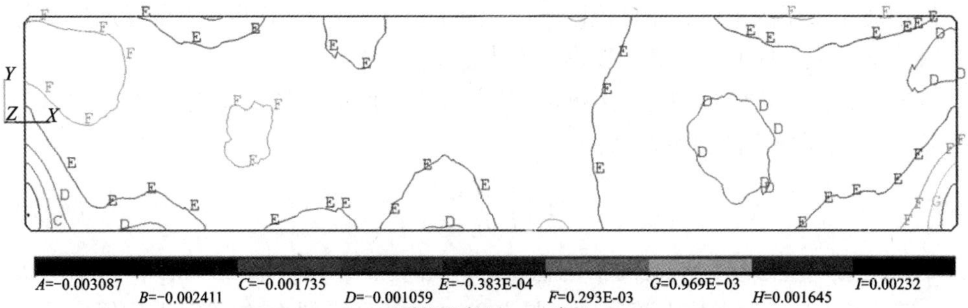

(d) B_z 分布

图 6-5　磁场计算模型与结果分布/T

可以看出，水平磁场 B_x 的范围为-217.64~149.4 Gs；水平磁场 B_y 的范围为-36.09~37.13 Gs；垂直磁场 B_z 的范围为-38.27~33.91 Gs。三个方向的平均值分别为 74.05 Gs、5.83 Gs、4.52 Gs。其中 1 T=104 Gs。最后，将 B_z 最大值、平均值及四个象限平均值列入表 6-2 中，其中，象限分布如图 6-6 所示。

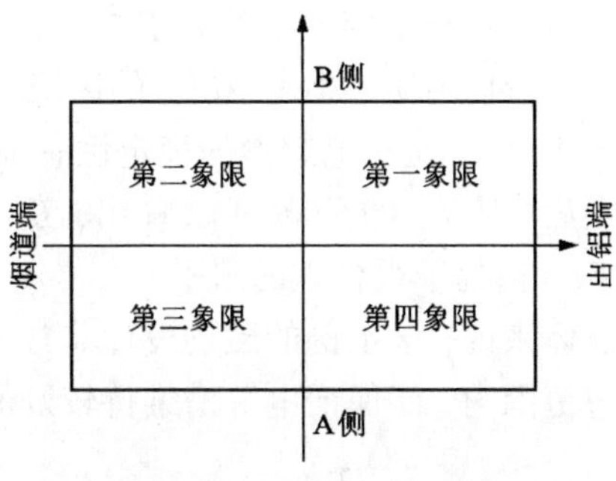

图 6-6　磁场分析的坐标系

表 6-2　B_z 磁场的计算结果

B_z/Gs	第一象限	第二象限	第三象限	第四象限	最大值	平均值
	4.93	3.45	3.88	5.83	38.27	4.52
B_z<5 Gs 比例/%	62.99					
B_z<10 Gs 比例/%	92.75					

目前国内外在大型预焙铝电解槽的磁场设计上，一般已形成较为统一的意见，即磁场需要满足如下要求：①磁场垂直分量 B_z 较小，磁场最大值的区域不宜过大，且最大值不宜分布在阳极正投影下方；② B_z 磁场整体平均值满足磁流体稳定判据；③磁场四个象限平均值都应在 5 Gs 左右且阳极投影 B_z ≤平均值的区域尽可能大；④水平分量 B_y 尽量小。

基于以上几点，我们对该 400 kA 级铝电解槽的磁场分析如下：

首先，从垂直磁场最大值分析，该电解槽的 B_z 最大值为 38.27 Gs，小于 40 Gs，该极值属于理想的范围，而且该区域面积非常小，基本位于进电侧靠近烟道端部分极小的区域，对于整体稳定性影响不大。

其次，从磁场整体均值大小的角度来分析，垂直磁场的绝对值的平均值为 4.52 Gs，应用磁流体稳定判据：

$$|B_z| < \frac{L_{Al} \cdot d}{0.05 \cdot I} \tag{6-2}$$

式中：B_z 为垂直磁场绝对值的平均值，Gs；L_{Al} 为铝水平，取 22 cm；d 为平均极距，取 4.5 cm；I 为平均电流密度，取 420 kA。计算得到 B_z 的绝对平均值应该小于 4.71 Gs，前文计算得到的磁场平均值(4.52 Gs)小于该值，由此判据可以说该电解槽能维持稳定。

再次，由磁场四个象限的均值可以看出，四个象限中第一至第三象限均值都小于 5 Gs，只有第四象限稍大于 5 Gs，故该判据也是完全满足要求的。而且，在阳极正投影区域下，小于 10 Gs 的区域占全部区域的 92.75%，表明绝大部分区域都小于 10 Gs，这对电解槽的稳定性有很大的好处。

最后，从 B_y 的分布可以看出，B_y 的最大值和平均值分别为 37.13 Gs 及 5.83 Gs，都处于很合理的水平。

总体来说，该示例的磁场设计非常理想，B_z 的最大值、均值及各象限均值都在理想范围内，能保证电解槽维持较好的磁流体稳定。

6.3 稳态流场

通过提取电磁模型中的电流密度与磁感应强度，将两者叉乘后获得电磁力[9]。将电磁力及相应的流场计算网格导入 ANSYS-CFX 中，进行计算，收敛后得到铝液的流速及铝液波动的数据。图 6-7(a)为流场计算的网格，图 6-7(b)为铝液中截面水平速度分布图，图 6-7(c)为电解质中截面速度分布图，图 6-7(d)为铝液-电解质界面变形图。

从图 6-7 中可以直接得到：

(1)铝液流场整体趋势约呈现两个相对较大的漩涡，最大流速为 41.77 cm/s，出现在电解槽烟道端侧的大漩涡外侧，计算得到的铝液平均流速为 11.76 cm/s。

(2)电解质流速场分布与铝液较为类似，其流速最大值为 27.17 cm/s，平均流速为 10.42 cm/s。

扫一扫，看彩图

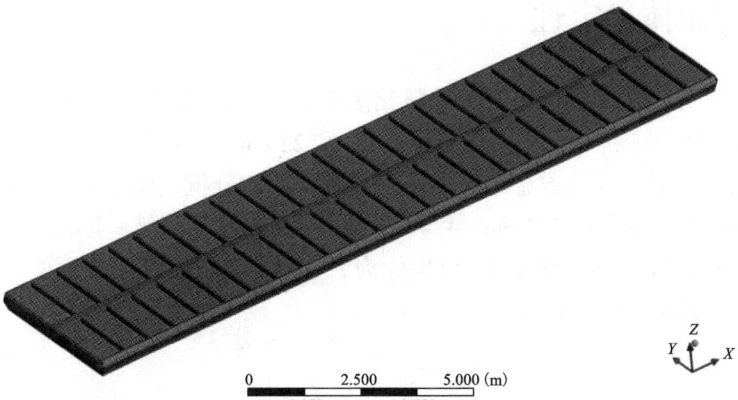

(a) 流场计算模型

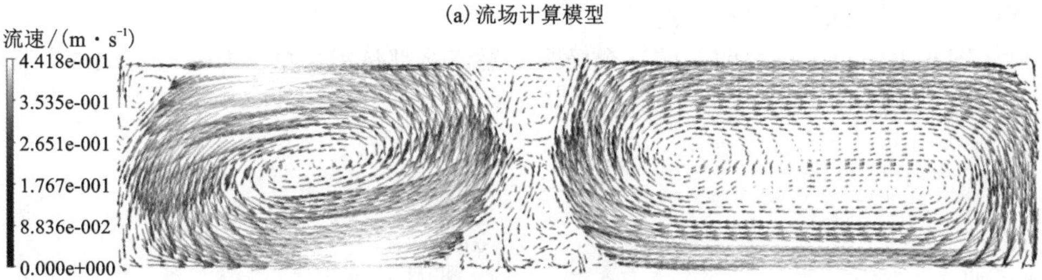

(b) 铝液中截面流速场

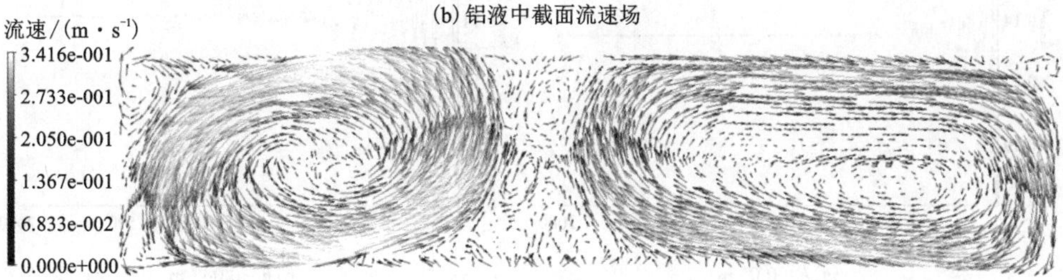

(c) 电解质中截面流速场

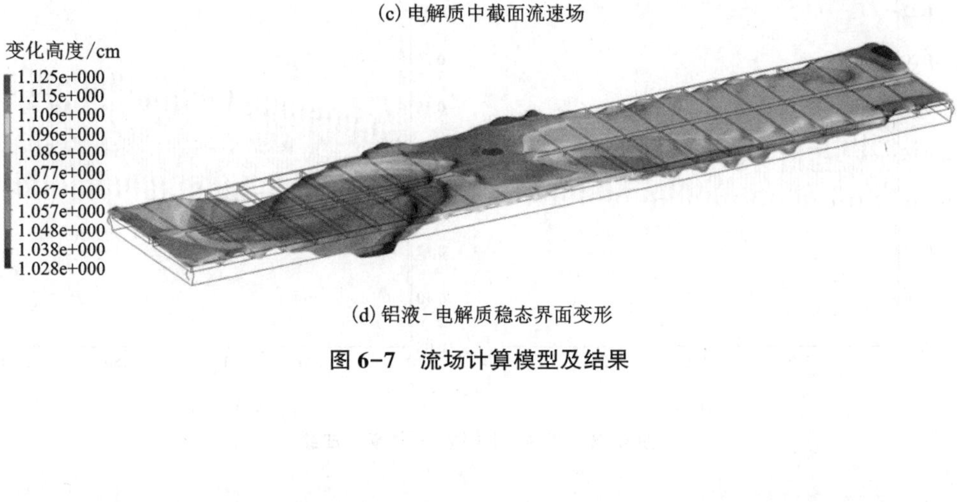

(d) 铝液-电解质稳态界面变形

图 6-7　流场计算模型及结果

6.4 磁流体稳定性

应用前文所述的数学模型和有限元法对该 400 kA 级铝电解槽进行磁流体动力学计算，极距 h 和铝水平 H 分别取 5 cm 和 22 cm。应用非线性动力学模型对该槽在不同极距下运行的磁流体稳定性进行了计算和分析。图 6-8(a)~(d)分别为计算所得极距为 5 cm、4.7 cm、4.4 cm 和 4.3 cm 时的铝液-电解质界面波动曲线，图 6-8 中的横坐标为时间，纵坐标为 ζ_{mean}/h，ζ_{mean} 表征了界面的整体变形状况，其定义如式(6-3)所示：

$$\zeta_{\text{mean}} = \left[\frac{\langle \zeta^2 \rangle}{(L_x \times L_y)}\right]^{1/2} \tag{6-3}$$

式中：“〈 〉”为定义域内积分。

图 6-8(a)~(c)表明在前三个极距下磁流体都是稳定的，但可以看出随着极

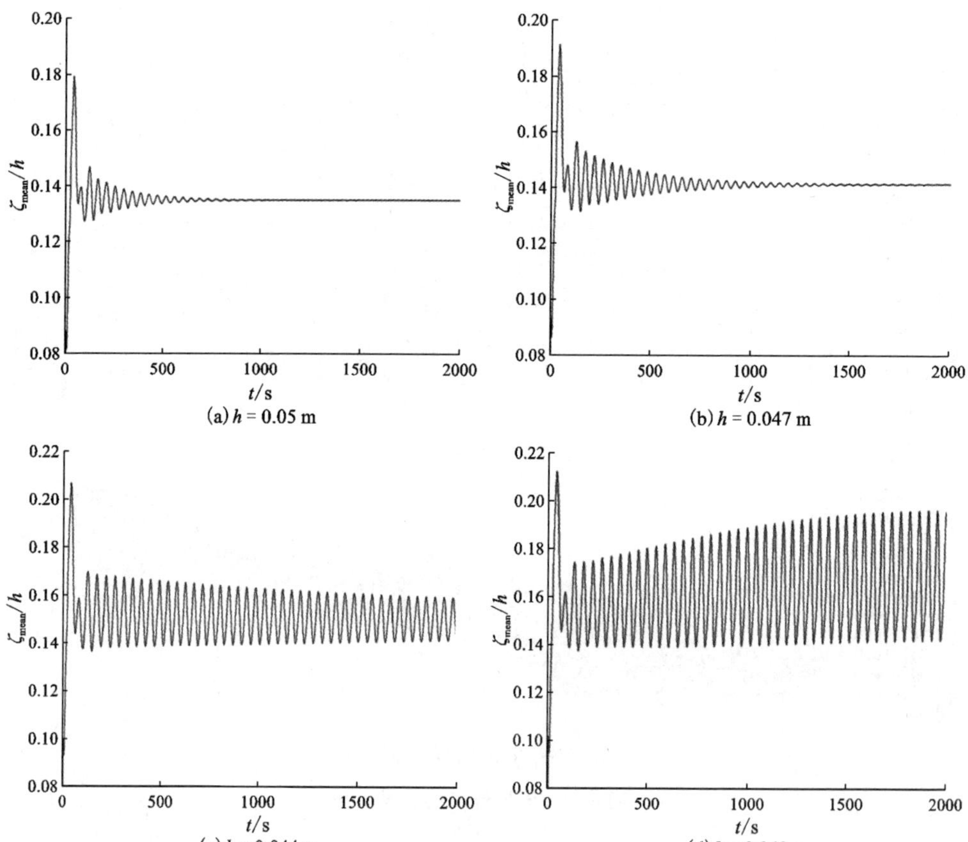

图 6-8　铝液-电解质界面波动曲线

距值的减小，稳定的趋势随之减弱，达到稳定所需的时间明显增加，稳定后界面的相对变形程度增大。图 6-8(d)表明极距为 4.3 cm 时铝液-电解质界面波动随着时间的不断推移，出现了磁流体不稳定现象。可见，从磁流体稳定性角度出发，该槽的临界极距应为 4.3~4.4 cm，在实际工业生产中，该电解槽的极距维持在 4.5 cm 左右。

6.5　热场

6.5.1　阴极切片温度分布结果

原始设计下的切片模型、温度分布如图 6-9 所示，相应的槽帮形状分布如图 6-10 所示。由图 6-10 可知，电解槽的保温效果较为理想。初晶温度分布线(深灰色部分)基本没有处在阴极炭块以下，对防止渗入阴极炭块的电解质凝结而破坏炭块不能起到很好的效果。阴极炭块靠近端头部位的温度较低，但基本都处于 800 ℃等温线内，并且大部分都处于 900 ℃以上，故整体上阴极结构保温效果尚可。但是可以预计，随着阴极使用过程逐步石墨化，阴极导热性能变好，电解质初晶温度线将会下移，因电解质凝结造成的炭块破坏因素将会大幅度减少。从内衬结构温度分布来看，内衬中等温线分布较为合理，体现出侧部陡峭、底部较平滑的总体特点，这有助于槽帮和伸腿的形成与维持。

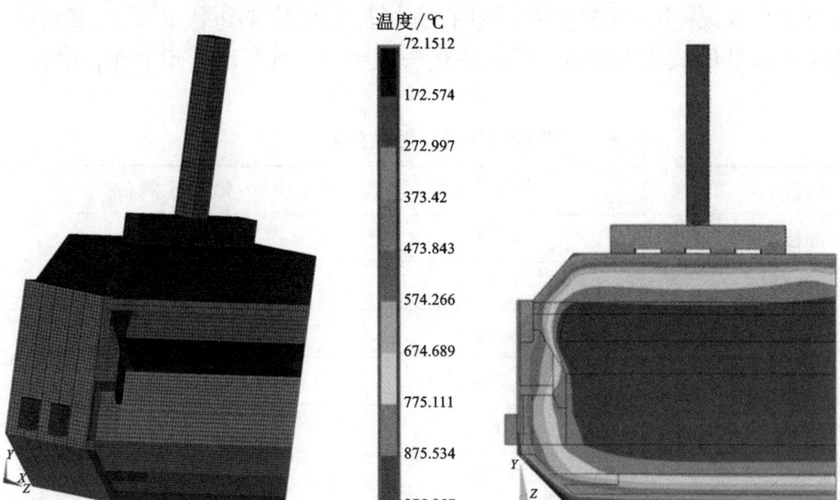

(a) 切片模型　　(b) 热场计算结果

图 6-9　小面切片模型等温线分布

扫一扫，看彩图

由图 6-10 可知，在正常的电解温度下电解槽侧部能形成稳固的槽帮，厚度适中。在覆盖料为 150 mm 的厚度情况下，电解槽保温达到 12.5 ℃的过热度，此时伸腿长到阳极底掌以下投影区以内为 41 mm。

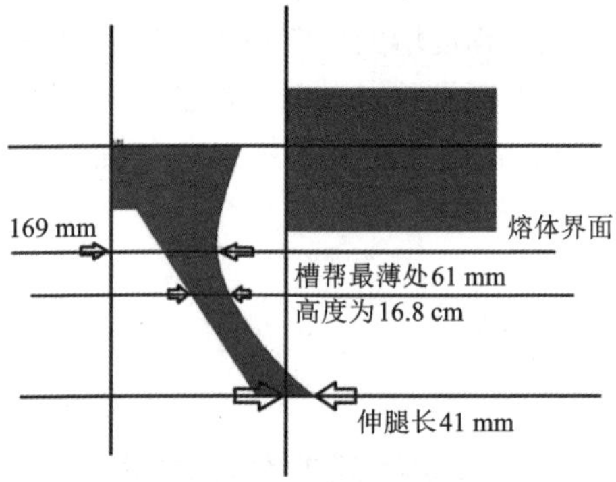

图 6-10　槽帮形状分布

在正常的电解温度下电解槽侧部都能形成稳固的槽帮，并且厚度合理，电解槽的过热度为 12 ℃左右，处于较好的电解保温状态，伸腿长进入阳极投影为 20 mm，属于理想的范围。

6.5.2　散热分布结果

统计切片外表面各部分区域其散热量并计算其比例，得到其散热分布结果如表 6-3 所示，在计算热场时选取的电流效率为 94%。从各部分散热量分布比例来看，散热分布较为合理。底部保温好，散热比例仅为 4.34%，上部散热占 54.9%，使得通过调节上部氧化铝覆盖料厚度这一手段来维持热平衡的作用效果较为明显，而在进一步实现节能条件下，通过增加覆盖料的厚度可以减少电解槽的热损失，仍能实现较好的热平衡。由于底部具有良好的保温效果，可以为保持干净的炉底创造良好的先天条件，若配合使用具有良好控制效率的饥渴式下料控制系统，维持熔体中较低的氧化铝浓度，可以使得炉底干净，具有进一步节能的潜力。

表 6-3　阴极切片模型散热分布

项目	散热量/kW	散热比例/%
槽上部覆盖料	4.7222	32.96
钢爪及导杆	3.1433	21.94
熔体区	2.6419	18.44
阴极区	1.7966	12.54
钢棒区	0.6820	4.76
保温区	0.7192	5.02
槽底部	0.6218	4.34
总散热	14.327	—

6.5.3　1/4 槽电热场温度分布结果

1/4 槽温度场模型及计算结果如图 6-11 所示，槽温为 962 ℃，各部分温度分布与切片模型计算结果一致。由图 6-12 所示的槽壳表面温度分布可见，熔体区大面槽壳表面温度部分超过 385 ℃，表明该区域散热量稍大，这与使用导热性较好的调整炭块取代捣固糊有关。整体上看，槽温及温度场分布较为合理。

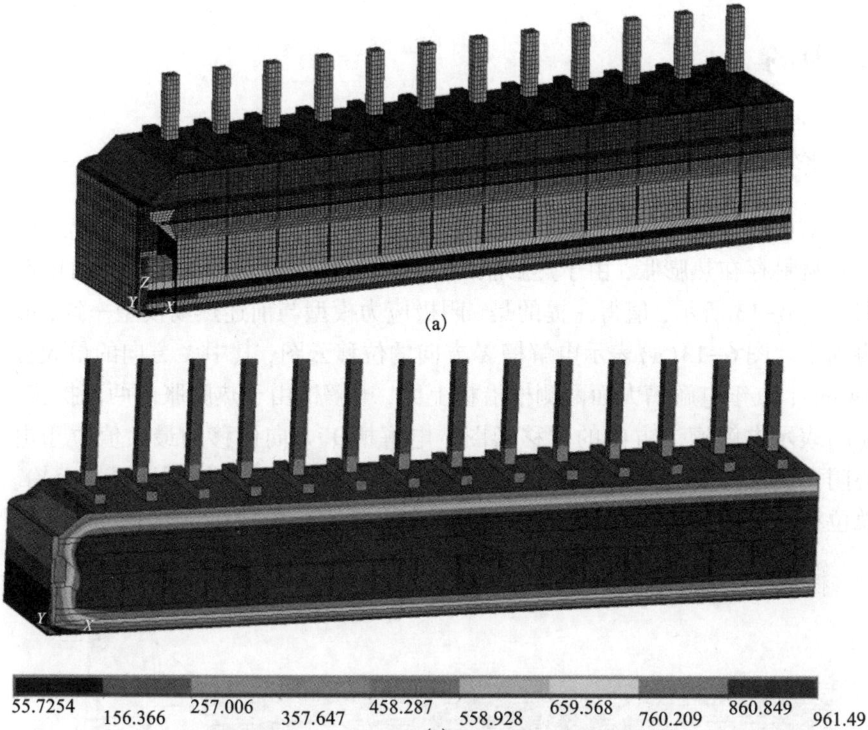

(a)

(b)

温度/℃

扫一扫，看彩图

图 6-11　1/4 槽温度场模型(a)及计算结果(b)

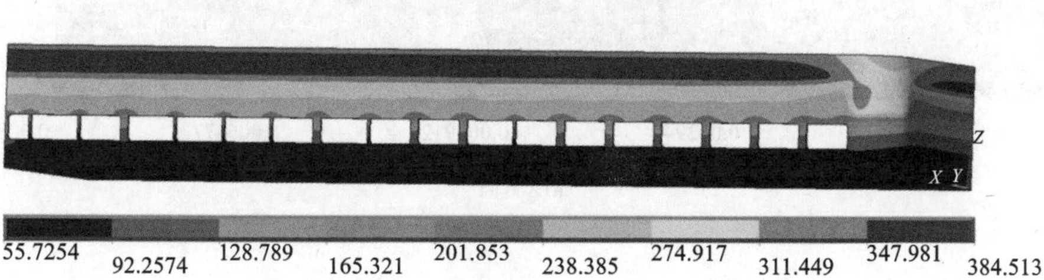

温度/℃

图 6-12　1/4 槽的槽壳表面温度分布

6.5.4 热场结果综合分析

该内衬设计可使该电解槽在上述技术条件下达到相对合适的热平衡状态，槽帮形状和槽温分布较为合理。由于侧面采用了一种相对偏散热的内衬设计，故整体上侧面的散热比例较大，在生产过程中可维持较厚的覆盖料厚度以保证电解质具有足够的过热度。这种相对散热的内衬设计也为以后提高电流强度、增加产能留下了空间。

6.6 应力场

6.6.1 焙烧结束后电解槽位移分析

焙烧结束后，电解槽存在一个温度梯度，阴极表面温度达到 900 ℃以上，电解槽的各种材料存在热膨胀，由于热膨胀产生了位移。当电解槽焙烧结束时电解槽的位移如图 6-13 所示，值得一提的是，阴极应力模型与前述热场模型一致，故在此未再列出。图 6-13(a)表示电解槽 *X* 方向的位移云图，其中 *X* 方向的最大位移为 8.84 mm，位于电解槽大面两侧槽沿板上面，电解槽由于热膨胀向两侧扩张；图 6-13(b)表示电解槽 *Y* 方向的位移云图。电解槽 *Y* 方向位移的最大值位于电解槽中心阴极炭块的表面，为 4.29 mm，*Y* 方向的位移使得电解槽阴极炭块上抬。电解槽总位移最大值为 8.99 mm，位于槽的两侧。*Z* 方向的位移为 7.35 mm。

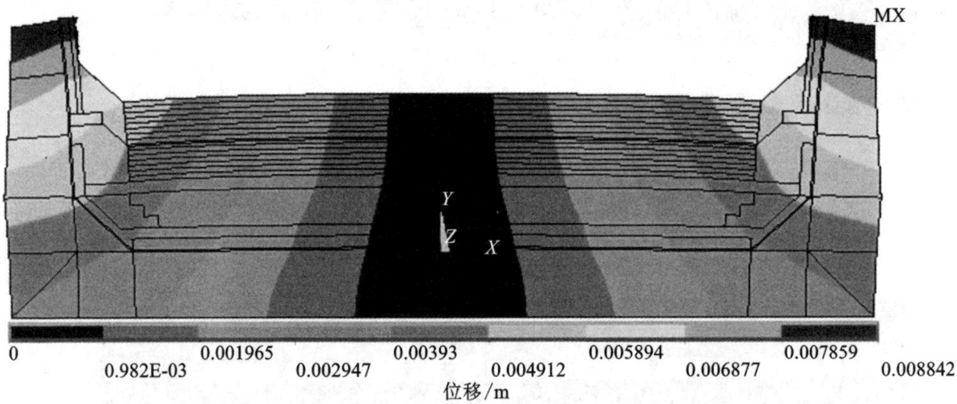

(a) *X*方向

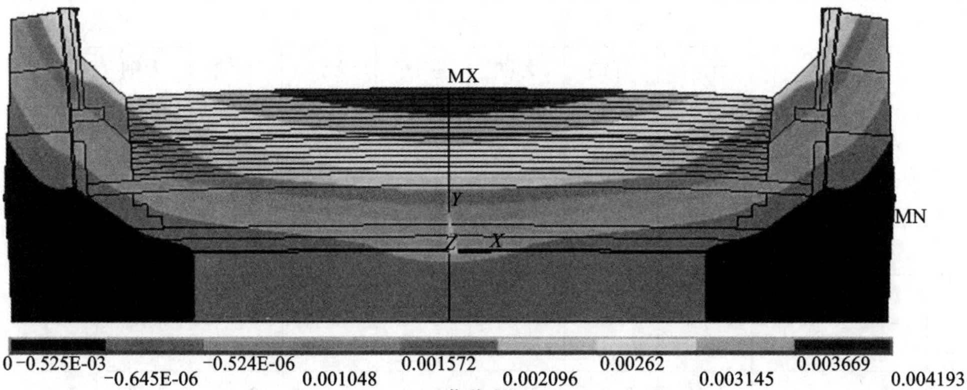

(b) Y方向

图 6-13　焙烧结束后电解槽位移分布情况

扫一扫，看彩图

6.6.2　启动一个月后电解槽位移分析

当电解槽启动一个月后电解槽的位移情况如表 6-4 所示。由表可知，无论是 X 方向的位移、Y 方向的位移还是电解槽的总位移都有所增大，各个方向的位移最大值的位置都未发生变化，X 方向的最大位移为 11.64 mm，比启动前增加了 31.6%，Y 方向的最大位移为 7.78 mm，比启动前增加了 81.7%，总位移的最大值为 11.65 mm，比启动前增加了 29.6%。其中 Y 方向的位移增加幅度最大，说明电解槽运行一个月后由于钠的渗透，使得中心阴极炭块上抬趋势加大。阴极炭块的上抬是造成阴极炭块开裂和剥皮分层的重要原因，分析破损电解槽炭块可知，电解槽中心部位的阴极炭块破损最为严重，由于炭块的开裂，金属钠和电解质浸入炭块内部，加剧了阴极炭块的破损。

表 6-4　有无钠膨胀时电解槽的位移分布结果

项目		无烟煤		半石墨质		半石墨化		石墨化	
		无钠膨胀	有钠膨胀	无钠膨胀	有钠膨胀	无钠膨胀	有钠膨胀	无钠膨胀	有钠膨胀
电解槽	U_x/mm	8.84	11.64	9.03	10.20	8.88	9.91	8.74	8.83
	U_y/mm	4.85	6.91	4.45	5.92	4.25	5.56	4.05	4.28
	U_z/mm	2.23	4.39	2.57	3.73	2.15	3.41	2.03	2.24
	U_{sum}/mm	9.00	11.65	9.15	10.21	9.03	9.93	8.91	8.99

续表6-4

项目		无烟煤		半石墨质		半石墨化		石墨化	
		无钠膨胀	有钠膨胀	无钠膨胀	有钠膨胀	无钠膨胀	有钠膨胀	无钠膨胀	有钠膨胀
阴极炭块	U_x/mm	5.39	11.03	6.16	9.27	5.97	7.81	5.78	5.91
	U_y/mm	3.93	7.78	4.45	6.65	4.25	5.56	4.05	4.28
	U_z/mm	2.31	4.39	2.57	3.73	2.28	3.01	2.00	2.09
	U_{sum}/mm	5.77	11.41	6.57	9.67	6.37	8.20	6.18	6.31
阴极钢棒	U_x/mm	5.81	7.34	5.91	6.85	5.83	6.39	5.75	5.80
	U_y/mm	3.12	3.97	3.19	3.70	3.14	3.45	3.09	3.12
	U_z/mm	1.49	1.51	1.45	1.49	1.45	1.48	1.44	1.49
	U_{sum}/mm	5.81	7.50	5.92	6.93	5.83	6.42	5.75	5.80

6.6.3 电解槽阴极炭块热应力结果分析

无烟煤炭块焙烧结束后热应力分布情况如图 6-14 所示。

由图 6-14 可看出，炭块中的温度梯度使得 X、Y、Z 三个方向都存在较大的热应力分布，X 方向压应力最大值为 5.78 MPa，位于炭块端部燕尾槽的两侧，最大拉应力位于炭块中部阴极钢棒的端部，其值为 4.21 MPa；Y 方向最大压应力为 8.02 MPa，位于炭块端部燕尾槽的两侧，最大拉应力为 4.30 MPa，位于炭块燕尾槽的顶部；Z 方向炭块中最大拉应力和最大压应力位于炭块燕尾槽周围，最大拉应力为 2.57 MPa，位于炭块燕尾槽的两侧，最大压应力位于燕尾槽的顶部和端部，其值为 8.55 MPa；阴极炭块应力集中的位置位于燕尾槽，等效应力最大值为 13.0 MPa。因此电解槽焙烧后，炭块内的热应力主要集中在燕尾槽周围。

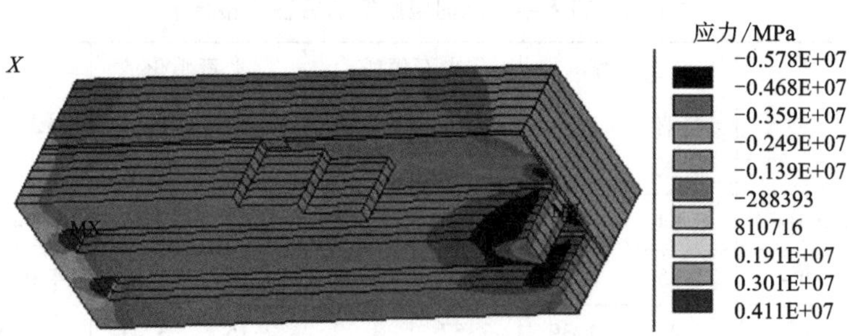

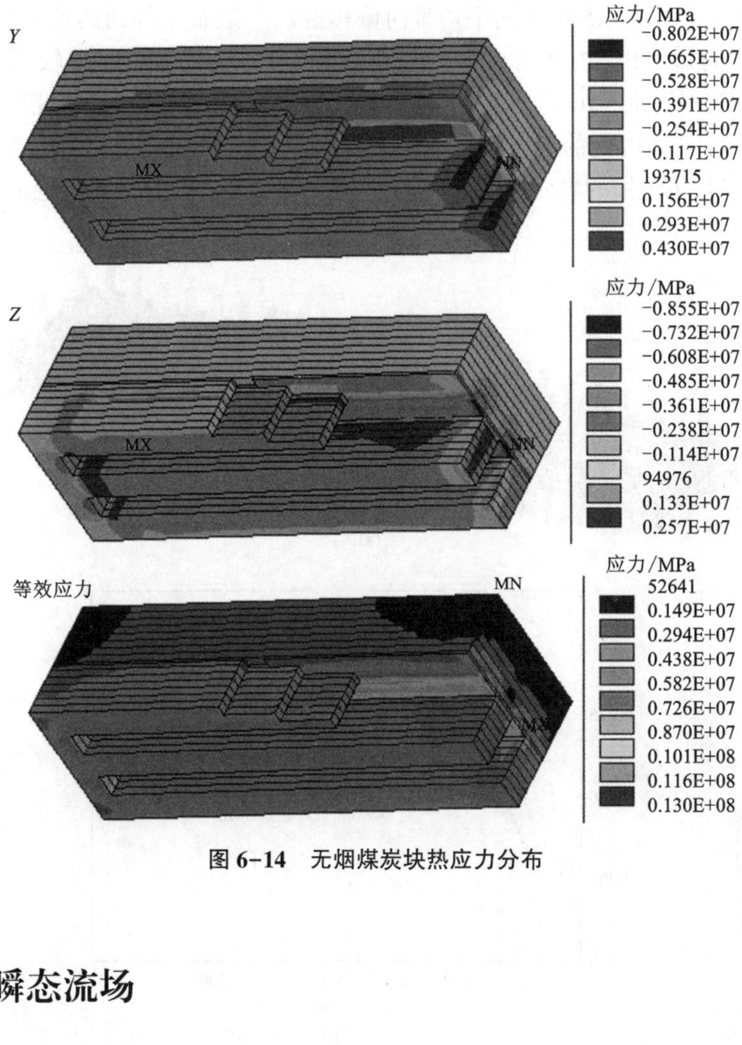

图 6-14　无烟煤炭块热应力分布

扫一扫，看彩图

6.7　瞬态流场

6.7.1　瞬态两相磁流体

应用前文所述的瞬态三维铝液-电解质两相磁流体模型对该 400 kA 级铝电解槽的熔体运动进行瞬态计算。计算时以静止状态为初始条件。为保证计算的收敛性，时间步长设定为 0.1 s。鉴于多场耦合三维瞬态模型的计算量十分庞大，对硬件资源要求高且计算周期长，本实例将计算时间步数设定为有限的 4000 步，即对槽内磁流体在 400 s 内的行为进行计算，整个计算过程曾耗时约 25 d。

槽内铝液-电解质界面的扰动状况是磁流体分析的一个主要关注点，两相磁流体模型计算所得的该 400 kA 级铝电解槽在 0～400 s 内的界面瞬时扰动情况如图 6-15 所示，图 6-15 中界面平均垂向偏移量 ζ_{mean} 表征了界面的整体扰动幅度。由图 6-15 可以看出，在不考虑阳极气泡的情况下，界面扰动呈现较明显的周期性，且周期较长(50～70 s)，这与传统的基于浅水模型的界面波动研究得出的基本规律相一致；随着时间的推移，界面扰动整体上有减弱的趋势，表明在本实例所采用的工艺条件下该槽的界面扰动行为逐渐趋于平稳，未出现磁流体不稳定现象。

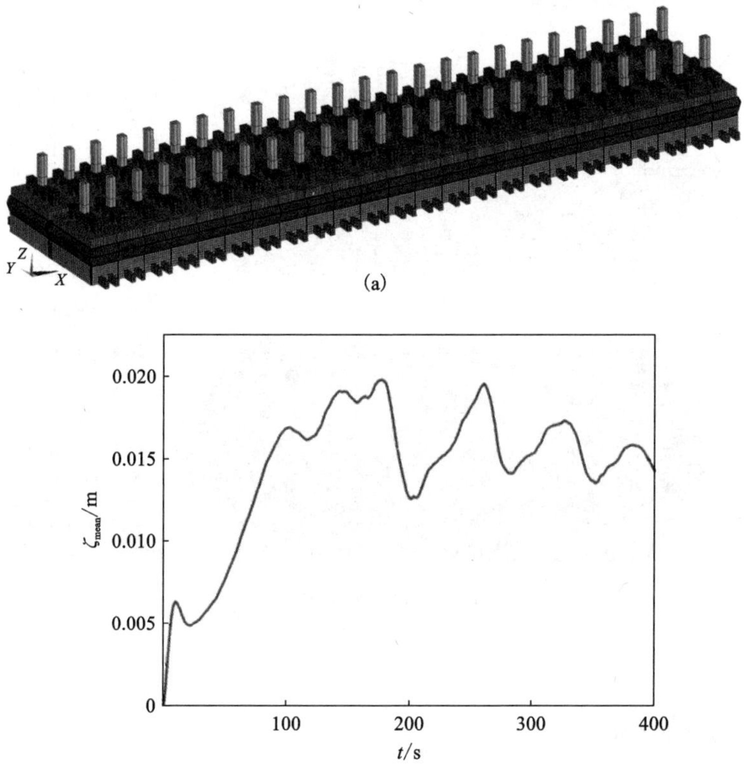

扫一扫，看彩图

图 6-15　瞬态两相磁流体模型(a)计算所得铝液-电解液界面平均扰动量随时间的变化(b)

为了将瞬态两相磁流体模型计算结果与稳态两相流模型计算结果进行全面比较，同时为了阐述槽内流场及界面分布具有瞬时变动特征，本实例给出两相瞬态计算所得部分时间点流场及界面的具体分布。该 400 kA 级铝电解槽在某 45 s 内的铝液流场、电解质流场及铝液-电解质界面分布的变化情况分别如图 6-16、图 6-17 和图 6-18 所示，各图采样时间间隔均为 5 s。

由图 6-16 可知，在所选取的时间段内，铝液流场的基本形态未发生显著变

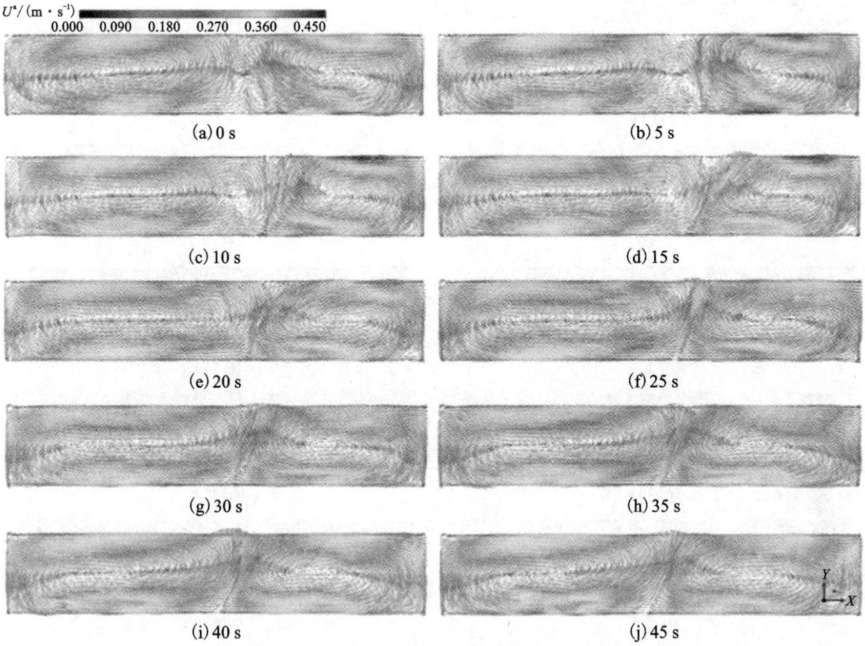

扫一扫，看彩图

图 6-16　瞬态两相磁流体模型计算所得某 45 s 内铝液中截面流场变化

化，铝液流场已处于相对稳定状态，但不同时间点的流动形态与流速大小分布存在差异，表明流场会随时间不断发生演变；铝液流场主体上为非对称两涡流，但与稳态两相流模型计算所得结果不同，覆盖面积较大的涡位于左侧，而出现的流速极值区则主要位于右侧涡，这与瞬态磁流体模型考虑了由界面波动引起的电场变化有关。两相瞬态计算获得的 300~400 s 内(该时间段流场已趋于相对稳定)铝液层中截面平均流速为 0.178 m/s，该值大于稳态两相流计算所得值。

从图 6-17 中可以看出，瞬态两相磁流体模型计算所得的电解质流场主体形态与铝液流场一致，呈现左右两个大涡，部分时间点两涡交界处出现大幅高于平均流速的局部流速(最大流速达到 0.65 m/s)，这与铝液-电解质界面瞬时扰动使得极距出现较大的区域性差异进而造成电解质中电流局部集中存在较大关联；与铝液流场相同，电解质流场随时间推移发生变化，表明其具有非稳态特征。瞬态计算获得的 300~400 s 内电解质中截面平均流速为 0.157 m/s，该值也大于稳态两相流计算所得值。

从图 6-18 中可以看出，瞬态两相磁流体模型计算所得铝液-电解质界面呈现出槽中部与两个端部凸起、其余区域下凹的整体分布特征，这与稳态两相流模型

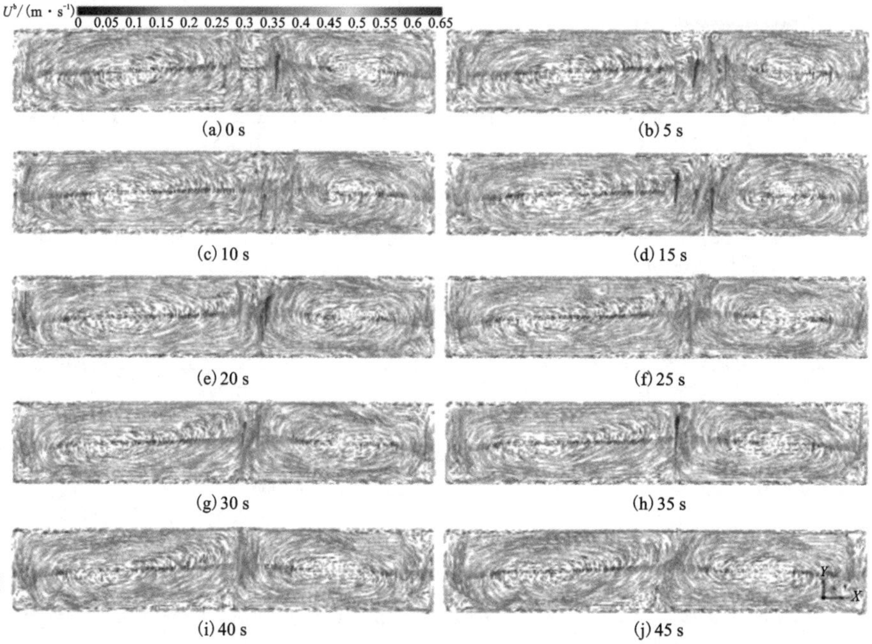

扫一扫，看彩图

图 6-17　瞬态两相磁流体模型计算所得某 45 s 内电解质中截面流场变化

计算所得有较大差异；由于界面处于不间断波动状态，界面上各区域高度相对于其初始高度的偏移量随时间发生变化，显示了波峰在槽中部与端部之间的移动过程。在该过程中，槽中部界面凸起高度有所减小，端部凸起高度有所增大；某些时间点下，界面最大正向偏移量已接近极距值，但区域较小，且主要出现在端部非阳极投影区，界面中部局部位置波幅较大，可能对电解生产形成影响。

导电熔体在磁场中运动可产生磁感应电流，本模型包含了对感应电流的计算。图 6-19 为瞬态两相磁流体模型计算所得某时刻铝液中截面的各向电流密度分布，图 6-20 为瞬态两相磁流体模型计算所得同一时刻铝液中截面的各向磁感应电流密度分布。

比较可以发现，铝液中磁感应电流密度总体上远小于总电流密度，对铝液层整体电流分布的影响有限，但是在高流速和强磁场的共同作用下，局部区域可能出现较大感应电流，对局部电流分布造成干扰。值得注意的是，铝液在分布着水平磁场的空间内做水平运动可产生垂直向上的感应电流，即感应电流方向是与直流电主体方向相反的；实际电解槽内的瞬时电流分布比稳态电场计算获得的电流分布复杂得多，忽略界面扰动影响的情况下求得的水平电流极值较小。

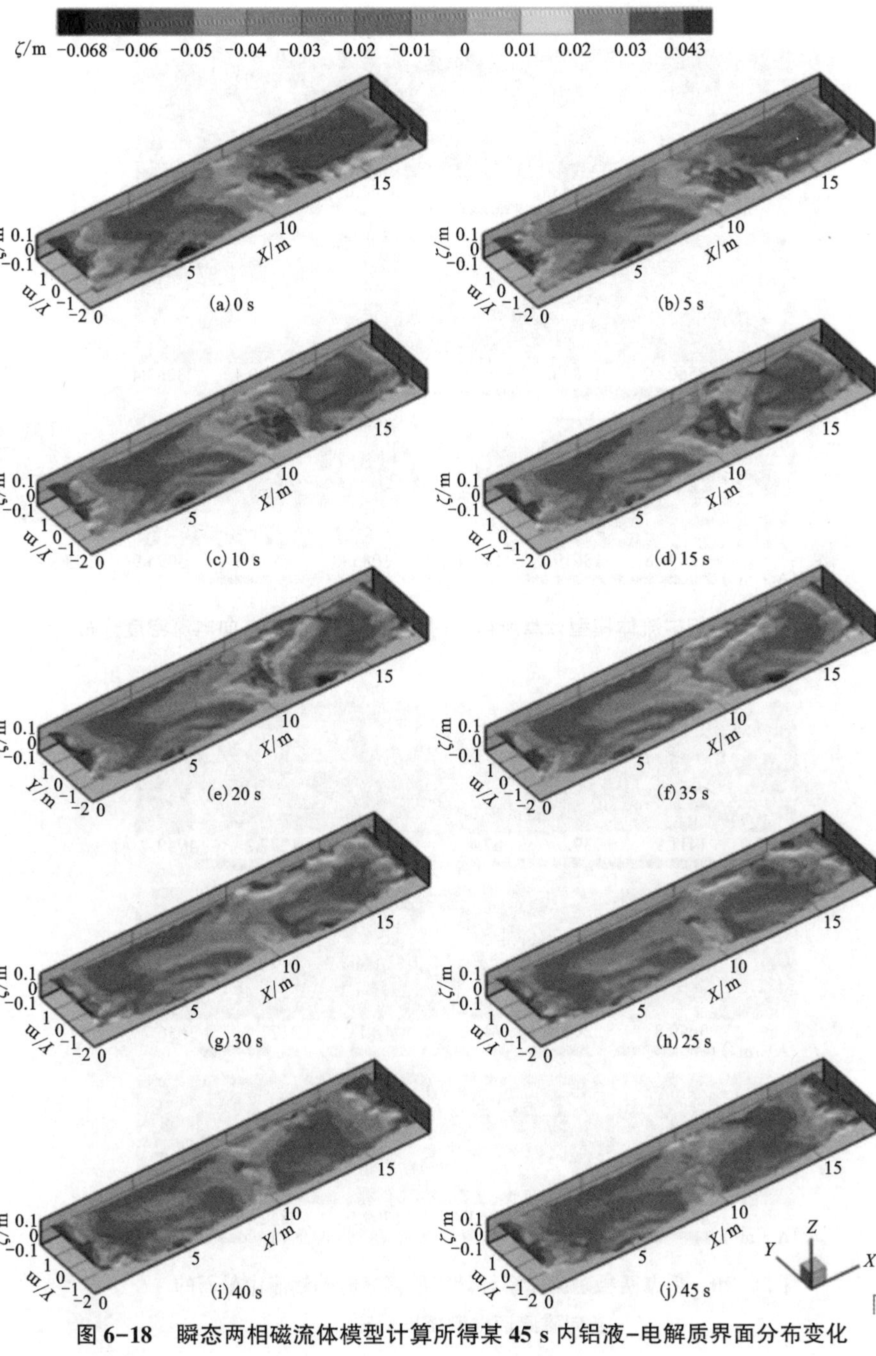

图 6-18　瞬态两相磁流体模型计算所得某 45 s 内铝液-电解质界面分布变化

扫一扫，看彩图

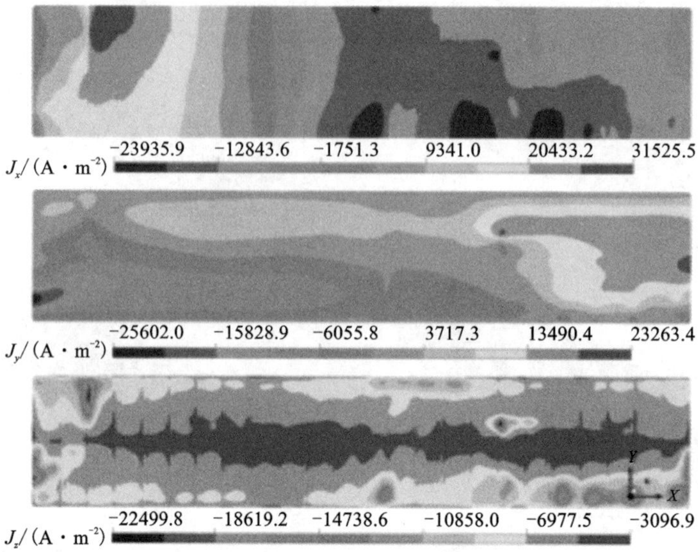

扫一扫，看彩图

图 6-19　瞬态两相磁流体模型计算所得某时刻铝液中截面的各向电流密度分布

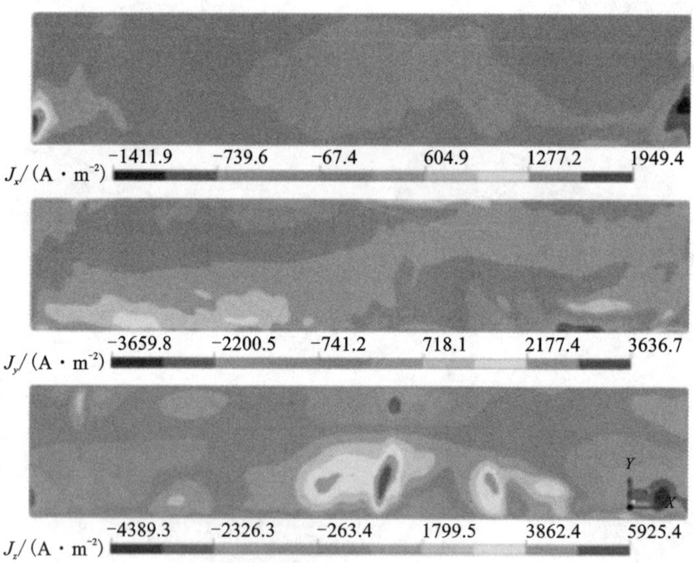

图 6-20　瞬态两相磁流体模型计算所得某时刻铝液中截面的各向磁感应电流密度分布

6.7.2 瞬态三相磁流体

应用前文所述三维瞬态铝液-电解质-气泡三相磁流体模型对该 400 kA 级铝电解槽的熔体运动进行瞬态计算。瞬态三相磁流体模型计算所得该铝电解槽在 0~400 s 内的铝液-电解质界面整体瞬时扰动情况如图 6-21 所示。由图 6-21 可知，在考虑阳极气泡作用的情况下，界面出现一定程度的高频扰动，周期性较明显的、具有长波特征的扰动不再显著；随着时间的推移，界面扰动量整体上有所减小，并有趋于稳定的迹象。由此可见，阳极气泡对铝液-电解质界面瞬时扰动行为有十分重要的影响，气泡相的存在大幅改变了仅受电磁力和重力作用的界面扰动状态。

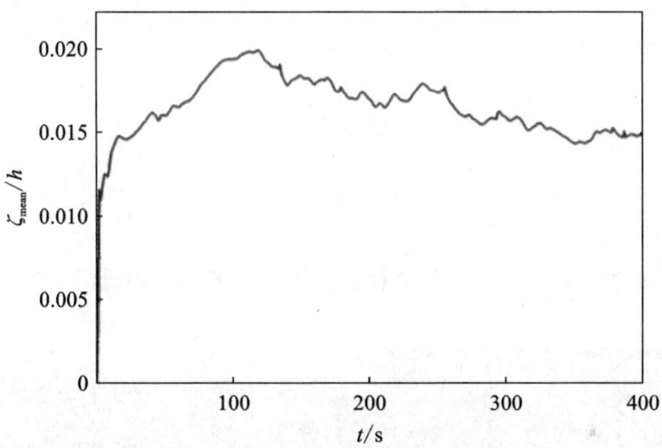

图 6-21　瞬态三相磁流体模型计算所得铝液-电解质界面平均扰动量随时间的变化

为进行对比，本节同样给出瞬态三相磁流体模型计算所得部分时间点流场及界面的具体分布。计算所得该 400 kA 级铝电解槽在某 45 s 内的铝液流场、电解质流场及铝液-电解质界面分布的变化情况分别如图 6-22、图 6-23 和图 6-24 所示，各图采样时间间隔均为 5 s。

由图 6-22 可以看出，在考虑气泡作用的情况下，瞬态磁流体模型计算所得铝液流场呈现出不同的分布特征，左右两侧的大涡依然存在，但在两个大涡之间分布着数个小涡，其中一个小涡流速较大。在所选取的时间内，铝液流场的主体形态维持相对稳态，但具体流速分布随时间推移不断发生变化，这体现了流场的非稳态特征。可见，考虑气泡的模型计算得到的铝液最大流速较小、高流速区所占面积也较小。此外，瞬态三相磁流体模型计算获得的 300~400 s 内铝液层中截面平均流速为 0.11 m/s，该值也大幅低于瞬态两相磁流体模型计算所得对应值。上述比较表明，阳极气泡对铝液流场的影响在瞬态磁流体计算结果中有重要体现，在忽略气泡的情况下，计算所得的铝液流速偏大。图 6-22 所示铝液流场也

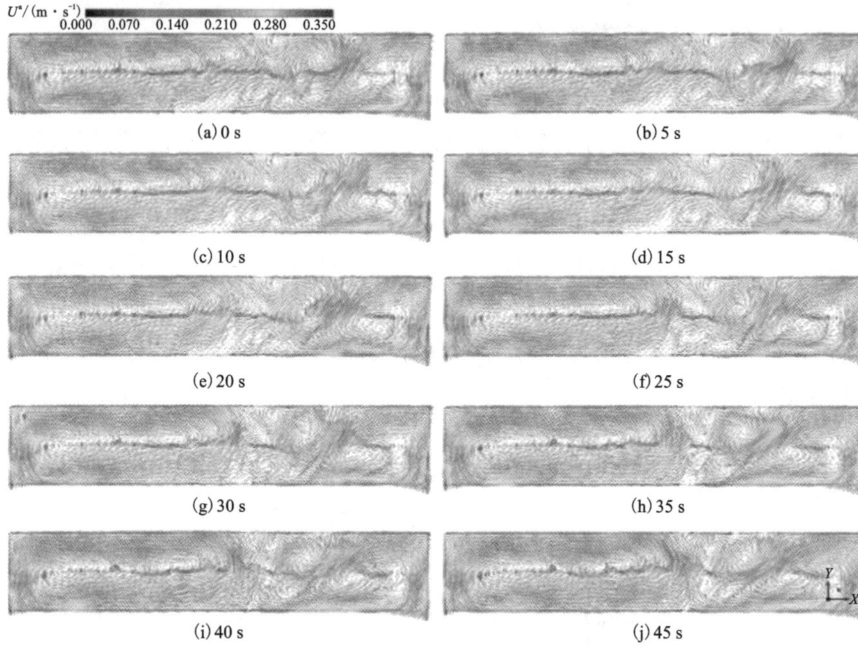

扫一扫，看彩图

图 6-22　瞬态三相磁流体模型计算所得某 45 s 内槽铝液中截面流场变化

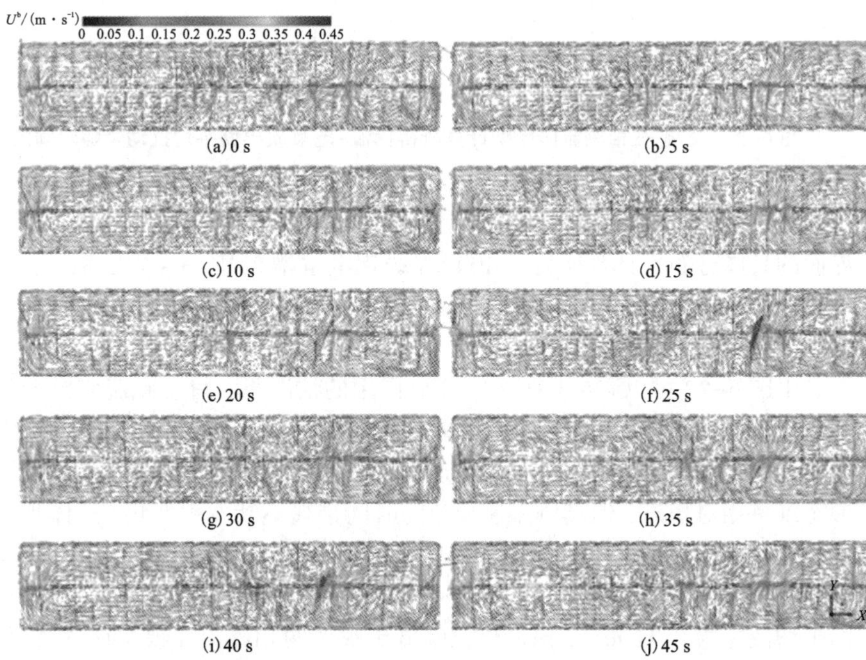

图 6-23　瞬态三相磁流体模型计算所得某 45 s 内槽电解质中截面流场变化

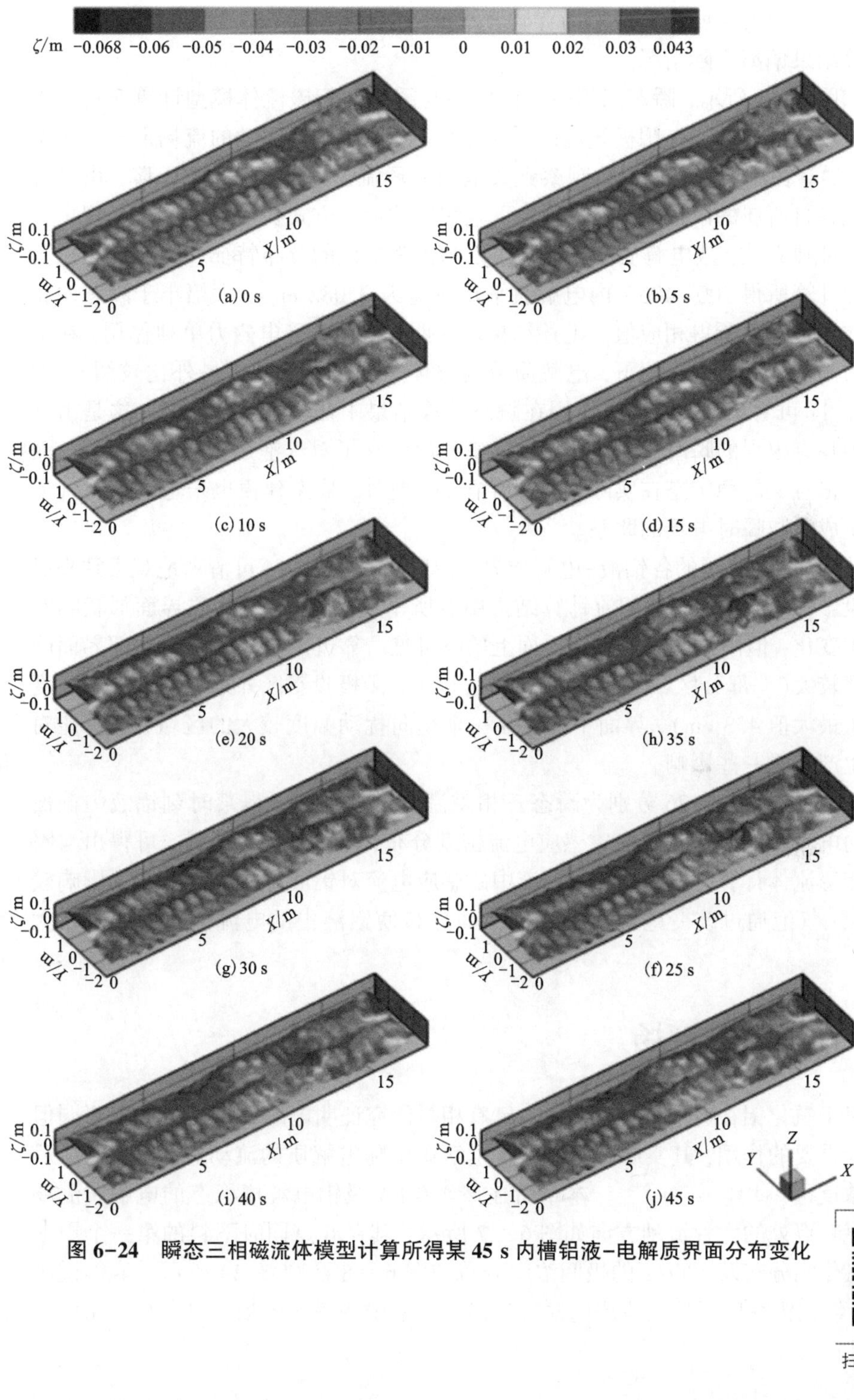

图 6-24　瞬态三相磁流体模型计算所得某 45 s 内槽铝液-电解质界面分布变化

扫一扫，看彩图

与稳态三相流模型所得铝液流场有显著差异，这证明了稳态模型的固有缺陷可使其计算结果偏离实际情况。

如图 6-23 所示，瞬态三相磁流体模型与瞬态两相磁流体模型计算所得的电解质流场差异显著。在阳极气泡的诱导作用下，由电磁力驱动的流场形态被大幅改变，尽管在流场分布中仍可观察到大范围的环流，但其流速大幅下降，由于气泡围绕各自所属的阳极运动，各阳极下电解质的运动方式在一定程度上呈现出相似的局部独立性，故电解质流场显现了以阳极为单位的分布特征。瞬态三相磁流体模型计算所得 300~400 s 内电解质平均流速为 0.082 m/s，大幅小于瞬态两相磁流体模型计算所得相应值。上述结果均表明，相比于受电磁力单独作用，在电磁力与阳极气泡共同作用下，电解质流动整体呈现减弱趋势。另外比较图 6-23 和图 6-17 可看出，阳极气泡作用在瞬态计算结果中体现得更为明显，这是由气泡行为具有很强的瞬时性所决定的，稳态建模包含了对气泡运动的稳态假设，而这种严格意义的稳定态在实际中是不存在的；此外，稳态建模也未考虑瞬时气泡局部生成量与瞬时电场的联系。

从图 6-24 所示的各铝液-电解质界面瞬时分布形态中，可清晰地观察到阳极底面投影，这也在稳态三相流计算结果中有所呈现。铝液-电解质界面形状随时间发生变化，但阳极底面投影在界面上始终可见。靠近出电侧的两个角部界面凸起高度较大(一部分区域凸起高度在 3 cm 以上，阳极投影区外某些位置凸起高度达到了最大值 4.3 cm)，界面中部存在一个垂向扰动幅度较大的区域，这可能对电解生产造成一些影响。

图 6-25 和图 6-26 分别为瞬态三相磁流体模型计算所得某时刻铝液中截面的各向电流密度分布和各向磁感应电流密度分布，对两者进行比较，可得出与瞬态两相磁流体计算相同的结论：铝液中磁感应电流对铝液整体电流分布的影响较为有限；气泡通过改变电解质流场与界面分布使铝液中的电流分布发生了较大变化。

6.8 氧化铝浓度场

对于氧化铝在电解质中的输运，已有相关研究证明电磁力与气泡起着不同但都极为重要的作用，其实质是氧化铝在电解质中随电解质的流动进行分散，最后形成浓度的不均匀分布[6-9]。本章所述该 400 kA 级铝电解槽稳态的电解质流场及各下料点处的大致流动方向如图 6-27 所示，其在 6 点同时下料的第一个周期内的氧化铝分布及 1360 s 的极间浓度分布如图 6-28 及图 6-29 所示。值得说明的是，氧化铝浓度场仿真所用的模型与第 6.3 节中的稳态流场模型一致，在此不再赘述。

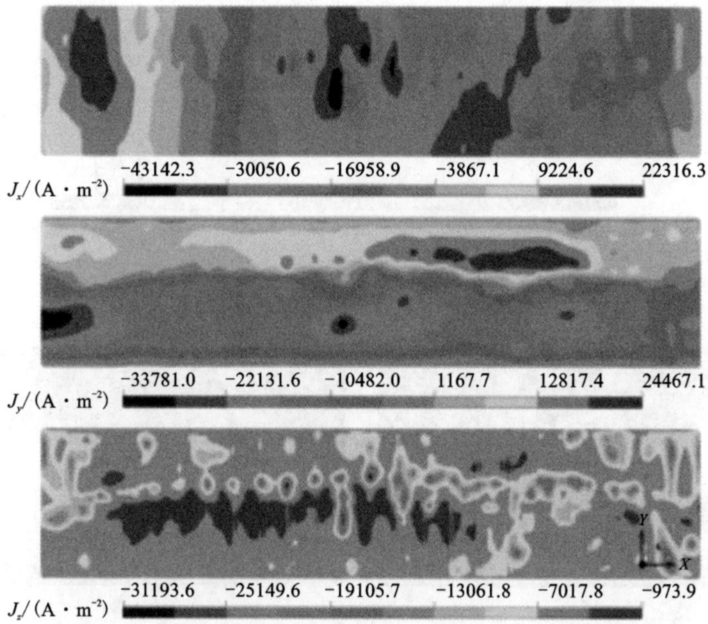

扫一扫，看彩图

图 6-25　瞬态三相磁流体模型计算所得某时刻铝液中截面的各向电流密度分布

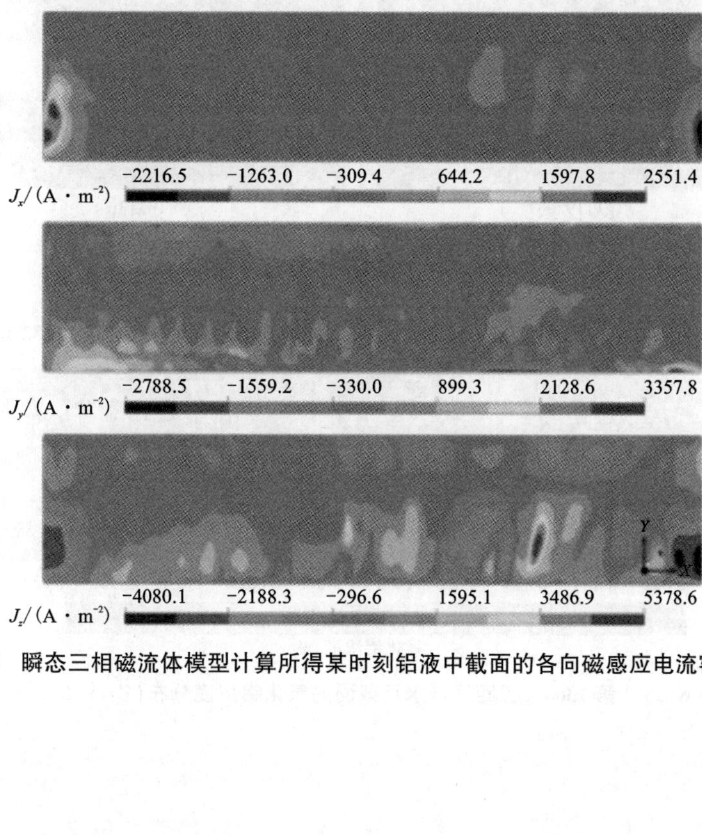

图 6-26　瞬态三相磁流体模型计算所得某时刻铝液中截面的各向磁感应电流密度分布

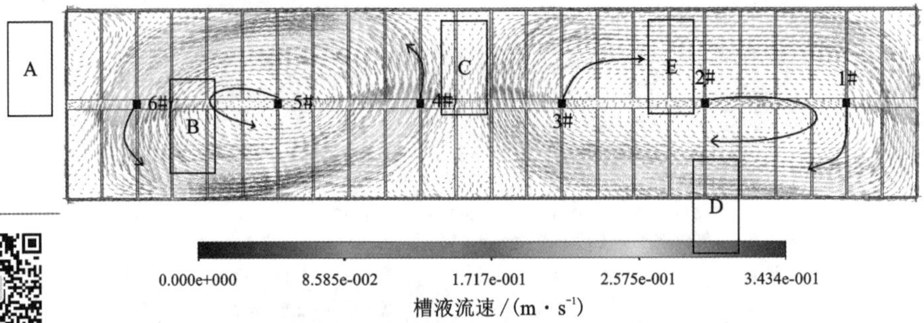

扫一扫，看彩图

图 6-27　稳态电解质流场矢量分布

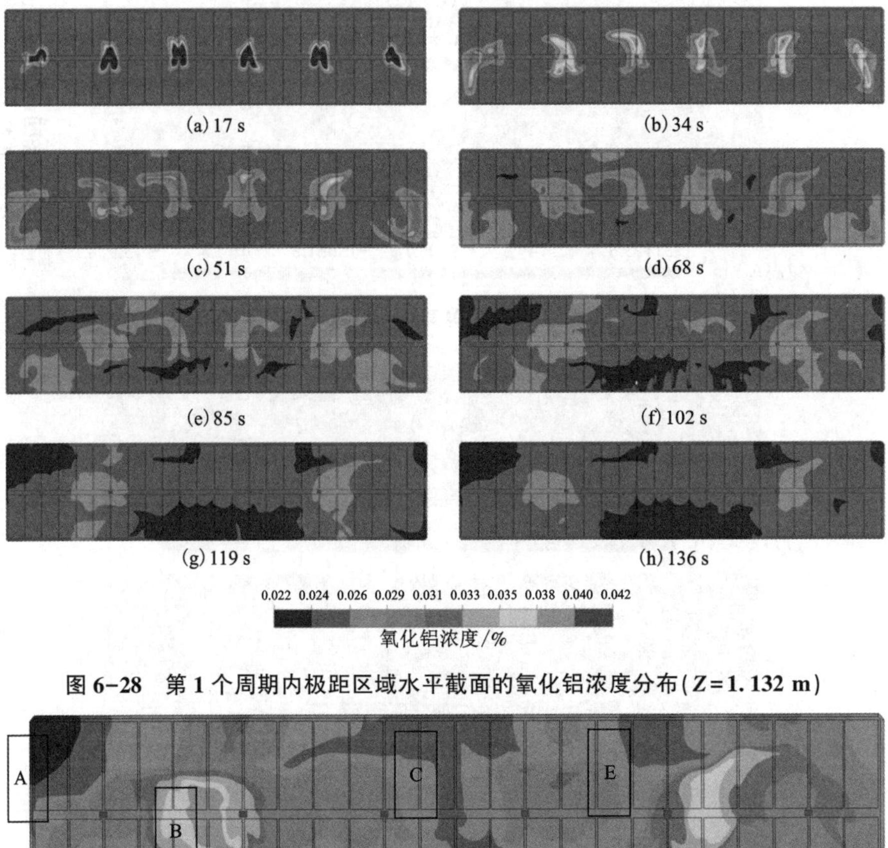

图 6-28　第 1 个周期内极距区域水平截面的氧化铝浓度分布(Z=1.132 m)

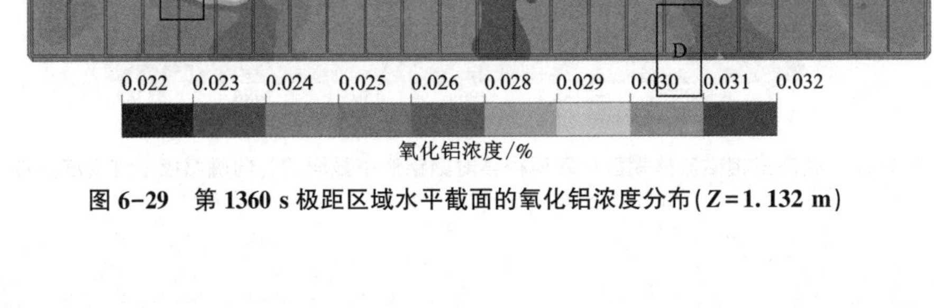

图 6-29　第 1360 s 极距区域水平截面的氧化铝浓度分布(Z=1.132 m)

由图 6-27 可以看出，槽内电解质水平流动可以分为两个大的漩涡，其中靠近烟道端的漩涡范围略小但其流动速度稍快；从下料点的位置来说，4、6 号下料点处在漩涡边缘流速较快的区域内，1、3 号下料点均处在漩涡边缘偏内的位置，电解质流速略慢，而 2、5 号下料点则均处于大漩涡的中部位置，电解质的流速很慢。从图 6-28 所示的第一个周期内的氧化铝浓度分布图可以看到，氧化铝物料的输运方向朝着电解质的流动方向进行，如图 6-28(b)～(e)所示的第 1、6 号下料点所添加的物料随着电解质的大漩涡流动流向进电端，第 3、4 号下料点所添加的物料随着电解质的大漩涡流动流向出电端。

对比图 6-29 和图 6-27 可以发现，在电解质的旺盛流动区(即大漩涡的边部区域)，氧化铝浓度的分布较为均匀；在其漩涡的中心位置，氧化铝浓度偏高并且存在与边部较大的浓度梯度。这是由于 4、6 号下料点处于漩涡边缘流速较快的区域，所添加的氧化铝可以在电解质的流动下沿着流动方向进行快速输运，在输运过程中通过切向的速度分量向漩涡边缘的两侧分散。因此对于这两个下料点来说，所添加的氧化铝可以随着大漩涡的边缘流动而输送到较远的位置上，实现快速和较大面积的分散，因此其流动范围内的氧化铝分布相对比较均匀。同样的，1、3 号下料点也处于漩涡的边缘，其氧化铝的输送也存在类似的规律。而对于 2、5 号下料点来说，由于处于漩涡环流的中心位置，其流动速度很慢并且流动范围也很小，同时由于流动速度很慢缺乏切向的速度矢量，这些区域内的氧化铝很难通过切向运动到达漩涡的边部区域实现快速均匀的分散，因此氧化铝在其很小的流动区域内累积，使得该区域内部氧化铝浓度明显偏高、浓度梯度偏大，如图 6-29 中 B 所标识的小区域所示。

对于图 6-29 中 A 所标识的氧化铝浓度较低的区域，由于其处于大漩涡的外部，因此能从大漩涡流动中获得的氧化铝输运很少，加之从流动的方向来看，A 区域氧化铝的输送来源主要是 4 号下料点所添加物料及 5 号下料点通过切向运动分散来的少量物料；又由于 4 号下料点距离较远造成该区域的氧化铝补充较少、浓度偏低，其不受大漩涡环流影响的特性正如图 6-29 中 B 所标识的区域 OB12 的浓度时变情况一样，基本不随下料动作的影响而波动。此外，图 6-29 中 C 所标识的区域类似于 A 区域，但该区域浓度略低的形成原因是其受制于 3 号下料点的位置，即虽然处于漩涡边缘但更偏向于边缘的内部，致使氧化铝随着大漩涡环流时较为缺乏切向速度，向该区域输运较少。而对于 D 所标识的区域来说，其氧化铝浓度略高的原因则可能是由于 1 号和 2 号下料点的物料流动路径在大漩涡的边缘上有所重合，造成两者在氧化铝输运过程中产生叠加。

总的来说，电解质的流动是促进氧化铝在槽内输运的最直接因素，下料控制对于氧化铝浓度分布的影响主要是通过所添加物料在电解质环流漩涡中的位置及流速产生的。电解质的大漩涡流动影响区域较大，所处漩涡边缘的物料可以随着电解质的流动在整个漩涡的范围内进行快速输运，获得较为均匀的浓度分布；处于漩涡中心位置的物料则只能在较小的范围内以较慢的速度输运，从而在其范围内造成较高的浓度及漩涡轴向上的高浓度梯度；处于漩涡外部的区域则由于流速较慢、氧化铝来源较少的缘故浓度偏低。

参考文献

[1] 李劼，张红亮，徐宇杰. 现代大型铝电解槽内复杂物理场的仿真计算与优化[J]. 中国有色金属学报，2011，21(10)：2594-2606.

[2] 刘业翔，梁学民，李劼，等. 底部出电型铝电解槽母线结构与电磁流场仿真优化[J]. 中国有色金属学报，2011，21(7)：1688-1695.

[3] 张红亮，梁金鼎，徐宇杰，等. 铝电解槽电磁流强耦合仿真及其在新型阴极上的应用[J]. 有色金属科学与工程，2017，8(5)：26-33.

[4] 梁学民，李劼，张红亮，等. 静流式铝电解槽磁场仿真及设计[J]. 中国有色金属学报，2011，21(9)：2251-2257.

[5] 杜善周，黄涌波，鲁绍杰，等. 基于分布式感知的氧化铝浓度动态仿真[J]. 有色金属(冶炼部分)，2023(11)：26-32.

[6] 杜善周，黄涌波，韩硕，等. 电流强化对铝电解槽氧化铝浓度场分布的影响及优化[J]. 有色金属(冶炼部分)，2023(6)：69-77.

[7] ZHANG H，SUN K，LI J，et al. Numerical simulation study on gas collecting system of 400 kA grade aluminum electrolytic cell[C]//OLIVIER MARTIN. Light Metals 2018，Cham：Springer，2018：573-586.

[8] SUN Z，LIU C，LU G，et al. Coupled thermoelectric model and effects of current fluctuation on thermal balance in magnesium electrolysis cell[J]. Energy & Fuels，2011，25(6)：2655-2663.

[9] SUN Y，GUI W，CHEN X，et al. Evaluation model of aluminum electrolysis cell condition based on multi-source heterogeneous data fusion[J]. International Journal of Machine Learning and Cybernetics，2024，15(4)：1375-1396.

第 7 章　大型预焙铝电解槽物理场测试

铝电解槽物理场的测试一方面可对物理场仿真结果进行验证；另一方面对铝电解槽结构与操作参数的优化及生产过程控制的优化有着十分重要的意义。通过测试研究，能系统地了解铝电解槽的槽电压构成、母线及阳极与阴极电流的分配，各区域能量损失、槽内磁感应强度的分布，可以对铝电解槽的母线配置、工艺技术条件、操作制度的合理性及电解槽工况和电解计算机控制系统的控制效果进行定量分析和科学评价，从而指导大型铝电解槽的设计、装备、工艺与控制优化[1-10]。

本章的测试案例为已在生产中实际应用的某 400 kA 级铝电解槽。

7.1　大型预焙铝电解槽物理场测试方法与原理

测试方法、工具及数据计算方法主要依据国家发展改革委最新发布的针对大型铝电解槽的测试标准《铝电解槽能量平衡测试与计算方法五点进电和六点进电预焙阳极铝电解槽》(YS/T 481—2005)进行，详细说明如下。

7.1.1　电压平衡测试方法

1. 电场测试目的

(1)根据测试结果进行电解槽电压平衡计算，对各部分压降进行分析，评价其合理性。

(2)根据测试结果分析各部分压降不合理的原因，探讨改进的措施，为改善电解槽工艺技术条件、降低槽电压和减少直流电耗提供依据。

(3)测量阴、阳极电流分布和母线电流分配，评价进电母线断面选择的合理性。

(4)对进电母线系统的设计参数进行验证，判断设计方案是否合理。

2. 测试内容及方法

(1)电压平衡测试的方法与测点完全按国家发改委最新发布的《铝电解槽能量平衡测试与计算方法五点进电和六点进电预焙阳极铝电解槽》(YS/T 481—2005)进行，测量内容包括阴极压降、阳极压降、极间压降及母线压降等。

(2)阴极电流分布及阳极电流分布。

(3)斜立母线电流分配。

7.1.2 热场测试方法

(1)根据测试对铝电解槽各部分能量收支状况进行分析与评价。

(2)根据测试结果分析各部分能量收支不合理的原因，探讨改进措施，为改善槽工艺技术条件提供依据。

能量平衡测试依据中华人民共和国有色金属行业标准《铝电解槽能量平衡测试与计算方法五点进电和六点进电预焙阳极铝电解槽》(YS/T 481—2005)进行，测试内容包括各部分散热损失、电解槽工艺及操作参数等。

能量平衡测试点布置要求合理、全面，能较好地反映电解槽实际散热情况。为此，将阴极槽壳分三个区域布点测试，即熔体区(一带)、阴极炭块区(二带)、耐火层与保温层区(三带)；槽底板以工字钢梁划分为五个测试带；槽罩分块测量，每块分上、中、下三个区域布点测试，其中每带(区域)又分为若干个测量点。详细计算与测定参照上述标准执行。

1. 槽罩温度场测点分布

槽罩温度的测点如图 7-1 所示。在槽罩的测量过程中，大面测量分为 A 侧和 B 侧及端面。在 A 侧和 B 侧测量中，每一侧在沿着槽长度水平方向都分为 30 个测量区域，每一个区域在垂直方向又分为顶板、水平盖板上部、水平盖板中部、水平盖板下部和侧部底板共 5 个测点；在出铝端和烟道端端部盖板的测量中，在

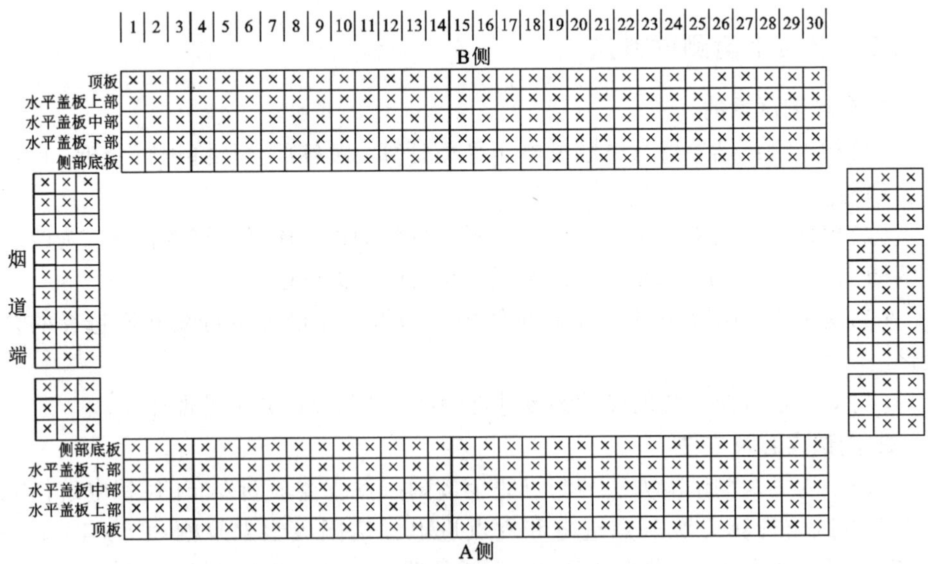

图 7-1 槽罩热场测试点分布

水平方向分为 7 个测量区域，分别为横梁、A 侧板、A 侧柱、A 侧门、B 侧门、B 侧柱和 B 侧板，每个端部测量区域在垂直方向又分为上、中、下 3 个测量点。部分点需要测量两次。所得到的数据分别计入对应的表格。

2. 槽壳温度场测点分布

槽壳温度的测点如图 7–2 所示。在槽壳的测量过程中，主要分为 A 侧槽壳、B 侧槽壳、出铝端槽壳、烟道端槽壳及底部槽壳。在 A 侧槽壳表面温度的测量中，在水平方向测量 30 个小测量区域(可根据现场实际情况增减)，每一个区域在垂直方向又分为上、中、下三带，每一带又分别测量槽壳、窗口侧板和窗口边；B 侧测量点与 A 侧对应；烟道端的槽壳表面温度测量中，在水平方向共分为 7 个测试区域，每一个区域同样分为三带，与 A 侧测量点类似；出铝端的测量与烟道端的对应；槽底部表面温度测量中，同样沿着电解槽长轴方向分为 30 个测量区域，再沿着短轴方向分为 4 个小区域，每个小区域均测量梁和槽壳。所得到的数据分别计入对应的表格。

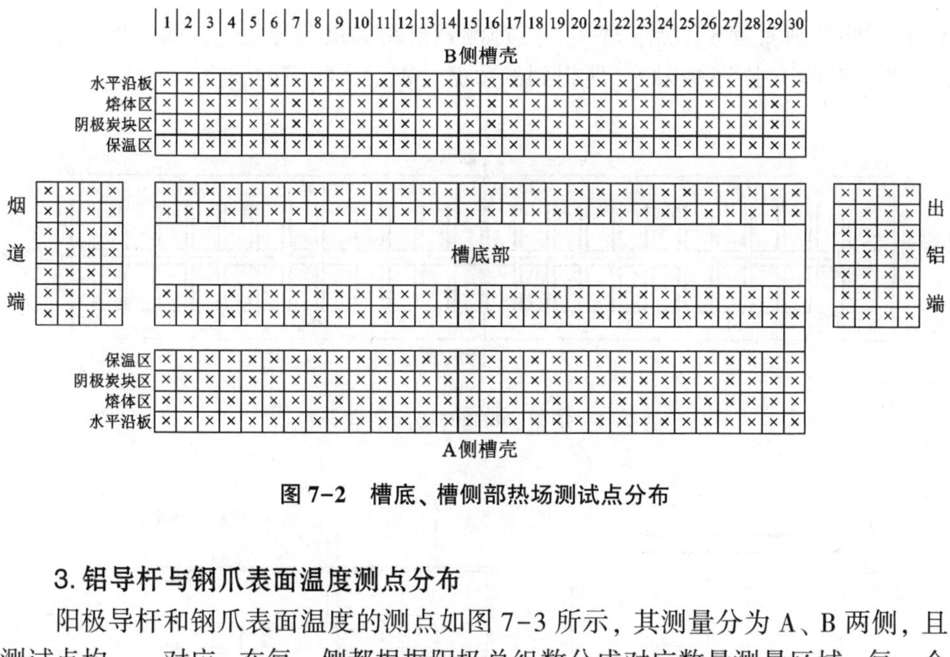

图 7–2　槽底、槽侧部热场测试点分布

3. 铝导杆与钢爪表面温度测点分布

阳极导杆和钢爪表面温度的测点如图 7–3 所示，其测量分为 A、B 两侧，且测试点均一一对应，在每一侧都根据阳极总组数分成对应数量测量区域，每一个测量区域分别对阳极导杆的上部露出长度、导杆上部、导杆中部、导杆下部、钢爪 1 和钢爪 2 进行测量。所得到的数据分别计入对应的表格。

4. 炉帮、伸腿与极距测点分布

炉帮、伸腿与极距的测点如图 7–4 所示，其测量方法如图 7–5～图 7–8 所示。鉴于开孔过于复杂且对槽况的影响，因此这部分的测点与磁场测点位置一致，在

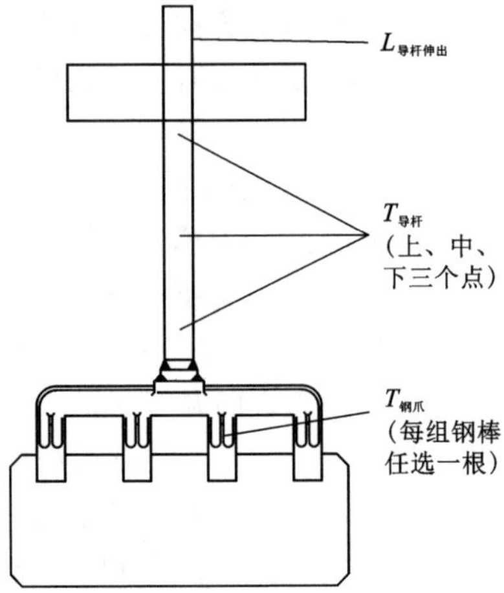

图 7-3　阳极导杆与钢爪表面测试点分布

A、B 两侧分别测量 8 个点，每一个点均测量槽帮高度与厚度、伸腿高度与厚度、铝水平、电解质水平和极距。所得到的数据分别记入相应的表格。

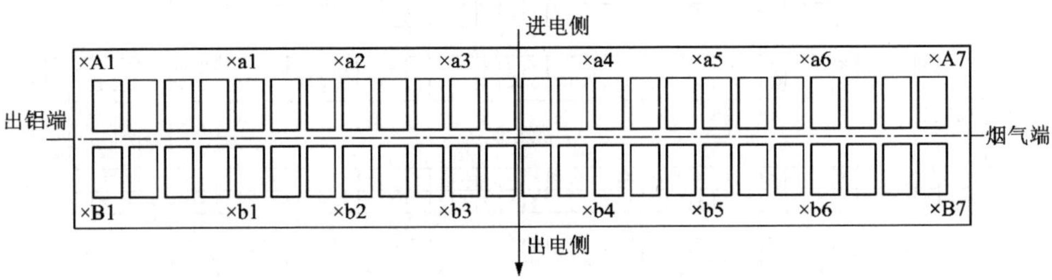

图 7-4　炉帮、伸腿与极距测点分布

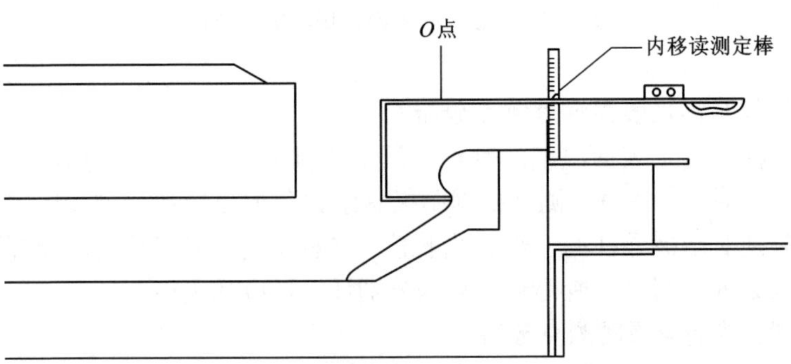

图 7-5　炉帮最薄处的厚度测定示意图

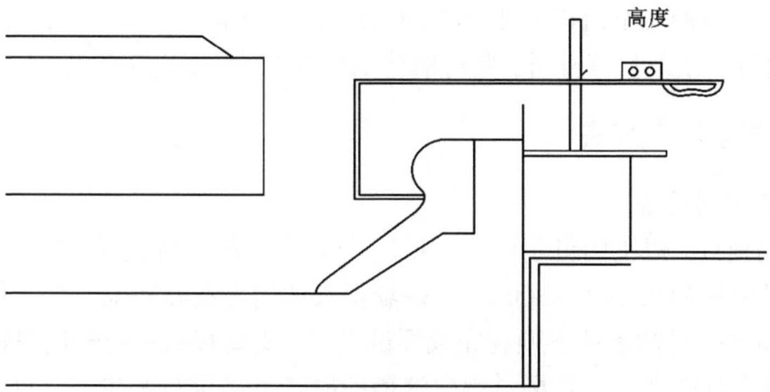

图 7-6　炉帮最薄处的高度测定示意图

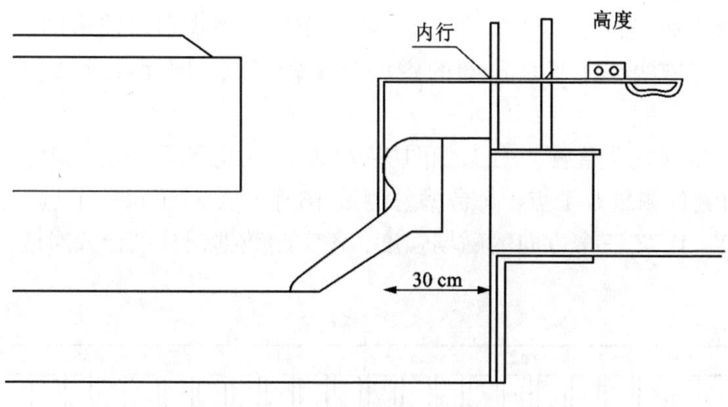

图 7-7　厚度 30 cm 处的伸腿中部高度测定示意图

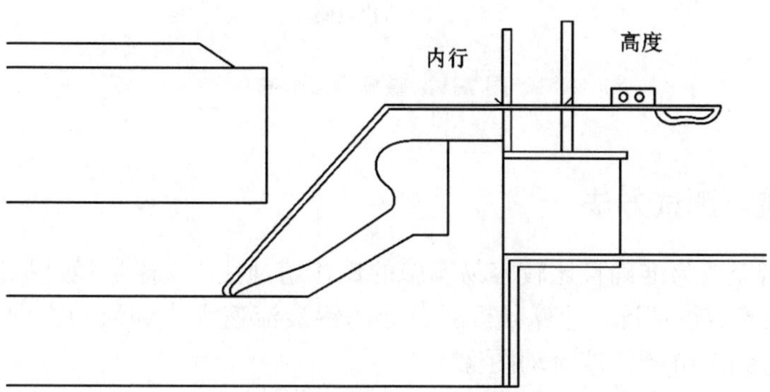

图 7-8　伸腿末端位置(长度与高度)测定示意图

(1)在电解槽稳定生产情况下，在尽量短的时间内完成现场测试(与电平衡同步进行，每台槽一个白班)，以便减少对生产的影响。

(2)通过测试及计算分析，获得槽体系热分布状态，并进行分析评价。

7.1.3 磁场测试方法

1. 测试仪器设备

三维高斯计：以美国贝尔(F. W. Bell)公司生产的三维高斯计(F. W. 7030)为例，其测量量程为0.01 G~300 kG。磁场探头适用于室温环境。为了使探头能在电解槽内高温强侵蚀条件下顺利完成测试工作，需要特制一套轻便灵活的高温保护套管，以便其能在工业现场对铝电解槽内磁场分布进行测量。此外，在测量过程中，为了保证三维高斯计探头的保护套管正常工作，需要现场提供压缩空气及连接胶质软管。

2. 测点布置

为掌握电解槽内磁场分布的规律，测点布置应考虑尽可能多的测量点，根据测试经验，在槽两端尤其是角部的磁场分布较复杂，因而在这些位置可增加测量点。

电解槽的磁场强度测点分布如图 7-9 所示，考虑到开孔的难度，在铝电解槽的 A、B 两侧各测量 8 个点，每台槽总测量 16 个点。对于每一个点，均测量其铝液中部的 X、Y、Z 三个方向的磁场强度，各实测数据记分别计入对应的表格。

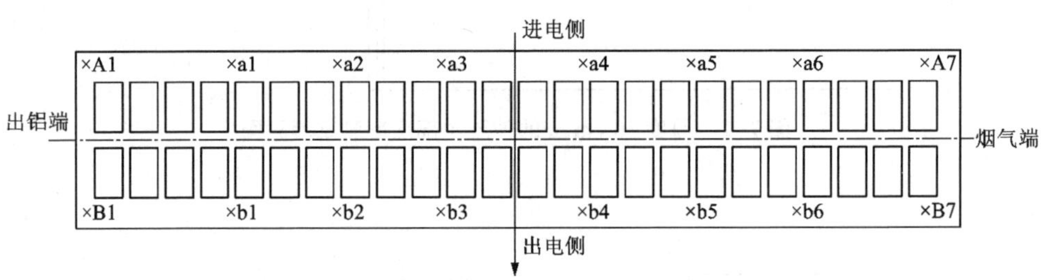

图 7-9 磁场测点分布

7.1.4 流场测试方法

采用当今较为准确且比较容易实施的铁棒熔蚀法，铁棒是经过标定的电工纯铁棒，由铁棒熔蚀情况，计算分析测点处的铝液流速大小和流动方向；根据测定结果分析得到电解槽铝液流动图像[11-13]。

铁棒预处理：①将 34 根经标定的长约 100 cm 纯铁棒锯成 4 等段，共得 $L=25$ cm 左右的小铁棒 136 根；②将 136 根 $\phi7$ mm、$L=600\sim700$ mm 的普通钢筋，

分别和 $L=25$ cm 左右的小铁棒呈直线焊接起来；③将铁棒进行处理，量取尺寸，编号，备用。

测定要点：①每人按编号拿取 1 根铁棒，按指定方向听口令同时将铁棒垂直插入槽底；②铁棒在铝液中熔蚀 8 min 后，听口令同时取出，按编号放于指定位置；③在进行铝液流动场测定的同时，要测定铝液温度，每槽在 A、B 侧各测 4 个点，每点测两次，做好记录。

铁棒熔蚀后处理：将熔蚀后的铁棒按照溶浸、清洗、擦干等程序处理，根据铁棒的熔蚀情况，确定对应测点处的铝液流动方向、铝液流动速度和铝液界面形状等。

测点布置：流场的测点基本与磁场的保持一致。

7.2　大型预焙铝电解槽物理场测试案例

7.2.1　电场测试案例

1. 电压分布

为了处理电压平衡计算中大量测试数据和相关计算工作，通过编制的“铝电解槽电平衡测试计算专用软件”进行计算处理。利用该软件计算的 2 台被测槽(以下分别标记为 1#槽和 2#槽)的各部分压降计算结果汇总于表 7-1 中。

表 7-1　电平衡测试与计算结果　　单位：mV

项目		1#槽	2#槽
母线压降	阴极母线	125.000	125.000
	横梁母线	17.600	16.330
	阳极软母线	25.000	25.000
阳极压降	卡具	6.658	6.516
	导杆	11.609	10.909
	爆炸焊	16.390	15.390
	钢爪-炭块	238.410	207.520
反电动势		1650.000	1650.000
电解质压降	极距/cm	5.016	5.414
	压降	1517.500	1607.750
槽底压降		395.830	366.330

续表7-1

项目	1#槽	2#槽
测量槽电压总和	4004.000	4030.740
测试时刻槽电压	3988.000	4014.000
测量误差/%	0.400	0.420

由电压平衡总表可以看出：首先，此次测量的实际测量值和现场槽控机显示值之间的误差基本能保持在0.5%以内，因此可以说本次电场测量与电解槽实际情况是较为吻合的；其次，2台被测槽中，1#槽的电压较低，2#槽较高。从2台电解槽的电压分布来看，1#槽的阳极压降和槽底压降较高，电解质压降较低，此槽炉底可能有沉淀存在，应保持当前电压运行一段时间，以清除炉底的沉淀；对于2#槽，阳极压降和槽底压降较低，电解质压降较高，这是源于极距过大，因此，在不造成电解槽槽况不稳的情况下，可以适当减小极距。

2. 阴极电流分布

各阴极电流的计算采用自编软件进行，并将计算结果绘制成电流分布图，如图7-10和图7-11所示。从图7-10和图7-11中可以看出：两台槽的阴极电流分布都很不均匀。对于1#槽，B侧的电流明显大于A侧电流，B侧占到了61.8%，同时，阴极电流最大值(12607.55 A)与最小值(3763.45 A)相差了8844.1 A，两侧各个不同阴极的电流分布也不太均匀；对于2#槽，同样是B侧的电流大于A侧电流，B侧占到了53.8%，同时，阴极电流最大值(12588.66 A)与最小值(3814.75 A)相差了8773.91 A，两侧各个不同阴极的电流分布的差别也较大。造成上述现象的原因主要是阴极软带配置(片数及长度)不同、槽底各部的伸腿长度、沉淀不同等综合影响。但阴极电流分布不均与阳极电流分布不均并不存在必然的联系。

3. 阳极电流分布

由各槽测量结果绘制成的阳极电流分布图如图7-12和图7-13所示。由图7-12和图7-13给出的两台槽的阳极电流分布情况来看，其和阴极电流分布一样，各阳极电流分布都不太均匀，存在部分阳极电流偏大或偏小的现象。对于1#槽，B侧的电流明显大于A侧电流，B侧阳极电流总和占到了64.85%，最大阳极电流(25216.38 A)与最小阳极电流(4202.73 A)相差了21013.65 A；对于2#槽，也是B侧的电流大于A侧电流，B侧阳极电流总和占到了59.32%，最大阳极电流(22602.79 A)与最小阳极电流(5424.67 A)相差了17178.12 A。阳极电流分布参差不齐主要是由于阳极换极所引起的残极高度不同、槽内结壳、A侧和B侧母线配置的不同等造成的。

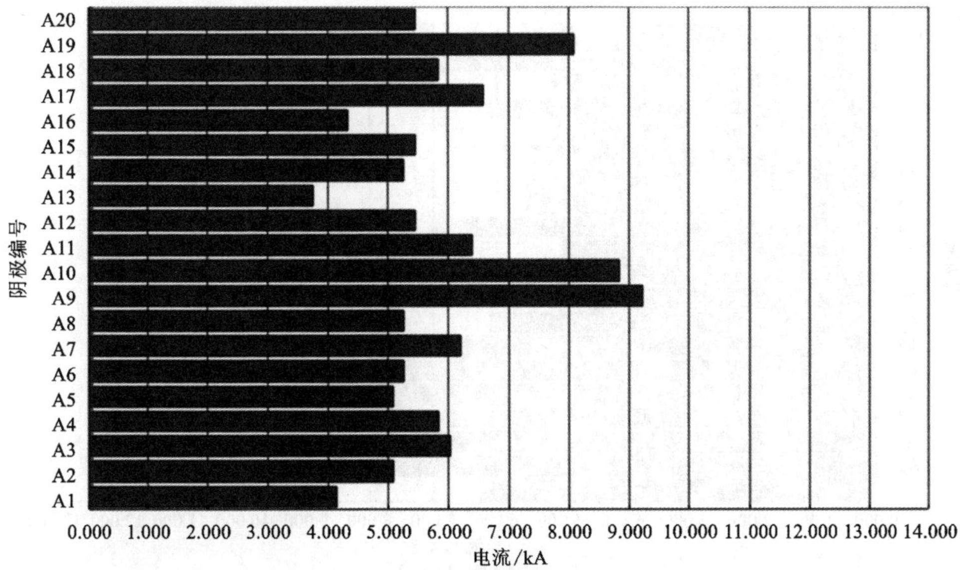

(a) A 侧 (38.2%)

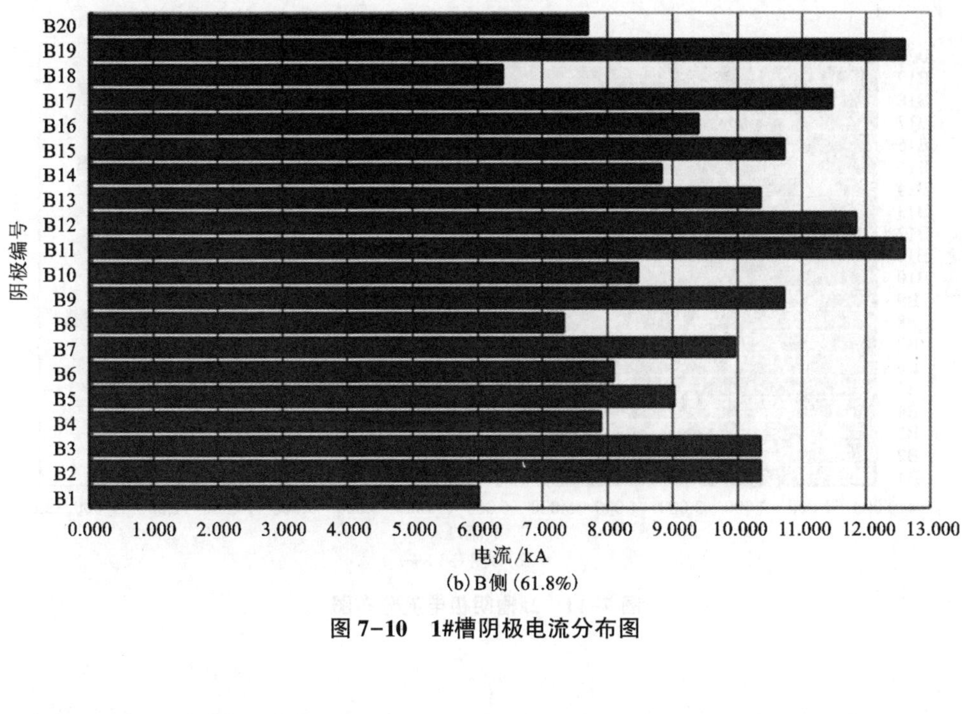

(b) B 侧 (61.8%)

图 7-10　1#槽阴极电流分布图

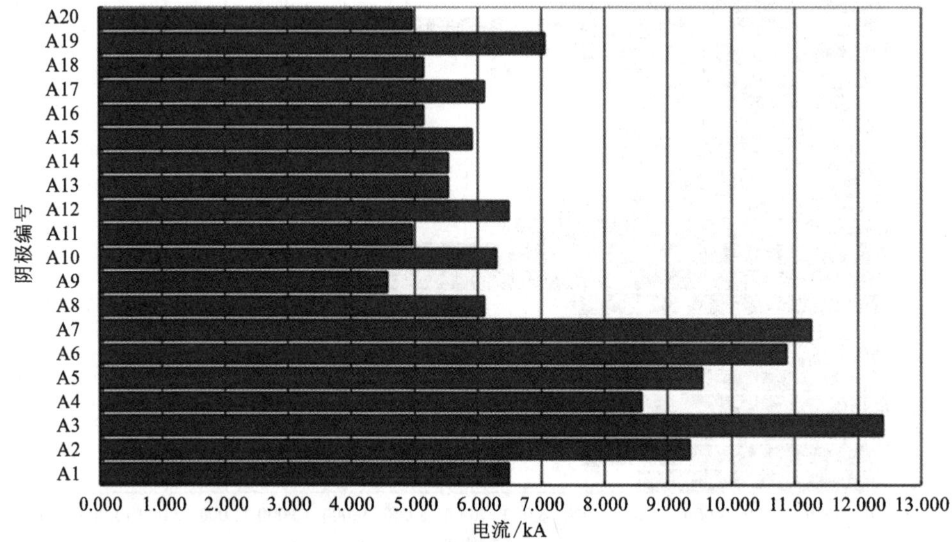

(a) A侧 (46.2%)

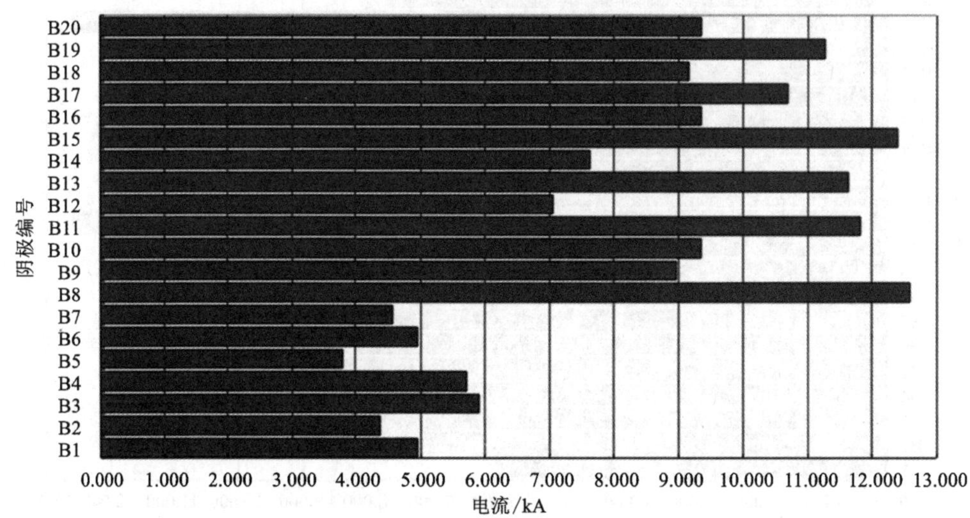

(b) B侧 (53.8%)

图 7-11　2#槽阴极电流分布图

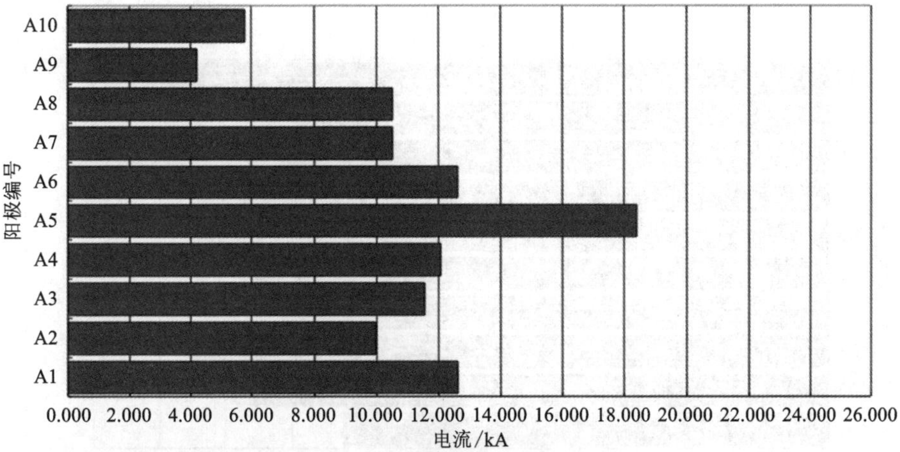

(a) A侧(35.15%)

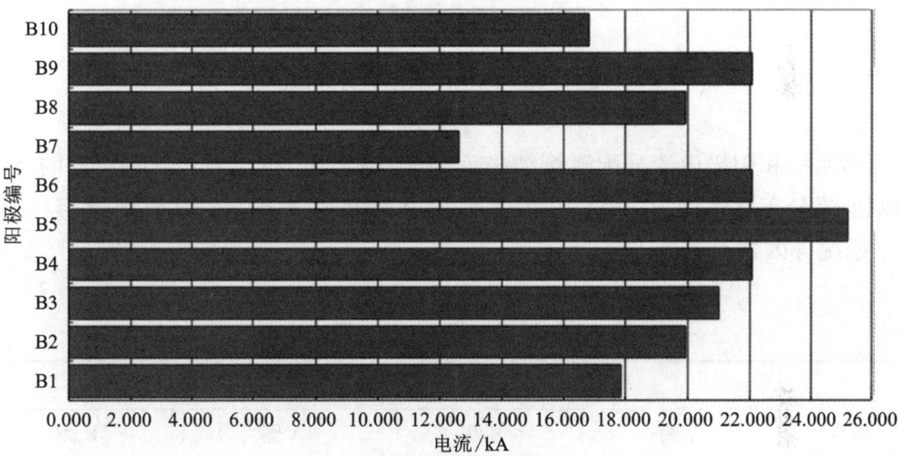

(b) B侧(64.85%)

图 7-12　1#槽阳极电流分布图

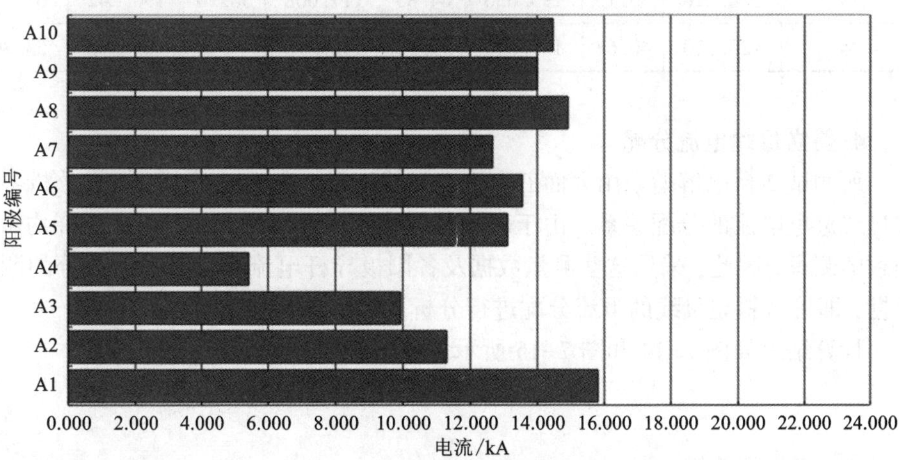

(a) A侧(40.68%)

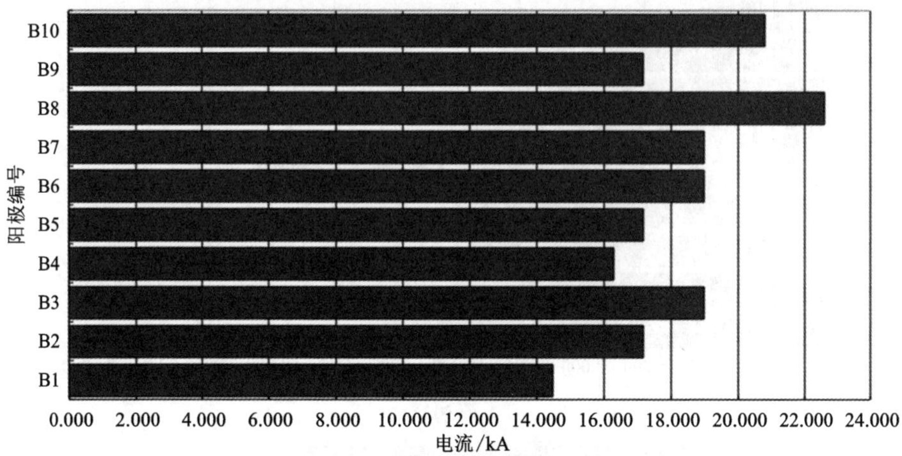

(b) B侧 (59.32%)

图 7-13　2#槽阳极电流分布图

将阴极和阳极电流分配测算结果列于表 7-2 中，可以看出：两台槽的 A、B 两侧电流分布都不均匀，都存在由 B 侧到 A 侧的水平电流，其原因应与母线结构、槽况等因素有关。

表 7-2　阴极与阳极电流分配的比较

槽号	阳极电流				阴极电流			
	A 侧		B 侧		A 侧		B 侧	
	电流/kA	占比/%	电流/kA	占比/%	电流/kA	占比/%	电流/kA	占比/%
1#	108.220	35.15	199.630	64.85	117.608	38.20	190.242	61.80
2#	125.220	40.68	182.630	59.32	142.290	46.20	165.560	53.80

4. 斜立母线电流分配

所测试 2 台电解槽采用大面五点进电母线配置，本节根据实测结果分析各立柱母线进电电流的分配关系。由于对阳极母线各节点压降及斜立母线压降均做了细致的测量，因此，采用这些测量数据及各阳极导杆电流和母线其他部分的测量数据，即可对斜立母线的电流分配进行分析。

计算结果如图 7-14 和图 7-15 所示。

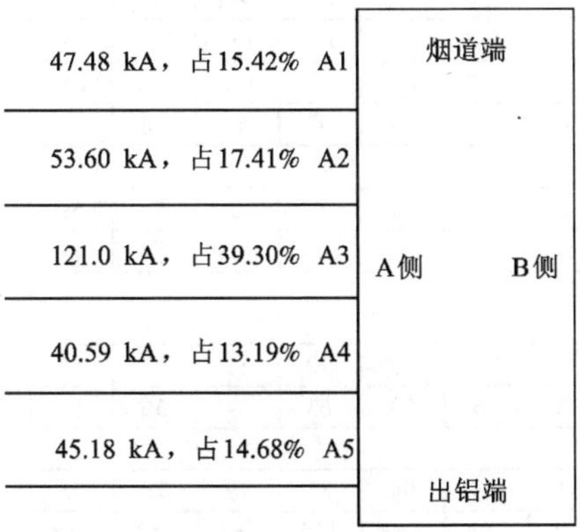

图 7-14　1#槽立柱母线电流分布图

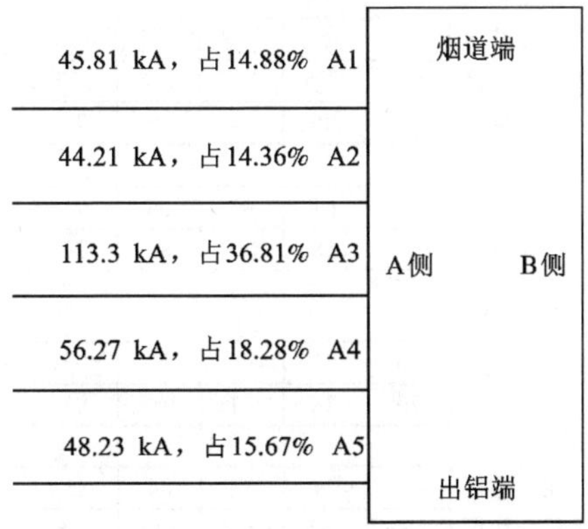

图 7-15　2#槽立柱母线电流分布图

由图 7-14 和图 7-15 可以看出，两台槽的各立柱母线进电电流分布与等进电比设计都存在有一定的偏差，每台槽均有立柱母线偏大或偏小的问题，且电流分布具有相似性，都是最中间的 A3 电流最大，是其他母线电流的 2 倍多。其中 1# 槽的偏差相对更大。在此，值得一提的是，由于立柱母线等距压降数值小，因而也可能造成较大的电流测试偏差。

7.2.2　热场测试案例

1. 槽壳温度分布

图 7-16 和图 7-17 分别给出了两台槽的槽壳温度分布数据。表 7-3 和表 7-4 分别给出了两台槽的槽壳表面平均温度和最高温度，由于两个端部均被保温板封住，现场测试人员未对该部分进行测量。

表 7-3　1#槽表面温度统计表　　单位：℃

<table>
<tr><th rowspan="2">项目</th><th colspan="2">熔体区</th><th colspan="2">阴极炭块区</th><th colspan="2">保温层区</th><th colspan="2">槽底</th></tr>
<tr><th>平均</th><th>最高</th><th>平均</th><th>最高</th><th>平均</th><th>最高</th><th>平均</th><th>最高</th></tr>
<tr><td>A 侧温度</td><td>160</td><td>187</td><td>161</td><td>188</td><td>81</td><td>94</td><td rowspan="2">86</td><td rowspan="2">118</td></tr>
<tr><td>B 侧温度</td><td>165</td><td>187</td><td>163</td><td>183</td><td>81</td><td>111</td></tr>
</table>

B侧

水平沿板	148	149	155	166	163	158	157	154	150	150	154	150	152
熔体区	177	160	158	171	170	165	187	163	163	155	159	157	163
阴极炭块区	168	155	147	146	159	176	183	182	177	148	162	165	146
保温层区	83	85	74	66	94	95	111	95	77	67	64	78	62

烟道端	74	61	99	93	94	93	92	91	95	103	101	59	59	出铝端
	62	58	115	87	92	96	99	88	81	111	103	84	81	
	槽底部													
	73	91	96	95	93	118	110	101	93	90	85	73	66	
	70	78	81	102	85	87	100	96	73	63	64	56	54	

保温层区	75	79	82	84	83	80	83	88	94	81	79	72	73
阴极炭块区	157	165	168	142	166	160	166	188	144	159	161	152	168
熔体区	132	159	155	168	157	161	152	158	154	166	187	166	162
水平沿板	137	139	138	142	144	148	148	151	156	147	143	142	145

A侧

图 7-16　1#槽槽壳温度分布图/℃

B侧

水平沿板	145	137	141	149	146	140	146	148	147	144	144	142	148
熔体区	202	205	204	198	225	212	211	212	218	201	204	182	190
阴极炭块区	170	174	172	173	176	180	192	187	181	179	194	190	189
保温层区	111	110	125	143	140	141	147	146	130	138	118	137	110

烟道端	57	67	88	96	98	101	97	97	87	67	56	54	57	出铝端
	60	69	100	105	104	104	106	107	108	98	93	65	61	
	槽底部													
	58	62	94	96	98	102	103	107	98	95	59	68	57	
	56	63	65	94	95	89	90	99	104	72	66	55	63	

保温层区	124	136	129	123	133	128	131	122	118	121	115	118	115
阴极炭块区	183	178	175	188	174	182	180	175	175	173	172	171	186
熔体区	199	193	190	198	219	220	213	197	181	186	192	214	193
水平沿板	136	138	144	150	154	155	152	140	139	144	148	120	121

A侧

图 7-17　2#槽槽壳温度分布图/℃

表 7-4　2#槽表面温度统计表　　单位：℃

项目	熔体区		阴极炭块区		保温层区		槽底	
	平均	最高	平均	最高	平均	最高	平均	最高
A 侧温度	200	220	178	188	124	136	83	108
B 侧温度	205	225	181	194	130	147		

电解槽槽表面温度分布的一般规律：熔体区的槽壳表面温度最高，阴极炭块区、保温层区的槽壳表面平均温度依次递减。而根据测试的结果可以看出，两台槽的熔体区和阴极炭块区的温度相近，这是因为该厂电解槽的槽壳表面铺设有保温贴片，用于增加电解槽的保温性，有的保温贴片已经脱落，有的还在，所测得的保温贴片的温度会比槽壳实际的表面温度要低，所以出现了以上测试结果。1#槽和 2#槽的槽底表面平均温度分别为 86 ℃和 83 ℃，说明槽底保温性能尚可。从槽壳温度分布来看，两台槽的槽壳未有局部特别高温的区域存在，温度相对较为合理，表明整体炉帮尚可，但局部存在波动，这不仅导致电解槽无效热损失增大，从而影响电流效率和能耗，而且长此以往还必然影响槽寿命，应当引起重视[14]。

2. 槽盖板温度分布

图 7-18 和图 7-19 分别给出了两台槽的槽盖板温度分布数据。表 7-5 和表 7-6 分别给出了两台槽的槽盖板平均温度和最高温度。

B侧

顶板	128	141	146	133	153	151	149	145	140	103
水平盖板上部	154	204	245	244	269	269	255	233	173	141
水平盖板中部	123	171	207	211	242	229	232	217	180	141
水平盖板下部	107	158	180	163	198	193	190	152	137	115
侧部底板	244	163	184	189	207	185	175	209	190	164

烟道端

64	69	70
75	87	104
47	80	103

60	75	98
77	75	98
69	72	94
93	98	105
65	81	111
55	98	84

53	87	110
77	78	118
69	68	64

出铝端

76	79	77
77	94	149
64	71	118

85	76	87
95	97	113
88	83	96
67	73	91
81	75	76
81	75	66

67	77	138
76	96	98
80	96	75

侧部底板	203	201	143	199	168	166	189	243	169	173
水平盖板下部	70	101	113	130	115	167	203	127	149	107
水平盖板中部	102	125	147	179	170	273	258	154	165	125
水平盖板上部	121	143	169	221	243	307	283	200	179	153
顶板	102	141	143	141	142	164	162	154	136	119

A侧

图 7-18　1#槽盖板温度分布图/℃

B侧

顶板	126	171	198	167	141	142	143	134	123	84
水平盖板上部	209	221	281	355	253	286	236	184	174	146
水平盖板中部	159	180	207	265	200	176	168	160	167	147
水平盖板下部	102	172	132	194	153	151	131	124	111	82
侧部底板	198	159	133	125	177	206	163	159	106	259

烟道端

64	70	58
73	72	73
73	68	61

87	89	92
88	81	79
91	77	54
96	110	63
84	79	51
69	81	73

79	64	81
66	80	59
65	65	92

出铝端

50	58	58
75	96	92
85	50	80

75	88	41
81	91	76
100	106	75
57	67	41
62	43	31
44	44	38

43	48	63
36	51	52
63	63	61

侧部底板	207	207	131	233	123	243	267	144	111	137
水平盖板下部	183	169	207	207	233	269	217	173	99	101
水平盖板中部	169	201	169	139	207	211	233	199	125	129
水平盖板上部	177	177	191	213	213	176	207	240	184	166
顶板	114	155	171	176	154	150	129	138	131	166

A侧

图 7-19 2#盖板温度分布图/℃

表 7-5 1#槽盖板温度统计表 单位：℃

项目	底板		水平板下部		水平板中部		水平板上部		顶板	
	平均	最高	平均	最高	平均	最高	平均	最高	平均	最高
A 侧温度	185	243	128	203	170	273	202	307	140	164
B 侧温度	191	244	159	198	195	242	219	269	139	153
TE 端温度	—	—	99	149	83	97	78	95	—	—
DE 端温度	—	—	67	93	81	98	97	118	—	—

表 7-6 2#槽盖板温度统计表 单位：℃

项目	底板		水平板下部		水平板中部		水平板上部		顶板	
	平均	最高	平均	最高	平均	最高	平均	最高	平均	最高
A 侧温度	180	267	186	269	178	233	194	240	149	176
B 侧温度	169	259	135	194	183	265	235	355	143	198

续表7-6

项目	底板		水平板下部		水平板中部		水平板上部		顶板	
	平均	最高	平均	最高	平均	最高	平均	最高	平均	最高
TE 端温度	—	—	59	92	67	106	64	100	—	—
DE 端温度	—	—	47	93	81	98	97	118	—	—

从图 7-18~图 7-19 和表 7-5~表 7-6 中可以看出，两台槽的大面侧部的槽盖板温度分布相对较为均匀，同一台槽内 A、B 侧盖板各区域温度的平均值基本接近；此外，两台槽的两个端部温度都相对大面侧部较低，这是因为端部盖板开启次数较多且与其改变为垂直分布有关。上述分布规律与电解槽改变设计及槽况都相关，而盖板整体温度的高低则间接表明电解槽的散热情况，两台槽的总体上部散热相差不大，局部区域散热会有所差别[15]。

3. 槽膛内形

表 7-7 与图 7-20、图 7-21 分别给出了两台槽实测的槽膛内形的大致俯视形状。

表 7-7　槽膛内形参数表　　单位：mm

槽号	测点位置	槽帮厚度		测点位置	槽帮厚度	
		实测值	平均值		实测值	平均值
1#槽	a1	215	195	b1	175	176
	a3	220		b3	163	
	a5	150		b5	190	
2#槽	a1	140	157	b1	185	188
	a3	160		b3	173	
	a5	170		b5	207	

总的看来，两台槽的炉帮形成均一般，不同测点侧部炉帮的厚度有一定的差别，尤其是 1#槽的 A 侧，a3 比 a9 大了 65 mm，而 2#槽的 B 侧整体平均槽帮厚度比 A 侧大了 31 mm，表明两台槽的炉帮形成均不太规整。这主要与体系内电解温度、电解质过热度、铝液流速等综合因素有关。炉帮厚度与槽壳温度呈对应关系。

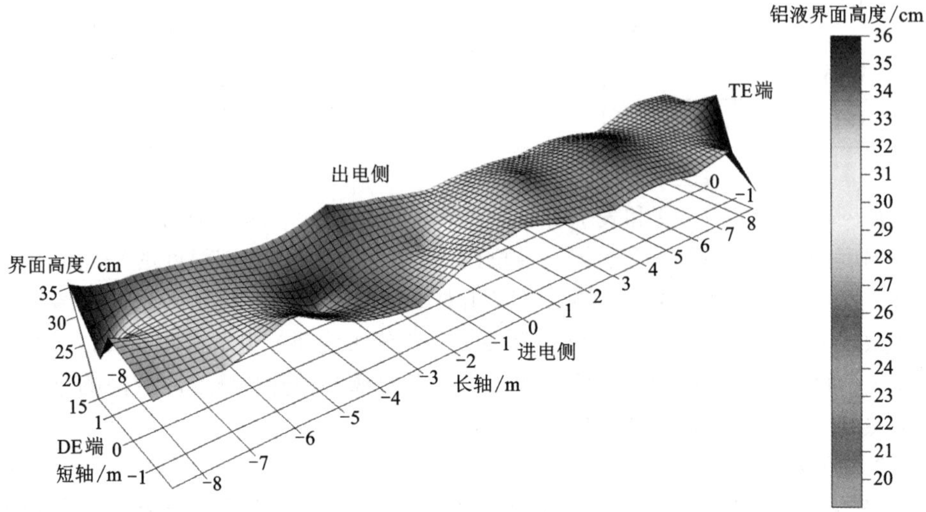

图 7-20　1#槽铝液界面图

扫一扫，看彩图

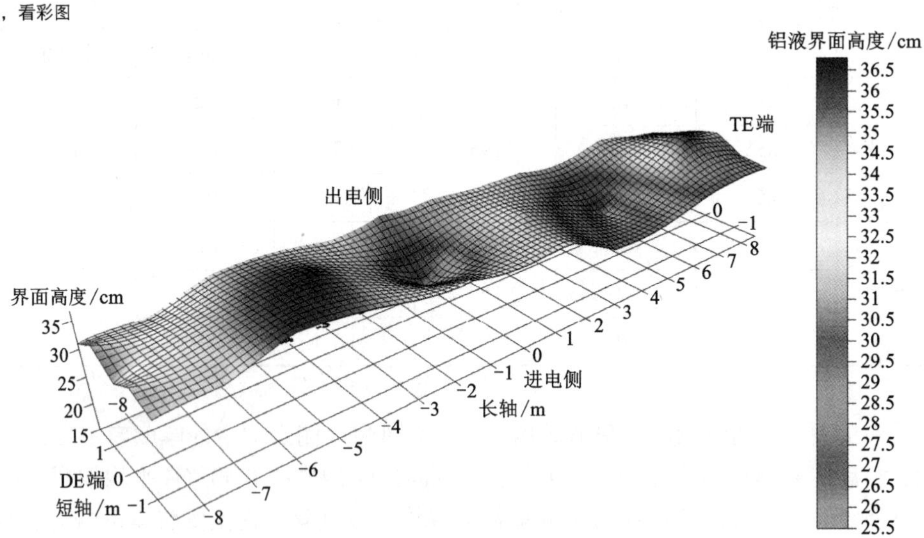

图 7-21　2#槽铝液界面图

7.2.3　磁场测试案例

将磁场测量的结果及运行期间的相关运行参数列入表 7-8 中。把两台槽每次测量的结果进行处理后，得到两台槽的磁场强度绝对值对比结果，如表 7-8～表 7-10 所示。

表 7-8　1#槽磁场测量记录表　　单位：Gs

位置	测量点	磁场强度(*B*)		
		B_x	B_y	B_z
进电端（A 侧）	a1	13.789	29.993	-9.500
	a2	66.916	188.788	-12.129
	a3	96.573	149.926	18.983
	a4	125.66	100.22	13.56
	a5	163.682	50.350	9.261
	a6	179.477	-36.080	3.360
出电端（B 侧）	b1	-11.732	-34.716	23.092
	b2	-89.996	-25.702	8.141
	b3	-89.372	-14.776	6.614
	b4	-83.250	1.330	5.743
	b5	-77.098	12.900	5.227
	b6	-68.122	35.195	3.414
端部测点	A_1 侧	49.486	108.355	3.093
	B_1 侧*	-107.428	39.422	13.968
	A_{12} 侧	130.148	-6.419	22.843
	B_{12} 侧*	-87.607	50.501	16.370

表 7-9　2#槽磁场测量记录表

单位：Gs

位置	测量点	磁场强度(*B*)		
		B_x	B_y	B_z
进电端 (A 侧)	a1	22.326	21.942	-11.502
	a2	168.441	-69.662	7.565
	a3	146.854	-91.576	7.332
	a4	173.963	73.909	-5.125
	a5	154.252	30.231	8.271
	a6	173.920	26.730	2.020
出电端 (B 侧)	b1	12.731	-40.548	12.557
	b2	-79.401	3.318	-8.522
	b3	-90.115	-26.809	0.042
	b4	-85.701	-16.346	-3.192
	b5	-93.019	-3.707	14.359
	b6	-94.298	68.576	39.600
端部测点	A_1 侧	100.119	-69.872	5.206
	B_1 侧	-98.671	41.425	0.718
	A_{12} 侧	123.884	2.373	11.758
	B_{12} 侧	-98.053	2.173	19.511

表 7-10　槽磁场实测值对照表

单位：Gs

槽号	磁场	$\|B_x\|$		$\|B_y\|$		$\|B_z\|$	
		最大值	平均值	最大值	平均值	最大值	平均值
1#槽	A 侧	179.477	113.833	188.788	89.525	23.092	14.525
	B 侧	107.428	86.166	50.501	29.283	23.092	8.527
	TE 端	13.789	13.789	29.993	29.993	9.500	9.500
	DE 端	11.732	11.732	34.716	34.716	23.092	23.092
	全槽	179.477	101.917	188.788	25.77	23.092	13.667

续表7-10

槽号	磁场	$\lvert B_x \rvert$		$\lvert B_y \rvert$		$\lvert B_z \rvert$	
		最大值	平均值	最大值	平均值	最大值	平均值
2#槽	A 侧	173.963	148.143	91.576	51.143	11.758	7.65
	B 侧	98.053	91.435	68.576	22.714	39.600	11.857
	TE 端	22.326	22.326	21.942	21.942	11.502	11.502
	DE 端	12.731	12.731	40.548	40.548	11.758	11.758
	全槽	173.963	106.687	91.576	37.5	39.600	9.25

根据上述测量结果，就测量对象的磁场分布状况分析如下：

(1)1#槽水平磁场 B_x 的最大值偏大，达到 179.477 Gs，平均值达 113.833 Gs；某些测点 B_y 值稍微偏大，但总体上分布比较均匀；槽角部与中部相比，水平磁场的变化不大；就水平磁场的两个分量平均值而言，进电侧比出电侧的值要小，总体上分布较均匀；垂直磁场 B_z 在槽角部有一些偏大的值，有可能是测量误差造成的，但垂直磁场总体上分布比较均匀。

(2)2#槽水平磁场 B_x 和 B_y 的分布都比较均匀，而且方向一致，具有很好的对称性；槽角部与中部相比，水平磁场变化不大；就水平磁场的两个分量的平均值而言，进电侧的值要大于出电侧；槽两端的垂直磁场比中部垂直磁场大，而且变化剧烈，分布没有规律，体现出槽两端和角部磁场变化复杂的特点；垂直磁场的分布较均匀。

7.2.4　流场测试案例

根据每一测点测 1 次所得 1 根铁棒熔蚀前后的直径变化，取平均值，求得该测点处的铝液流速；同时，根据每一测点插入 1 根铁棒熔蚀并洗净后的表面形状，可以较为准确地量取该测点处的铝液高度和沉淀厚度，各测点的平均值如表 7-11 所示。

表 7-11 各测点处的铝液流速、铝液高度、沉淀厚度

测点	1#槽			2#槽		
	铝液流速/(cm·s^{-1})	铝液高度/cm	沉淀厚度/cm	铝液流速/cm	铝液高度/cm	沉淀厚度/cm
a1	10.39	12.00	0.50	9.67	14.50	1.00
a2	17.66	15.00	6.00	9.21	31.00	0.00
a3	13.98	36.00	1.00	12.09	34.00	0.00
a4	9.76	23.50	2.00	8.35	30.50	0.50
a5	11.74	28.00	1.00	13.56	26.00	0.00
a6	14.43	29.50	0.00	13.44	31.00	6.00
b1	16.81	28.50	3.50	14.52	31.00	0.00
b2	10.77	31.00	0.00	14.66	29.50	3.50
b3	8.80	28.00	1.50	13.85	30.00	6.50
b4	9.13	29.00	0.00	16.69	31.50	4.00
b5	11.82	28.00	0.00	15.69	32.00	0.50
b6	10.57	22.00	0.00	16.36	29.50	5.00
A_1 侧	6.24	30.00	0.00	7.71	30.00	0.00
B_1 侧	14.59	23.00	0.00	7.75	23.00	0.00
A_{12} 侧	9.22	19.00	9.00	10.25	34.00	0.00
B_{12} 侧	10.28	27.00	4.50	6.89	31.00	0.50
平均	11.64	25.59	1.81	11.92	29.28	1.72
最大	17.66	36.00	9.00	16.69	34.00	6.50

两台电解槽的铝液-电解质界面分布如图 7-20 和图 7-21 所示。从图 7-20 图 7-21 中可以看出，不同电解槽的界面分布存在一定的差异，但由于母线配置相同，整体趋势还是一致的。

参考文献

[1] 宗传鑫，张红亮，杨帅，等. 大型预焙铝电解槽异常槽况下的电场特性研究[J]. 有色金属(冶炼部分)，2016(8)：16-21.

[2] 邱泽晶，张红亮，王振宇，等. 全数字化 500 kA 虚拟铝电解槽[J]. 有色金属(冶炼部分)，2015(1)：18-22.

[3] 杨帅，张红亮，徐宇杰，等. 铝电解槽预焙阳极开槽对气泡排出的影响[J]. 中南大学学报(自然科学版)，2012，43(12)：4617-4625.

[4] 崔喜风，邹忠，张红亮，等. 预焙铝电解槽三维槽帮形状的模拟计算[J]. 中南大学学报(自然科学版)，2012，43(3)：815-820.

[5] XIAO J，LI J，YE S，et al. Laboratory study of property-modified prebaked carbon anode and application in large aluminum electrolysis cells [J]. Journal of Central South University of Technology，2005，12(S1)：68-71.

[6] LEBREUX M，DÉSILETS M，BLAIS A，et al. On the prediction of the crust evolution inside aluminum electrolysis cells[C]//JOHN GRANDFELD. Light Metals 2014，2014：655-660.

[7] ZHANG H，LIANG J，LI J，et al. Evolution of the busbar structure in large-scale aluminum reduction cells[J]. JOM，2017，69：307-314.

[8] ZHANG H，RAN L，ZOU Z，et al. Effect of current transient enhancement on thermal field of aluminum electrolysis cell for the accommodation of wind power [J]. Journal of Sustainable Metallurgy，2018，4：359-366.

[9] LI Q Y，LI J，YANG J H，et al. Effect of TiB_2 coating on evolution of cathode lining during the process of primary aluminum production[J]. Metallurgical and Materials Transactions A，2007，38：2358-2361.

[10] 丁吉林，张红亮，刘永强，等. 大型预焙阳极铝电解槽内衬结构优化[J]. 中南大学学报(自然科学版)，2011，42(12)：3630-3636.

[11] 张红亮，张翮辉，李劼，等. 160 kA 预焙铝电解槽电流强化后热平衡的数值计算[J]. 轻金属，2011(11)：33-36.

[12] 杨帅，徐宇杰，张红亮，等. 炭碗结构对预焙铝电解槽阳极压降影响的仿真研究[J]. 轻金属，2011(9)：38-43.

[13] 陈晓方，杨枝，李劼，等. 320 kA 预焙铝电解槽电磁场分布计算与优化[J]. 北京交通大学学报，2011，35(3)：103-108.

[14] 王世海，赖延清. 预焙铝电解槽在线小修技术在 300 kA 电解槽上的应用[J]. 轻金属，2008(8)：29-31.

[15] 刘杰，李劼，赖延清，等. 350 kA 预焙阳极铝电解槽磁场分布研究[J]. 矿冶工程，2008(3)：71-75.

第 3 篇

铝电解智能优化制造关键技术及应用

第 8 章　智能优化制造基础知识

本章作为第 3 篇之首章，介绍智能优化制造体系构建所涉及的基础知识与方法，其中的一些内容将应用于铝电解智能优化制造体系的构建中。

8.1　信息物理系统

随着物联网、云计算、大数据等信息技术的发展，网络世界与物理世界的联系越来越紧密，多维复杂的信息物理系统(cyber-physical systems，CPS)正逐步由计算机领域向工业制造领域拓展[1-8]。

8.1.1　信息物理系统的特征

CPS 是通过计算核心(嵌入式系统)实现感知、控制、集成的物理、生物和工程系统，是将机电一体化、控制论、设计和过程科学融合，应用跨学科方法解决大型工程应用中更为复杂的计算、通信和控制问题。CPS 作为支撑信息化和工业化深度融合的一套技术综合型体系，构建了物理空间与信息空间通路，它由纷繁复杂的感知数据驱动，智能地实现资源的优化配置。数据是这套系统的关键所在，在系统正常工作过程中，数据的获取和数据规范化、计算(解析)数据的物理意义等都是极其重要的系统环节。CPS 的典型特征如下：

(1)数据驱动：工业生产中存在着大量的数据，并且大部分都是隐藏的、未被充分挖掘利用的，CPS 可将隐性的数据从物理空间中显性地转化到信息空间上，进而迭代更新汇集成知识库。在转化过程中，CPS 实时感知、分析状态数据，根据数据做出科学的判断和决策并精准执行。因此，数据是 CPS 的重中之重。CPS 运行过程中伴随着数据的生成、传输、分析及计算。在数据不断迭代优化的过程中，系统能够积累经验，进行细微调整，不断提升数据质量，最终实现对外部环境、资源等的优化配置。

(2)软件定义：工业应用软件是对各类工业生产过程在代码层面的抽象描述，支撑了绝大多数生产制造过程的实现。对于制造业中的 CPS 而言，软件就成为实现其功能的一个核心组成部分。CPS 会全面应用到研发设计、生产制造、管理服务等方方面面，渗透进生产过程的各个环节，全面感知和控制人员、设备、物理环境，实现各类资源的优化配置。这一步骤需要具备软件开发经验丰富的技术人员，将不同工业技术划分为若干技术模块，以便后期代码的实现。除此以外，软件还可以控制产品和设备运行，把产品和设备的运行状态实时地展现出来。

(3)泛在连接：网络通信是 CPS 的基础保障，是实现 CPS 内部不同节点之间，以及多个 CPS 之间相互通信的基础。在工业生产应用场景下，CPS 对网络连接的可靠性、时延性等网络性能和组网灵活度、功耗有特性化需求，同时还对异构网络融合、业务支撑的智能性和高效性等有较高要求。随着无线宽带、射频识别、信息传感及网络业务等信息通信技术的发展，网络通信将会更加全面深入地融合信息空间与物理空间，表现出明显的泛在连接特征。

(4)虚实映射：CPS 搭建起信息空间与物理空间的数字映射，能够实现物理空间实体设备和信息空间数字模型的联动。采用数字孪生技术为系统中的生产设备构建数字孪生体，通过监控其孪生体来达到监控物理设备的作用，将在信息空间对物理空间中的物理实体进行全要素重建，提供一种高效、低成本的管理模式。借助信息空间对数据的处理能力，应对外部无法预知的物理变化，进行相应的有效决策。

(5)兼容异构：CPS 能将不同结构的处理单元和传统 IT 网络、工业以太网、现场总线集成起来，兼容形态各异的数据格式，让数据在 CPS 系统中按照需求正常流动，进而达到信息技术和工业技术强强联合、两化融合的目的。因此，CPS 必须具备兼容异构的能力，为其各个环节的深度融合打造互通信道，提供可靠保障。

(6)系统自治：不同于普通控制系统，CPS 能够感知外部环境变化，收集可用数据，并进行处理、分析和计算，最终对外部变化提出自适应应对方案。在多个单元级 CPS 进一步构成更复杂的 CPS 过程中，为了解决 CPS 的系统自治问题，必须攻克多个单元级 CPS 之间网络互联的问题。首先将多个单元级 CPS 统一管理调度，按照预计方案统一生产和运行。然后，将多个系统级 CPS 联入统一的智能服务平台中，在企业层面调配运营生产，管理企业经营、相应供应链的变化等。CPS 将收集大量现场数据并存入系统，组织形成大规模数据、模型和知识库，为系统自我学习和提升提供充足资源，实现系统自优化和自配置，增强系统环境适应性。

8.1.2 信息物理系统的关键环节

CPS 的本质就是构建一套在信息空间与物理空间之间基于数据自动流动的状态感知、实时分析、科学决策、精准执行的闭环赋能体系，解决生产制造、应用服务过程中的复杂性和不确定性问题，提高资源配置效率，实现资源优化。实现数据的自动流动需要经过以下四个构建环节：

(1)状态感知：生产制造过程中有大量的隐性数据，这些数据暗含在实际生产制作过程的方方面面中，如物理实体的尺寸、外部环境的温度、液体流速、压差等。状态感知环节通过传感器、物联网等一些数据采集技术，将这些蕴含在物理实体背后的数据不断传递到信息空间，使得数据“可见”，变为显性数据。状态感知环节是对数据的初级采集加工，是一次数据自动流动闭环的起点，也是数据自动流动的源动力。

(2)实时分析：实时分析是将感知的数据转化为认知信息的过程，是对原始数据赋予意义的过程，也是发现物理实体状态在时空域和逻辑域的内在因果性或关联性的过程。大量的显性数据并不一定能够直观地体现出物理实体的内在联系，这就需要经过实时分析环节，利用数据挖掘、机器学习、聚类分析等数据处理分析技术对数据进一步分析、估计，使得数据“透明”，将显性数据进一步转化为直观、可理解的信息。此外，在这一过程中，人的介入也能够为分析提供有效的输入。

(3)科学决策：科学决策是根据积累的经验、对现实的评估和对未来的预测，为了达到明确的目的，在一定的约束条件下所做的最优决定。在这一环节，CPS 能够权衡当前时刻获取的所有来自不同系统或不同环境的信息，形成最优决策，对物理空间实体进行控制。分析决策并最终形成最优策略是 CPS 的核心关键环节。这个环节不一定在系统最初投入运行时就能产生效果，往往在系统运行一段时间之后逐渐形成一定范围内的知识。科学决策对信息进一步分析与判断，使得信息真正地转变成知识，并且不断地迭代优化，形成系统运行、产品升级、企业发展所需的知识库。

(4)精准执行：在信息空间形成的决策最终将会作用到物理空间，而物理空间的实体设备只能以数据的形式接收信息空间的决策。因此，执行的本质是将信息空间产生的决策转换成物理实体可以执行的命令，进行物理层面的实现。这一环节输出了更为优化的数据，使得物理空间设备运行更加可靠，资源调度更加合理，企业运营更加高效，各环节智能协同效果逐步优化。

8.1.3　信息物理系统的组成

单元级 CPS 体系架构如图 8-1 所示，物理设备可以通过传感器感知外部信号，如声、光、电、烟雾等，执行器能够接收控制指令并对物理实体进行控制；信息外壳是物理设备与信息世界通信的接口与桥梁，具有感知、计算、控制和通信功能，能够实现物理实体的“数字化”。

CPS 的运行过程是人、机、物共同参与的结果，通过工业网络实现多个单元级 CPS 之间的交互。系统级 CPS 基于多个单元级 CPS 的状态感知、信息交互、实时分析，实现了局部制造资源的自组织、自配置、自决策、自优化，增加了互联互通、边缘网关、数据互操作、即插即用、协同控制、监视与诊断等功能。系统之

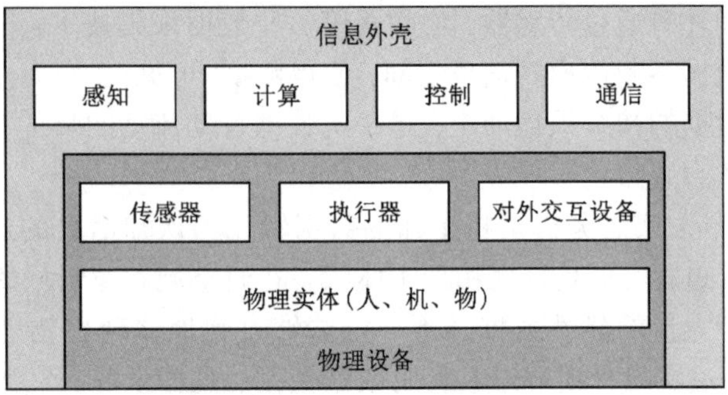

图 8-1　单元级 CPS 体系架构[1-4]

系统(system of systems, SoS)级 CPS 由多个系统级 CPS 有机组合构成。例如多个工序(系统级 CPS)构成一个车间级 CPS，进而构成整个工厂的 CPS。单元级与系统级 CPS 共同构成的 SoS 级 CPS 体系架构如图 8-2 所示。

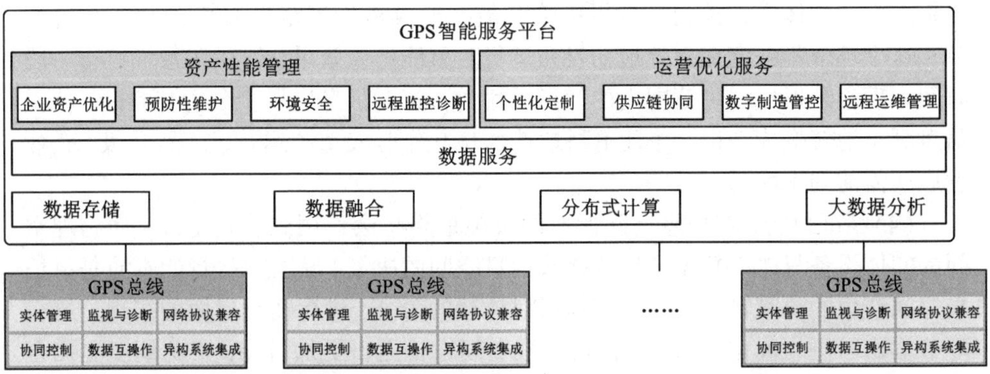

图 8-2　SoS 级 CPS 体系架构[1-4]

SoS 级 CPS 的主要功能是实现数据整合，从而对内进行资产优化，对外形成运营优化服务。其围绕数据服务的主要功能有数据存储、数据融合、分布式计算和大数据分析，并在数据服务的基础上形成资产性能管理与运营优化服务。

SoS 级 CPS 通过大数据平台实现跨系统、跨平台的互联、互通与互操作，促成多源异构数据集成、交互与共享的闭环自动流动，实现信息的全面感知、深度分析、科学决策和精准执行。这些数据部分存储在 CPS 智能服务平台，部分分散在各组成的组件内。SoS 级 CPS 中对数据的统一管理和整合、分布式计算和大数据分析的能力，是这些数据能够提供数据服务、有效支撑高级应用的基础。

资产性能管理主要包括企业资产优化、预防性维护、工厂资产管理、环境安全和远程监控诊断等方面。运营优化服务主要包括个性化定制、供应链协同、数字制造管控和远程运维管理。通过智能服务平台的数据服务，能够对 CPS 内的每一个组成部分进行操控，对各组成部分的状态数据进行获取，对多个组成部分进行协同优化，实现资产和资源的优化配置。

8.1.4　信息物理系统的技术体系

中国电子技术标准化研究院组织编写的《信息物理系统白皮书(2017)》提出了一个典型的 CPS 技术体系，包括“一硬、一软、一网、一平台”四大核心技术要素[9-17]。

1)智能感知和虚实融合控制

传感器是智能感知技术的核心，是一种基于多物理量转换机制的信息感知终端，其通过压力/温度/电化学等多模态敏感单元(灵敏度可达 0.1～100 mV/N，响应时间<10 ms)，实现工业过程参数的精准捕获与实时传输，在工业互联网、新能源系统等领域支撑设备状态监测与工艺优化控制。

虚实融合控制是多层的“感知-分析-决策-执行”循环，建立在状态感知的基础上，感知往往是实时进行的，向更高层次同步或即时反馈。其包括嵌入控制、虚体控制、集成控制和目标控制四个层次。

2)工业软件

工业软件是指专用于工业领域，为提高工业企业研发、制造、生产、服务与管理水平及工业产品使用价值的软件。工业软件是智能优化制造领域最为重要的一环，长期以来，许多核心工业软件都被国外巨头(如西门子等公司)垄断，是我国智能优化制造领域的“无人区”，需要我们踏踏实实、坚定不移地去攻关。工业软件通过应用集成能够使机械化、电气化、自动化的生产系统具备数字化、网络化、智能化特征，从而为工业领域提供一个面向产品生命周期的网络化、协同化、开放式的产品设计、制造和服务环境。常见的应用 CPS 的工业软件技术主要包括嵌入式软件技术和基于模型的工程定义(model based definition，MBD)技术等。

在 MBD 制造模式下，产品工艺数据、检验检测数据的形式与类型会发生很大变化。通过 MBD 技术，产品模型串联起了工业软件。工艺部门通过三维数字化工艺设计与仿真，依据基于 MBD 的三维产品设计数字模型建立三维工艺模型，生成零件加工、部件装配动画等多媒体工艺数据。检验部门通过三维数字化检验，依据基于 MBD 的三维产品设计数字模型、三维工艺模型，建立三维检验模型，制定检验计划。

3)工业网络

信息从现场设备层向上经由多个层级流入企业层，这是经典的工业控制网络的金字塔层次模式。尽管这一模式得到了业界的广泛认同，但其中各层次之间的数据流动并不顺畅。金字塔每层的功能性要求不尽相同，所以各层往往采用不同的网络技术，这使得不同层级之间的兼容性较差。此外，由于 CPS 对开放互联和灵活性的要求更高，金字塔模式已经成了制约 CPS 发展的障碍之一。CPS 中的工业网络技术将颠覆传统基于金字塔分层模型的自动化控制层级，转而寻求基于分布式的全新范式。由于各种智能设备的引入，设备可以相互连接从而形成一个服务网络。每一个层面都可以进行基于嵌入式智能和响应式控制的预测分析，每一个层面都可以使用具有虚拟化控制和工程功能的云计算技术。CPS 不再像传统智能系统一样严格基于分层结构，高层次的 CPS 由低层次 CPS 互连集成、灵活组合而成。

CPS 网络主要涉及工业异构异质网络的互联互通和即插即用，但是异构异质网络的融合具有高度的复杂性，不同的网络在传输速率、通信协议、数据格式等方面具有很大差异。因此需要一些设备作为边缘网关，发挥连接异构网络的作用，将数据融合在 IP(internet protocol，互联网协议)网络中传输和控制。同时还需要统一的通信机制与数据互操作机制，使数据在不同网络间传输和交换，实现设备的互联互通。此外，为了适应柔性制造、小批量定制的需求，CPS 必须是灵活组合的，相应地，工业网络也必须是柔性的、即插即用的，从而实现资源的合理配置及生产效率的极大提高。在接入技术上，CPS 网络的实现主要通过有线网络，例如现场总线技术和工业以太网技术，以及无线网络和基于有线无线网络形成的柔性灵活的工厂网络；从网络类型来分，既有各种智能设备组成的专用协议局域网，也有基于通用 TCP/IP(transmission control protocol，传输控制协议/IP)协议的公共互联网。

4)工业云和智能服务平台

工业云和智能服务平台是高度集成、开放和共享的数据服务平台，是跨系统、跨平台、跨领域的数据集合中心、数据存储中心、数据分析中心和数据共享中心。工业云和智能服务平台能够推动专业软件库、应用模型库、产品知识库、测试评估库、案例专家库等基础数据和工具的开发集成和开放共享，实现生产全要素、全流程、全产业链、全生命周期管理的资源配置优化，以提升生产效率、创新模式业态，构建全新产业生态。这将使产品、生产机器、人、业务从封闭走向开放，从独立走向系统，将重组消费者、供应商、销售商及企业内部组织的关系，重构生产体系中信息流、产品流、资金流的运行模式，重建产业价值链和竞争格局。国际巨头正加快构建工业云和智能服务平台，向下整合硬件资源、向上承载软件应用，加快全球战略资源的整合步伐，抢占规则制定权、标准话语权、生态主导权和竞争制高点。与人体类比，工业云和智能服务平台构成了决策器官，可以像大脑一样接收、存储、分析数据信息，并形成决策。

工业云和智能服务平台通过边缘计算技术、雾计算技术、大数据分析技术等技术进行数据的加工处理，形成对外提供数据服务的能力，并在数据服务基础上提供个性化和专业化智能服务。

8.2　工业互联网平台

工业互联网平台是支撑流程工业(包括铝电解工业)构建智能优化制造体系的基础平台，因此本章介绍工业互联网平台的体系架构与关键技术[18-25]。

8.2.1　工业互联网平台体系架构

工业互联网平台是面向制造业数字化、网络化、智能化的需求，构建基于海量数据采集、汇聚、分析的服务体系，支撑制造资源泛在连接、弹性供给、高效配置的工业互联网平台，由边缘层、平台层(工业 PaaS)、应用层(工业 SaaS)三大核心层级组成，其基本架构如图 8-3 所示。

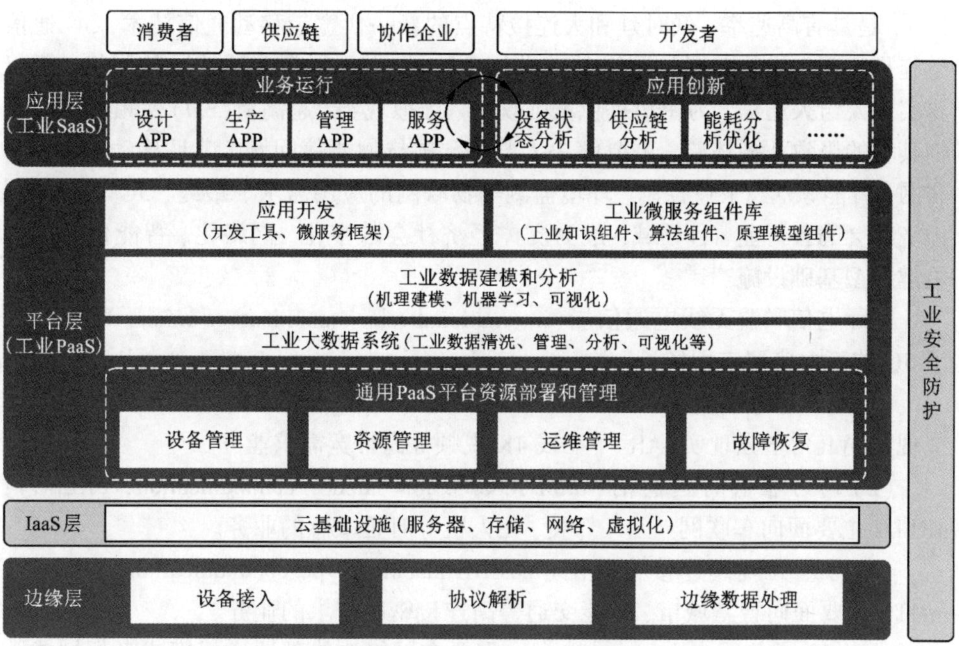

图 8-3　工业互联网平台基本架构

边缘层通过大范围、深层次的数据采集，以及异构数据的协议转换与边缘处理，构建工业互联网平台的数据基础。一是通过各类通信手段接入不同设备、系统和产品，采集海量数据；二是依托协议转换技术实现多源异构数据的归一化和边缘集成；三是利用边缘计算设备实现底层数据的汇聚处理，并实现数据向云端平台的集成[26-30]。

平台层基于通用 PaaS 叠加大数据处理、工业数据分析、工业微服务等创新功能，构建可扩展的开放式云操作系统。一是提供工业数据管理能力，将数据科学与工业机理结合，实现数据价值挖掘；二是把技术、知识、经验等资源固化为可移植、可复用的工业微服务组件库，供开发者调用；三是构建应用开发环境，借助微服务组件和工业应用开发工具，帮助用户快速构建定制化的工业 APP。

应用层则是形成满足不同行业、不同场景的工业 SaaS 和工业 APP，实现工业互联网平台的最终价值。一是提供了设计、生产、管理、服务等一系列创新性业务应用；二是构建了良好的工业 APP 创新环境，使开发者基于平台数据及微服务功能实现应用创新。

8.2.2 5G 与边缘计算

5G 就是第五代移动通信技术(5th generation mobile communication technology, 5G)，是具有高速率、低时延和大连接特点的新一代宽带移动通信技术，5G 通信设施是实现人机物互联的网络基础设施。5G 作为一种新型移动通信网络，不仅要实现人与人通信，为用户提供增强现实、虚拟现实、超高清(3D)视频等更加身临其境的极致业务体验，更要解决人与物、物与物通信问题，满足移动医疗、车联网、智能家居、工业控制、环境监测等物联网的应用需求。最终，5G 将渗透到经济社会的各行业、各领域，成为支撑经济社会数字化、网络化、智能化转型的关键新型基础设施[31-35]。

国际电信联盟无线电通信局(international telecommunication union, ITU)定义了 5G 的三大典型应用场景：

(1)增强型移动宽带(enhanced mobile broadband, eMBB)：eMBB 主要面向虚拟现实(VR)/增强现实(AR)、在线 4K 视频等高带宽需求业务。

(2)超可靠低时延通信(ultra reliable low latency communication, uRLLC)：uRLLC 主要面向车联网、无人驾驶、无人机等时延敏感的业务。

(3)海量大规模连接物联网(massive machine type communication, mMTC)：mMTC 主要面向智慧城市、智能交通等高连接密度需求的业务。

由于 5G 通信网络更加去中心化，需要在网络边缘部署小规模或者便携式数据中心，进行终端请求的本地化处理，以满足 uRLLC 和 mMTC 的超低延时需求。因此，边缘计算是 5G 核心技术之一。

边缘计算，顾名思义是在网络边缘提供 IT 服务环境和云计算能力，减少网络操作和服务交付时延。根据国际电信联盟对 ITU 的定义，5G 的三大场景都与边缘计算密切相关：eMBB 对高带宽的要求、URLLC 对超高可靠超低时延通信的要求、IoT 对大连接的要求，都需要引入边缘计算。因此，边缘计算技术就是解决不同应用带来的多样化网络需求的核心技术之一，在靠近接入网的机房增加计算能力，将能够做到以下几点：①大幅降低业务时延；②减轻对传输网的带宽压力，降低传输成本；③进一步提高内容分发效率，提升用户体验。

在传统网络结构中，对信息的处理主要位于核心网的数据中心机房内，所有信息必须从网络边缘传输到核心网进行处理之后，再返回网络边缘。在 5G 时代，如图 8-4 所示，通过在传输网架构中引入边缘计算技术，在靠近接入侧的边缘机房部署网关、服务器等设备，增加计算能力，降低时延业务、局域性数据、低价值量数据等，在边缘机房进行处理和传输，不需要通过传输网返回核心网，进而降低时延、减轻回传压力、提升用户体验。

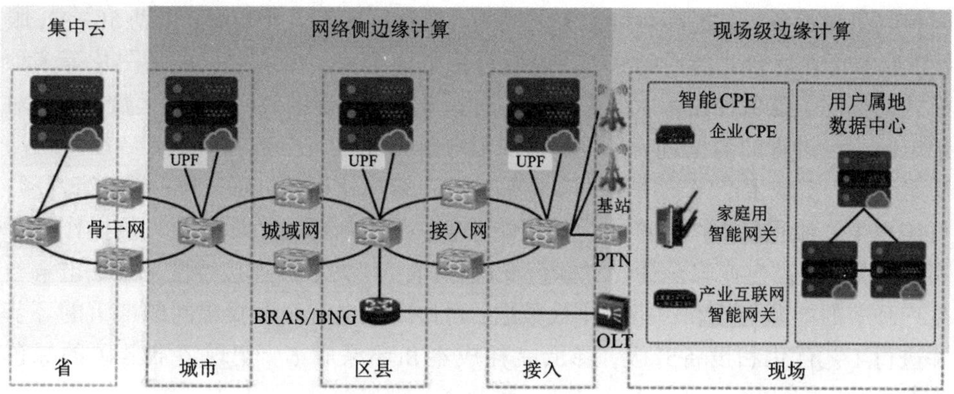

图 8-4　边缘计算在网络中的位置

对于工业互联网来说，边缘计算是不可或缺的关键环节，工业互联网的核心是基于全面互联而形成数据驱动的智能，而边缘计算可以协同调度计算、存储、网络等资源，实现企业内各层数据的纵向集成及实时高效处理，充分释放数据价值。此外，工业互联网连接对象种类多、数量大，存在大量异构的总线联接，场景复杂。因此，工业设备之间的连接需要边缘计算提供“现场级”的计算能力，实现各种制式的网络通信协议相互转换，以应对异构网络协同部署与高效运维、工业智能按需配置与就近服务等挑战。边缘计算的实施架构贯穿整个工业互联网体系，从部署的角度看，在产线、车间和工厂内均能够部署边缘计算节点，逻辑节点形态可以分为边缘控制器、边缘网关和边缘云。对应的形态包括控制器、网关设备、边缘智能服务器、边缘一体机等。企业将根据自身需求部署其中一层或者多层架构。

以5G为代表的新一代信息通信技术与工业经济深度融合，为工业乃至产业数字化、网络化、智能化发展提供了新的实现途径。5G在工业领域的应用涵盖研发设计、生产制造、运营管理及产品服务4个大的工业环节，主要包括16类应用场景，分别为AR/VR研发实验协同、AR/VR远程协同设计、远程控制、AR辅助装配、机器视觉、AGV物流、自动驾驶、超高清视频、设备感知、物料信息采集、环境信息采集、AR产品需求导入、远程售后、产品状态监测、设备预测性维护、AR/VR远程培训等。当前，机器视觉、AGV物流、超高清视频等场景已取得了规模化复制的效果，实现“机器换人”，大幅降低人工成本，有效提高产品检测准确率，达到了生产效率提升的目的。未来，远程控制、设备预测性维护等场景预计将会产生较高的商业价值。

以铝电解行业为例，5G技术赋能铝电解生产，实现铝电解行业智能化生产、智慧化运营及绿色发展。在智能化生产方面，5G网络低时延特性可实现远程实时控制机械设备，在提高运维效率的同时，促进厂区无人化转型；借助5G+AR眼镜，专家可在后台对传回的AR图像进行铝电解槽决策的文字、火眼图片等多种形式的标注，实现对现场运维人员的实时指导，提高运维效率；5G+大数据，可对铝电解生产过程的数据进行采集，实现铝电解主要工艺参数在线监控、在线自动质量判定，实现生产工艺质量的实时掌控。在智慧化运营方面，5G+超高清视频，可实现生产流程及人员生产行为的智能监管，及时判断生产环境及人员操作是否存在异常，提高生产安全性。在绿色发展方面，5G大数据连接特性采集铝电解各生产环节的能源消耗和污染物排放数据，可协助铝电解企业找出问题严重的环节并进行工艺优化和设备升级，降低能耗成本和环保成本，实现清洁低碳的绿色生产。

5G在工业领域丰富的融合应用场景将为工业体系变革带来极大潜力，使工业智能化、绿色化发展。“5G+工业互联网”512工程实施以来，行业应用水平不断提升，从生产外围环节逐步延伸至研发设计、生产制造、质量检测、故障运维、物流运输、安全管理等核心环节，在电子设备制造、装备制造、钢铁冶金、采矿、电力等5个行业率先发展，培育形成协同研发设计、远程设备操控、设备协同作业、柔性生产制造、现场辅助装配、机器视觉质检、设备故障诊断、厂区智能物流、无人智能巡检、生产现场监测等10大典型应用场景，助力企业降本提质和安全生产。

8.2.3 云计算

云计算(cloud computing)是一种通过网络统一组织、灵活调用各种信息和通信技术(information and communications technology, ICT)信息资源，实现大规模计算的信息处理方式。云计算利用分布式计算和虚拟资源管理等技术，通过网络将分散的 ICT 资源(包括计算与存储、应用运行平台、软件等)集中起来形成共享的资源池，并以动态按需和可度量的方式向用户提供服务。用户可以使用各种形式的终端(如个人电脑、平板电脑、智能手机甚至智能电视)通过网络获取 ICT 资源服务。云计算产业由云计算服务业、云计算制造业、基础设施服务业及支持产业等组成[36-38]。

云计算技术架构主要分为两层，数据中心基础设施层与 ICT 资源层组成的云计算"基础设施"；由资源控制层功能构成的云计算"操作系统"。①云计算"基础设施"是承载在数据中心之上的，以高速网络(目前主要是以太网)连接各种物理资源(服务器、存储设备、网络设备等)和虚拟资源(虚拟机、虚拟存储空间等)；②云计算"操作系统"是对 ICT 资源池中的资源进行调度和分配的软件系统，其主要目标是对云计算"基础设施"中的资源(计算、存储和网络等)进行统一管理。

云计算的可贵之处在于其高灵活性、可扩展性和高性价比等，与传统的网络应用模式相比，其具有如下优势与特点。

虚拟化技术：必须强调的是，虚拟化突破了时间、空间的界限，是云计算最为显著的特点，虚拟化技术包括应用虚拟和资源虚拟两种。众所周知，物理平台与应用部署的环境在空间上没有任何联系，两者正是通过虚拟平台操作相应终端完成数据备份、迁移和扩展等。

动态可扩展：云计算具有高效的运算能力，在原有服务器基础上增加云计算功能能够使计算速度迅速提高，最终实现动态扩展虚拟化层次，达到对应用进行扩展的目的。

按需部署：计算机有许多应用、程序、软件等，不同的应用对应的数据资源库不同，所以用户运行不同的应用时需要具备较强的计算能力对资源进行部署，而云计算平台能够根据用户的需求快速配备计算能力及资源。

灵活性高：目前市场上大多数 IT 资源和软、硬件都支持虚拟化，比如存储网络、操作系统和开发软、硬件等。虚拟化要素统一放在云系统虚拟资源池当中进行管理，可见云计算的兼容性非常强，不仅可以兼容低配置机器、不同厂商的硬件产品，还能够外设获得更高性能计算。

可靠性高：倘若服务器故障，也不影响计算与应用的正常运行。因为单点服务器出现故障可以通过虚拟化技术将分布在不同物理服务器上的应用进行恢复，或利用动态扩展功能部署新的服务器进行计算。

性价比高：将资源放在虚拟资源池中统一管理在一定程度上优化了物理资源，用户不再需要费用昂贵、存储空间大的主机，而是可以选择相对廉价的个人电脑组成云，一方面可以减少费用，另一方面其计算性能不逊于大型主机。

可扩展性：用户可以利用应用软件的快速部署条件来更为简单快捷地将自身所需的已有业务及新业务进行扩展。如，计算机云计算系统中出现设备故障时，对于用户来说，无论是在计算机层面上或是在具体运用上均不会受到阻碍，可以利用计算机云计算具有的动态扩展功能来对其他服务器开展有效扩展。这样一来就能够确保任务得以有序完成。在对虚拟化资源进行动态扩展的情况下，同时能够高效扩展应用，提高计算机云计算的操作水平。

工业云通常指基于云计算架构的工业云平台和基于工业云平台提供的工业云服务，涉及产品研发设计、实验和仿真、工程计算、工艺设计、加工制造及运营管理等诸多环节。工业云服务常见的方式有工业 SaaS(software as a service)云服务、工业 IaaS(infrastructure as a service)云服务、工业 PaaS(platform as a service)云服务等方式。工业云基于云计算技术架构，使工业设计和制造、生产运营管理等工具大众化、简洁化、透明化，通过工业云计算服务，可大幅提升工业企业全要素劳动生产率。

工业与互联网融合旨在加速工业转型升级和提质增效，变革传统工业生产运营方式，创造出更大的价值，这就需要用云计算、大数据辅助工业企业创新其研发、生产、运营、营销、服务和管理方式。当前，基于云计算平台的工业设计、虚拟装配、精准营销配送、精准广告推送等模式已成为企业发展的新趋势，可以说，工业云计算服务、工业大数据服务已成为推动互联网与工业融合发展的主要支撑手段，并与企业技术研发、流程管理及生产经营等方面紧密融合，塑造企业发展新模式、催生工业经济新业态。

8.3 工业机器人

工业机器人是广泛用于工业领域的多关节机械手或多自由度的机器装置，具有一定的自动性，可依靠自身的动力能源和控制能力实现各种工业加工制造功能。工业机器人被广泛应用于电子、物流、化工等各个工业领域之中[39-40]。

20 世纪 50 年代末，工业机器人开始投入使用。约瑟夫·恩格尔贝格利用伺服系统的相关灵感，与乔治·德沃尔共同开发了一台工业机器人——尤尼梅特，其率先于 1961 年在通用汽车的生产车间里开始使用。最初的工业机器人构造相对比较简单，所完成的功能是捡拾汽车零件并放置到传送带上，对其他作业环境并没有交互的能力，就是按照预定的基本程序精确地完成同一重复动作。“尤尼梅特”的应用虽然是简单的重复操作，但展示了工业机械化的美好前景，也为工业机器人的蓬勃发展拉开了序幕。自此，在工业生产领域，很多繁重、重复或者毫无意义的流程性作业都可以由工业机器人来代替人类完成。

一般来说，工业机器人由三大部分和六个子系统组成。三大部分分别是机械部分、传感部分和控制部分，六个子系统可分为机械结构系统、驱动系统、感知系统、机器人-环境交互系统、人机交互系统和控制系统。

(1)机械结构系统：从机械结构来看，工业机器人总体上分为串联机器人和并联机器人。串联机器人的特点是一个轴的运动会改变另一个轴的坐标原点，而并联机器人的一个轴运动则不会改变另一个轴的坐标原点。早期的工业机器人都是采用串联机构。并联机构定义为动平台和定平台通过至少两个独立的运动链相连接，机构具有两个或两个以上自由度，且其是以并联方式驱动的一种闭环机构。并联机构有两个构成部分，分别是手臂和手腕，手臂活动区域对活动空间有很大的影响，而手腕是工具和主体的连接部分。与串联机器人相比较，并联机器人具有刚度大、结构稳定、承载能力大、微动精度高、运动负荷小的优点。在位置求解上，串联机器人的正解容易，但反解十分困难；而并联机器人则相反，其正解困难，反解却非常容易。

(2)驱动系统：驱动系统是向机械结构系统提供动力的装置。根据不同动力源，驱动系统的传动方式分为液压式、气压式、电气式和机械式 4 种。早期的工业机器人采用液压驱动。由于液压系统存在泄漏、噪声和低速不稳定等问题，并且其功率单元笨重和价格昂贵，目前只有大型重载机器人、并联加工机器人和一些特殊应用场合使用由液压驱动的工业机器人。气压驱动具有速度快、系统结构简单、维修方便、价格低等优点，但是气压装置的工作压强低，不易精确定位，一般仅用于工业机器人末端执行器的驱动。比如，气动手抓、旋转气缸和气动吸盘作为末端执行器，可用于中、小负荷的工件抓取和装配。电力驱动是目前使用最多的一种驱动方式，其特点是电源取用方便，响应快，驱动力大，信号检测、传递、处理方便，且可以采用多种灵活的控制方式。驱动电机一般采用步进电机或伺服电机，目前也有采用直接驱动电机，但是造价较高，控制也较为复杂，和电机相配的减速器一般采用谐波减速器、摆线针轮减速器或者行星齿轮减速器。由于并联机器人中有大量的直线驱动需求，因此直线电机在并联机器人领域已经得到了广泛应用。

(3)感知系统：感知系统把机器人各种内部状态信息和环境信息从信号转变为机器人自身或者机器人之间能够理解和应用的数据和信息，除了需要感知与自身工作状态相关的机械量，如位移、速度和力等，视觉感知技术是工业机器人感知的另一个重要方面。视觉伺服系统将视觉信息作为反馈信号，用于控制调整机器人的位置和姿态。机器人视觉系统还在质量检测、识别工件、食品分拣、包装的各个方面得到了广泛应用。感知系统由内部传感器模块和外部传感器模块组成，智能传感器的使用提高了机器人的机动性、适应性和智能化水平。

(4)机器人-环境交互系统：机器人-环境交互系统是实现机器人与外部环境中的设备相互联系和协调的系统。机器人与外部设备集成为一个功能单元，如加工制造单元、焊接单元、装配单元等。当然也可以是多台机器人集成为一个去执行复杂任务的功能单元。

(5)人机交互系统：人机交互系统是人与机器人进行联系和参与机器人控制的装置。例如：计算机的标准终端、指令控制台、信息显示板、危险信号报警器等。

(6)控制系统：控制系统的任务是根据机器人的作业指令及从传感器反馈回来的信号，支配机器人的执行机构去完成规定的运动和功能。如果机器人不具备信息反馈特征，则为开环控制系统；具备信息反馈特征，则为闭环控制系统。其根据控制原理，可分为程序控制系统、适应性控制系统和人工智能控制系统；根据控制运动的形式可分为点位控制和连续轨迹控制。

目前，工业机器人已经在工业流程的各个领域得到了广泛的应用。

(1)在铝锭的码垛方面的应用：在各类工厂的码垛方面，自动化极高的机器人被广泛应用，人工码垛工作强度大，耗费人力，员工不仅需要承受巨大的压力，而且工作效率低。搬运机器人能够根据搬运物件的特点及搬运物件所归类的地方，在保持其形状和物件性质不变的基础上，进行高效的分类搬运，使得装箱设备每小时能够完成数百块的码垛任务。其在生产线上下料、集装箱的搬运等方面发挥极其重要的作用。

(2)在焊接方面的应用：焊接机器人主要承担焊接工作，不同的工业类型有着不同的工业需求，所以常见的焊接机器人主要包括点焊机器人、弧焊机器人、激光机器人等。汽车制造行业是焊接机器人应用最广泛的行业，在焊接难度、焊接数量、焊接质量等方面有着人工焊接无法比拟的优势。

(3)在装配方面的应用：在工业生产中，零件的装配是一件工程量极大的工作，需要大量的劳动力，曾经的人力装配因为出错率高、效率低而逐渐被工业机器人代替。装配机器人的研发结合了多种技术，包括通信技术、自动控制、光学原理、微电子技术等。研发人员根据装配流程编写合适的程序，应用于具体的装配工作中。装配机器人的最大特点，就是安装精度高、灵活性大、耐用程度高。因为装配工作复杂精细，所以人们选用装配机器人来进行电子零件、汽车精细部件的安装。

(4)在检测方面的应用：机器人具有多维度的附加功能，它能够代替工作人员在特殊岗位上的工作，比如在核污染区域、有毒区域、高危未知区域等高危领域进行探测。还有人类无法具体到达的地方，如病人患病部位的探测、工业瑕疵的探测、地震救灾现场的生命探测等均有建树。铝电解领域中智能巡检机器人、槽底温度测量机器人等在研发与应用中。

目前，信息技术的快速发展，特别是人工智能技术的影响力不断扩大，在互联网技术的支持下，工业机器人的发展更加系统化，加强了控制系统、诊断系统和维护系统功能的改进。同时，依托模拟程序设计，工业机器人能有效提高智能化和自动化水平，工业机器人整体性能不断提高，应用更可靠，应用范围更广。

在工业发展需要的基础上，工业机器人更加生物化和仿生化，提高了不良工作环境下的生产效率。基于工业生产，许多环节与环境保护相矛盾，对从业人员的身心健康产生不利影响，部分操作难以完成，这也成为推广和应用工业机器人的重要因素。

8.4　工业大数据

8.4.1　大数据基本概念

1980 年，世界著名未来学家 Alvin Toffler 在他的著作 *The Third Wave* 中提出了大数据(big data)的畅想："计算机能够加深我们对因果关系的认识，提高我们对事物相互关系的了解，以及帮助我们把周围相互没有关系的数据综合成有意义的'整体'"。而在 40 多年后的今天，大数据已经迅速发展成为学术界和产业界各个领域，*Nature* 和 *Science* 等相继出版专刊专门探讨大数据问题。2012 年 5 月，麻省理工学院(Massachusetts Institute of Technology，MIT)计算机科学与人工智能实验室(Computer Science and Artificial Intelligence Laboratory，CSAIL)建立大数据科学技术中心(Intel Science Technology Center for Big data，ISTC)，致力于推动科学与医药发明、企业与行业计算快速发展。国内外诸多著名企业，如 IBM、微软、亚马逊、百度、京东、阿里巴巴等都纷纷将大数据作为主要业务，提出了各自的大数据解决方案或应用[41-43]。

2012 年，美国政府宣布开展"大数据研究和发展计划"，6 个政府部门和机构共计投资 2 亿美元，以增加从大量数字数据中访问、组织、收集、发现信息的工具和提高技术水平，覆盖科学、工程、国家安全和教学研究等多个方面。同年 3 月，科技部发布《"十二五"国家科技计划信息技术领域 2013 年度备选项目征集指南》，其中明确提出"面向大数据的先进存储结构及关键技术"，国家"973"计划、国家"863"计划、国家自然科学基金等也分别设立了针对大数据的研究计划和专项。2015 年 9 月，国务院印发《促进大数据发展行动纲要》，明确指出大数据将成为推动经济转型发展的新动力、重塑国家竞争优势的新机遇、提升政府治理能力的新途径，该文件对我国大数据发展工作进行了系统性的部署，包括开展政府数据资源共享开放、国家大数据资源统筹发展、政府治理大数据、公共服务大数据、工业和新兴产业大数据、现代农业大数据等。

迄今为止，还没有公认的大数据定义，各个领域的专家学者从不同角度出发对大数据进行了多样化的定义，其中有强调大数据的典型特征的，有强调大数据的处理和分析方式的，也有强调大数据能够带来的作用和价值的。研究机构 Gartner 认为："大数据"是需要新处理模式才能具有更强的决策力、洞察发现力和流程优化能力的海量、高增长率和多样化的信息资产。麦肯锡全球研究所将大数据定义为“一种规模大到在获取、存储、管理、分析方面极大地超出了传统数据库软件工具能力范围的数据集合”“具有海量的数据规模、快速的数据流转、多样的数据类型和价值密度低的特征”。该定义刻画了大数据的 4 大典型特征(4V)：数据体量巨大(volume)，大公司存储和分析的数据从 petabyte 级别到 exabyte 级别乃至 zettabyte 级别；数据的增长速度和流转速度(velocity)加快；数据类型多样化(variety)，非结构化数据规模远大于结构化数据，数据类型涵盖数字、文本、音频、图像、视频等；价值大(value)，数据只有当其规模大到一定程度时才具有潜在的分析价值，对于企业的生产运营而言，随着数据量的增大和数据分析的深入，大数据在研发、生产、营销等诸多方面所能体现的价值也会越来越大。如今，4V 已经扩展为了 5V，数据真实性(veracity)意味着大数据中的内容是与真实世界中发生的息息相关的，研究大数据就是从庞大的网络数据中提取出能够解释和预测现实事件的过程，但这个过程的有效性和可信度取决于数据本身、数据来源及数据处理方式等因素的质量。

获取、处理和分析大数据将成为提高核心竞争力的关键因素。大数据的意义在于海量的数据中包含着事物与事物之间的相关性，并可由此推演出行为方式的可能性，各行各业的决策正在从“业务驱动”转变为“数据驱动”。例如，对于零售商而言，对大数据的利用可以帮助其实时掌握市场动态并迅速作出应对，快速占领先机；对于商家而言，可以利用大数据挖掘用户信息，刻画用户需求，从而开发和改进产品，制定精准有效的营销策略；对于企业而言，分析、利用企业内部生产运营产生的大数据，能够帮助企业进行生产维护、资源调度、故障诊断，实现企业生产运营的智能化；对于公共服务领域而言，大数据也在医疗卫生健康、教育、能源、信息审查、城市交通规划等各个方面发挥巨大的作用。大数据是高度发展的信息时代产物，移动互联网、物联网、社交网络、数字家庭、电子商务等新一代信息技术的应用形态正不断地产生海量的数据。以物联网为例，物联网感知层包括二维码标签和识读器、RFID 标签和读写器、各种功能的传感器、GPS 定位设备、摄像头等终端设备，这些终端设备无时无刻不在企业生产运营过程中采集种类繁多、体量庞大的数据。如在农业物联网中，各类传感器对温度、相对湿度、pH 值、光照强度、土壤养分、二氧化碳浓度等环境参数进行着实时的采集和监控。大数据促进着信息产业的快速发展，一方面，通过对大数据的获取、处理和分析，利用反馈所得的结果，对应用和服务进行优化，依靠数据分析结果进行决策，将创造出巨大的经济和社会价值；另一方面，对基于大数据的新技术、新产品、新服务需求的爆炸性增长，极大地促进着计算机与网络硬件设备(如计算机芯片、数据存储服务器等)和软件服务(如面向大数据的数据处理和分析软件)的持续高速发展。此外，大数据也为科学研究提供了新的技术方案，利用数据挖掘技术在海量数据中抓取并揭示有相关性和规律性的信息，将其总结成知识，以此进行决策和优化，能够解决传统的抽样方法和基于数学模型的方法所无法解决的现实复杂问题。

8.4.2　数据的采集与预处理

大数据的体量巨大、种类繁多、来源广泛，常见的数据采集方法包括使用传感器、射频识别、条形码、二维码、摄像头、数据检索分类工具(如搜索引擎)、数据源系统产生的日志文件等，尤其是现今智能手机和平板电脑的迅速普及，使得大量移动软件被开发和应用，极大地扩展了数据来源和数据流通范围。多样化的数据有表格、文本、图片、视频、网页等各类结构化、半结构化和非结构化的表现形式，同时，所采集的数据集往往会因为环境干扰、人员和设备不可靠等因素而存在错误、删失、冗余、不一致等各类数据质量问题，因此需要对数据进行预处理，以集成多样化数据，提升数据质量，为后续流程奠定基础。

数据预处理的主要技术包括以下 4 种[1-4]：

(1)数据集成，即在逻辑和物理上把来自不同数据源的数据进行集中，解决数据同名异义、异名同义、属性冗余、单位不统一等问题，为用户提供一个统一的视图。

(2)数据清洗，即在数据集中发现不准确、不完整和不合理的数据，并通过插值和回归等技术手段对这些数据进行修补或移除，以提高数据质量。

(3)数据变换，即对数据进行规范化处理，例如零均值规范化以消除量纲影响，连续属性离散化以将数据分区，小波变换以平稳化序列等。

(4)数据规约，即在尽可能保持数据原貌的前提下，最大限度地精简数据量，少量而具有代表性的数据将大幅缩减数据挖掘所需的时间，典型的方法包括主成分分析、聚类分析、决策树归纳等。

8.4.3　数据存储与数据库技术

大数据存储与管理系统需要具有足够的能力存储海量规模的数据，能兼顾结构化、半结构化和非结构化数据，并能提供种类多、速度快、质量高的数据服务。在大数据环境下，分布式的数据存储与管理系统成为学术界和产业界的研究重点。文件系统是大数据存储与管理的基础，其为整个大数据提供了底层的支撑架构。Google 为大型分布式数据密集型应用设计了一个可扩展的分布式文件系统(google file system，GFS)，该系统采用廉价的商用计算机集群构建分布式文件系统，在降低成本的同时为用户提供高性能且具有容错的服务。由 Apache 基金会开发的大数据框架 Hadoop 根据 GFS 实现了分布式文件系统(hadoop distributed file system，HDFS)，该文件系统具有高容错性、低成本、高吞吐量等特点。基于分布式文件系统建立分布式数据库，能够最大限度地提高数据访问速度，为用户提供便利。

传统的关系型数据库系统难以适应大数据的多样性和巨大规模，而非关系型数据库解决方案(not only SQL，NoSQL)以其模式自由、易扩展、易复制、储存量大、可高并发读写等特点逐渐成为处理大数据的标准。NoSQL 数据库有 4 种主流类型，分别是键值(key-value)存储数据库、列式存储数据库、文档型数据库和图形数据库。Google 设计的 Bigtable 是一种列式存储数据库，适用于批量数据处理和实时查询，其本质上是一个稀疏的、分布式的、持久化的、多维的排序映射(map)，通过行键(row key)、列键(column key)和时间戳(time stamp)表示键值对记录。Bigtable 将行划分为片(tablet)作为基本负载单元，其底层架构沿用 GFS，由于其具有分布式特点，因而系统可以将经常响应的数据移动到空闲机器上，以实现良好的均衡负载。Hadoop 框架的数据库系统 HBase(hadoop database)来源于 Bigtable 的理论和技术，在 Hadoop 框架下提供海量数据的存储和读写，并且兼容各种结构化或非结构化数据。

8.4.4 数据挖掘方法与技术

数据挖掘的目标是从海量的数据中通过算法搜索、提取隐藏的信息，继而将其总结成为知识，以为过程优化和决策制定提供有意义的建议，其中包括寻找、推测和解释数据相关性，发现和诊断故障原因，预测未来变化趋势等。数据挖掘通常与计算机科学有关，通过情报检索、数理统计、机器学习、模式识别、专家系统等诸多方法来实现数据分析与挖掘的目标。根据所实现的主要功能，可以将数据挖掘方法分为分类与预测、聚类分析、关联规则、时序模式和离群点检测[44-45]。

1)分类与预测

分类是构造一个分类模型，输入样本的属性值，输出对应的类别，将每个样本映射到预先定义好的类别。分类模型建立在已有类标记的数据集上，模型在已有类标记样本上的准确率可以方便地计算出，所以分类属于有监督的学习。预测是指建立两种或两种以上变量间相互依赖的函数模型，然后进行预测或控制。分类和预测的实现过程类似，以分类模型为例，其算法有两步：

第一步是学习步，通过归纳分析训练样本集来建立分类模型得到分类规则。

第二步是分类步，先用已知的测试样本集评估分类规则的准确率，如果准确率是可以接受的，则使用该模型对未知类标号的待测样本集进行预测。

预测模型的实现也有两步：

第一步是通过训练集建立预测属性(数值型的)的函数模型。

第二步在模型通过检验后进行预测或控制。

常用的分类与预测算法如表 8-1 所示。

表 8-1　常用的分类与预测算法简介

算法名称	算法描述
回归分析	回归分析是确定预测属性(数值型)与其他变量相互依赖的定量关系最常用的统计学方法。包括线性回归、非线性回归、Logistic 回归、岭回归、主成分回归、偏最小二乘回归等模型
决策树	决策树采用自顶向下的递归方式，在内部节点进行属性值的比较，并根据不同的属性值从该节点向下分支，最终得到的叶节点是学习划分的类
人工神经网络	人工神经网络是一种模仿大脑神经网络结构和功能而建立的信息处理系统，表示神经网络输入与输出变量之间关系的模型
贝叶斯网络	贝叶斯网络又称信度网络，是 bayes 方法的扩展，是目前不确定知识表达和推理领域最有效的理论模型之一
支持向量机	支持向量机是一种通过某种非线性映射，把低维的非线性可分转化为高维的线性可分，在高维空间进行线性分析的算法

2)聚类分析

与分类不同，聚类分析是在没有给定划分类别的情况下，根据数据相似度进行样本分组的一种方法。与分类模型需要使用有类标记样本构成的训练数据不同，聚类模型可以建立在无类标记的数据上，是一种非监督的学习算法。聚类的输入是一组未被标记的样本，聚类根据数据自身的距离或相似度将其划分为若干组，划分的原则是组内距离最小化而组间(外部)距离最大化。常用聚类方法如表 8-2 所示。

表 8-2　常用聚类方法

类别	主要算法
基于网格的方法	Sting 算法(统计信息网络)、Clique 算法(聚类高维空间)、Wave-Cluster 算法(小波变换)
基于模型的方法	统计学方法、神经网络方法
划分(分裂)方法	K-Means 算法(K-平均)、K-Medoids 算法(K-中心点)、Clarans 算法(基于选择的算法)
层次分析方法	Birch 算法(平衡迭代规约和聚类)、Cure 算法(代表点聚类)、Chameleon 算法(动态模型)

续表8-2

类别	主要算法
基于密度的方法	Dbscan 算法（基于高密度连接区域）、Denclue 算法（密度分布函数）、Optics 算法（对象排序识别）

常用聚类算法如表 8-3 所示。

表 8-3 常用聚类分析算法

算法名称	算法描述
K-Means	K-均值聚类也称为快速聚类法，在最小化误差函数的基础上将数据划分为预定的类数 K。该算法原理简单并便于处理大数据
K-中心点	K-均值算法对孤立点具有敏感性，K-中心点算法不采用簇中对象的平均值作为簇中心，而是选用簇中离平均值最近的对象作为簇中心
系统聚类	系统聚类也称为多层次聚类，分类的单位由高到低呈树形结构，且所处的位置越低，其所包含的对象就越少，但这些对象间的共同特征越多。该算法只适合在数据量小的时候使用，数据量大的时候速度会非常慢

K-Means 算法是典型的基于距离的非层次聚类的算法[5]，其在最小化误差函数的基础上将数据划分为预定的类数 K，采用距离作为相似性的评价指标，即认为两个对象的距离越近，其相似度就越大。算法过程如下：

Step. 1：从 N 个样本数据中随机选取 K 个对象作为初始的聚类中心。

Step. 2：分别计算每个样本到各个聚类中心的距离，将对象分配到距离最近的聚类中。

Step. 3：所有对象分配完成后，重新计算 K 个聚类的中心。

Step. 4：与前一次计算得到的 K 个聚类中心比较，如果聚类中心发生变化，转 Step. 2，否则转 Step. 5。

Step. 5：当质心不发生变化时停止并输出聚类结果。

聚类的结果可能依赖于初始聚类中心的随机选择，可能使得结果严重偏离全局最优分类。实践中，为了得到较好的结果，通常选择不同的初始聚类中心多次运行 K-Means 算法。在所有对象分配完成后，重新计算 K 个聚类的中心时，对于连续数据，聚类中心取该簇的均值，但是当样本的某些属性是分类变量时，均值可能无定义，可以使用 K-Means 众数方法。

3)关联规则

关联规则分析也称为购物篮分析，其最早是为了发现超市销售数据库中不同商品之间的关联关系。关联规则分析是数据挖掘中最活跃的研究方法之一，目的是在一个数据集中找出各项之间的关联关系，而这种关系并没有在数据中直接表示出来。常用关联规则算法如表 8-4 所示。

表 8-4　常用关联规则算法

算法名称	算法描述
Apriori	关联规则最常用也是最经典的挖掘频繁项集的算法，其核心思想是通过连接产生候选项及其支持度，然后通过剪枝生成频繁项集
FP-Tree	针对 Apriori 算法固有的多次扫描事务数据集的缺陷，提出的不产生候选频繁项集的方法。Apriori 和 FP-Tree 都是寻找频繁项集的算法
Eclat 算法	Eclat 算法是一种深度优先算法，采用垂直数据表示形式，在概念格理论的基础上利用基于前缀的等价关系将搜索空间划分为较小的子空间
灰色关联法	分析和确定各因素之间的影响程度或是若干个子因素(子序列)对主因素(母序列)的贡献度而进行的一种分析方法

Apriori 算法是最经典的挖掘频繁项集的算法[6]，其第一次实现了在大数据集上可行的关联规则提取，核心思想是通过连接产生候选项与其支持度，然后通过剪枝生成频繁项集。

4)时序模式

常用按时间顺序排列的一组随机变量 X_1，X_2，…，X_t 来表示一个随机事件的时间序列，简记为 $\{X_t\}$；用 x_1，x_2，…，x_n 或 $\{x_t, t=1, 2, \cdots, n\}$ 表示该随机序列的 n 个有序观察值，称之为序列长度为 n 的观察值序列。时间序列分析的目的就是给定一个已被观测了的时间序列，预测该序列的未来值。

拿到一个观察值序列后，首先要对它的纯随机性和平稳性进行检验，这两个重要的检验称为序列的预处理。根据检验结果可以将序列分为不同的类型，对不同类型的序列会采取不同的分析方法。

对于纯随机序列，其又称为白噪声序列，序列的各项之间没有任何相关关系，序列在进行完全无序的随机波动，可以终止对该序列的分析。白噪声序列是没有信息可提取的平稳序列。

对于平稳非白噪声序列，它的均值和方差是常数，现已有一套非常成熟的平稳序列的建模方法。通常是建立一个线性模型来拟合该序列的发展，借此提取该序列的有用信息。ARMA 模型是最常用的平稳序列拟合模型。

对于非平稳序列，由于它的均值和方差不稳定，处理方法一般是将其转变为平稳序列，这样就可以应用有关平稳时间序列的分析方法，如建立 ARMA 模型来进行相应的研究。如果一个时间序列经差分运算后具有平稳性，则该序列为差分平稳序列，可以使用 ARIMA 模型进行分析。

检验序列平稳性的方法有两种，一种是根据时序图和自相关图的特征做出判断的图检验，该方法操作简单、应用广泛，缺点是带有主观性；另一种是构造检验统计量进行检验的方法，目前最常用的方法是单位根检验。

5）离群点检测

离群点检测是数据挖掘中重要的一部分，它的任务是发现与大部分其他对象显著不同的对象。大部分数据挖掘方法都将这种差异信息视为噪声而丢弃，然而在一些应用中，罕见的数据可能蕴含着更大的研究价值。常用离群点检测方法如表 8-5 所示。

表 8-5　常用离群点检测方法

离群点检测方法	方法描述	方法评估
基于统计模型	大部分基于统计模型的离群点检测方法是构建一个概率分布模型，并计算对象符合该模型的概率，把具有低概率的对象视为离群点	基于统计模型的离群点检测方法的前提是必须知道数据集服从什么分布；对于高维数据，检验效果可能很差
基于邻近度	通常可以在数据对象之间定义邻近性度量，把远离大部分点的对象视为离群点	简单、二维或三维的数据可以做散点图观察；大数据集不适用；对参数选择敏感；具有全局阈值，不能处理具有不同密度区域的数据集
基于密度	考虑数据集可能存在不同密度区域这一事实，从基于密度的观点分析，离群点是在低密度区域中的对象。一个对象的离群点得分是该对象周围密度的相对值	给出了对象是离群点的定量度量，并且即使数据存在不同的区域也能够很好处理；大数据集不适用；参数选择是困难的
基于聚类	一种利用聚类检测离群点的方法是丢弃远离其他簇的小簇；另一种更为系统的方法，首先聚类所有对象，然后评估对象属于簇的程度（离群点得分）	基于聚类技术来发现离群点可能是高度有效的；聚类算法产生的簇的质量对该算法产生的离群点的质量影响非常大

基于统计模型的离群点检测方法需要满足统计学原理，如果分布已知，则检

验可能非常有效。基于邻近度的离群点检测方法比统计学方法更普遍、更容易使用，因为确定数据集有意义的邻近度量比确定它的统计分布更容易。基于密度的离群点检测与基于邻近度的离群点检测密切相关，因为密度常用邻近度定义：一种是定义密度为到 K 个最邻近的平均距离的倒数，如果该距离小，则密度高；另一种是使用 Dbscan 聚类算法，一个对象周围的密度等于该对象指定距离 d 内对象的个数。

8.5　智能监测

在工业过程中，对过程中的关键变量进行实时监测是实现过程绿色、安全、高效运行的基础。为了实现工业过程的智能优化控制，首先需要研究智能监测技术。

在实际生产过程中，由于生产流程长、反应机理复杂、环境恶劣、检测设备昂贵等因素，一些关键的变量无法实现在线检测，所以软测量技术应运而生。软测量是把生产过程知识有机结合起来，应用计算机技术对难以测量或者暂时不能测量的过程关键变量，选择另外一些容易测量的变量，通过构成某种数学关系来推断或者估计，以软件来替代硬件的功能。应用软测量技术实现元素组分的在线检测不但经济可靠，且动态响应迅速，可连续给出工业过程中关键变量的实时值，为工业过程的工况在线识别提供基础。

目前软测量建模技术主要包括基于工艺机理的建模方法、基于数据驱动的建模方法以及机理与数据相结合的建模方法[24-27]。

1) 基于工艺机理的建模方法

机理模型，亦称白箱模型，是根据对象、生产过程的内部机制或者物质流的传递机理建立起来的精确数学模型。它是基于质量平衡方程、能量平衡方程、动量平衡方程、相平衡方程及某些物性方程、化学反应定律、电路基本定律等而获得对象或过程的数学模型。机理模型的优点是参数具有非常明确的物理意义，对于探析工业过程的本质特征有着十分重要的作用。然而，在实际工业过程中，基于工艺机理的建模方法存在着很大的局限性。一方面，实际工业过程十分复杂，难以满足机理模型所需要的假设，导致建模精度不高且泛化能力较差；另一方面，实际工业过程存在大量的干扰和噪声，这些因素都会导致机理模型精度的下降。因此，机理模型通常都是作为基础模型或者辅助模型出现在软测量过程中。

2) 基于数据驱动的建模方法

随着计算机科学和大数据技术的快速发展，基于数据驱动的建模方法在实际工业生产中得到了广泛应用。数据驱动模型是一种典型的黑箱模型，它是根据输入、输出关系建立起来的，反映了有关因素间一种笼统的直接因果关系。由于数据驱动建模仅仅需要输入、输出数据，而不需要很强的专业知识和机理信息，因此使用场景更为宽泛。目前，数据驱动建模也在冶炼过程中得到了非常广泛的应用。尽管数据驱动模型应用简单且能够满足软测量的需求，但是其不可解释性也制约了在实际工业过程中的应用。此外，数据驱动模型的效果严重依赖于数据质量。由于冶炼过程生产环境恶劣，数据检测条件有限，生产数据的准确性和数据样本的多样性极难保证，这也极大地限制了数据驱动模型的应用。

3）机理与数据相结合的建模方法

机理模型是严格按照对象、生产过程的内部机制或者物质流的传递机理建立起来的精确数学模型，具有很强的解释性，但模型精度低、泛化能力差；数据驱动模型是仅依赖于输入、输出数据即可建立的黑箱模型，普适性强，但可解释性低且严重依赖于数据质量。基于两种建模方法的优缺点，目前机理与数据相结合的建模方法也被广泛应用于软测量建模过程中。通过两种模型的结合，既可以增强所获模型的可解释性，也能够极大地提升模型的性能和泛化能力。机理与数据相结合的建模方法能够同时利用到机理知识、专家经验及大量的工业数据，不仅能使得到的软测量模型具有较高的精度，还能够提升模型的可解释性和泛化性能。因此，机理与数据相结合的建模方法在工业过程软测量中也会得到更多的应用。

8.6 智能优化

工业过程的优化按照广义的理解可以分为决策优化和操作优化两个方面。决策优化涉及生产计划与调度的优化，是生产管理层次的优化，是工业过程综合自动化技术的重要内容。生产计划是决定年、季、月的产品产量，以及原料、辅料、水、电和燃料（或蒸汽）的需要量。调度是生产计划的具体实现方案，决定每个时刻、每个设备的生产内容和任务，并确定电、原料、燃料、水及蒸汽的调配等。在市场经济条件下，生产计划和调度优化所带来的经济效益相当显著。操作优化的评价函数是与产品产量、质量、成本、消耗等生产目标密切相关的综合生产指标，而将直接影响综合生产指标的被控变量的设定值设定为运行变量。生产过程优化的狭义理解就是指操作优化。操作优化更准确地说是在线稳态优化，常采用递阶系统结构，优化层位于直接控制层之上，由上位机给出几个控制器的设定值。由于环境条件变量（如负荷、进料成分等）经常有变动，为使操作点达到和保持最优，这些控制器的设定值须经常调整。

然而，冶炼生产流程长、反应机理复杂、环境恶劣、工况多变，使优化通常存在很强的不确定性，导致优化的建模方法存在多样性和复杂性。因此，传统的解析方法和单一的优化方法难以求解复杂工业过程的调度优化和决策优化问题。因此，在求解复杂工业过程优化问题时，引入先进的智能优化算法，结合专家的知识和操作人员的长期工作经验，把有关的经验知识和启发性思维嵌入过程优化中是极其重要的。

智能优化算法是一种搜索过程或规则，基于某种思想和机制，通过一定的途径或规则来得到满足用户待求问题的优化解。这类新的优化算法一般都是建立在生物智能或物理现象基础上的，是一种模拟自然界生物行为和自然现象的元启发式算法，具有良好的并行性和自主探索性。从实际应用的角度看，这类新算法一般不要求目标函数和约束的连续性与凸性，甚至有时连其有没有解析表达式都不要求，对计算中数据的不确定性有很强的适应能力。由于这些独特的优点和机制，智能优化算法引起了国内外学者的广泛重视并掀起了该领域的研究热潮，且在诸多领域中得到了广泛应用，展示出强劲的发展势头[28-35]。

由于复杂工业过程决策优化和操作优化的类型很多，各种优化方法能求解的问题类型有限，实际工业过程优化问题要求优化方法适用于问题模型，而不是问题模型随算法变动。因此，在解决实际工业过程的决策优化和操作优化问题时，要求能针对具体的问题、具体的模型给出适用的工业过程优化方法。

8.7　智能控制

智能控制是具有智能信息处理、智能信息反馈和智能控制决策的控制方式，是控制理论发展的高级阶段，主要用来解决那些用传统方法难以解决的复杂系统的控制问题。智能控制研究对象的主要特点是具有不确定性的数学模型、高度的非线性和复杂的任务要求。

智能控制的思想出现于 20 世纪 60 年代。当时，对于学习控制的研究十分活跃，并获得了较好的应用。如自学习和自适应方法被开发出来，用于解决控制系统的随机特性问题和模型未知问题；1965 年，美国普渡大学傅京孙教授首先把 AI 的启发式推理规则用于学习控制系统；1966 年，美国门德尔首先主张将 AI 用于飞船控制系统的设计；1967 年，美国莱昂德斯等人首次正式使用“智能控制”一词；1971 年，傅京孙教授论述了 AI 与自动控制的交叉关系。自此，自动控制与 AI 开始碰撞出火花，一个新兴的交叉领域——智能控制得到建立和发展。早期的智能控制系统采用比较初级的智能方法，如模式识别和学习方法等，而且其发展速度十分缓慢。扎德于 1965 年发表了著名论文 *Fuzzy Sets*，开辟了以表征人的感知和语言表达模糊性这一普遍存在不确定性模糊逻辑为基础的数学新领域——模糊数学。1975 年，英国马丹尼成功地将模糊逻辑与模糊关系应用于工业控制系统，提出了能处理模糊不确定性、模拟人的操作经验、规则的模糊控制方法。此后，在模糊控制的理论和应用两个方面，控制专家们进行了大量研究，并取得了一批令人感兴趣的成果，被视为智能控制中十分活跃、发展也较为深刻的智能控制方法。20 世纪 80 年代，基于 AI 的规则表示与推理技术（尤其是专家系统）和基于规则的专家控制系统得到迅速发展，如瑞典奥斯特隆姆的专家控制、美国萨里迪斯的机器人控制中的专家控制等。随着 20 世纪 80 年代中期人工神经网络研究的再度兴起，控制领域研究者们提出并迅速发展了充分利用人工神经网络良好的非线性逼近特性、自学习特性和容错特性的神经网络控制方法。随着研究的展开和深入，形成智能控制新学科的条件逐渐成熟。1985 年 8 月，IEEE 在美国纽约召开了第一届智能控制学术讨论会，讨论了智能控制原理和系统结构。由此，智能控制作为一门新兴学科得到了广泛认同，并迅速发展。近十几年来，随着智能控制方法和技术的发展，智能控制迅速走向各专业领域，应用于各类复杂被控对象的控制问题，如工业过程控制系统、机器人系统、现代生产制造系统、交通控制系统等。

智能控制以控制理论、计算机科学、人工智能、运筹学等学科为基础，扩展了相关的理论和技术，其中应用较多的有模糊逻辑、神经网络、专家系统、模型预测控制等理论，以及自适应控制、自组织控制和自学习控制等技术。专家系统是利用专家知识对专门的或困难的问题进行描述的控制系统。尽管专家系统在解决复杂问题的高级推理中获得了较为成功的应用，但是专家系统的实际应用相对还是比较少的。模糊逻辑用模糊语言描述系统，既可以描述应用系统的定量模型，也可以描述其定性模型，适用于任意复杂的对象控制。神经网络是利用大量的神经元，按一定的拓扑结构进行学习和调整的自适应控制方法，能表示出丰富的特性，具体包括并行计算、分布存储、可变结构、高度容错、非线性运算、自我组织、学习或自学习。这些特性是人们长期追求和期望的系统特性。神经网络在智能控制的参数、结构或环境的自适应、自组织、自学习等控制方面具有独特的能力。模型预测控制是一类特殊的控制，它的当前控制动作是在每一个采样瞬间通过求解一个有限时域开环最优控制问题而获得的。过程的当前状态作为最优控制问题的初始状态，解得的最优控制序列只实施第一个控制作用。这是它与那些使用预先计算控制律的算法的最大不同。本质上，模型预测控制求解了一个开环最优控制问题，它的思想与具体的模型无关，但是其实现则与模型有关[36-38]。

智能控制的相关技术与控制方式结合或综合交叉结合，构成风格和功能各异的智能控制系统和智能控制器，这也是智能控制技术的一个主要特点。

8.8 基于 HCPS 的冶金智能优化制造体系架构

中国工程院《面向新一代智能优化制造的人-信息-物理系统（HCPS）》的报告认为，传统制造向智能优化制造发展的过程中，制造系统从原来的“人-物理”二元系统进入“人-信息-物理”三元系统，并提出了新一代智能优化制造 HCPS2.0 范式，如图 8-5 所示[39-42]。

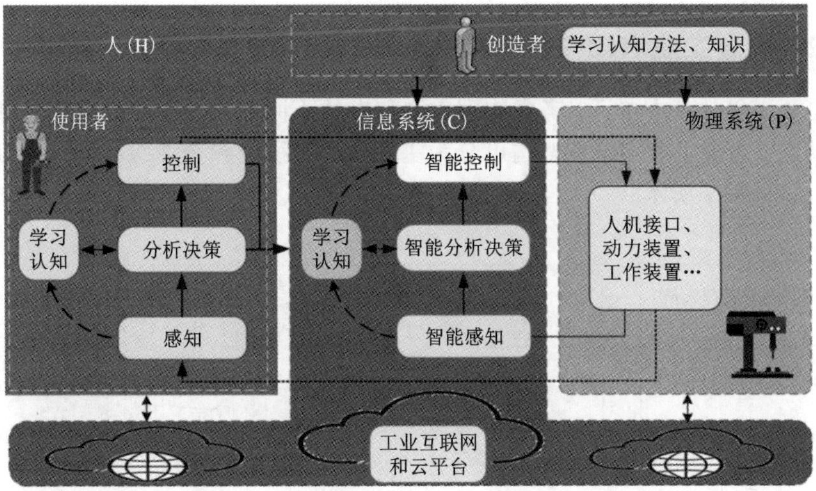

图 8-5　HCPS2.0 范式

8.8.1　冶金工业智能优化制造体系架构

参考德国工业 4.0(an architectural model for industrie 4.0)、中国国家智能优化制造标准体系建设指南和智能优化制造系统架构 IMSA(2018 年版)、日本工业价值链参考架构 IVRA 等，从生命周期、系统层级和智能特征三个维度对智能优化制造所涉及的活动、装备、特征等内容进行描述，考虑了业务集成协同、信息物理融合、人机增强智能、自主分布智能等设计原则，中国金属学会提出了冶金工业智能优化制造体系架构[43-45]，如图 8-6 所示。

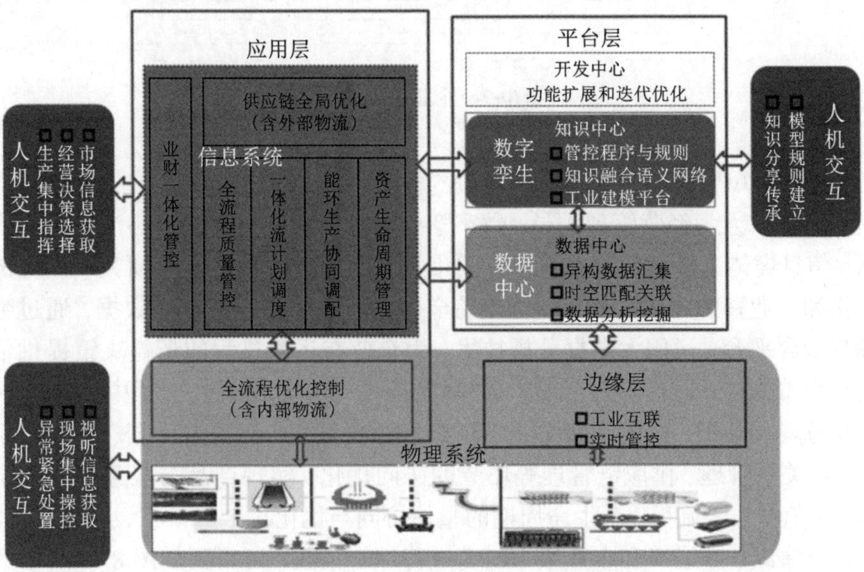

图 8-6　冶金工业智能优化制造体系架构

8.8.2 冶金工业 HCPS 总体架构

基于 HCPS 基本单元，考虑物理实体和人的不同层次，以及对应信息虚体的不同功能，冶金工业 HCPS 架构可分为工序级、产线级和企业级，形成多级嵌套结构，如图 8-7 所示。

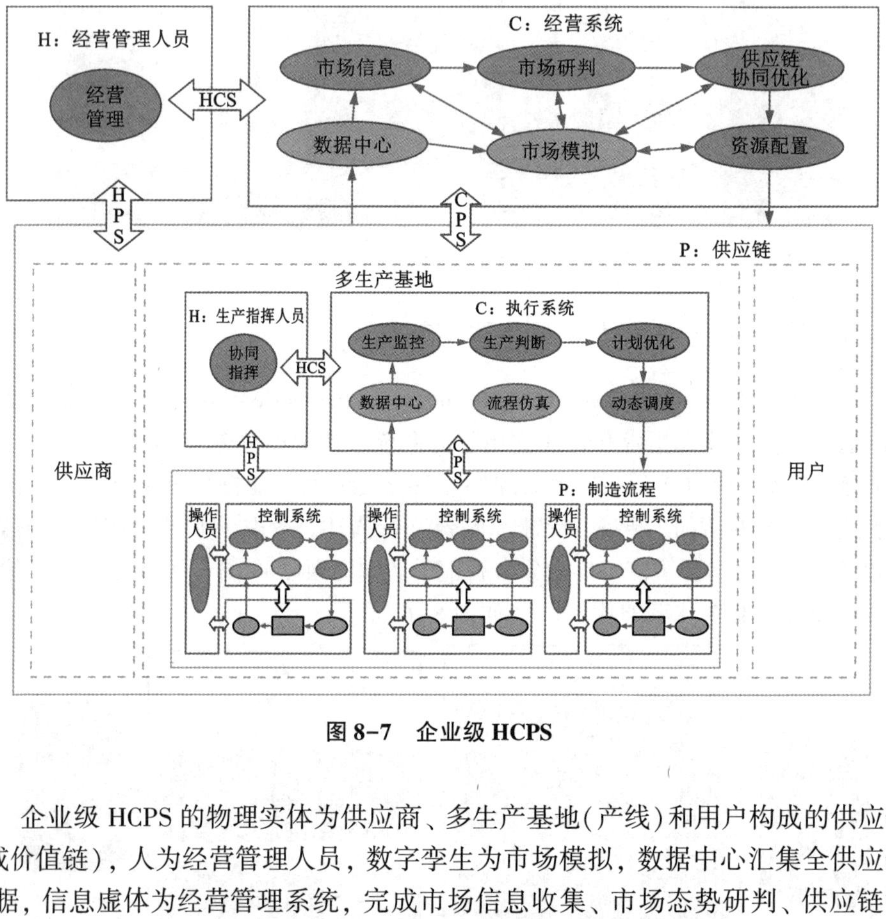

图 8-7 企业级 HCPS

企业级 HCPS 的物理实体为供应商、多生产基地(产线)和用户构成的供应链(或价值链)，人为经营管理人员，数字孪生为市场模拟，数据中心汇集全供应链数据，信息虚体为经营管理系统，完成市场信息收集、市场态势研判、供应链协同优化和企业资源配置功能；围绕产品全生命周期的核心信息和数据，通过数据集成与融合平台，运用大数据分析技术，为企业在运管过程的精益决策提供信息集成和决策支持；通过数据挖掘与决策支持平台，实现制造过程中战略发展规划、市场需求分析、经营决策分析、企业资源规划、产品研发计划、产品质量管理、客户关系管理、供应链管理等环节的协同优化，实现产品与服务过程的全要素、全价值链、全流程、全生命周期的整体协同与优化。

将工序级、产线级和企业级 HCPS 进行综合集成，可得到如图 8-8 所示的冶金工业智能优化制造 HCPS 总体架构。其中，物理系统对应产线级 HCPS 的物理实体，是根基。信息系统对应产线级 HCPS 的执行系统和企业级 HCPS 的经营系统，是灵魂。数据中心是工序级 HCPS、产线级 HCPS 和企业级 HCPS 数据中心的集成，是实现“人-信息虚体-物理实体信息”的交互纽带。数字孪生是工序级 HCPS 过程模型、产线级 HCPS 流程仿真和企业级 HCPS 市场模拟的集成，是核心。人机交互是各类人员发挥主观能动性的主要形式，人员包括工序级 HCPS 操作人员、产线级 HCPS 生产指挥人员和企业级 HCPS 经营管理人员。

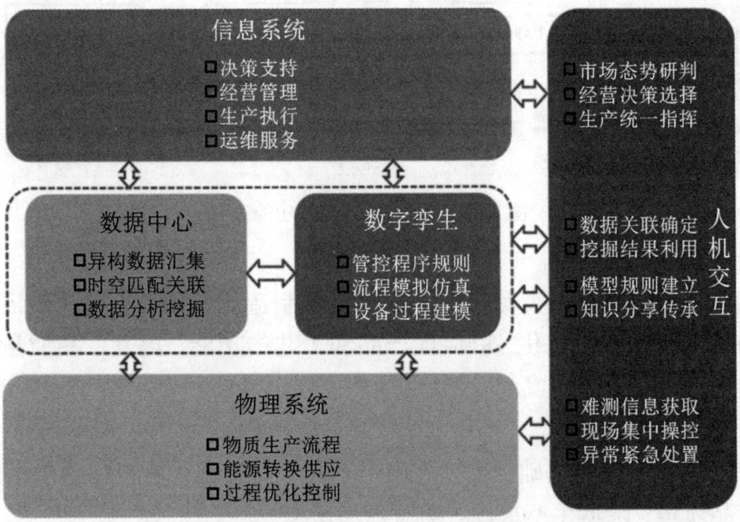

图 8-8　冶金工业智能优化制造 HCPS 总体架构

8.9　冶金智能工厂体系架构

8.9.1　功能架构

依据智能工厂评估通则和智能优化制造能力成熟度模型，智能工厂应包括智能设计、智能生产、智能运营、智能物流，层级范围包括企业层、车间层、单元层和设备层。根据智能工厂评估标准中对智能工厂业务范围和层级的定义，围绕产品全生命周期，将冶金智能工厂划分为智能设计、智能生产、智能运营、智能服务四个部分[43-45]，如图 8-9 所示。

1)智能设计

以满足客户需求为目标，采用数字孪生、大数据等新一代技术，结构化模型

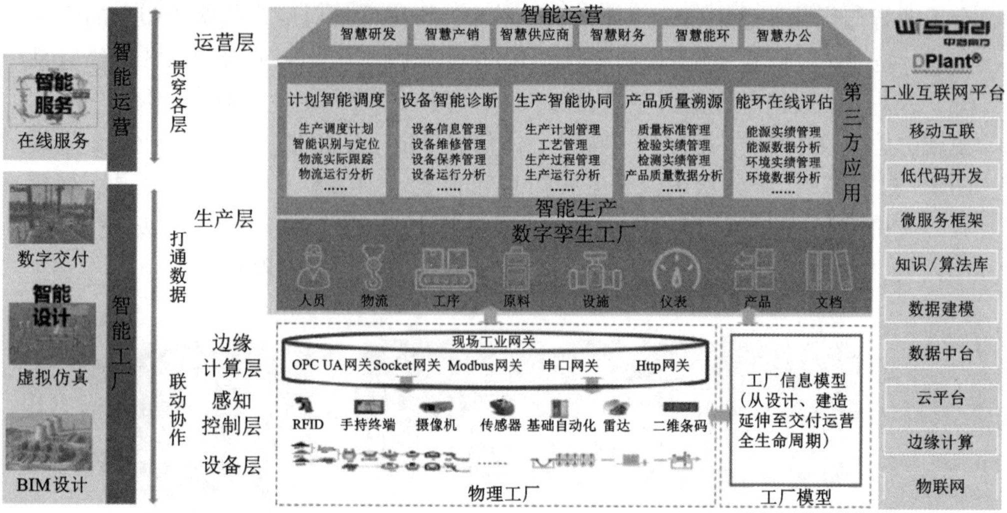

图 8-9 冶金智能工厂功能架构

文件描述和传递等功能，实现基于三维模型的制造产品设计、试验验证、工艺全要素的仿真分析和迭代优化，以保证产品和工艺的功能，提升产品质量、缩短研制和制造周期，降低制造成本。

2)智能生产

以智能设计输出为基础，通过应用自动化、信息化、智能赋能技术等技术手段提升产品质量，降低生产成本，缩短产品交期。

(1)数字孪生工厂方面，在工厂设计、设备三维模型基础上集成生产、设备、能耗、环境等实时运行参数，实现物理制造与数字模型间的信息实时互联和精准映射。

(2)计划与调度方面，基于先进排程调度算法模型，自动给出满足多种约束条件的优化排产方案，形成优化的详细生产作业计划，同时实时监控各生产要素，实现对异常情况的自动决策和优化调度。

(3)生产管理方面，根据生产作业计划，自动将生产程序、运行参数或生产指令下发到数字化设备，构建模型，实现生产作业数据的在线分析、优化生产工艺参数、设备参数、生产资源配置等。

(4)质量管理方面，基于在线监测的质量数据，建立质量数据算法模型预测生产过程异常、实时预警，实时采集产品原料、生产过程数据，实现对产品质量的精准追溯，并通过数据分析和知识库的运用，进行产品的缺陷分析，提出改善方案。

(5)设备管理方面，基于设备运行模型和设备故障知识库，自动给出预测性维护解决方案；基于设备综合效率的分析，自动驱动工艺优化和生产作业计划优化。

(6)厂内物流方面，通过数字化储运设备与信息系统集成，依据实际生产状态实时拉动物料配送，建立仓储模型和配送模型，实现库存和路径的优化；根据储罐状态实时数据进行趋势预测，结合知识库自动给出纠正和预防措施。

(7)安环管理方面，基于对安全作业、风险管控等数据的分析，实现危险源的动态识别、评审和治理，实现环保监测数据和生产作业数据的集成应用；建立数据分析模型，开展排放分析及预测预警。

(8)能源管理方面，建立节能模型，实现能源的精细化和可视化管理，根据能效评估结果及时对高能耗设备进行技术改造和更新。

3)智能运营

智能运营包括智能研发、采购、产销、供应链、财务、能环、办公等。智能运营为智能生产服务，通过对供应链的协同管理，以客户和市场为中心的产品开发、销售管理，以财务、办公、能环等综合管理为生产保障，实现制造企业的产销供一体化管理。

4)智能服务

通过建立远程运维服务平台，为关键工序设备提供远程监测、远程诊断功能和预测性维护等服务；对装备上传的运行参数和维保、用户使用等数据进行挖掘分析，并基于产品研发管理集成实现产品性能、工艺过程优化和创新。

8.9.2　技术架构

以《工业互联网平台体系架构 2.0》中的功能视图平台体系框架为基础，形成全面、安全和弹性扩展的技术架构，并按照功能层级划分，包括设备层、边缘层、平台层及应用层四个关键功能组成部分，如图 8-10 所示。

1)设备层

设备层是实现智能工厂的基础。智能工厂设备层智能化的主要任务是实现设备层全感知、自执行。在全感知领域，为实现工厂精益管控，需对质量管理层面的在线、离线装备的生产参数、检测数据等，对成本、能环管理层面的计量数据，对物料管理层面的识别、跟踪数据，对设备管理层面的设备状态数据和维护数据等实现全感知，并通过引入先进的智能检测、感知装备进一步优化工序感知能力。在自执行领域，通过进一步改善、规范基础自动化，引入工业机器人、智能物流装备，进一步实现工序的少人化、无人化，提升工序的自执行能力。

2)边缘层

边缘层基于工业以太网、工业无线，结合物联网、数字化技术实现对工厂内人、机、料、法、能、环等生产要素的联网和数据采集，通过全面感知与互联互通

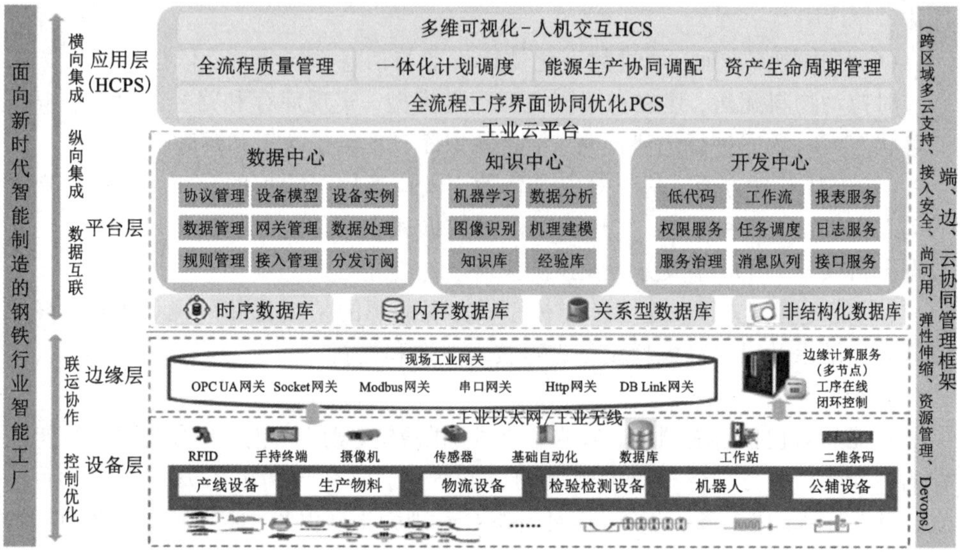

图 8-10　冶金智能工厂技术架构

形成泛在的工业环境，实现厂内物料、产品、设备、环境和人员的感知、识别与控制，形成一体化管控基础。

在工业现场采用工业网关通过 OPC UA 等主流工业总线协议与厂商协议接入工业设备数据，使用 MQTT 等轻量级物联网协议实现工业网关与工业云平台的实时通信；支持与之相关的通信配置管理、通信状态监控等。同时，支持各工序控制优化和界面优化相关的边缘计算智能服务的边缘部署，保障现场生产实时性需求的满足。基于边缘数据接入和缓存管理提供边缘计算能力，通过类 SQL 流式数据处理和计算服务，在边缘节点运行业务逻辑服务、事件脚本触发、边缘规则处理引擎、标准工业报警判定和设备反控操作，同时将实时分析结果推送至工业云平台，有效分担云端计算压力。

3)平台层

平台层提供数据中心、知识中心和开发中心，面向工厂管控一体化、数字孪生及大数据应用需求进行功能完善与服务定制，有效支撑上层智能应用和服务的运行、开发、运营与维护提供。该层围绕资源管理、开发过程管理、数据开发、模型服务、微服务治理等主要需求，提供各类专用业务服务、通用业务服务和技术服务组件。在现有 PaaS 层容器服务、微服务中心、云数据库等基础上，开展工业数据开发、工业模型构建、工业应用开发等功能建设。

4)应用层

应用层是基于数据模型、知识模型、数理模型、应用需求等，依托开发环境、平台工具开发的应用于过程控制、运营管控、生态协同各层级的应用型软件，其载体可以是模型、管理软件、APP、网页等。通过应用层的科学决策，指导物理系统精准执行，进而实现“感知-分析-决策-执行”的科学闭环，让数据价值和装备能力得以充分体现。

参考文献

[1] 工业和信息化部、财政部. 智能优化制造发展规划(2016—2020 年)[R]. 2017.

[2] 国务院. 新一代人工智能发展规划[R]. 2017.

[3] 中国工程院. 中国智能优化制造发展战略研究报告[M]. 北京：机械工业出版社，2018.

[4] 周济，李培根，周艳红，等. 走向新一代智能优化制造[J]. 工程，2018，4(1)：28-47.

[5] 中国信息通信研究院华东分院. 5G+智能优化制造白皮书(2019 版)[R]. 2019.

[6] 中国电子技术标准化研究院. 工业大数据白皮书(2017 版)[J]. 自动化博览，2017，34(3)：1.

[7] 中国金属学会. 钢铁工业智能优化制造体系架构白皮书[M]. 北京：机械工业出版社，2019.

[8] 中国信息物理系统发展论坛. 信息物理系统白皮书(2017)[M]. 北京：机械工业出版社，2017.

[9] ALEXANDER M MEYSTEL, JAMES S ALBUS. 智能系统：结构、设计与控制[M]. 北京：电子工业出版社，2003.

[10] 姚杰，温怀凤，张桂花. 工业互联网平台在流程工业的应用现状与发展趋势[J]. 自动化仪表，2021，42(9)：1-5.

[11] 柴天佑，刘强，丁进良，等. 工业互联网驱动的流程工业智能优化制造新模式研究展望[J]. 中国科学：技术科学，2022，52(1)：14-25.

[12] 阳春华，刘一顺，黄科科，等. 有色金属工业智能模型库构建方法及应用[J]. 中国工程科学，2022，24(4)：188-201.

[13] RAO S K, PRASAD R. Impact of 5G technologies on industry 4. 0[J]. Wireless Personal Communications，2018，100：145-159.

[14] 王健全，李卫，马彰超，等. 5G 工业互联网赋能智慧钢铁[J]. 钢铁，2021，56(9)：56-61.

[15] ANTONOPOULOS N，GILLAM L. Cloud Computing[M]. London：Springer，2010.

[16] DEMIR K A，DÖVEN G，SEZEN B. Industry 5. 0 and human-robot co-working[J]. Procedia Computer Science，2019，158：688-695.

[17] VYSOCKY A，NOVAK P. Human-robot collaboration in industry[J]. MM Science Journal，2016，9(2)：903-906.

[18] 张良均. Python 数据分析与挖掘实战[M]. 北京：机械工业出版社，2016.

[19] QUINLAN J R. Introduction of decision tree：Machine learn[J]. 1986(1)：81-106.

[20] 张良均. 神经网络从入门到精通[M]. 北京：机械工业出版社，2013.

[21] 周春光. 计算智能[M]. 吉林：吉林大学出版社，2019.

[22] TAN P N，STEINBACH M，KARPATNE A，et al. Introduction to Data Mining[M]. 北京：机械工业出版社，2019.

[23] HAN J W，KAMBER M. Data Mining Concepts and Techniques[M]. 北京：机械工业出版社，2017.

[24] SUN B，GUI W H，WU T B，et al. An integrated prediction model of cobalt ion concentration based on oxidation-reduction potential[J]. Hydrometallurgy，2013，140：102-110.

[25] ZHANG B，YANG C，ZHU H，et al. Kinetic modeling and parameter estimation for competing reactions in copper removal process from zinc sulfate solution[J]. Industrial & Engineering Chemistry Research，2013，52(48)：17074-17086.

[26] FENG Z，LIU G，LI Y，et al. A novel mechanism model of the fluidized bed roaster in the zinc roasting process[J]. IFAC-Papers On Line，2021，54(21)：13-18.

[27] 王凌云，桂卫华，刘梅花，等. 基于改进在线支持向量回归的离子浓度预测模型[J]. 控制与决策，2009(4)：537-541.

[28] 伍铁斌，阳春华，孙备，等. 灰色模糊 LSSVM 预测模型在锌净化除钴中的应用[J]. 中国有色金属学报，2012，22(8)：2382-2386.

[29] LAURINEN P，RÖNING J. An adaptive neural network model for predicting the post roughing mill temperature of steel slabs in the reheating furnace[J]. Journal of Materials Processing Technology，2005，168(3)：423-430.

[30] ZHANG F，YANG C，ZHU H，et al. An integrated prediction model of heavy metal ion concentration for iron electrocoagulation process[J]. Chemical Engineering Journal，2020，391：123628.

[31] FENG Z，LI Y，SUN B，et al. A multimode mechanism-guided product quality estimation approach for multi-rate industrial processes[J]. Information Sciences，2022，596：489-500.

[32] LI H，HU Y G，YANG C，et al. An improved fuzzy synthetic condition assessment of a wind turbine generator system[J]. International Journal of Electrical Power & Energy Systems，2013，45(1)：468-476.

[33] LIU Y，WANG F，CHANG Y. Online fuzzy assessment of operating performance and cause identification of nonoptimal grades for industrial processes[J]. Industrial & Engineering Chemistry Research，2013，52(50)：18022-18030.

[34] WANG Y，LI L，WANG K. An online operating performance evaluation approach using probabilistic fuzzy theory for chemical processes with uncertainties[J]. Computers & Chemical Engineering，2020：107156.

[35] 邹筱瑜，常玉清，王福利，等. 基于 GMM 和贝叶斯推理的多模态过程运行状态评价[J]. 控制理论与应用，2016，33(2)：164-171.

[36] 褚菲, 赵旭, 代伟, 等. 数据驱动的最优运行状态鲁棒评价方法及应用[J]. 自动化学报, 2020, 46(3): 439-450.

[37] YE L, LIU Y, FEI Z, et al. Online probabilistic assessment of operating performance based on safety and optimality indices for multimode industrial processes[J]. Industrial & engineering chemistry research, 2009, 48(24): 10912-10923.

[38] 孙备, 张斌, 阳春华, 等. 有色冶金净化过程建模与优化控制问题探讨[J]. 自动化学报, 2017, 43(6): 13.

[39] 王柏村, 臧冀原, 屈贤明, 等. 基于人-信息-物理系统(HCPS)的新一代智能制造研究[J]. 中国工程科学, 2018, 20(4): 29-34.

[40] 柴天佑, 丁进良. 流程工业智能优化制造[J]. 中国工程科学, 2018, 20(4): 51-58.

[41] 周济, 周艳红, 王柏村, 等. 面向新一代智能制造的人-信息-物理系统(HCPS)[J]. Engineering, 2019, 5(4): 71-97.

[42] 殷瑞钰. 关于智能化钢厂的讨论——从物理系统一侧出发讨论钢厂智能化[J]. 钢铁, 2017, 52(6): 1-12.

[43] 王新东. 以"绿色化, 智能化, 品牌化"为目标规划设计河钢唐钢新区[J]. 钢铁, 2021, 56(2): 12-21.

[44] 林萍. 面向新一代智能制造的智能工厂体系架构研究[J]. 工业控制计算机, 2021, 34(2): 121-122+147.

[45] 李毅仁, 李铁克. 基于大数据的钢铁智能制造体系架构[J]. 冶金自动化, 2021, 45(2): 1-8.

第 9 章　铝电解控制系统及智能优化制造系统的基本架构

9.1　铝电解控制系统基本架构的演变

按控制系统的结构形式与控制方式来分类，铝电解控制系统的发展大致经历了单机群控、集中式控制、集散式(或分布式)控制、先进集散式(或网络型)控制几个阶段，而伴随着结构与控制方式的发展，控制方法与功能的不断发展[1-8]。

9.1.1　单机群控系统

早在 20 世纪 60 年代，当小型机应用到工业领域在技术上和经济上变得可行时，铝工业便从 1964 年开始采用其对铝电解生产系列进行监控。受当时技术上的限制，加之计算机费用昂贵，一个电解系列只能采用一台小型机(经济许可时再备用一台)，安装于计算站对全系列的铝电解槽进行监控。专门的信号采样装置实现对全系列各槽槽电压的循环扫描采集和对来自整流所的系列电流信号的采集。来自铝电解槽旁的槽控箱只是一个简单的电动执行单元，它接收计算机的输出信号，完成阳极移动等功能。

单机群控系统的主要功能如下：依据其在线采集的系列电流、各槽的槽电压，进行简单的分析运算和生产数据的整理报告，并通过控制各槽的阳极升降装置，实现对槽电压(即极距)的自动调节，以及依据槽电压的跃升，进行阳极效应报警等[4-9]。

9.1.2　集中式控制系统

进入 20 世纪 70 年代，人们对控制系统自动下料控制功能的追求导致了各类自动下料装置的出现。与此同时，微型计算机(微机)的发展使得构造能实现更多控制功能的先进控制系统成为可能。例如，Z80 等单板机曾被应用于槽控箱(从此，槽控箱也被称为槽控机)，使槽控机除了简单的“执行”功能，还具有定时下料和简单的故障诊断等功能，而功能强一点的槽控机还具有独立完成槽电压采样的功能。但此阶段的槽控机一般无独立控制功能，整个计算机控制系统是一种集中式控制系统，即采用一台小型机作为上位机(主机)，与每台铝电解槽(或数台铝电解槽)配备一台的槽控机构成两级集中式控制系统，由上位机集中控制、集中监视。以我国贵州铝厂20世纪80年代初从日本引进的计算机控制系统为例，应用程序在主机(PDP—11小型机)内运行，槽控箱(以Z80单板机为核心)的存贮器只存有若干条按固定逻辑驱动执行机构的固定程序。两级的分工：主机进行系列全部槽的信号采集和解析(槽电阻计算、槽电阻稳定性分析、槽电阻调节、阳极效应预报、定时下料安排等)；根据解析结果向槽控箱发布控制命令和监视其对命令的执行情况，以及累计数据、编制报表。槽控箱则接受经由输出接口设备传来的主机命令，按其内部固定逻辑驱动执行机构(马达、风机、各电磁阀)进行有序动作，从而完成阳极升/降、定时加料和阳极效应处理；通过接口设备向主机反馈及在自己的操作面板上利用信号灯显示各种状态信号(如手动或自动；料箱高、低料位；阳极升/降时由脉冲计数器产生的代表阳极移动量的脉冲数等)。此外，在槽控箱上可以实现自动/手动切换和手动操作，并在脱离主机时自动完成定时下料作业。

集中式控制系统的缺点之一是，作为下级机的槽控箱无独立控制能力，主机负荷重，因此当铝电解槽数目多，或引入较多的控制信号，或采用(准)连续按需下料等较复杂且实时性要求较高的控制模型时，主机的采样和解析速度就难以满足要求；缺点之二是，主机一旦发生故障便会造成全系列槽的失控。虽然可采取一些措施来弥补这些不足，例如选用速度更快的采样设备，选用内存更大、运算速度更快的小型或微型机作为主机和改进应用软件的编制等来加快主机的解析与控制速度，采用双台主机互为备用的方式来提高系统的可靠性，以及在铝电解槽数较多时于两级间增加一级区域通信微机或区域控制机来分担主机的部分任务(具有区域分散式控制系统的特征)。但是进入20世纪80年代后，随着造价低、性能好的微机的出现，以及集散式控制系统这种新一代工业过程控制机的应用普及，集中式控制系统逐步被集散式控制系统所取代。

9.1.3　集散式(分布式)控制系统

集散式(或分布式)控制系统采用“集中操作，分散控制”方式。各槽配备一台槽控箱(或称槽控机)作为直接控制级，内含一个独立的以微控制器为核心的控制系统，能独立地完成对所辖铝电解槽进行信号(电流、电压等)采样、分析运算和实施控制的功能；所有槽控机通过通信线连接到计算机站的上位机(过程监控级)，由上位机对槽控机进行集中监控。20世纪90年代以前，上位机仍采用小型机，90年代以后则普遍采用工控微机作为上位机[7-13]。

在工业控制网络技术成熟之前，国外一些铝电解槽数目较多的厂家采用了三级以上的集散式控制系统，如美国Kaiser铝业公司曾采用“厂部主机-厂房通信机-槽系列中心服务机-槽控机”四级集散式控制系统[1]。传统的集散式控制系统采用“主-从”式通信方式，槽控机仅在主机要求时才会与主机联系，接受主机的命令，并定期将记录的数据转移至主机。受通信方式与通信技术的制约，传统集散式控制系统中的上位机与槽控机的数据交换速度不能满足铝电解工业对过程实时监控愈来愈高的要求。

集散式控制系统保留了集中式控制系统的集中操作特点，但拥有集中式控制系统无法比拟的优越性，主要体现在其显著增强了系统的安全可靠性和硬件配置灵活性，同时强大的数据运算及快速处理与存储能力更好地满足了应用软件日益扩充的需要。

9.1.4 先进的集散式控制系统——网络型控制系统

进入 20 世纪 90 年代后，随着可构造网络型控制系统的各类现场总线技术的发展，先进的集散式(分布式)控制系统开始采用“现场控制级(槽控机)+过程监控级”两级网络结构形式。例如本书作者于 90 年代中期推出的网络型智能控制系统中(详见下节)，现场控制网络采用一种先进的现场总线——CAN 总线来实现现场实时控制设备(槽控机)及其他现场监控设备的互联；过程监控级则使用以太网实现本级中各设备(工控微机及服务器等)的互连，并实现与全企业局域网的“无缝”联接。

控制系统结构的网络化及与企业计算机局域网的“无缝”联接，使“人、机交互”和“管、控一体”变得更为方便，因此，这不仅推动了各类需要人机交互的槽况分析系统的发展与实用化，而且使大型铝电解企业实现综合自动化与信息化的目标时变得更加容易[9-18]。

9.2 集散式(分布式)铝电解控制系统配置实例

图 9-1 是一种最简单的两级集散式(分布式)系统配置形式。它可以分为直接控制级(槽控机)和过程监控级。直接控制级设在电解车间，主体控制装备是每槽配备一台槽控机(又被称为下位机)。过程监控级设在计算站，它的主要监控设备是一台计算机(一般采用监控微机)，又被称为上位机。一条通信线(包括必要的通信器件)可以将直接控制级中的所有槽控机与过程监控级中的监控微机连接在一起，构成一个完整的控制系统。

上述这种只有一台监控微机作为上位机的简单结构适用于铝电解槽数量较少的情形。如果铝电解槽数量较多，一般将铝电解槽按所在地域分区(例如，若一个电解系列中有 200 台铝电解槽分布在两栋厂房中，则可以分为四个分区)，给每个区配备一套如上所述的控制系统。各区的监控微机(即区域监控微机)都安装在计算站，通过局域网将区域监控微机联接在一起，便使整个生产系列的控制

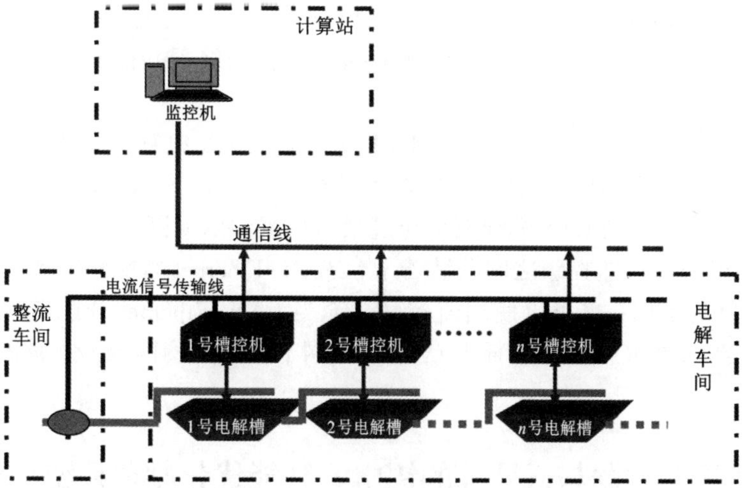

图 9-1　两级集散式(分布式)铝电解控制系统的一般配置形式

系统成为一个整体。

本书作者及其团队于 20 世纪 90 年代后期推出了一种先进的集散式(分布式)控制系统，即一种网络型计算机控制系统。其基本配置如图 9-2 所示。该系

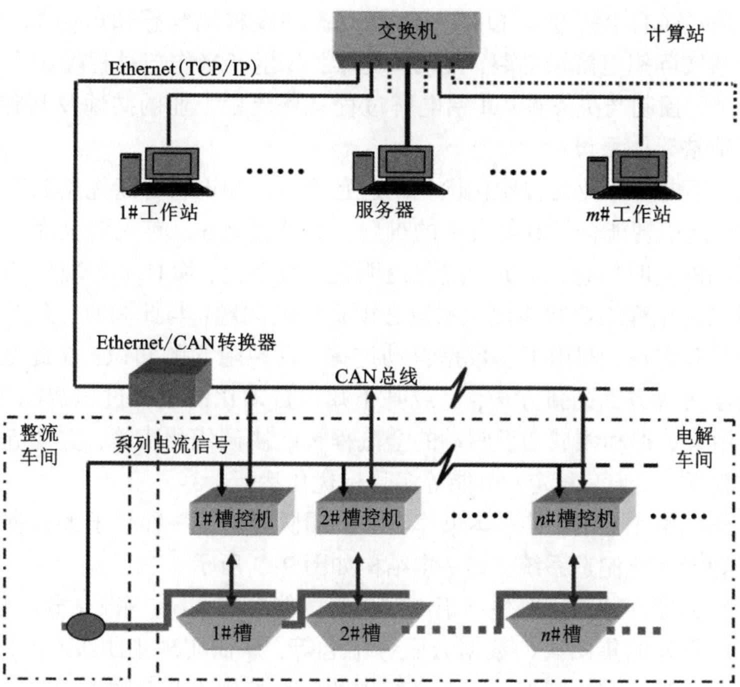

图 9-2　网络型铝电解控制系统的一般配置形式

统的过程监控级"融入"了企业的全厂综合自动化与信息化网络中，该级中的监控机及服务器通过交换机组成以太网(Ethernet)，在网络下并行工作，且通过以太网的 TCP/IP 协议进行数据传输。

考虑到过程监控级使用的以太网通信方式难以满足电解车间恶劣环境下的稳定、可靠通信要求，在直接控制级中采用现场总线(CAN 总线)构成通信网络。为了实现直接控制级的 CAN 总线网络与过程监控级的以太网络的"无缝"联接，在直接控制级与过程监控级之间安装若干台 CAN-Ethernet 智能转换器，它们可并行运行，互为备用；也可以使用监控微机充当 CAN-Ethernet 智能转换器(接口机)，在接口机的扩展插槽中插上 CAN 总线网卡和以太网网卡，分别联接上、下两级。

9.3 基于大数据与云计算的铝电解智能优化制造系统结构实例

现代(超)大型铝电解槽是一种多相(气、液、固)-多场(电、磁、热、流、力、浓度等物理场)交互作用下的大型复杂高温电化学反应器，特别是在低电压、高效节能工艺技术条件下，它是具有临界稳定特性的大规模物质能量转化复杂系统。要实现铝电解智慧工厂的转型升级，面临以下难题：①在铝电解槽的高温、强磁场、强腐蚀的熔盐电解环境下，全槽状态在线检测与感知难；②离线三维建模或仿真与实际铝电解槽割裂，互动优化难；③生产操作与过程控制中人工干预较多，智能化控制与决策难；④铝电解过程具备流程工业的共性及其独特性，智能优化制造缺乏体系设计[14-18]。

因此，铝电解工业的智能化优化制造必须引入知识与智能优化制造的要素结合，突破全流程智能化控制与决策的难题。其关键在于：首先要全面感知流程工业生产现场的实时信息，使生产过程透明化、数字化，而且生产现场的实时检测与全面感知是流程工业智能优化制造必须解决的问题；与此同时，开发流程工业大数据的处理方法，利用工业数据自动挖掘、发现隐含的知识；在此基础上，通过应用自学习等方面的新方法，完成基于知识自动化的运行过程智能集成控制；最后，应用大数据和领域知识驱动的全流程智能协调优化决策，实现流程工业生产过程的低碳、低耗、稳定、节能等多目标优化运行。

基于铝电解企业的特点，本书作者及其团队提出了一种基于大数据与云计算的铝电解智能优化制造系统，其基本结构如图 9-3 所示。

该系统的硬件体系主要包括铝电解生产智能感知系统、企业(分厂)级大数据中心、按需服务的集团级大数据云服务中心等，从而实现集团级/企业级生产计划业务的无缝集成和协同工作。该系统中的信息类型主要有物流信息、原始数据流、决策信息流和知识信息，其中蕴含了从原始数据集成为大数据、从大数据中

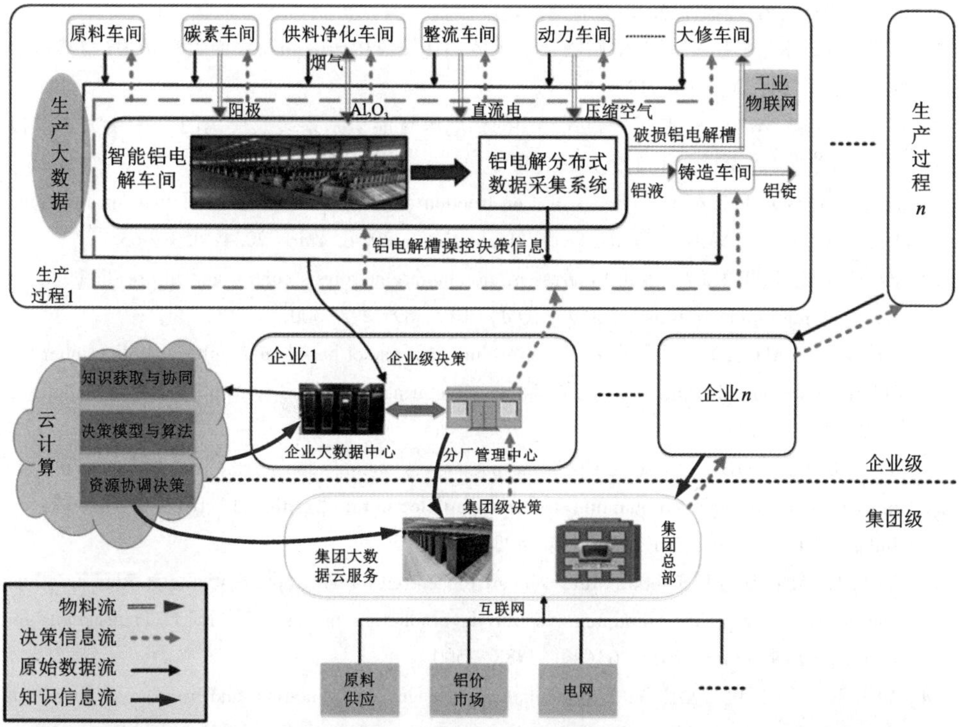

图 9-3　基于大数据与云计算的铝电解智能优化制造系统体系结构图

获取知识、从知识实现决策的一系列关键环节。有关内容将在后续章节进行详细介绍。

参考文献

[1] MOHR R A. Aluminum reduction plant distributive control system[C]. Light Metals 1982, 1982: 595-608.

[2] MACAUDIERE Y. Recent advances in process control of the potline[C]. Light Metals 1988, 1988: 607-612.

[3] LI J, XIAO J, LIU Y, et al. Hierarchical intelligent control system for aluminum reduction cells [C]. Light Metals 1997, Warrendale: TMS, 1997: 463-468.

[4] 丁凤其, 李劼, 邹忠, 等. 基于 CAN 总线的全分布式控制器及其在铝电解过程控制中的应用[J]. 自动化仪表, 2001, 22(7): 42-43.

[5] 刘业翔, 陈湘涛, 张文根, 等. 基于数据仓库的铝电解网络监控系统的设计与实现[J]. 轻金属, 2003(9): 25-29.

[6] 张红亮，李劼，邹忠，等. 一种全数字化电解槽及其一体化智能控制系统：CN201810762764.2[P]. 2018-07-12.

[7] 李劼，罗若木，彭晨，等. 铝电解数字孪生体构建及应用研究[J]. 中南大学学报(自然科学版)，2023，54(2)：710-719.

[8] 邹忠，彭晨，李劼，等. 基于分布式感知的铝电解智能识别系统及应用[J]. 中南大学学报(自然科学版)，2023，54(2)：732-743.

[9] LI J, QIANG K J, YANG C H, et al. Construction and application of digital twin in aluminum electrolysis[C]//SAMNEL WAGSTAFF. Light Metals 2024, TMS, 2024: 453-463.

[10] ZHANG H, LI T, LI J, et al. Progress in aluminum electrolysis control and future direction for smart aluminum electrolysis plant[J]. JOM, 2017, 69: 292-300.

[11] DING W, YAO L, LI Y, et al. Dynamic evolutionary model based on a multi-sampling inherited HAPFNN for an aluminium electrolysis manufacturing system[J]. Applied Soft Computing, 2021, 99: 106925.

[12] YI J, BAI J, ZHOU W, et al. Operating parameters optimization for the aluminum electrolysis process using an improved quantum-behaved particle swarm algorithm[J]. IEEE Transactions on Industrial Informatics, 2017, 14(8): 3405-3415.

[13] YI J, HUANG D, FU S, et al. Multi-objective bacterial foraging optimization algorithm based on parallel cell entropy for aluminum electrolysis production process[J]. IEEE Transactions on Industrial Electronics, 2015, 63(4): 2488-2500.

[14] YUE W, GUI W, XIE Y. Experiential knowledge representation and reasoning based on linguistic Petri nets with application to aluminum electrolysis cell condition identification[J]. Information Sciences, 2020, 529: 141-165.

[15] LI J, LIU J, LU D, et al. Current status of research and development on automatization and intellectuality for plants of aluminum in china[C]//JOHN GRANDFELD. Light Metals 2014, 2014: 841-843.

[16] YAO, LI ZHONG, et al. An improved feed-forward neural network based on UKF and strong tracking filtering to establish energy consumption model for aluminum electrolysis process[J]. Neural Computing and Applications, 2019, 31: 4271-4285.

[17] XU J, LIAO S, SUN Y, et al. An isolated industrial power system driven by wind-coal power for aluminum productions: A case study of frequency control[J]. IEEE Transactions on Power Systems, 2014, 30(1): 471-483.

[18] XIE S, XIE Y, HUANG T, et al. Multiobjective-based optimization and control for iron removal process under dynamic environment[J]. IEEE Transactions on Industrial Informatics, 2020, 17(1): 569-577.

第 10 章　传统的铝电解智能控制

10.1　铝电解智能控制发展概况

铝电解智能控制是从 20 世纪 90 年代以来，随着集散式(分布式)控制系统的发展而发展起来的，并以氧化铝浓度智能控制和槽况智能诊断为显著特征，主要体现在下列几个方面。

1. 氧化铝浓度智能控制

由于氧化铝浓度的在线检测问题始终无法解决，人们便通过应用一些先进的控制理论与技术来建立氧化铝浓度的“辨识”(识别)与控制算法，从而使铝电解槽的下料控制方式从过去的定时下料过渡到按需下料。20 世纪 80—90 年代中期，法国铝业公司开发应用了基于槽电阻跟踪的氧化铝浓度控制方法[1]。此后，国外及国内(包括本书作者及其团队)先后开发应用基于现代控制理论的自适应控制技术[2-7]、基于智能控制方法的智能模糊控制技术与模糊专家控制技术[8-15]，以及神经网络控制技术[16-18]等。

2. 槽电阻(极距)、热平衡及电解质成分的智能控制

由于槽温、极距和电解质成分的连续在线直接检测问题始终无法解决，人们便应用一些先进的控制理论与技术来改进极距、热平衡及电解槽成分控制算法。在氧化铝浓度控制中使用的一些自适应与智能控制技术同样也用于极距与热平衡控制方面，例如电解质动态平衡温度的自适应预报估计模型与控制模型[5, 19-23]，基于模糊控制与神经网络的极距与热平衡方法等[8-15, 19-25]。并且，研究者们愈来愈重视电解质成分(分子比)自动控制对热平衡稳定控制的重要性，这促使了氟化铝自动添加装置(即用于氟化铝添加的下料器)在铝电解槽上的广泛使用及各类与热平衡(槽温)控制密切相关的分子比判断与决策(控制)方法的开发应用，例如基于槽温和分子比实测值的查表控制法[26-30]、基于分子比和槽温等参数间的回归方程的控制法[31-36]、基于初晶温度(过热度)实测值的控制法(九区控制法)[37]、基于模糊逻辑模型的分子比控制方法[38]及基于槽况综合分析的控制法[25, 39]。

3. 槽况智能分析(诊断)

对不断改进控制功能与效果的不懈追求，使铝工业不再满足于简单的槽况分析功能，如电阻波动解析、效应预报等。开发槽况智能分析功能成为20世纪90年代以来铝电解控制技术开发的一个热点。并且，“直接过程级+过程监控级”的两级集散式控制方式使槽况分析功能也采用两级配置方式。一级设置在直接控制级（槽控机）中，利用该级获得的实时动态信息实现对槽况的快速实时分析，例如，槽电压（或槽电阻）波动特性的快速实时解析、电阻控制与下料控制过程各类异常现象的快速实时分析等，从而直接服务于实时控制级的下料控制与电阻控制；另一级设置在过程监控级，利用该级存储的历史数据（信息）实现对槽况中、长期变化趋势的综合分析（包括对病槽的诊断），从而可定期（或不定期地）对槽控机中的相关设定参数进行优化（调整），或者为人工维护槽况提供决策支持。事实上，上面提到的各类热平衡与分子比控制方法同时也属于槽况分析的方法，并且大多设置在过程控制级，用于为槽控机（或操作者）确定相关控制（或设定）参数，如设定电压、氟化铝基准添加速率及出铝量等。此外，对槽况综合分析的要求已经从过去的单槽分析发展到多槽分析，即把一个区域（大组、段、车间乃至全系列）的铝电解槽作为一个整体来进行综合分析。

为了实现槽况的综合分析，首先必须获得用于槽况分析的足够信息。为此，人们主要从两个方面进行努力：一方面是增加参数的自动检测项，即开发新的传感器，增加在线信号及人工检测的数据；另一方面是对可测数据（参数）进行深加工。深加工技术又被称为软测量技术。软测量技术是增加槽况综合分析信息量的重要方法。事实上，下料控制中的氧化铝浓度估计算法、热平衡控制中的热平衡状态分析算法及分子比控制中的分子比状态分析算法也都可以视为软测量技术。人们至今研究过的用于铝电解槽槽况分析中的软测量技术可以归为如下几类：系统辨识与参数估计技术[5-7, 20, 21]、数理统计与数据挖掘技术[40-43]、铝电解槽物理场的计算机动态仿真技术[44]、人工神经网络及模糊专家系统等智能技术[23, 39, 45]。

以上是传统的铝电解智能控制技术的发展情况。在本书第2章2.1节中，已经介绍了自21世纪初中后期以来铝电解智能控制与智能优化制造领域的发展新动态。其中，最为突出的进展是，我国在全球率先取得了低电压高效节能工艺及其配套控制技术的突破[46-48]。其中，针对低电压高效节能新工艺下铝电解槽临近稳定拐点、可控域显著变窄的特性，提出了临界稳定控制策略，构建临界稳定控制技术，解决了多环节强耦合、多参数临界稳定及多目标综合优化的低电压临界控制难题，实现了高电压工艺向低电压-高效节能工艺的转变，助推我国铝电解综合能耗指标领先全球。21世纪10年代以来，我国又针对低电压-高效节能电解工艺所面临的新挑战，如铝电解能源双控与碳排放双控标准严格化、资源贫瘠化与劣质化、大型/超大型槽时空分布特性复杂化、劳动力资源短缺化、生产经营集团化等，开发应用节能低碳数智化铝电解新技术。其中在工艺优化与生产过程数智化管控技术创新方面的主要突破有以下内容[48]：创建了基于在线分布式信号检测与物理场建模的分布式参数精稳在线检测方法，将铝电解槽在线参数采集点从传统的 2 种 2 个扩展到最大 7 种共 297 个，并发明了一种氧化铝浓度二次仿真方法，从阳极电流分布等在线检测信息中提取槽内氧化铝浓度动态分布信息，解决了制约铝电解槽数字孪生体构建的核心难题；发明了数据与过程知识融合的铝电解槽物料平衡、热平衡及运行稳定性监控方法和工艺调整方法，创建基于数字孪生(全数字化电解槽)的一体化智能控制系统，进而创建支撑铝电解智能优化制造的“分布式感知—工况识别—数字孪生—在线控制—远程决策”成套关键技术与综合服务平台。这些突破不仅彻底解决了长期困扰铝业界的高精度、高稳定、低成本在线检测铝电解槽阳极电流分布等分布式参数的难题，而且实现了大型/超大型铝电解槽时空分布特性在线感知与分区均衡精准调控，推动铝电解生产管控从“集总参数自动化”时代向“分布参数数智化”时代的跨越[49-54]。

10.2　槽电阻的常规解析

10.2.1　信号采样与槽电阻计算

众所周知，表观槽电阻(简称槽电阻)是实现铝电解过程实时控制的主要参数。它既是重要的状态参数，又是重要的被控参数。通常由槽电压(V)、系列电流(I)的采样值计算槽电阻(R)的采样值：

$$R_0(n)=\frac{V(n)-B}{I(n)} \tag{10-1}$$

式中：$R_0(n)$为在 t_n 时刻的原始槽电阻(或称为采样值)；$V(n)$为在 t_n 时刻的槽电压采样值；$I(n)$为在 t_n 时刻的系列电流采样值；B 为表观反电动势(设定常数)。

表观反电动势 B 是一个设定常数，它可以视为是铝电解真实的反电动势的统计平均值，应该是槽电压(V)-系列电流(I)试验曲线在正常电流处的切线延伸至零电流处所截取的常值。由于槽型及技术条件的不同，各铝厂选用的 B 值不同，选值范围为 1.6~1.7 V。众所周知，真实的反电动势是变化的，例如当氧化铝浓度向临近效应发生的临界浓度靠近时，真实的反电动势会显著升高(即显著高于设定的表观反电动势)，从而引起槽电压显著升高，于是引起(表观)槽电阻显著升高。假如槽电阻计算公式中的 B 是真实的反电动势，槽电阻便不应跟随反电动势的变化而变化，但由于槽电阻计算公式中 B 被固定为一个常数，因此反电动势变化时(引起槽电压变化)，槽电阻也跟随着发生变化，这就是式(10-1)所计算的槽电阻严格来说应称为表观槽电阻的原因(只有在电解槽的运行条件正好使真实的反电动势等于设定值时，表观槽电阻才是真实的槽电阻)。

之所以要用(表观)槽电阻而不是直接用槽电压来作为槽况解析的依据，是因为槽电压跟随系列电流变化，而理论上，槽电阻是不随系列电流的变化而变化的，因此用槽电阻来判断槽况能排除系列电流变化所产生的干扰。但在铝电解现场的控制系统中往往观察到这样的现象——当系列电流的波动明显，会引起槽电阻的波动。引起这一现象的最可能原因如下：①槽电压与系列电流的采样误差较大，或者两者的采样不同步(这种情况下，往往表现为系列电流波动加剧时，槽电阻的波动也跟随着加剧)；②真实的反电动势与设定的反电动势偏差较大(这种情况下，往往表现为槽电阻跟随系列电流的波动而波动)。为了尽可能消除系列电流波动对槽电阻的影响，显然应该尽可能保持槽电压与系列电流的采样同步，消除采样误差，并且使槽电阻计算公式中的表观反电动势设定值尽可能接近常态工艺技术条件下真实反电动势的平均值。

槽电阻一般以欧姆(或微欧姆)作为单位，但电解工人往往感觉槽电压的单位(毫伏或伏)较为直观。因此，无论是在国外还是在国内，愈来愈多的控制系统开发商将槽电阻线性变换为具有相同内涵的“正常化槽电压”表达，如式(10-2)所示：

$$V_0(n) = R_0(n) \cdot I_b + B = \frac{V(n) - B}{I(n)} \cdot I_b + B \tag{10-2}$$

式中：$V_0(n)$为在t_n时刻的正常化槽电压(原始值)；I_b为基准系列电流；其余变量的含义与槽电阻计算公式中相同。

采用正常化槽电压来代表槽电阻虽然使现场操作人员感到直观了，但仍有部分操作人员难以弄明白为何正常化槽电压采用了电压的单位却代表槽电阻。对此，下面再做一些解释。从正常化槽电压的计算公式可见，槽电阻与正常化槽电压这两者的换算关系用一句话可以表达为“不论当前的实际槽电压是多少，只要当前的槽电阻为R_0，那么与基准电流相对应的槽电压(即正常化槽电压)就是$R_0 \times I_b + B$”。可见，假如系列电流变化引起槽电压变化了，只要槽电阻保持不变，正常化槽电压就保持不变(当然前提是基准电流和表观反电动势的设定值均保持不变)。以一台200 kA铝电解槽为例，假如系列电流正好等于基准电流值(200 kA)，对应的槽电压为4.1 V，并假设槽电阻计算公式中的表观反电动势取值为1.6 V，则用式(10-1)计算的槽电阻值为1.25×10^{-5} Ω(即12.5 μΩ)，而用式(10-2)计算的正常化槽电压为4.1 V(注意：当系列电流值正好等于设定的基准电流值时，正常化槽电压的值就等于槽电压的值)。假设系列电流从200 kA降低到190 kA时槽电阻维持不变(维持在12.5 μΩ)，从槽电阻计算公式(10-1)反推可知，槽电压将从4.1 V降低到3.975 V。从正常化槽电压计算公式(10-2)可知，正常化槽电压依然还是4.1 V。而若假定系列电流从200 kA降低到190 kA时，通过提升阳极保持槽电压4.1 V不变，从槽电阻计算公式(10-1)可计算出，槽电阻将从12.5 μΩ

升高到约 13.2 μΩ；从正常化槽电压的计算公式(10-2)可计算出，正常化槽电压将从 4.1 V 升高到约 4.24 V。

从槽电阻和正常化槽电压的计算公式可知，改变表观反电动势的设定值会改变槽电阻的计算值，但对正常化槽电压的计算值的影响较小(前提是实际的电流与基准电流接近，假如实际的系列电流等于基准电流，则无影响)；改变基准电流的设定值不会影响槽电阻的计算值，但会改变正常化槽电压的计算值。因此，生产现场不要随意对计算机控制系统中的表观反电动势和基准电流的设定值进行更改，否则会使槽电阻曲线在表观反电动势修改时刻或正常化槽电压曲线在基准电流修改时刻产生跃变，使历史记录数据失去统一的比较标准。

图 10-1 是设定参数(表观反电动势和基准电流)及槽电压、系列电流发生改变时，对槽电阻和正常化槽电压产生影响的示意图。

由于在基准电流和反电动势一定的情况下，槽电阻和正常化槽电压具有相同的内涵，因此后面的讨论将其统称为槽电阻(或电阻)。

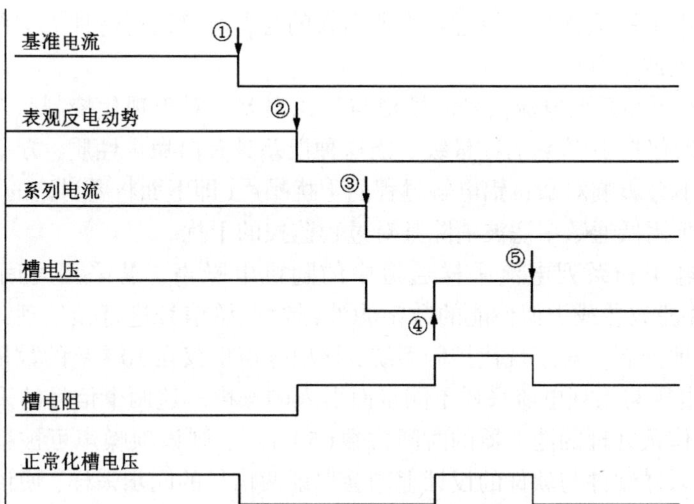

①—改变基准电流设定值(仅引起正常化槽电压变化)；
②—改变反电动势(引起槽电阻变化，但对正常化槽电压影响较小)；
③—改变系列电流(引起槽电压变化，但对槽电阻和正常化槽电压没有影响)；
④、⑤—通过非系列电流因素来改变槽电压(引起槽电阻和正常化槽电压变化)。

图 10-1　设定参数(表观反电动势和基准电流)及槽电压、系列电流对槽电阻和正常化槽电压影响示意图

10.2.2 槽电阻的滤波与噪声解析

无论槽况如何稳定，从现场控制系统的计算机监视屏幕上看到的原始槽电阻的实时采样曲线是一种上下波动的曲线。对于正常槽况，相邻 1 s 的正常化槽电压采样值的波动幅度也可能达到 10~30 mV。现场操作人员称这种现象为电压波动(或电压针振、电压摆动)。用自控专业术语，则将这种现象称为槽电阻噪声(或简称槽噪声)。现代控制系统一方面要对针对噪声进行滤波或平滑处理，以防止噪声对电阻调节和氧化铝解析的干扰；另一方面，对噪声本身进行解析，获得关于槽况波动的信息。当槽噪声(电阻波动)超过一定幅度时，认为电解槽处于不稳定状态，因此槽噪声分析又称为电解槽稳定性分析。

1. 槽电阻噪声的基本类型

沿袭传统的观念，将槽电阻中与 Al_2O_3 浓度和极距的慢时变过程无关的高频成分视为噪声，可粗略地将其分为采样噪声、槽噪声和异常阶跃三大类。

1)采样噪声

这是指槽电阻采样与计算过程中所引入的与电解槽运行特性无关的噪声，来源主要有下列四个方面。

(1)槽电压和系列电流信号的模拟与量化误差。对于现代控制系统，该项误差较小，一般仅在 10^{-4} V 的数量级。因这种误差具有白噪声性质、方差较小且基本恒定，故不会影响对来自铝电解过程的干扰噪声(即下面将要讨论的槽噪声)的解析，且易于用低通数字滤波消除其对过程监控的干扰。

(2)槽电压和系列电流采样通道中的随机电噪声。若采用时间常数大于 50 ms 的 RC 滤波器或类似性能的数字滤波器对原始信号进行预处理，则该项噪声可被有效地抑制。对于现代控制系统，该项噪声也仅在 10^{-4} V 的数量级。

(3)槽电压与系列电流采样不同步而引入的噪声。这两个信号的采样时差只要不大于用作预处理的滤波器的时间常数(50 ms)，则该项噪声可被抑制。现代控制系统在采样硬件与软件的设计上均会保证两信号的同步采样，使该项噪声可以被忽略。

(4)系列电流波动引入槽电阻中的伪噪声。理论上，槽电阻不随系列电流的变化而变化，但事实上系列电流波动可能会给槽电阻引入伪噪声。系列电流与槽电压的采样同步性越差，或者表观反电动势设定值与真实的反电动势差异越大，则系列电流波动引入槽电阻中的伪噪声便越大。上一节的讨论已指出，使用正常化槽电压来表示槽电阻时，表观反电动势设定值的改变对正常化槽电压的影响不大。这也就是说，系列电流波动引入槽电阻中的伪噪声不会因为表观反电动势的设定值与真实反电动势有差异而明显增大。作者团队曾对 160 kA 预焙槽的该种噪声进行过估算，当 Al_2O_3 质量分数在 1%~8%范围内变化时，表观反电动势偏离设定值(1.60 V)的最大幅度为±0.1 V；当系列电流 I 在工作电流(160 kA)附近波动时，槽电阻对系列电流的偏导数 $\partial R_0/\partial I$ 的最大幅度约为±(3.9×10^{-3}) μΩ/kA，当以 $\partial V_0/\partial I$ 表达时(V_0 为正常化槽电压)则约为±0.625 mV/kA。因此，假如系列电流波动范围为±8 kA，故从理论上考虑，引入的伪噪声的最大幅值不超过±5 mV，可见伪噪声是相当小的。

但系列电流波动不仅在槽电阻中引入伪噪声，而且引起电磁场分布的变化可导致槽电阻真实的噪声增大。因此有必要对系列电流波动的统计特性进行分析，以便一方面在解析槽噪声时能考虑系列电流波动的影响，另一方面在设计用于电解槽控制的槽电阻低通数字滤波器时，能充分考虑到系列电流波动所引入的快时变噪声。

2)槽噪声

这是指取决于电解槽运行特性的噪声。研究表明，槽噪声可分为两种基本的类型，一种是由阳极故障、气泡排出的干扰等引起的波动周期为数秒或更快的高频噪声；另一种是由铝液层波动引起的波动周期为数十秒的低频噪声(低频只是相对而言)。为了使现场操作人员容易理解，在本书作者及其团队开发的控制系统中，将波动周期小于 30 s 的高频噪声定义为“电阻针振”，而将波动周期大于 30 s(但小于 120 s)的低频噪声定义为“电阻摆动”。为了直观起见，控制系统使用正常化槽电压(见本章 10.2.1 中的定义)代表表观槽电阻来计算电阻针振和电阻摆动(即均以 mV 作为单位)，因此现场操作人员一般习惯称呼为“电压针振”和“电压摆动”。

槽噪声分析是电解槽稳定性分析的主要内容，下面将专门讨论。

3)异常阶跃

这是指由各种人工作业，料面塌陷，阳极脱落、掉块及其他一些非正常因素引起的槽电阻大幅度跃升或跌落，直观的表现是槽电阻-时间曲线的连续性中断。控制系统需要识别槽电阻的异常阶跃，以便在其后利用槽电阻-时间曲线进行阳极效应预报、氧化铝浓度估计和正常态的极距调节时，不会因此而出现误判。有些控制系统将异常阶跃的分析也归入槽噪声分析中。

2. 槽电阻滤波的基本原理

通常所说的滤波，是指对槽电阻进行低通数字滤波，去除其中频率较高(即快时变)的组分，以避免其对极距和 Al_2O_3 浓度这两个相对而言为慢时变状态参数的判断和控制产生干扰。为达到这一目的，一般采用具有惯性滤波性能的一阶递归式低通数字滤波器，其结构形式如式(10-3)所示：

$$y(k) = (1 - \varphi) \cdot y(k - 1) + \varphi \cdot x(k) \tag{10-3}$$

式中：$y(k)$ 为滤波器输出(即滤波值)；$x(k)$ 为输入(即原始采样值)；k 为采样点的时序；φ 为滤波系数($0<\varphi<1$)。

式(10-3)的直观含义是，本次(k 时刻)的滤波值，是上次(k-1 时刻)的滤波值与本次采样值的加权平均值。用这样类型的滤波公式进行信号处理，又称为平滑处理。为达到加强滤波效果的目的，常采用多个这样的数字滤波器级联的方式。滤波系数及滤波器的级联个数一般用试验或经验确定。显然，滤波系数越大或滤波器级联的个数越多，则滤波(平滑)的程度便越高，但因之而引起的滤波值与实际值之间的滞后程度也越大。

一个先进的控制系统会根据解析的需要进行不同程度和不同类型的滤波。例如，通过分别设计使用高通、带通和低通数字滤波器对槽电阻采样系列进行处理，可以实现高频噪声(电阻针振)、低频噪声(电阻摆动)和低频信号的分离，图 10-2 是这种分离过程的示意图。槽电阻采样序列[图(10-2)中最上方的电阻采样值曲线]经过一个高通数字滤波器处理，得到的输出序列就是图(10-2)中所示的高频噪声曲线(该曲线可用于计算高频噪声强度)；槽电阻采样序列经过一个带通数字滤波器处理，得到的输出序列就是图(10-2)中所示的低频噪声曲线(该曲线可用于计算低频噪声强度，低频噪声曲线呈现较明显的波动周期时，往往由槽中铝液的运动引起)；而槽电阻采样序列经过一个低通数字滤波器处理后，所得到的输出序列就是图(10-2)中所示的低频信号曲线，该曲线提供给下料控制模块(即氧化铝浓度控制模块)和槽电阻控制模块(即极距控制模块)，用于进一步解析槽内氧化铝浓度和极距的变化情况。

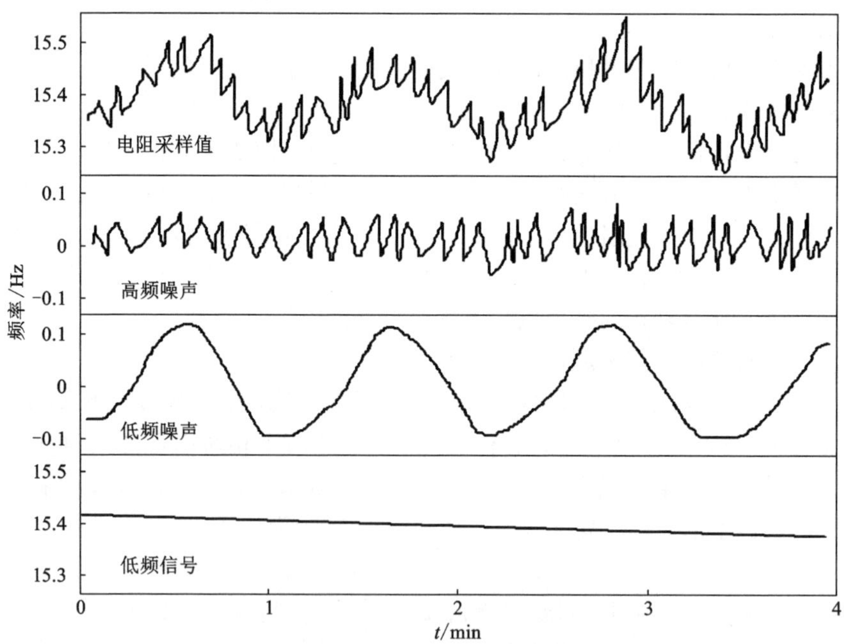

图 10-2　高频噪声、低频噪声和低频信号的分离

3. 槽噪声解析(槽稳定性分析)

传统的槽噪声解析不区分噪声的种类，因此也就不区分电阻(或电压)波动、电阻(或电压)摆动、电阻(或电压)针振等术语的含义。“电压摆动”是较常用的对槽噪声的称呼，实质是指电阻波动，因为为了直观，槽控机一般采用正常化槽电压代表槽电阻来计算电阻波动，其单位为 mV，所以现场操作人员习惯称呼为“电压摆动”(但实质上已经扣除了系列电流波动引起的电压摆动)。电压摆动传统检查方法，是对一定周期(如 2 min)内的取样电阻值(即正常化槽电压值)的波动幅度进行计算(即计算该周期内采样电阻的最大值与最小值之差)。若电压摆动强度超过设定值，则认为当前周期中存在电压摆动，然后根据历史的状况做出“电压摆动起始”“电压摆动持续中”“电压摆动暂停”“电压摆动结束”或“无电压摆动”等进程判断，并进行记录和报警。进程判断的基本程序如下：

若当前周期发现电压摆动，而前一周期没有“电压摆动持续中”“电压摆动暂停”标志，则控制系统做出“电压摆动起始”(或“电压摆动确认”)标志；

若当前周期发现电压摆动，而前一周期已有“电压摆动持续中”或“电压摆动暂停”标志，则控制系统维持“电压摆动持续中”标志；

若当前周期没有电压摆动，而前一周期有“电压摆动持续中”标志，则控制系统做出“电压摆动暂停”标志；

若当前周期没有电压摆动，而前一周期有“电压摆动暂停”标志，则检查电压摆动暂停已有多长时间，如果未经过一定时间(如 20 min)，则继续维持“电压摆动暂停标志”；如果经过了一定时间，则做出“电压摆动结束”或“无电压摆动”标志。

依据电压摆动的起始、持续、暂停和结束做出不同标志的目的一是让现场操作人员了解电压摆动的发展阶段，以便制定正确的槽况维护决策；二是使其他解析与控制模块采取正确的处理措施(详见本书后续章节中的讨论)。例如，在电压摆动暂停(即电压摆动消失后不久)阶段，要防止控制系统(槽控机)或人工急于降低槽电压而引起电压摆动重现。

前面在讨论噪声分类时已指出，分析槽噪声的一种更为细致的方法是将槽噪声(电阻波动，或称电压波动)分为高频噪声(定义为电阻针振，或称电压针振)和低频噪声(定义为电阻摆动，或称电压摆动)两类来分别进行解析。这样，就需要将高频噪声和低频噪声分解出来，分别计算它们的强度(即电压针振强度与电压摆动强度)，并分别对它们进行起始、持续、暂停和结束的进程判断。它们的总强度定义为电阻波动强度(或称电压摆动强度)。

此处举例一种高、低频噪声强度计算方法：采用每秒一次(即 1 Hz)的采样速率采集原始槽电阻；将相邻若干个采样值之间的最大波动幅度作为高频噪声强度；计算低频噪声强度相对较复杂些，首先计算机每隔一定时间(如 10 秒)计算一次该时间间隔内的平均电阻，并存贮从过去 t_k 时刻至当前 t_0 时刻的 $k+1$ 个平均槽电阻值(AR_k，AR_{k-1}，…，AR_0)，然后用式(10-4)计算一个低频噪声的衡量值：

$$\text{NOISE} = \left(\sum_{i=0}^{k-1} |AR_i - AR_{i+1}| - |AR_0 - AR_k|\right) \cdot \frac{1}{(t_0 - t_k)} \tag{10-4}$$

其中，AR_i 是在 t_i 时刻计算的平均槽电阻。几种理想化平均槽电阻曲线及对应的噪声衡量值(NOISE)实例如图 10-3 所示。

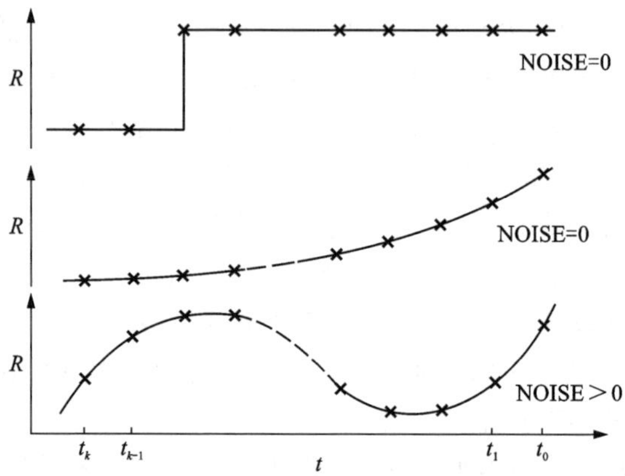

图 10-3　低频噪声计算与实例

图 10-3 中最上方曲线的低频噪声值为 0，是因为电阻的变化属于异常阶跃，不属于低频噪声；中间那条曲线的低频噪声为 0，是因为电阻的变化缓慢，相当于是上节中所指的低频信号(图 10-2)，而不是低频噪声；最下方那条曲线的低频噪声大于 0，这条曲线相当于图 10-2 中所标识的低频噪声曲线。

计算高频噪声与低频噪声强度的另一种方法是，先分别使用高通滤波与带通滤波从原始的槽电阻采样曲线中分别将高频噪声曲线与低频噪声曲线分解出来(图 10-2)，然后再分别计算高、低频噪声曲线在一定时间(即一个解析周期)内的波动幅度。

如果将每个周期中计算出来的高频噪声强度(或低频噪声强度)连成曲线，就分别得到了高频噪声强度曲线(或低频噪声强度曲线)。由于电阻波动的不稳定性，这种原始的曲线一般波动较大，因此可以采用与式(10-1)表达的惯性滤波器相类似的方法对曲线进行平滑处理，从而得到比较平滑的高频(或低频)噪声强度曲线。控制系统用经过平滑的噪声强度来判断槽噪声状态的进程，就能防止控制系统对槽噪声的判断过于敏感。因为过于敏感不好，会导致控制系统对于一些噪声强度处于临界位置且不稳定的电解槽，一会判定摆动(或针振)起始，一会又判定其暂停或停止，使控制系统频繁转换一些控制参数，从而影响其对电阻和氧化铝浓度的正常控制。

除了使用针振(或摆动)强度来描绘电解槽的稳定性，铝厂一般还同时使用另一个衡量电解槽稳定性的参数，那就是电阻针振(累计)时间和电阻摆动(累计)时间。以电阻针振时间为例，体现在日报(或者班报)上就是本日(或本班)的电阻针振累计时间。该时间是由槽控机将本日(或本班)中本台电解槽处于“电阻针振起始”或“电阻针振在持续中”状态的时间累加起来的。如果本日(或本班)的累计时间超过了对应的规定值，便认为该槽处于不稳定状态。

10.3　槽电阻的常规控制

槽电阻控制常被分为正常电阻控制(称常态极距调节)和非正常电阻控制两类。正常电阻控制的目的为：当槽电阻处于允许自动调节的正常范围内时，控制系统用阳极移动的手段将(正常态的)槽电阻控制在目标控制区域内，从而达到维持正常极距和能量平衡的目的。

不言而喻，当槽电阻异常(例如 AE 发生、电阻越限等)或者有进行正常电阻控制的限制条件(如出铝、换极等人工操作工序的预定)时，计算机仅记录和输出有关警告信息，或者只进行本项中的解析而不进行本项中的调节，或者转入专门的监控程序。

10.3.1　正常电阻控制的基本原理与程序

常规控制方法是将槽电阻维持在以人工设定值(目标值)为中心的非调节区内(即目标控制区域内)。如图 10-4 所示，如果电阻超出上限，则下降阳极；反之，若电阻低于下限，则提升阳极。电阻升、降调节一般均以将电阻调节到设定值为目标。

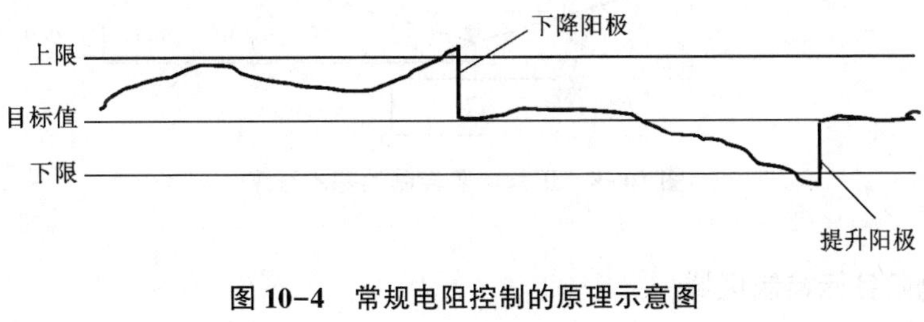

图 10-4　常规电阻控制的原理示意图

正常电阻控制的基本程序如图 10-5 所示。

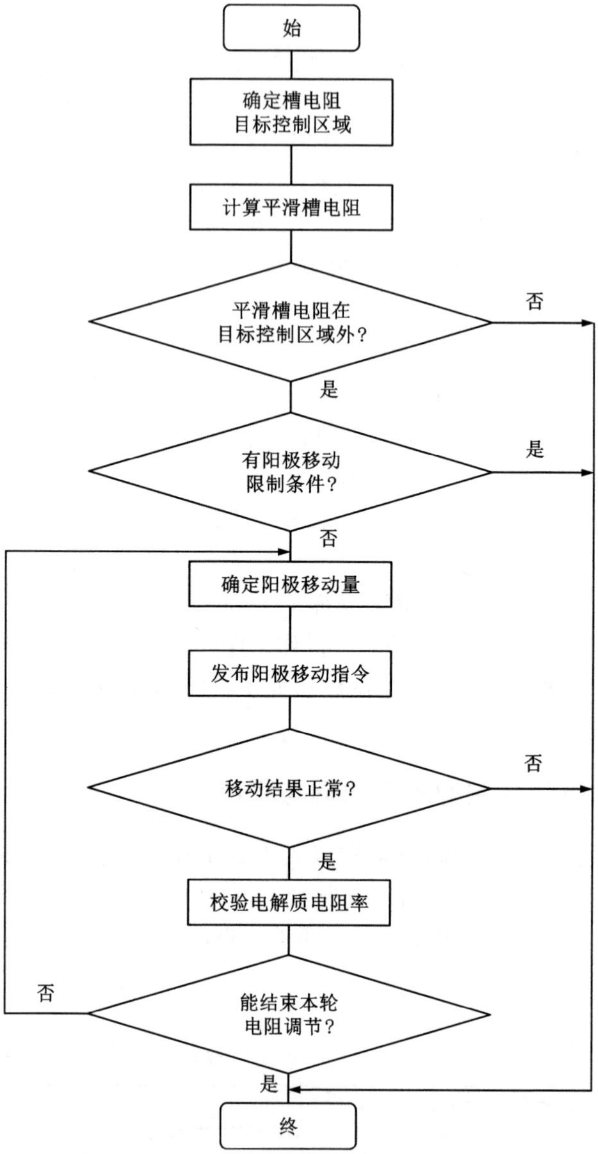

图 10-5　正常电阻控制的基本程序

1. 电阻目标控制区域

目标控制区域(或称非调节区、“死区”“不感区”)是一个以目标控制电阻为中心,带有一定上、下限的区域。

在生产现场, 目标控制电阻的基准值是由人工以电压值给定的(而不是以欧姆值给定的)，因此常被称为设定电压。为了使量纲配套，现今的控制系统多采用“正常化槽电压”来表示槽电阻。由于正常化槽电压与槽电阻具有相同的内涵，因此下面的讨论依然将其简称为槽电阻。

每台电解槽的设定电压一般都通过计算机站的操机员来给定(若由电解工通过槽控机按钮来设定与修改，容易导致管理上的漏洞)。上位机的菜单中有专门的槽电阻参数设定菜单，可以针对单台电解槽进行。菜单中至少包含用于确定电阻目标控制区域的三个参数，即设定电压(目标控制电阻的基准值)、电压上限和电压下限。电压的上限与下限的取值：设定电压±20~30 mV。对于电压波动较大的电解槽，可以再适当放宽范围。如果企业已经规定了正常电解槽的电阻目标控制区域宽度，那么只需给定设定电压即可，控制系统会采用默认(或沿用先前已设定的)控制区域宽度，即自动确定上限与下限。

控制系统在实际控制过程中会对电阻目标控制区域自动进行适当的调整。例如在严重电阻波动(即电阻针振或摆动)发生时或消失后的一定时间内、出铝或阳极更换后的一定时间内，控制系统添加一个修正项(称为附加电压)到目标控制电阻上，如式(10-5)所示：

$$R_{目标} = R_{设定} + R_{波动} + R_{出铝} + R_{换极} \tag{10-5}$$

对于将电阻波动分为电阻摆动(低频噪声)与电阻针振(高频噪声)分别进行解析的控制系统，$R_{波动}$可能被分解为($R_{针振}+R_{摆动}$)两项。

2. 平滑槽电阻(槽电阻低通滤波)

正常电阻控制所采用的槽电阻不是原始的采样电阻，而是经过低通数字信号滤波去除了采样电阻中的电阻针振与摆动后所得到的滤波电阻(或称平滑槽电阻，相当于图 10-2 中的低频信号)。换言之，正常电阻控制是以平滑槽电阻作为判断和调节依据的。

3. 阳极移动及限制条件

若于某一解析周期中发现该周期中的平滑槽电阻在选定的目标控制区域外，则确认需要进行阳极移动。

这是在决定实施正常电阻控制(即调节极距)前的进一步检查。若有限制条件则不指示阳极移动。例如，在下列情况下不进行阳极移动：

(1)检测到禁止电阻调节的各类标志(如停电标志、停槽标志、停止电阻自动控制的标志等)。

(2)其他解析与控制模块设置的标志表明需要停止电阻调节(例如下料控制模块设定了 AE 预报加工标志；下料控制进入氧化铝浓度校验关键阶段，为防止阳极移动对电阻跟踪的干扰，可能在电阻偏离目标控制区域不大的情况下请求暂停电阻调节)。

(3)阳极移动执行机构故障。

(4)上一轮电阻调节有异常且目前尚未恢复。

(5)当前电阻或系列电流出现了异常(如电阻越限、系列电流越限、AE 电阻等)。

(6)处于“电阻调节的最小间隔时间”之内，即当前时刻距上一轮电阻调节的时刻未超过设定的电阻调节最小间隔时间(或称“最小 RC 周期”)。但一般处理电阻大幅度偏离目标控制区域或处理 AE 后的低电阻时不受此限制。设置该限制条件的目的是防止电阻调节过于频繁，以免影响氧化铝浓度控制和槽况的平稳性。

在有些条件下，控制系统不限制阳极上升，但限制阳极下降，例如：

(1)安排了 AE 等待。

(2)已做出了 AE 预报。

(3)停电恢复后的一定时间内。

(4)其他解析与控制模块设置的标志表明需要停止下调电阻(如槽稳定性解析程序设定了电阻针振或摆动起始标志等)。

4. 确定阳极调整量

计算机首先根据平滑槽电阻与目标槽电阻的差值确定目标调节量，然后换算阳极移动持续时间，换算原理介绍如下。

若为阳极下降：

$$T_C = \frac{\Delta R_C}{\overline{ED}} \tag{10-6}$$

若为阳极上升：

$$T_C = \frac{\Delta R_C}{\overline{EU}} \tag{10-7}$$

式中：T_C 为阳极移动持续时间，s；ΔR_C 为槽电阻目标调节量(单位为 μΩ，如果用正常化槽电压代表槽电阻，则单位为 mV)；$\overline{ED}$、$\overline{EU}$ 分别为计算阳极下降、上升时的电解质电阻率(单位为 μΩ/s 或 mV/s)。

显然，$\overline{ED}$、$\overline{EU}$ 实际指阳极每移动 1 s 电解质电阻的变化值，但其取值主要取决于电解质电阻率，故可视为电解质电阻率的一种量度。在每次阳极移动完成后，控制系统利用新得到的信息自动对 $\overline{ED}$ 或 $\overline{EU}$ 进行校验(见下面将讨论的“校验电解质电阻率”)。

程序中一般将阳极移动持续时间分为若干个固定的档次(即时间等级)。因此，计算机计算出阳极移动持续时间后再将其调整到最接近的档次上。

5. 进行阳极移动

控制系统(槽控机)发布控制指令，使槽控机的动力箱执行阳极移动指令。

6. 检查和处理控制执行的结果

阳极移动完成后等待一定时间(如 1~2 个解析周期)待槽况稳定，然后使用计算机对控制执行结果进行检查。如果发现有异常，如槽电阻实际调整量远小于目标调节量，或者移动方向(电阻变化方向)错误，或者阳极升降电机上的回转计发出的脉冲数太少(脉冲数与阳极移动量之间存在换算关系)，那么计算机经过两次以上解析周期对异常现象的确认后，记录并输出警告信息，同时结束本轮的电阻调节过程。

7. 校验电解质电阻率

在阳极移动后，若槽电阻变化正常，而且槽未临近 AE(即无 AE 预报)，控制系统便对用于计算阳极移动时间的电解质电阻率($\overline{ED}$ 或 $\overline{EU}$)进行修正。以 $\overline{ED}$ 的修正(即本次进行了阳极下降)为例，控制系统首先用阳极移动后的槽电阻实际变化量(ΔR_a)除以阳极移动时间(T_c)，计算出一个新的阳降电解质电阻率值：

$$ED = \frac{\Delta R_a}{T_c} \tag{10-8}$$

如果计算得到的 ED 在合理的范围，则用 ED 对 $\overline{ED}$ 进行修正；否则放弃修正。一种常被应用的修正方法是采用下列平滑公式：

$$\overline{ED}(k) = (1 - \varphi)\overline{ED}(k - 1) + \varphi \cdot ED(k) \tag{10-9}$$

式中：k 为采样点的时序；φ 为平滑系数($0<\varphi<1$)。

式(10-9)的直观含义是，本次(k 时刻)的平滑值，是上次($k-1$ 时刻)的平滑值与本次的计算值的加权平均值。可见，式(10-9)类似于一阶递归式低通数字滤波器。平滑系数 φ 由计算机根据 ED 或 EU 的可信度来计算或确定。显然，调整量愈大、槽电阻愈平稳(即电阻波动愈小)，则可信度愈高，平滑系数 φ 的取值便愈大，即增大当前计算的电阻率的加权系数(φ)，相应地便减小了历史的电阻率的加权系数($1-\varphi$)。

修正得到的阳升/阳降电解质电阻率的变化能反映电解槽的工作状态的变化，因此一些铝厂的计算机报表上列有该参数栏，以供生产管理者分析槽况使用。

8. 检查是否能结束本轮的电阻调节过程

结束一轮电阻调节过程的情况有正常结束和非正常结束两大类。非正常结束的情况有以下 3 种。

(1)调节后电阻变化方向错误。

(2)出现了阳极移动(或阳极下降)的限制条件。

(3)出现了较大的电阻波动，致使电阻的波动幅度比目标调节量还大。

针对非上述情况，控制系统检查当前的槽电阻(平滑值)是否已进入目标区域，若是则结束本轮调节，否则重复上述解析与调节过程直至槽电阻进入目标控制区域，或者调节次数为每一轮正常电阻控制所规定的最大调节次数(如3次)。

10.3.2 改善正常电阻控制效果的措施

1. 提高控制系统对槽电阻目标控制区域进行自修正的能力

维持槽电阻在设定区域并非槽电阻控制的真正目的。前面的讨论已指出，槽电阻调节的真正目的一方面是维持正常的极距，另一方面则是维持理想的热平衡。但是，因为槽电阻与很多种目前尚不能在线检测的参数有关，所以它与极距和电解质温度并无确定的对应关系，将槽电阻控制在目标控制区域内并不意味着能维持最佳的极距和热平衡。因此，在传统的控制方法下，当电解槽状态或运行条件发生变化时，往往需要手动辅助调节或人工调整设定电压及上、下限(即调整目标控制区域)。

在上一节中已介绍，常规的控制系统一般都考虑了在某些情况下对目标控制电阻进行适当调整，例如采用与电阻针振/摆动、出铝及换极相关的附加电阻，但这显然是低层次的。

使控制系统具备更强的自动修正目标控制区域(包括设定电压及上、下限)的能力是否有必要？又是否可能呢？

对于一个生产系列，全体电解槽的槽电阻越是稳定和一致，则说明该生产系列越是稳定和一致。因此最理想的情况是，正常槽况下的电阻目标控制区域(尤其是设定电压)几乎不需要控制系统来经常变换。然而，由于生产条件的波动及不稳定和异常槽况的出现总是难免的，因此若控制系统具备在一定范围内自动调整目标控制区域的能力，对于及时恢复正常槽况来说是非常有益的。

随着管控一体化的实现和管理数据化的加强，逐步加大计算机自动调整目标控制区域的“力度”是完全可能的。计算机能在多大范围内和以多大的敏感度调整目标控制区域，主要取决于计算机对槽况的判断能力。而这种判断能力一方面取决于能否获得足够的判据，另一方面取决于槽况诊断软件的优劣。

从电阻控制的目的可知，用于调整电阻目标控制区域的槽况信息主要是与槽稳定性(反映极距)及热平衡相关的信息。

利用槽稳定性(即电阻波动)信息来自动调整电阻目标控制区域的常见做法：由控制系统按一定周期(如24 h)计算周期内的电阻平均波动幅度，然后根据平均波动幅度(并结合当前波动幅度)来调整下一周期内的设定电压。调整原则：电阻波动幅度大于某一设定上限，则升高设定电压；波动幅度小于某一设定下限，则降低设定电压。生产实践表明，电阻波动幅度的升高与降低不仅能反映极距是否合适，而且能反映热平衡的变化。例如，电解槽向冷槽发展时，电阻波动往往会加剧；而向热槽发展的初期，电阻波动往往会减小，甚至可能变得异常稳定。因此在通常情况下，根据电阻波动调整设定电压的原则与根据热平衡来调整设定电压的原则是相容的。

同样，控制系统可按一定的周期(如 24 h)分析过去的一个周期中电解槽的热平衡状态，若电解槽呈冷槽状态或向冷槽发展，则升高设定电压；反之，若电解槽呈热槽状态或向热槽发展，则降低设定电压。

需指出的是，设定电压调整的周期不能太短，也不能仅根据个别测量数据来进行调整。调整周期过短带来的问题为：过于频繁的调整可能导致振荡式的调整，反而导致槽况波动；信息统计的时间段太短会使统计信息的可信度降低(尤其是对电解槽冷热趋势判断的可信度会降低)，从而使设定电压调整的正确程度下降。更不能根据个别的人工测量数据进行调整，例如不能以人工定期测量的电解质温度(尤其是过热度)数据来作为控制系统调整设定电压的主要依据，因为无论测定值多么准确，它都不能准确反映热平衡状况，因为一方面是测定周期长(几小时甚至 24 h)，另一方面是温度(或过热度)测定时的氧化铝浓度情况未知，而电解质温度(尤其是电解质初晶温度与过热度)受氧化铝浓度变化的影响很大。理论计算表明，在我国目前常用的电解质成分范围内(分子比为 2. 1~2. 5)，氧化铝浓度变化 2 %，可使电解质初晶温度(或过热度)相差 10~12 ℃。因此，在氧化铝浓度不能准确测量的情况下，哪怕发现相邻两次的过热度测定值产生了 10 ℃的变化，也无法确定是否需要调整设定电压(因为氧化铝浓度在 3. 5%时的过热度比氧化铝浓度在 1. 5%时的过热度高出 10 ℃是正常的)。可见，即使未来解决了电解质温度或过热度的在线连续检测问题，也不应该过于频繁地跟随电解质温度或过热度的变化而调整槽电阻的目标控制区域，除非电解质温度、过热度、氧化铝浓度和极距都可以在线准确地测量并能建立起电阻目标控制区域与这些参数间完整且准确的数学模型。

2. 确定合理的槽电阻调节频度

槽电阻调节过于迟钝会使电阻的调节不及时，影响槽况稳定；而过于敏感(调节过于频繁)也会影响槽况的稳定性，更重要的是会严重干扰对氧化铝浓度的控制。众所周知，现代铝电解控制系统分析判断氧化铝浓度的主要依据是低通滤波电阻(或称平滑电阻)的变化速率(即电阻斜率)或变化范围，而电阻调节会打断正常的槽电阻低通滤波(平滑)过程。因此，从氧化铝浓度控制的角度而言，电阻调节越少越好。

有两个设定参数对电阻调节频度产生重要影响：一个是电阻目标控制区域的宽度(即死区宽度)，另一个是电阻调节的最小间隔时间(即最小 RC 周期)。

为了取得理想的调节频度，一种常见设定死区宽度的做法是向控制系统给定两个或两个以上的死区宽度。例如，无电阻针振或摆动(即正常槽况)时，使用“窄死区”；而有电阻针振或摆动时，使用“宽死区”。“宽死区”还可以应用到其他情况，例如人工作业(出铝、换极等)后的一定时间内，氧化铝浓度控制正处于浓度校验的关键阶段、近期电阻调节的效果不好等。更细致的调整死区的做法为：预先建立一种算法，使控制系统能根据近期电阻波动、人工作业、氧化铝浓度控制及近期电阻调节频度等情况自动修正死区宽度，使电阻调节频度趋于最佳。例如，当电阻波动加剧或近期电阻调节过于频繁时，控制系统自动加大死区宽度，反之则缩小死区宽度；若电阻调节效果不好(调节后电阻实际变化量与计算的调节量偏差太大，甚至变化方向与预定方向相反)，则可能是极距过低(压槽)或阳极效应来临的征兆，应自动加大死区宽度，同时禁止下降阳极。

对于最小 RC 周期这一设定参数，也可使控制系统以“原则性与灵活性相结合的方式”来使用。例如，当槽电阻严重偏离目标控制区域时，可以不受最小 RC 周期的限制(可立即启动新一轮电阻调节)。更灵活的做法为：建立一种算法使控制系统能够根据低通滤波电阻偏离死区的程度来修正最小 RC 周期。修正最小 RC 周期的基本原理为：如果低通滤波电阻偏离死区达到一定程度，那么随着其偏离程度的进一步增大而逐渐缩小最小 RC 周期，以便尽早消除这种偏离死区过大的情形；如果低通滤波电阻偏离死区的程度不大，则不缩小最小 RC 周期。采取这种措施既可防止电阻不稳定时调节过于频繁，又可尽量避免电阻偏离死区过大的情形不会维持很长时间。

除了采用上述与设定参数相关的措施，还可以在电阻调节的限制条件中增加一些避免调节过于频繁的策略，例如：如果本次解析周期中发现低通滤波槽电阻或系列电流有下降趋势(下降速率超过对应的设定值)，那么本周期中不进行降低电阻的调节；反之，如果本次解析周期中发现低通滤波槽电阻或系列电流有上升趋势(上升速率超过对应的设定值)，那么本周期中不进行升高电阻的调节。采用这样限制条件的目的很明显，就是控制系统先“观察”一下电阻(或电流)的变化是否可以使电阻自动进入目标控制区域，否则有可能现在降了电阻，过一会儿还得升电阻；或者现在升了电阻过会儿又得降电阻，导致调节频繁。

3. 采用智能控制技术

以上介绍的改进电阻控制效果的措施是传统的基于数学模型的控制方法所难以实现的，而使用一些智能控制技术则更容易实现一些智能化的控制策略。智能控制技术不依赖于被控对象的数学模型，能利用人的经验、知识采用仿人智能控制决策实现复杂和不确定系统的高性能控制，因此很适合像铝电解槽这样的复杂被控对象。

4. 加强人-机配合

随着智能化程度愈来愈的高新型控制技术的采用，人与机的智能能否和谐统一是至关重要的，故此应该重视对现场操作管理人员的技术培训，使他们充分理解和接受新的控制思想，这样才能避免“人-机冲突”。

从人工操作维护方面来考虑，首先要求操作管理人员理解槽电压与分子比等工艺参数间的关系，能根据电解槽整体技术条件正确地给定设定电压。其次，操作管理人员要能很好地理解控制系统中电阻控制的基本原理与相关的调节策略，保证人-机默契配合，避免人工的随意干预，更要避免人工调节与自动调节的冲突。最可怕的情况是，操作管理人员与控制系统“对着干”，你下降电阻，它却提升电阻。这种情况在稳定性差的电解槽上容易出现，原因是控制系统可能自动增加了不稳定槽的电阻目标控制区域(目的是消除电阻针振或摆动)，因而电阻保持较高；而现场操作人员可能觉得电阻超出了原设定范围，结果导致电解槽在“你升它降”中被来回折腾。

还有一种可能引起生产现场对控制系统产生疑虑的情况是：现场操作人员明明发现某些电解槽的槽电阻超出了目标控制区域，可控制系统就是不及时进行调节。这有可能是控制系统正采用了一些限制电阻调节频度的措施。生产现场的操作与管理人员可能对一些限制措施不掌握或者未观察出来。例如，控制系统中使用了诸如“如果本次解析周期中发现低通滤波槽电阻的下降速率超过设定值，那么本周期中不进行降低电阻的调节”这样的限制条件，现场操作人员是不容易从槽电压表上观察当前的电阻变化是否符合这样的限制条件的。

人-机配合还有很重要的一个方面，那就是现场操作人员必须严格执行作业标准，提高操作与管理质量，减少对电解槽的干扰，维持正确的工艺技术条件，从而为控制系统创造一个良好的控制环境与条件。

5. 形成低电压临界稳定控制技术的槽电压控制理念

为了在基本不损害高电流效率的前提下最大程度地降低槽电压以实现节能，本书作者及其团队开发应用了临界稳定控制技术，一方面尽量创造综合工艺技术条件使电解槽能在低槽电压下稳定运行；另一方面由控制系统将极距尽可能降低到“临界极距”(对应临界磁流体稳定性)附近，从而使(正常化)槽电压尽可能降低到尚能保持高电流效率的“临界电压”附近。新的控制理念不希望现场经常修改槽电压设定值，以防干扰控制系统最大程度地追求低电压节能。

10.3.3　出铝、换极过程中的槽电阻监控

1. 出铝过程中的槽电阻监控

出铝与换极过程中的槽电阻监控属于非正常电阻控制类。出铝前，需由操作人员手动输入通知控制系统(槽控机)。槽控机便运行专门的出铝监控程序，通过跟踪槽电阻曲线来监控出铝的全过程。

出铝监控过程中典型的槽电阻变化曲线如图 10-6 所示。

根据(图 10-6)，可将出铝监控的全过程分为下列六个阶段：

(1)出铝初始。计算机接收到出铝预定信号，在有关程序中设定必要的标识符。

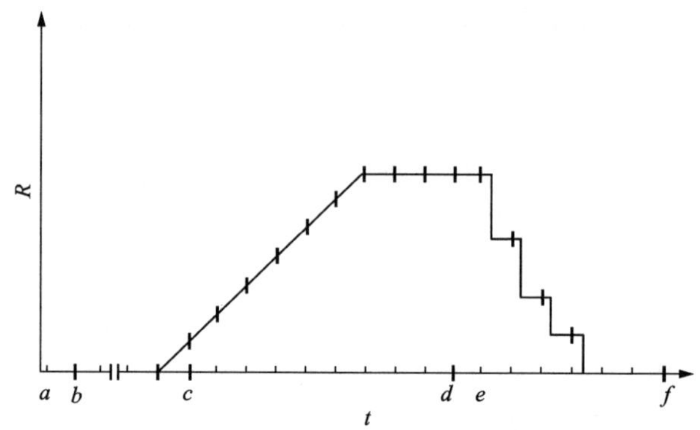

图 10-6　典型的出铝监控过程

(2)出铝准备。程序完成必要的初始化工作(如暂停下料控制和正常电阻控制)，进入出铝监控过程的状态。

(3)出铝开始。程序在检出槽电阻增加超过了某一限值时，确认出铝开始。

(4)出铝结束。程序检出(确认)槽电阻已停止增加，基本稳定。

(5)出铝控制。程序在连续数次(如 3 次)的解析周期里都做出了“出铝结束”的判断后进行槽电阻的调节。先用向下粗调，必要时再用向下或向上微调，共分数次将槽电阻调至规定的范围内。

(6)控制完成。当槽电阻调节达到要求后，槽控机确认控制完成，恢复对出铝槽的正常监控。

计算机在下列情况之一出现时，自行中断出铝监控并输出相应信息：

(1)槽电阻异常。

(2)发出阳极移动命令但没有回转计的脉冲信号反馈(适用于装有回转计回转的电解槽)，或没有阳极位置测量装置的位移信号反馈(适用于装有阳极位置精准测量装置的电解槽)。

(3)出铝结束时，槽电阻比设定值(或出铝前的电阻)高出太多，超过限度值。

(4)出铝结束后进行槽电阻调节时，阳极总的下降时间超过限值，但槽电阻尚未调至要求的范围。

(5)阳极下降但槽电阻上升。

(6)出铝过程中发生了阳极效应。

(7)等待出铝开始的时间或出铝过程持续时间超过限值(如半小时)。

出铝监控完成后或中途退出监控后，计算机还要储存相关信息，例如出铝引起的槽电阻(槽电压)上升量、阳极移动总持续时间和移动量、收到的回转计脉冲数(或阳极位移量)、完成或中断时刻以及中断监控的理由，等等。

2. 预焙槽阳极更换过程的电阻监控

在换阳极操作前，由操作者按下“阳极更换”按钮通知槽控机，槽控机便取消下料控制和正常电阻控制，并监视该槽槽电阻的变化。当发现槽电阻明显上升一个值(旧阳极取出引起)，之后又下降一个值(新阳极置入引起)时，便断定新极安装已完成，于是在一定时间后恢复常态控制。如果其电阻变化值不明显，因而不能确认时，计算机则在更长一点的时间(如 1 h)后恢复常态控制。

由于上述利用槽电阻变化判断旧阳极取出与新阳极插入程序的成功率不高，加之即使判断出新阳极插入也可能因槽上操作未完全结束而不能移动阳极，因此，一般都以严格的作业标准要求操作人员在阳极更换结束后再次按下“阳极更换”按钮通知槽控机，使槽控机恢复常态控制。

对于安装有阳极电流密度在线分布式检测装置的电解槽，由于旧阳极取出和新阳极插入会引起对应位置的阳极电流分布发生显著变化，因此槽控系统自动识别阳极更换变得十分简单且可靠，其不仅能识别出有阳极更换，而且还能识别出具体是哪组阳极正在进行更换。

10.4　氧化铝浓度控制

10.4.1　传统的定时下料控制方法

1. 定时下料控制的典型模式

定时下料控制的典型模式如图 10-7 所示。

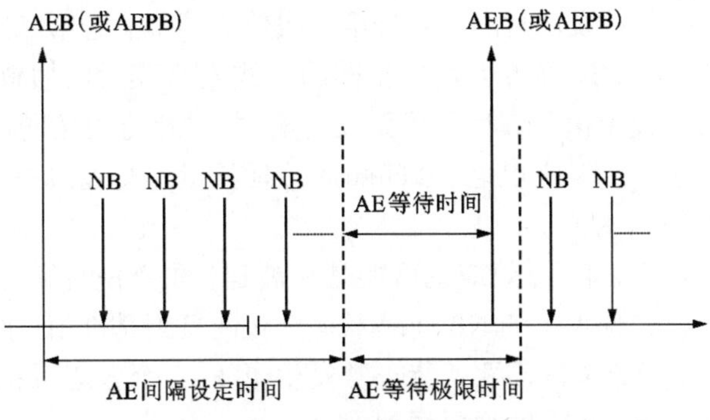

NB—正常加工；AEB—AE 加工；AEPB—AE 预报加工。

图 10-7　定时下料控制的典型模式

图 10-7 中，从上一次效应加工或效应预报加工结束时刻到本次的效应等待

开始时刻，这段时间间隔值是按管理者所期望的效应系数而设定的效应间隔时间。控制系统在效应间隔设定时间内以一定的时间间隔安排效应(即正常加工)。

当达到效应等待开始时刻时，控制系统停止 NB 进入效应等待。效应等待极限时间的基值也由管理者设定，但当效应等待时间内发生了停电或有人工额外下料时，或槽子已进入了由控制系统作出的效应预报状态时，控制系统则将等待的极限时间相应延长。

当效应在效应等待极限时间之内发生时，控制系统进行(或由人工进行)效应加工；或者在效应等待极限时间内，控制系统的效应预报程序做出了效应预报(说明效应等待已发挥了清洁槽底、维持物料平衡的作用)，控制系统通过槽况解析确认当前槽况正常无必要让效应发生，便不等待效应发生就进行加工(即效应预报加工)。

从效应加工或效应预报加工后，控制系统又按固定模式开始下一轮下料周期。

2. 效应等待失败后的 NB 间隔及效应等待时间调整

以上只讨论了效应如期地发生或预报在效应等待极限时间内的情况。事实上，有时效应会在 NB 间隔内突发，有时效应等待会失败。当效应在 NB 间隔内突发时，最可能的原因是缺料或槽温过低。这两方面都能从效应(和效应加工)中得到补偿，因此控制系统只需以突发的效应为起点，按上述典型模式安排新的一轮加料周期。但如果为效应等待失败的情形，控制系统将按一定方式对其后加料周期里的 NB 间隔及效应等待进行调整，基本方式如下：

(1)第一次效应等待失败时，控制系统结束效应等待，立即转入下一轮加料周期，但将该周期内的 NB 间隔延长一设定值(例如延长 20%)。从第一次效应等待开始时刻起，经历一设定时间后安排第二次效应等待。若第二次效应等待也失败，则采取与第一次效应等待失败后相同的方式安排其后的加料周期，这样 NB 间隔再次被延长一设定值。其后若仍无效应发生，原则上可按同样方式安排第 3、4、…、n 次效应等待。但应规定 NB 间隔的总延长量不得超过一定限度，而且一般需要人工来处理病槽。

(2)当效应终于发生后(效应也可能是在被延长的 NB 间隔内发生的)，槽子便进入康复期。已经变大了的 NB 间隔不是立即恢复到基准值，而是比基准值稍大一些，以适应槽子康复的需要。待正常发生了 1~2 个效应后，NB 间隔才复原到基准值，即重新转入正常的加料周期。

以上所述的定时下料控制模式是基于物料平衡的原理来控制下料，并依靠定期停止下料等待效应来校验物料平衡的控制效果，消除 NB 期间可能产生和积累的沉淀。由于控制过程没有与氧化铝浓度挂钩，因此难以实现氧化铝浓度的平稳控制，并且难以满足环保法规对低效应系数的要求。特别是当采用以低分子比、低温和低效应系数为主要特征的工艺技术(所谓“三低”工艺技术)时，低温和低分子比的采用大大降低了 Al_2O_3 在电解质中的饱和溶解度和溶解速度，因此下面将讨论的准连续“按需下料”与低 Al_2O_3 浓度控制成为维持稳定操作的必要条件。

10.4.2　传统的基于槽电阻跟踪的氧化铝浓度控制方法基本原理

1. 氧化铝浓度与槽电阻的关系

由于没有能满足控制需要的 Al_2O_3 浓度传感器，20 世纪 80—90 年代，国内外开发应用了通过跟踪槽电阻变化曲线实现对 Al_2O_3 浓度按需下料的控制技术，其理论依据是：在槽况正常稳定而且极距变化基本不改变阳极底掌形状时，(表观)槽电阻、Al_2O_3 浓度、极距这三个参数之间存在着如图 10-8 所示的定性关系。从图 10-8 中可见，在极距一定的条件下，氧化铝浓度与槽电阻的关系呈现为凹形曲线，即在中等氧化铝浓度区存在一个极值点。极低点的位置随电解质的组成与温度等工艺条件的不同波动在 3%~4%的范围内。当浓度从极值点走低时，过电位随浓度的降低而显著降低成为(表观)槽电阻随浓度的降低而显著降低的原因(到效应临界浓度时槽电阻会急剧升高直到发生阳极效应)；浓度从极值点走高时，过电位的变化不显著，而电解质电阻率随浓度的升高而升高成为槽电阻随浓度的升高而升高的原因。当浓度升高到一定程度时，沉淀的产生还会成为高浓度区电阻升高的重要原因。极距与槽电阻的关系几乎是线性的关系。图 10-8 中三条曲线分别对应极距在三个设定值时的槽电阻与氧化铝浓度关系曲线。极距设定值的不同主要影响到槽电阻与氧化铝浓度关系曲线的高低，而对该关系曲线的形状影响很小。因此，如果忽略极距的变化(极距调整的短暂时间除外)，控制系统就可以通过跟踪氧化铝浓度变化过程中的槽电阻变化来了解氧化铝浓度所处的状态。

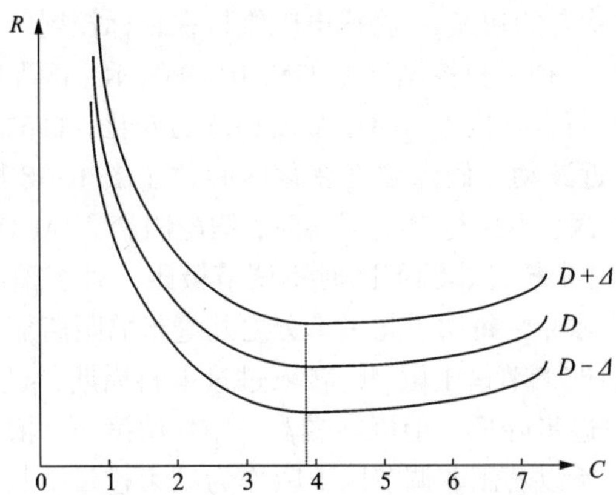

图 10-8　槽电阻(R)、Al_2O_3 浓度(C)、极距(D)间的定性关系

基于槽电阻跟踪的氧化铝浓度控制技术均将 Al_2O_3 浓度工作区设置在前文所示的槽电阻-Al_2O_3 浓度曲线极低点的左侧，即低 Al_2O_3 浓度区。将 Al_2O_3 浓度控制在低 Al_2O_3 浓度区不仅满足了现代采用"三低"技术条件的要求，而且由于在低 Al_2O_3 浓度区槽电阻对 Al_2O_3 浓度的变化很敏感，因此当有意识地将下料过程安排为"欠量下料"与"过量下料"周期交替地进行时，Al_2O_3 浓度的变化就会反映到槽电阻的变化中，通过跟踪槽电阻及其变化速率(常称为斜率)便可以跟踪推测 Al_2O_3 浓度和进行欠量与过量两种下料状态的切换，最终达到将 Al_2O_3 浓度的波动限制在预定工作区内的目的。在一定时间内，槽电阻均值(或基值)的大小反映极距的高低，因此可用于极距控制。极距调整及其他操作工序(如出铝、阳极更换)原则上只对 Al_2O_3 浓度跟踪产生短时间的干扰。

保证 Al_2O_3 浓度跟踪成功的关键是维持热平衡，以保证炉膛稳定。对于现代采用小加工面的预焙槽，可以观察到，当热平衡良好、槽况稳定时，炭素阳极的消耗速率小于铝液高度的增长速率，这导致极距的轻微和逐渐减小。极距变化是影响 Al_2O_3 浓度跟踪精度的最大因素，但是只要欠量下料与过量下料的"欠"与"过"的程度安排合适，极距的变化就不足以掩盖槽电阻变化中所包含的 Al_2O_3 浓度的信息。

传统的基于槽电阻曲线跟踪的氧化铝浓度控制技术可以分为如下三类[1-7]：①基于槽电阻变化区域跟踪的浓度控制法；②基于对槽电阻变化速率(即斜率)跟踪的浓度控制法；③基于氧化铝浓度(或特征参数)估计模型的浓度控制法。顺便指出，这三类方法在国内被泛称为 Al_2O_3 浓度的"自适应控制"法。

2. 基于槽电阻变化区域跟踪的浓度控制法

类似于传统的正常电阻控制，该法设定一个槽电阻目标控制区域(即非调节区)，但不同的是，该法不仅仅利用极距调节，而且还利用 Al_2O_3 下料速率调节(即欠量、过量下料状态的切换)，将槽电阻维持在目标控制区域内。

法国普基提出的一种下料控制模型如图 10-9 所示，该程序用欠量下料和过量下料周期交替地进行，以检查 Al_2O_3 浓度(C)的变化，目的是维持 Al_2O_3 浓度在最佳浓度点 C_0 附近波动。假定浓度变化区间位于图 10-8 所示的极值点的右侧，即低氧化铝浓度区，当执行欠量下料时，槽电阻会因 Al_2O_3 浓度减小而上升(见图 10-9)，但上升未超过非调节区时不调节极距。直至槽电阻上升超过非调节区上限，控制系统才命令每次不超过十分之几毫米的距离下降阳极。若经 N 次调节后槽电阻仍超过非调节区上限，则转入过量下料周期。过量下料使 Al_2O_3 浓度逐步升高，槽电阻逐步降低。但因在较高 Al_2O_3 浓度下，槽电阻对 Al_2O_3 浓度的变化变得不敏感，所以若用非调节区下限作为结束过量下料的判断标志，则可能因干扰噪声(如极距波动等)的存在而造成误判断，因此过量下料持续一段预定时间(T)后宣告结束，随之转入欠量下料周期。在过量下料周期中若槽电阻滑落到非调节区下限外，控制系统将按传统的正常电阻控制(常态极距调节)程序进行增大极距的调节。

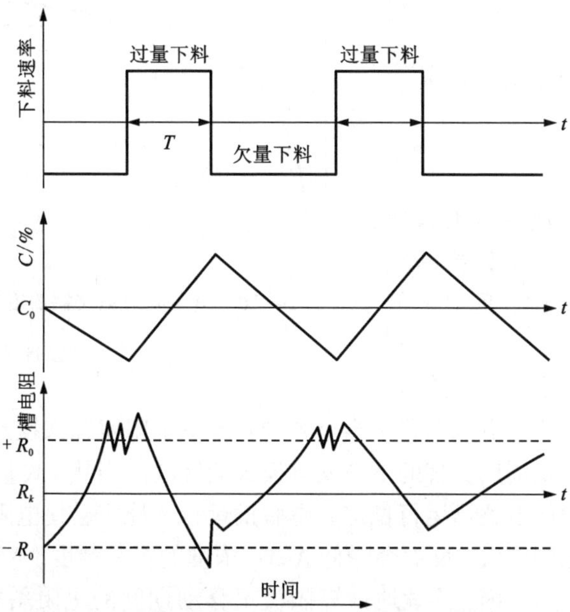

图 10-9　法国普基的一种下料控制程序的原理[1]

以上所述的欠量、过量交替下料程序每持续一定时间(如一至两天)后，为保险起见，控制系统对电解槽进行一次槽电阻“跟踪”(或称 Al_2O_3 浓度的“寻迹”)，以作为对 Al_2O_3 浓度的附加控制。其做法为：停止下料并禁止阳极移动，然后跟踪槽电阻直至其达到预定值(或效应预报程序做出了预报)后转入过量下料。这种跟踪程序用于调整 Al_2O_3 浓度工作区域，并消除效应发生槽和不稳定槽中的多余物料，同时通过对全系列槽平均跟踪时间与标准时间比较，得到关于系列槽物料平衡总趋势的信息。

3. 基于槽电阻变化速率(斜率)跟踪的浓度控制法

在讨论槽电阻与氧化铝浓度的关系曲线(图 10-7)时已指出，极距(D)的设定值不同主要影响槽电阻(R)-Al_2O_3 浓度(C)曲线的高低，而对该曲线的形状影响很小。换言之，R 对 C 的变化率(dR/dC)几乎不受设定极距的大小影响，因此 dR/dC 与 C 存在更为密切的联系(图 10-10)，而它与 R 对时间 t 的变化率(或称斜率)$\frac{dR}{dt}$之间存在着下列关系：

$$\frac{\mathrm{d}R}{\mathrm{d}t}=\frac{\mathrm{d}R}{\mathrm{d}C}\times\frac{\mathrm{d}C}{\mathrm{d}t} \quad (10-10)$$

当控制系统以一定的速率安排欠量下料与过量下料，使 $\frac{\mathrm{d}C}{\mathrm{d}t}\neq 0$ 且基本恒定时，斜率 $\frac{\mathrm{d}R}{\mathrm{d}t}$ 便近似与 $\frac{\mathrm{d}R}{\mathrm{d}C}$ 成正比；再对照图 10-10 可知，从一定下料速率下的电阻斜率值可以推断氧化铝浓度所在范围，且欠量与过量的程度愈大，电阻斜率便愈大，对 Al_2O_3 浓度变化的反应也就愈明显。这一点也解释了当今各种基于槽电阻跟踪来控制下料的技术都不能摆脱欠量与过量周期交替的下料安排模式的缘故。当然，欠量与过量程度的选取还必须兼顾到使电解槽运行稳定。电解槽运行不稳定会使电阻斜率中包含的随机干扰噪声的比例增大，反而会降低 Al_2O_3 浓度的跟踪精度。

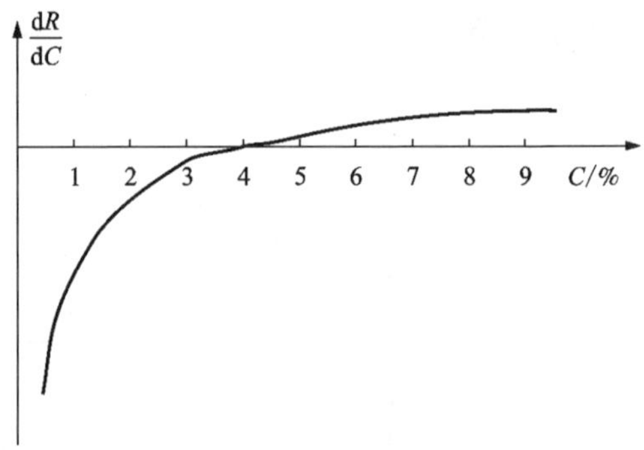

图 10-10　槽电阻对氧化铝浓度的斜率($\frac{\mathrm{d}R}{\mathrm{d}C}$)与氧化铝浓度的定性关系

在欠量下料周期内，连续地计算阳极不移动期间的电阻斜率(注：应该使用低通滤波电阻来计算电阻斜率)，当其达到规定的上限值 P_C(或在一定时间内的电阻累积斜率达到规定的上限值 TP_C)时，意味着 Al_2O_3 浓度达到了低限，于是开始一个过量下料周期。若在欠量下料周期中电阻斜率未达限值而槽电阻不在死区，即超出了目标控制区域($R_k\pm R_0$)，则通过移动阳极来调节槽电阻。

该类控制方法在确定由欠量下料转入过量下料时，不需要像“基于槽电阻变化区域跟踪的浓度控制法”那样采取先进行一序列(N 个)极距微调来证实高电阻确由 Al_2O_3 浓度降低引起，因此可大大减少阳极移动的次数，且可降低对阳极升降系统调节精度的要求。此外，由于该类方法能对 Al_2O_3 浓度变化的全过程用电阻斜率来定量描述，故可望维持电解槽运行在更为狭窄的、理想的 Al_2O_3 浓度工作区域内。图 10-11 是基于电阻斜率跟踪的浓度控制法的原理框图。

从图 10-11 可见，法铝的控制程序在控制起始点首先启用欠量下料，并检查电阻是否在死区(即在目标控制区域)；如电阻不在死区，则跟踪检查欠量下料能否使电阻回归到死区；若欠量下料不能使电阻回归到死区，则使用阳极升或降使电阻进入死区；电阻进行死区后，继续使用欠量下料，同时判断电阻是否高出目标值一定程度(即 $R>R_k+\Delta$)；若是，则进行电阻斜率计算，并跟踪直到斜率达到预定上限(即 $P>P_c$)后转过量下料；过量下料状态的持续时间达到设定值后转回控制的起始点，开始新一轮的控制循环。

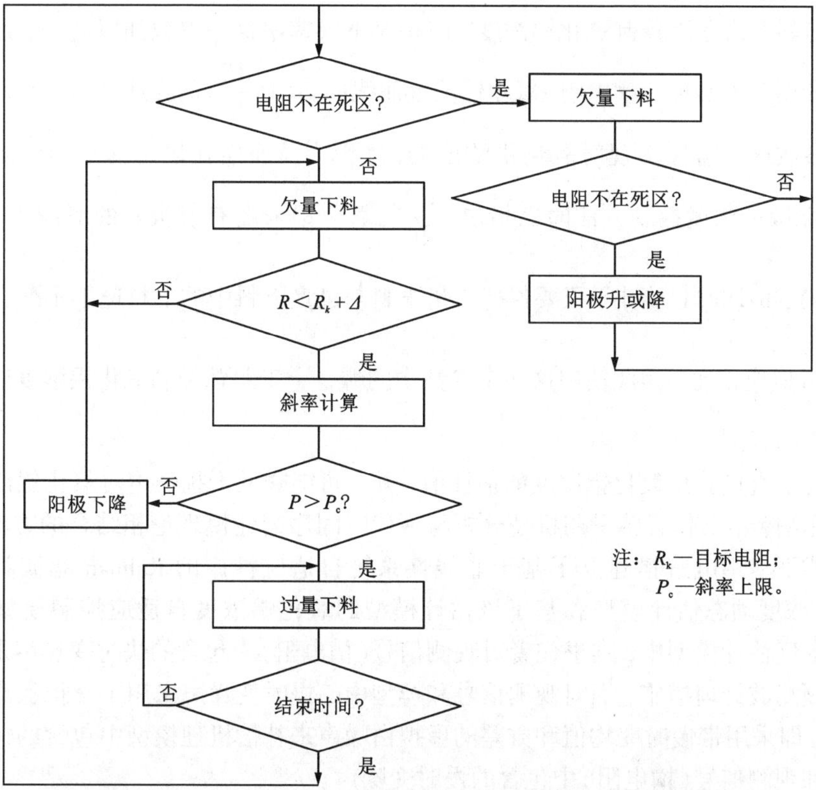

图 10-11　法铝开发的基于电阻斜率跟踪的浓度控制法的原理框图[1]

从法铝的控制程序原理框图可注意到，斜率计算与跟踪仅仅在欠量下料进行到一定程度(使槽电阻大于目标值一定程度)后才启用，欠量下料状态的初始阶段及过量下料状态中均不进行斜率跟踪计算，且过量下料的终止时间是设定值。这显然是考虑到在较高 Al_2O_3 浓度下，槽电阻对 Al_2O_3 浓度的变化不敏感，所以电阻斜率中干扰噪声所占比例相对较大，用之跟踪 Al_2O_3 浓度不可靠。但目前国内外一些系统把斜率(或累积斜率)跟踪法推广到过量下料周期，即用斜率(或累积斜率)低于设定的下限值作为过量下料向欠量下料转换的依据。

4. 基于氧化铝浓度(或特征参数)估计模型的浓度控制法

以上介绍的氧化铝浓度控制方法是基于对槽电阻的直接跟踪或者对槽电阻变化速率(斜率)的跟踪来判断和控制氧化铝浓度。试想，能否通过建立槽电阻与氧化铝浓度之间的数学模型来实现对氧化铝浓度的直接估计(或对与氧化铝浓度有着更密切关系的特征参数的估计)，并由此实现对氧化铝浓度更好的控制？

Al_2O_3 下料自适应控制技术使用了参数估计的数学模型。其中，一些方法在控制原理上与槽电阻斜率跟踪法大体相似，主要区别是该法不直接使用槽电阻或槽电阻斜率来跟踪控制氧化铝浓度，而是对下料速率这一参数加以利用，通过参数估计模型来实现对槽电阻-氧化铝浓度曲线的斜率($\frac{dR}{dC}$)的在线估计，并通过对这一参数进行监控实现对氧化铝浓度的监控[2-4]。前面在讨论基于槽电阻斜率($\frac{dR}{dt}$)跟踪的浓度控制方法时已指出，$\frac{dR}{dC}$与氧化铝浓度有着很好的对应关系(图10-10)；但同时也指出，只要保持欠量下料与过量下料中的下料速率不变，$\frac{dR}{dt}$与$\frac{dR}{dC}$便近似成正比，因此使用这两个参数中的哪一个来跟踪控制氧化铝浓度应该没有本质的区别。

为了直接获得氧化铝浓度的估计值，并尽可能降低干扰噪声对氧化铝浓度估计的影响，本书作者曾采用机理分析与现代时间序列建模理论相结合的方法，针对点式下料铝电解槽建立了基于非线性系统自适应推广的 Kalman 滤波算法的 Al_2O_3 浓度动态估计模型和基于该估计模型的氧化铝浓度自适应控制模型[5-7]。在该浓度估计模型中，本书作者对观测信号(槽电阻)中包含的快时变噪声采用了低通预滤波处理措施，而对观测信号和模型中的慢时变噪声采用了虚拟噪声补偿措施，即采用带慢时变均值和方差的虚拟白噪声来补偿机理模型中包含的慢时变偏差和观测信号(槽电阻)中包含的慢时变噪声。

10.4.3 基于分布式感知与动态仿真的氧化铝浓度分区精准控制方法

以上所述方法均是集总参数控制方法，即只能对全槽氧化铝浓度实施整体控制。但随着电解槽的大型化、国产氧化铝原料引起的电解质体系复杂化以及追求低电压节能所导致的运行条件极端化，已有建立在两个集总参数(槽电压、系列电流)在线采集基础上的集总参数控制技术难以适应更苛刻的运行环境与条件，且深度挖掘节能降碳与增效潜力更难以满足生产精细管控新需求。本书作者及其团队开发应用了基于分布式感知与动态仿真的氧化铝浓度分区精准控制方法。该内容将在第 15、17 章介绍。

10.4.4 氧化铝浓度控制效果的影响因素与改进措施

1. 影响氧化铝浓度控制效果的因素

对于基于槽电阻跟踪的氧化铝浓度控制方法，影响氧化铝浓度控制效果的因素一方面来自控制算法与设定参数本身是否合适(例如，欠量与过量程度是否合适、欠量与过量切换的斜率判别设定值是否合适等)；另一方面来自槽况是否足够平稳，能否使该类控制方法赖以成功的假定条件得以成立。其中，最重要的假定条件就是，槽电阻与氧化铝浓度之间有十分确定的对应关系，氧化铝浓度跟踪与控制期间除氧化铝浓度以外的其他因素不会显著引起槽电阻变化，因此也就不会对用槽电阻跟踪判断和控制氧化铝浓度的过程产生显著的干扰。

然而，当槽况不稳定或出现异常时，上述的假定条件就难以成立，从而导致氧化铝浓度控制效果变差甚至出现控制失误，导致大量沉淀产生或效应频发，这又反过来引起槽况更加不稳定的情况，形成恶性循环。这种情况在我国早期建造的预焙槽(如 160 kA 预焙槽)上更容易出现。因为这些电解槽物理场和槽结构设计先天不良，稳定性和自平衡能力较差，再加之我国电解铝生产系列较普遍地存在供电不稳定、氧化铝的溶解性能不好等问题，因此简单地采用欠量、过量交替下料和槽电阻跟踪策略很难实现预期的控制效果。

不稳定或异常槽况易导致控制效果变差甚至控制失误的有下列情形：

(1)氧化铝浓度不在预期的工作区间，使控制策略赖以成立的前提条件不存在。例如，如果氧化铝浓度进入槽电阻与氧化铝浓度关系曲线的极值点右侧(即高浓度区)，那么按照预定的低浓度区控制策略就会导致控制失误。

(2)槽电阻与氧化铝浓度之间的表观关系曲线的形状发生了重大变化，其原因有两个方面，一方面是，工艺技术条件的变化使槽电阻与氧化铝浓度之间的函数关系发生了变化；另一方面是，除氧化铝浓度以外的许多其他引起槽电阻变化的因素成为干扰因素，例如，如果欠量下料的同时，槽膛扩大引起极距缓慢升高，那么极距缓慢升高引起的槽电阻上升会被当作是氧化铝浓度降低引起的槽电阻升高的一个部分，因此槽电阻与氧化铝浓度的关系曲线会变陡峭；反之，如果欠量下料的同时极距在缓慢升高，那么由此引起的槽电阻下降会冲抵氧化铝浓度下降所带来的槽电阻上升，因此槽电阻与氧化铝浓度的关系曲线会变平坦。

归纳起来，干扰氧化铝浓度跟踪与控制效果的因素有以下几种：

(1)除了氧化铝浓度，槽电阻的变化还由极距、电解质高度、电解质组成等参数的变化引起。

(2)下料器向槽中添加的物料有时会部分地堆于槽面(成为槽面保温料)，而有时槽面保温料可能会塌陷。

(3)加入槽中的物料溶解过程存在滞后并伴随有沉淀的产生，尤其是采用低分子比、低温这种技术条件后，由于氧化铝在电解质中的饱和溶解度和溶解速率大大降低，沉淀更易产生，而发生沉淀的比例与沉淀的溶解速率不可预料。

(4)由物料与电解质凝固构成的炉膛的厚度随槽温、电解质组成等因素的变化而变化，从而也引起氧化铝浓度的变化。

(5)阳极工作、出铝、人工维护等人工作业带入槽中的物料量难以正确地估计和通报。

(6)下料器的计量存在一定的误差，或者下料器故障。

2. 改进氧化铝浓度控制效果的措施

1)改进槽电阻滤波与斜率计算算法

目前，各种氧化铝浓度控制方法都要使用槽电阻(或槽电阻斜率)作为主要判据，因此设计使用具有良好滤波效果的槽电阻滤波与斜率计算算法是氧化铝浓度控制取得理想效果的前提。

2)选择合适的下料控制模式

传统铝电解控制系统中，一般设有最基本的三类下料控制模式(即自动控制模式、定时下料模式和人工停料模式)供现场选择。定时下料模式和人工停料模式一般用于处理非正常运转的电解槽，如启动初期尚未转入正常运行的电解槽、严重破损槽或运行稳定性已经完全遭到破坏的电解槽。对于基本能正常运行的电解槽，尽可能使用自动控制模式。

有的控制系统开发者根据用户要求，在自动控制模式中增加了"设效应等待"控制模式与"不设效应等待"控制模式。"设效应等待"控制模式是将传统的定时下料控制方法中"效应等待"思想融入基于槽电阻跟踪的浓度控制方法而产生的一种下料控制模式。随着铝电解工业对无效应操作的追求，"设效应等待"的控制模式也在不断改良，例如，变"硬性等待"为"柔性等待"，即到达等待时刻时，如果控制系统发现不是等待效应的最佳时期(如最近进行了人工作业、最近实施了过量下料或大下料等)则延缓效应等待的安排；或者采用"效应等待+效应预报"控制模式，即通过效应等待进行了效应预报后便结束效应等待(转入正常的下料控制，不让效应实际发生)，并视为效应等待成功，但若在规定的效应等待期限内未能做出效应预报则称为效应等待失败，控制系统恢复自动下料直到进入下次效应等待(同样，第一次效应等待失败后发生的效应均称为延时效应，进入第一次效应等待之前的下料过程中发生的效应称为突发效应)。若采用了上述改良型的"设效应等待"控制模式，作业与管理者不要误认为控制系统"不听使唤，不中用"。

对于不设效应等待的控制模式，控制算法中也会有根据效应系数设定值自动调整氧化铝浓度控制参数的策略，例如本书作者及其团队曾应用户要求，开发应用过一种"不设效应等待"的控制模式，其基本思路是，当被控电解槽效应距今时间从小于设定时间走向大于设定时间的历程中，控制系统的下料控制策略从"遏制效应发生"向"允许效应发生"的方向转化；若在效应距今时间远大于设定时间阶段电解槽出现某种不稳定征兆，控制系统则会向"鼓励效应发生"的方向转化。在效应距今时间显著小于设定时间的阶段发生的效应称为突发效应，而在显著大于设定时间阶段发生的效应称为延时效应。

管理者根据所选用的控制模式去选择和管理好相应的设定参数对于获得理想

的控制效果是至关重要的。

3)提高控制系统对下料速率的自调整能力

基于槽电阻跟踪的浓度控制方法采用欠量下料与过量下料交替进行实际上就是将下料速率这一输入变量设计为取“欠”“过”两种速率值。国内外一些控制系统增加一种正常下料状态，将正常下料周期一方面用于非正常槽况(因病槽、人工作业及采样故障等导致滤波电阻不可用或不可信)，另一方面用于在欠量与过量两种下料周期之间形成一个缓冲周期(一般以“正常-欠量-过量”的方式进行下料周期的循环)，使槽电阻和氧化铝浓度在这个缓冲周期内进入相对平稳期。由于在正常下料期间不进行氧化铝浓度解析，因此该期间对槽电阻的调节不受氧化铝浓度控制的制约，其控制思路是尽量将槽电阻的调节放在正常下料状态内进行。

除了欠量、过量、正常下料周期的切换策略对氧化铝浓度控制效果有重要影响，每种下料周期中的下料速率设计也对控制效果产生显著影响。前面的讨论已经指出，欠量与过量的程度要合适。程度太小则氧化铝浓度变化速率偏小，浓度变化引起的槽电阻变化信息可能被干扰噪声所淹没，容易导致失误；而程度太大，可能引起物料平衡与热平衡的波动太大，这又会使得其他因素(如热平衡波动可能引起的极距波动)引起的槽电阻变化加大，也即对浓度判断过程的干扰加大。综合权衡，欠量与过量百分数的设定值一般为 20%~40%。

然而，采用固定的欠量下料速率(欠量百分数)和过量下料速率(过量百分数)可能并不能很好地适应各种具体情况。例如，如果下料器的计量误差较大，就需要适当加大欠量与过量百分数。生产中有这样的情况，下料器经常发生堵料事故，假如堵料导致每次下料比正常情况少下料 25%(槽上 4 个下料器中堵死 1 个就是这种情形)，那么按照过量 25%下料实际只相当于正常下料的下料量，而按照欠量 25%下料则相当于欠量 50%，从而导致效应不断发生。为了解决这类问题，可以从两个方面做工作，一是要求现场操作人员经常检修和维护下料器(包括供料系统)；二是优化控制策略，赋予控制系统自动调整下料速率(欠量与过量下料百分数)的功能和对下料器工作状态进行判断的功能。

一种下料速率的自调整方案是，将欠量下料细分为“小欠量”(基准欠量)、“中欠量”与“大欠量”等不同速率档级；同样过量下料也可细分为“小过量”(基准过量)、“中过量”与“大过量”等不同速率档级。例如，进入欠量下料状态时，首先使用基准欠量(如欠量 25%)；如果经历一定时间后电阻斜率的升高没有达到预期效果，则选用“中欠量”(如欠量 40%)；如果再经历一定的时间没有达到预期效果，则选用“大欠量”(如欠量 60%)。这样，最终总可以使电阻上升一定幅度；如果经过这样的处理还是无法将电阻斜率升高到一定程度，则说明出现了异常(保温料塌陷了？炉帮化了？人工操作未通报？其他未知的原因导致大量额外的物料进入了电解槽?)。控制系统可以通过对异常情况的分析判断下料器工作状态，并在发现下料器严重偏离正常状态时进行报警(这将在本书第 8 章中继续讨论)；同时应该降低欠量转过量的标准，或者直接转入正常下料，因为如果让控制系统长时间进行大幅度的欠量下料可能会导致炉帮熔化。

上述针对欠量下料状态的处理方式原则上也可用于处理过量下料中的情形，但一般要对过量百分数的加大程度和过量下料状态的持续时间严加限制，谨防大量沉淀的产生。

在欠量和过量下料周期中采用“可变下料速率”的控制策略后，下料速率曲线就不是图 10-12 所示的由欠量下料与过量下料两种下料速率构成的矩形曲线，而是由多种下料速率构成的阶梯状曲线。图 10-12 就是作者团队开发的一种“可变下料速率”控制方案下的控制实例。图 10-12 中是对一台 200 kA 预焙槽连续监测 24 h 所得的实际控制曲线，其中 C 代表氧化铝浓度，它由人工定时(1 h)取样化验得到，单位%；V_n 代表用正常化槽电压来表达的槽电阻；T_f 代表下料间隔时间，即下料速率。V_n 和 T_f 来自控制系统的自动记录。可见这期间的氧化铝浓度被控制在 1.5%~2.5%。

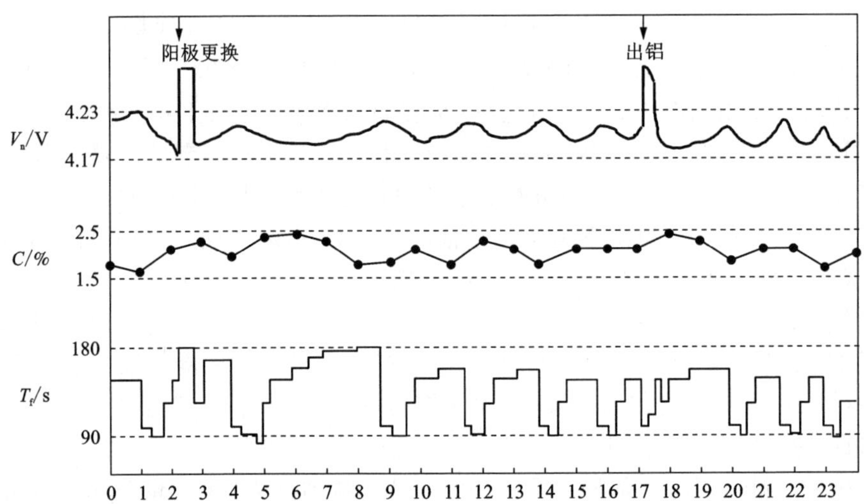

图 10-12　一种“可变下料速率”控制方案下的氧化铝浓度控制实例

4)优化浓度分析与判断的判据(斜率上限等)，并使用辅助判据提高分析与判断的可靠性

斜率上限定得越小，被控制的氧化铝浓度范围就越窄，但浓度判断与控制失误的概率也就提高了。在前文中已经介绍了如何根据物料平衡关系计算氧化铝消

耗速率和各种下料状态下的基准下料间隔时间(即基准下料速率)，并讨论了下料速率变化在理论上对氧化铝浓度产生影响的程度。根据所举 600 kA 预焙槽(电流效率 93%)的例子，氧化铝的消耗速率计算值为 6.013 kg/min。如果液态电解质为 20 t，那么要使电解质中的氧化铝浓度下降 1%，需要消耗掉溶解在液态电解质中的 200 kg 氧化铝。而按照欠量 25%下料，则每分钟应少下料 6.013 kg/min×25% = 1.503 kg/min，消耗 200 kg 氧化铝需要的时间为 200/1.503 = 133 min(约 2.2 h)。如果欠量百分数从 25%改为 50%，则使氧化铝浓度下降 1%(即消耗 200 kg 氧化铝)所需的时间减少一半(即约 1.1 h)。可见，生产现场可以通过使用上述基于物料平衡原理的计算方法来计算并判断设定参数改变时对欠量与过量状态的持续时间产生了多大的影响，然后结合控制系统记录的下料控制曲线来分析实际值与计算值之间有多大的偏差，进而分析产生偏差的原因。

常规控制系统的氧化铝浓度质量分数目标控制范围一般定为 1.5%~3.5%，即浓度变化范围目标值达到 2%。目前先进控制系统的控制目标已缩小到 1.5%~2.5%甚至更小，即浓度变化范围目标值在 1%以内甚至更小。那么，是不是按照允许的浓度变化范围来推算欠量或过量状态的持续时间并进而推算浓度控制的斜率上限呢？不能！因为控制系统无法保证欠量下料与过量下料状态切换时的氧化铝浓度正好处于目标控制范围的端点值附近。因此，从理论上来设计欠量或过量下料状态中氧化铝浓度的变化值时，应该按照比浓度目标范围缩小一半来考虑(为不可预见的浓度变化留有足够的余地)，这样才有可能保证在绝大部分时间内电解槽的氧化铝浓度处于目标控制范围。为了提高浓度分析判断的可靠性，有必要使用除电阻斜率以外的辅助判据。前文中介绍了一种以槽电阻斜率和累积斜率为主要判据，辅以其他辅助判据的效应预报方法。这种方法同样适用于氧化铝浓度控制。

以本书作者及其团队曾开发的控制系统为例，斜率的计算周期取 2 min，而累积斜率指最近 8 min(4 个斜率计算周期)内的累积斜率。当槽电阻波动较大时，无论采用多好的滤波算法，也不能完全排除噪声对斜率计算的干扰，以致于将斜率计算值连成曲线时是一条上下波动的不平滑曲线。对斜率进行累积可以使被累积的斜率值中包含的正、负误差相抵，可以更清楚反映近期电解槽的电阻变化趋势。

将斜率和累积斜率这两个参数相结合的一种简单方案是，给这两个参数一个合适的“权重”，用两者的加权之和作为浓度控制的判据。权系数根据槽电阻的稳定性而定，如果槽电阻稳定性好，斜率计算的可信度高，或者斜率的变化趋势明显，斜率的权系数增大(累积斜率的权系数减小)，反之则增大累积斜率的权系数。但是，不能以累积斜率完全替代斜率作为判据，因为累积斜率的时间滞后性较大，单一使用容易导致下料状态的切换不及时。

物料衡算偏差这一参数可以作为氧化铝浓度控制的辅助判据。例如，如果近期(如最近 6 h)理论消耗量显著大于下料量(即物料衡算偏差为很大的正值)，则应该降低欠量转过量的斜率判别标准，防止过长时间的欠量导致效应趋势难以逆转，或者炉膛被“吃空”。

如何将浓度控制与效应预报很好地结合起来，并利用好效应预报加工(即大下料)也是改进氧化铝浓度控制效果的重要方面。

5)使控制系统能判断和处理浓度进入槽电阻-氧化铝浓度凹形曲线右侧(即高浓度区)的情形

一些人为的或异常的因素以及控制系统在槽况不稳定时可能出现的控制失误均有可能使氧化铝浓度进入高浓度区，如果控制系统不能及时发现，可能会进行错误的控制。从原理上而言，判断浓度是否进入高浓度区的方法很简单：检查欠量下料或过量下料状态下槽电阻的变化方向是否与预期方向相反。如果在欠量下料状态下出现这种情况(即槽电阻不升高反而降低)，可以通过延长欠量下料状态的时间，使槽电阻由下降一直转为上升，一般可以将浓度“拉回”浓度区。但在过量下料状态出现槽电阻不降低反而升高的情形时，不能草率地决定转入欠量，因为导致电阻变化方向异常的不一定是浓度处于高浓度区，还有两种可能：一种是效应趋势已形成，即使过量下料也无法扭转电阻上升的势头；另一种是下料器故障(如堵料，或槽面下料孔堵塞)。因此，还需要结合其他辅助判据(如物料衡算等)进一步分析物料平衡的状态，或者依然持续进行过量下料一段时间，然后把问题交给欠量下料周期去处理。

6)使控制系统和现场技术人员具备通过分析氧化铝下料速率的变化曲线来获取槽况信息并做出优化调控决策的能力

对于跟踪(表观)槽电阻的变化实施“按需下料”控制的铝电解控制系统，一般会通过分析和调控氧化铝下料速率变化曲线来做出槽况分析和优化调整决策。最基本的分析是观察欠量/过量下料周期切换所形成的曲线是否规整、均衡，主要包括欠/过切换的频度是否适当、欠/过周期的持续时间是否均匀、是否接近理想的切换曲线等。单纯从理论上定性分析，我们就能获知多种因素对下料速率变化曲线的影响方式。

(1)欠/过下料周期中的欠/过速率(即欠、过量程度)越大，则氧化铝浓度被从下限或上限“拉回来”的速度越快，也就是说欠量/过量下料周期的切换频率增大。

(2)设定的氧化铝浓度(或表征氧化铝浓度的特征参数，如槽电阻或槽电阻斜率/累积斜率)的上、下限越窄，则切换频率越大。

(3)电解槽的阳极电流密度设计值越大，则单位电解质熔体中氧化铝消耗加快，可导致切换频率增大。

(4)槽中熔融电解质的质量减小，则在固定的欠/过下料速率下，氧化铝浓度变化速率加快且变化幅度增大，可导致切换频率增大。

(5)若某个下料器或下料孔堵塞，则在欠量周期中会导致实际欠料程度大于设定的欠量下料速率，从而导致欠量周期持续时间变短；在过量周期中会导致实际过量程度小于设定的过量下料速率(极端情况下，并非导致过量，而是欠量)，从而导致过量周期持续时间变长，甚至伴随着阳极效应频繁发生。若保温料塌陷导致额外下料过多，则在欠量周期中会导致实际欠料程度小于设定的欠量下料速率，从而导致欠量周期持续时间变长；在过量周期中会导致实际过量程度大于设定的过量下料速率，从而导致过量周期持续时间变短；极端情况下，导致控制曲线完全紊乱，氧化铝浓度失控。

(6)电解质分子比变化或电解质热平衡变化(这两个变化有很大的关联性)也会直接或间接地引起切换频率及曲线规整度变化，例如：若电解槽进入冷行程，因电解质凝固引起槽中熔融电解质质量变小，切换频率会增大；若进入热行程，则切换频率会减小；若冷行程趋势发生在欠量下料周期中，则因其引起的熔融电解质分子比下降和槽温降低的因素相叠加，会导致槽电阻升高，进而使控制系统误以为槽电阻升高是氧化铝浓度降低造成的，从而提前终止欠量下料周期；反之，若冷行程趋势发生在过量下料周期中，槽电阻迟迟不能因实施过量下料而下降到某一设定范围，会使控制系统误以为氧化铝浓度还没有降低到目标范围而做出延后终止过量下料周期的决定。

还有许多其他因素变化或外部干扰引起欠/过下料周期的切换频率及欠/过曲线规整度发生变化。这为控制系统(或技术人员)根据下料控制曲线的特征综合分析铝电解槽物料平衡和热平衡变化以及分析是否发生了某些外部干扰(如下料器故障等)提供了有用信息。除了氧化铝下料速率的动态变化曲线，目前大多数控制系统会将槽电压、系列电流、槽电阻、槽电阻斜率/累计斜率、槽电阻针振与摆动等参数的动态变化曲线一并绘制出来，并在相关曲线上标出相关作业事件(如阳极移动、阳极更换、出铝、大下料等)。这对深度分析挖掘槽况信息提供了便利。

7)加强人-机配合

前文已指出，加强人-机配合是改进槽电阻控制效果的重要措施。同样，加强人-机配合对获得理想的氧化铝浓度控制效果至关重要。

从人工操作维护方面来考虑，要求操作管理人员掌握下料控制的基本原理，懂得下料周期切换的基本策略，能正确地进行控制模式的选择和相关设定参数的设置，尤其是要尽量减少对下料控制过程的人为干扰，具体介绍如下。

(1)要避免在槽控机上进行错误的操作(例如错误地通报人工操作工序)，并避免进行手动与自动控制模式的来回切换，因为进行了一些错误的操作或者转换了控制模式后，控制系统会立即终止正常的控制程序(可能转入特定的下料模式或简单的定时下料)，而再从其他控制模式转回正常的自动控制模式时，控制系统要经历一个较长的初始化阶段才会转入正常控制程序，并且一般都是从欠量下料周期重新开始正常的控制过程。显然，反复从欠量下料周期开始便容易导致效应的发生。

(2)要尽可能减少人工调整极距，因为阳极移动引起的电阻变化打断了控制系统对槽电阻变化速率(斜率)的跟踪，使控制系统对氧化铝浓度的正常跟踪与控制过程暂停(一般需要暂停 4~6 min)。因此，如果这种干扰恰好发生在氧化铝浓度很低的阶段，则可能引起欠量转过量的迟缓，从而导致效应发生。

(3)要尽量减少人工额外下料，要改变过去的经常性进行边加工的习惯。若进行了额外下料(包括进行了会引起额外下料的人工作业工序与边加工)，一定要按照操作规程通报槽控机，这样可以使控制系统及时地调整控制模式，减少控制失误。对于炉底沉淀的处理，应尽可能通过适当调整技术条件达到逐步消除沉淀的目的，例如采取适当提高设定电压、适当增加出铝量、加强保温等措施，使电解槽通过自身的调节去消除沉淀。

与槽电阻控制一样，人-机配合还有很重要的一个方面，那就是现场操作人员必须严格执行作业标准，提高操作与管理质量，减少对电解槽的干扰，维持正确的工艺技术条件，从而为氧化铝浓度控制创造一个良好的控制环境与条件。

8)使用智能控制技术及分区精准下料控制技术

前文已指出，采用智能控制技术是改进槽电阻控制效果的重要措施。同样，智能控制技术也适合于氧化铝浓度控制，因为以上介绍改进氧化铝浓度控制效果的各类措施是传统的基于数学模型的控制方法所难以实现的，而使用一些智能控制技术则更容易实现一些智能化的控制策略。智能推理方法可根据其对槽况的综合分析来判断和控制氧化铝浓度。综合分析的内容不仅包括槽电阻的变化情况分析，还包括物料平衡估算、阳极效应等异常槽况判断、阳极效应预报、槽况稳定性分析、下料控制中可能出现的种种异常情况分析、槽电阻与氧化铝浓度特征曲线及工作点在特征曲线上的位置的智能分析，等等。然后根据槽况综合分析的结果选择适宜的下料控制模式，在必要时调整控制规则及控制器的动态特性，以便使电解槽尽快地恢复到最佳的工作区间，并在通过槽况分析获得氧化铝浓度工作点偏低或偏高的结论时，修正相关设定值。

使用基于分布式感知与动态仿真的氧化铝浓度分区精准控制方法可以显著提升大型铝电解槽槽内各区域氧化铝浓度控制的均衡度和控制精度(这将在后续相关章节中介绍)，从而为提高电解槽在低电压高效节能条件下的运行稳定性、降低病槽发生率、适应我国高锂钾氧化铝原料所形成的复杂电解质体系、深度挖掘低电压高效节能潜力发挥重大作用，应该大力推广应用和优化提升此技术。

10.5　电解质分子比控制

随着低分子比工艺技术的采用，电解质成分(主要是 AlF_3 的添加)的计算机控制愈来愈受到重视。现代电解槽的上部结构中安装有独立的 AlF_3 料斗，由计算机控制 AlF_3 作点式添加。AlF_3 添加控制与槽电阻控制的有机结合构成电解槽热平衡和电解质组成控制的基础[34-39]。传统的分子比控制方法有如下几类。

10.5.1　基于槽温、分子比实测值的查表控制法

该法首先针对特定的槽型与工艺建立一个 AlF_3 基准添加速率的数学模型，据此可根据氧化铝原料组成和槽龄确定不同槽龄的电解槽的 AlF_3 基准添加速率[26-30]。然后，在实际的控制过程中，再根据各台电解槽分子比、电解质温度等参数的实际变化情况，对 AlF_3 添加速率在基准速率的基础上进行调整。

1. AlF_3 基准添加速率的数学模型

1)槽龄与 AlF_3 消耗速率的关系

新槽启动后，由于阴极内衬吸收钠的速率很大，以致在运行的头一周时间内需要大量的碳酸钠。钠的吸收速率随槽龄增大而迅速减小，当槽龄达 800~1000 天时，钠的吸收几乎停止。因此，尽管槽型、下料方式及使用的 Al_2O_3 原料不同，AlF_3 用量与槽龄之间都存在如图 10-13 所示的定性关系，主要区别是，当钠的吸收停止后，AlF_3 的稳定用量值不同。

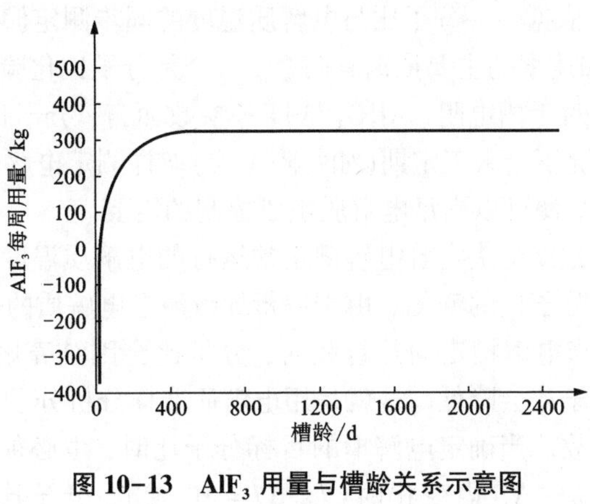

图 10-13　AlF_3 用量与槽龄关系示意图

企业首先根据统计结果列出 AlF_3 用量与槽龄的修正关系表(或者做出拟合曲线)，存储在计算机中，供控制系统在确定 AlF_3 基准添加速率时调用。

2) Al_2O_3 原料的组成与 AlF_3 消耗速率的关系

电解槽经历启动初期后，需要添加 AlF_3 控制分子比的主要原因是 Al_2O_3 原料中所含的 Na_2O 随添加的原料源源不断地进入电解质。

由化学反应式可求出用来平衡原料中的 Na_2O 和 CaO 所需的 AlF_3 原单槽每周用量，如式(10-11)所示：

$$AlF_3\text{每周用量} = \frac{\text{单槽金属日产量} \times 7}{\text{原料中金属总含量}(\%)} \times \left[1.355 \times w(Na_2O) \times \frac{1 + \frac{2}{3} \times \text{质量比}}{\text{质量比}} + 0.9983 \times w(CaO)\right] \tag{10-11}$$

其中，原料中金属总含量(记为 w(Me)可由下式从原料的成分分析结果中求出：

$$w(Me) = 0.5293 \times [1 - w(SiO_2) - w(Fe_2O_3) - w(ZnO) - \text{烧损}(1000\ ℃\text{下}) - 0.4516 \times w(Na_2O) - 0.3940 \times w(CaO)] + 0.4674 \times w(SiO_2) + 0.6994 \times w(Fe_2O_3) + 0.8034 \times w(ZnO) \tag{10-12}$$

针对特定的槽型和工艺制度，由试验与统计分析获得槽龄与钠的吸收速率之间的定量关系后，便可将此与式(10-11)和式(10-12)表达的原料组成与 AlF_3 消耗速率的定量关系相结合，构成 AlF_3 基准添加速率与槽龄和原料组成之间的关系式。

2. AlF_3 基准添加速率的调整

1)调整的主要依据——分子比与电解质温度的同步测定值

调整 AlF_3 添加速率的主要依据有两个，一个是分子比化验值，另一个是电解质温度测定值。相对于槽电阻、Al_2O_3 浓度等参数而言，分子比可视为慢时变参数，因此在正常槽况下由人工定期(如每隔 1 天)取样测定电解质组成和测定同一时刻的电解质温度，便可以满足电解质组成控制的需要。

分子比在很大程度上决定着电解槽正常运行的电解质温度，反过来，电解质温度的变化也引起分子比的变化。由于偏析导致液态电解质的分子比总是低于结壳的分子比，因此当电解槽走向热行程时，分子比会因结壳熔化而升高；反之，槽走向冷行程时分子比会降低。这就是用电解质取样分析分子比时，必须同时测定电解质温度的缘故。当确定电解槽的目标分子比时，也必须考虑电解质温度，例如当温度在 $T_{(\text{基准})} \pm \Delta T$ 内变化时(如 $\Delta T = 10$ ℃)，分子比目标值相应地在 $CR_{(\text{基准})} \pm \Delta CR$ 的范围内调整(如 $\Delta CR = 0.10$)。

出铝、换阳极、阳极效应等也通过影响热平衡而影响分子比。它们的影响也可通过试验和建立模型来确定。

2)调整的算法——查表法

首先计算或查表得到与一定的原料组成和槽龄相对应的 AlF_3 基准速率，然后根据槽温与目标槽温的差别、分子比与目标分子比的差别，用查表方式确定附加在基准添加速率之上的调整量。表 10-1 所示的内容是一个实例[1]，表 10-1 中的添加袋数调整量是指每周的调整量(调整量用袋数表示，每袋 25 kg)；用表 10-1 中的调整量加上每周基准用量，再转化为 AlF_3 添加速率(AlF_3 自动下料的间隔时间)，输入到计算机中执行。

表 10-1　AlF_3 添加袋数调整量(附加于基准添加袋数之上；25 kg/袋)

质量比实际值减去目标值的差	电解质温度		
	低于目标值 10 ℃以上	正常(目标值±10 ℃)	高于目标值 10 ℃以上
+0.18～+0.22		+4	+3
+0.13～+0.17	+4	+3	+2
+0.08～+0.12	+3	+2	+1
+0.03～+0.07	+2	+1	0
−0.02～+0.02	+1	0	−1
−0.03～−0.07	0	−1	−2
−0.08～−0.12	−1	−2	−3
−0.13～−0.17	−2	−3	−4
−0.18～−0.22	−3	−4	

在实际执行 AlF_3 添加的过程中，还应根据具体情况对添加量进行适当调整，例如添加固体电解质时应减小 AlF_3 添加速率，AE 后加大 AlF_3 添加速率等。此外，与 AlF_3 添加速率的调整相配合，为了获得理想的分子比和热平衡综合控制效果，在确定槽基准时还应根据分子比和阴极压降等情况考虑设定电压的调整方案。

最后，简要地指出，除了分子比的调整，$w(CaF_2)$ 的调整也可交由计算机进行。利用 AlF_3 与 CaO、Na_2O 的化学反应式和 Al_2O_3 原料中 CaO、Na_2O 的质量分数(%)，可得出估算新产生的电解质中的 CaF_2 质量分数的公式，如式(10-13)所示：

$$w(CaF_2) = \frac{1.392 \times w(CaO)}{1.392 \times w(CaO) + 1.355 \times \frac{1+R}{R} \times w(Na_2O)} \tag{10-13}$$

式中：R 为质量比。

计算机综合由人工取电解质样的分析结果及用式(10-13)估算的结果来确定的 CaF_2 的添加速率。

10.5.2 基于分子比、槽温等参数间的回归方程控制法

1. 基于分子比与槽温(测定值)之间回归方程的控制法

加拿大铝业公司的 Paul Desclaux 提出了一种无须分子比分析值，只采用电解槽温度测量值来计算 AlF_3 添加速率的分子比控制方法[1]。他认为槽设计一定时，槽温度仅是电解质成分的函数，且电解质成分与槽温之间能快速达到平衡。而电解质中 CaF_2 等添加剂的含量变化很小，因此槽温可视为分子比的函数。他根据槽温与分子比的回归直线关系，用槽温测量值取代传统的分子比分析值来决定 AlF_3 添加量，如式(10-14)所示：

$$A_I = A_0 + 5 \times (T_I - T_t) + 2 \times (T_I - T_{I-1}) \tag{10-14}$$

式中：A_I 为当天 AlF_3 添加量；A_0 为由槽龄确定的 AlF_3 基准添加量；T_I 为当天槽温；T_{I-1} 为前一天槽温；T_t 为槽温目标值。

2. 基于槽温变化速率回归方程及冷、热行程分析的控制法

首先根据槽龄和所使用的氧化铝的特点(含钠量、载氟量)确定 AlF_3 基准添加速率，然后根据槽温的变化趋势对 AlF_3 添加速率进行修正。当电解槽走向热行程时，采用由回归方程得到的槽温变化速度与回归方程得到的热行程的起始温度和温度控制的下限值之差来决定 AlF_3 添加速率的增加量；当电解槽走向冷行程时，采用由回归方程得到的槽温变化速度和回归方程得到的冷行程的预计最终温度和温度控制的上限值之差来确定 AlF_3 添加速率的减小量。最后还根据槽温与槽温目标值之间的差值来修正 AlF_3 添加速率，以弥补电解槽在不同槽温条件下 AlF_3 挥发损失的差别。

3. 基于分子比与槽温、平均槽电压及 AlF_3 添加速率之间的回归方程控制法

根据电解槽在一段时期内的电解质温度测量值(T)、过剩 AlF_3 浓度分析值(C)，AlF_3 添加速率值 F 和平均槽电压值(U)用线性回归方程得到槽状态方程，如式(10-15)所示：

$$T = a_0 + a_1 \cdot C + a_2 \cdot U \tag{10-15}$$

和过程方程，见式(10-16)：

$$C = b_0 + b_1 \cdot F + b_2 \cdot T \tag{10-16}$$

式(10-15)中，C 和 U 为考虑了时间滞后的几天内的平均值；式(10-16)中，F 和 T 为考虑了时间滞后的几天内的平均值。由设定的目标槽温和过剩 AlF_3 浓度，根据式(10-15)和式(10-16)迭代计算最后一次取样分析过剩 AlF_3 浓度和测量槽温之后的几天内最佳的 AlF_3 添加速率和最佳的槽电压设定值。该回归模型的参数

每隔一定时间重新计算，以跟踪电解槽的当前状态和适应槽龄的变化情况。当回归模型的回归参数超出设定界限时，视为惰性(不灵敏)的槽状态，此时回归参数选用一套标准参数来计算 AlF_3 添加速率和槽电压设定值。槽状态变化也可从电解质高度、铝液高度和出铝比(阳极下降量与出铝重量比)的变化中判断，用以调整 AlF_3 添加速率和槽设定电压，维持稳定的热平衡状态。

10.5.3　基于初晶温度实测值控制法

德国 TRIMET 铝业公司试验了一种基于电解质初晶温度(过热度)和电解质温度测量值的分子比与设定电压综合控制法(称为九区控制法)[1]。根据初晶温度测定值和温度测定值的高、中、低，把控制区域划分为图 10-14 所示的九个区域。其中位于中央的第五区是正常工作区。当电解槽位于该区以外的区域时，就需要调整电压或者 AlF_3 添加速率，使电解槽向第五区回归。各区中的调整策略标识在图 10-14 中，而具体调整量要根据试验确定。

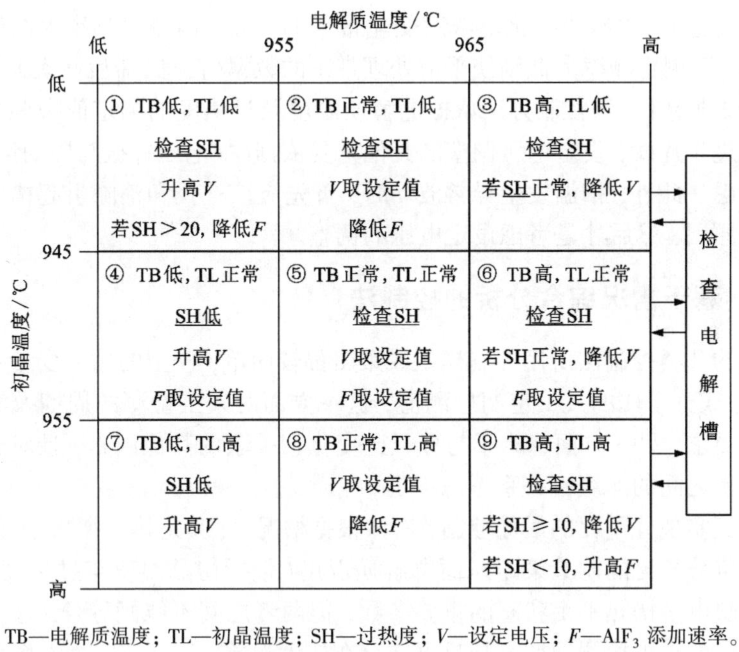

TB—电解质温度；TL—初晶温度；SH—过热度；V—设定电压；F—AlF_3 添加速率。

图 10-14　九区控制法

从图 10-14 中标识的控制策略可见，该控制方法主要依据电解质温度与目标值的偏差来调整设定电压；主要依据初晶温度与目标值的偏差调整 AlF_3 添加速率；并且在某些区域中，过热度的大小是控制决策选择的依据(即据此确定是调整电压还是调整分子比)。

实践表明该控制方法有较好的效果。我国的一些铝厂也在试用这种控制方法(包括试用一种可同时测定电解质初晶温度和温度的过热度测定装置)。但该控制方法也存在下列局限性:

(1)需要使用专门的过热度测定装置,且该装置需要使用一种一次性的测定探头,因此运行的成本较高。在所报道的试验中,该控制方法每天实施一次,但初晶温度(过热度)每隔一天才检测一次,没有检测值时就使用初晶温度和过热度与槽电压等参数间的数学模型来计算,这肯定会带来较大误差。

(2)没有考虑分子比以外的因素对分子比的影响,尤其是没有考虑氧化铝浓度对初晶温度的强烈影响。即使氧化铝浓度在±1%的正常范围内变化,引起的初晶温度变化也可达±5~6 ℃。而过热度测定装置并不能同时测定氧化铝浓度,因此无法修正该影响因素。该影响因素引起的误差与装置的测定误差叠加在一起,可能导致初晶温度的测定值不能真实地反映电解质分子比的实际高低,从而引起分子比控制失误。虽然通过增加测定频率和数据平滑处理(如使用最近的数次测定值的平均值)可以减小氧化铝浓度变化带来的偏差,但测定频率太高则增加了测定成本,而测定频率太低则使平滑处理带来的数据(信息)滞后性太大。

(3)顺便指出,该控制方法依据电解质温度及过热度的测定值来调整设定电压的做法过于片面,设定电压调整的其他重要依据(如电压针振与摆动情况)也必须加以考虑。此外,槽温发生异常波动时,首先应该查找和消除引起槽温异常波动的其他原因,然后才是考虑设定电压的调整。

10.5.4 基于槽况综合分析的控制法

上述的几类控制法所用控制模型或策略都较简单,模型的输入变量主要考虑了槽温和/或分子比的人工定期检测值,这一方面对人工检测的周期及测量精度有较高的要求,另一方面忽略了与分子比变化相关联的其他因素,且对分子比与其影响因素之间的非线性关系考虑不足。

要真正实现分子比的最优控制,应该根据槽况(尤其是热平衡状态)综合分析结果来制定分子比的调节策略。而电解质温度(包括初晶温度与过热度)测定值虽然是反映电解槽热平衡状态的重要参数,但两者之间不能画等号,这不仅因为电解质温度的人工检测周期太长且可能存在较大误差,而且还因为电解质温度不能全面描述电解槽的热平衡状态。例如,不能单凭温度升高或降低做出冷行程或热行程的结论;如果两次测定电解质温度时,电解质中的氧化铝浓度相差2%,也可能引起电解质温度测定值相差 10 ℃以上;设定电压过低引起热收入不够,或者铝液高度过高引起热支出过大,也会引起电解质温度变化,进而引起分子比变化。显然,在这些情况下正确的处理方式都不是直接调整分子比,而是应该调整影响热平衡的其他因素(如物料平衡、设定电压、出铝量等)。

精细的分子比控制决策不仅应该考虑热平衡状态，还要考虑电解槽槽况的其他方面(如物料平衡、槽稳定性等)，也就是说应该全面考虑槽况。例如，如果当前电阻波动严重，或者槽膛不好，或者槽底沉淀严重，也可能需要适当减小 AlF_3 添加速率。

此外，为实现精细的分子比控制，不仅要考虑当前槽况，而且要分析、预测槽况的变化趋势。例如，出现热平衡向冷槽发展、槽电阻波动或槽底沉淀向变严重的方向发展等情况时，那么即使当前的分子比较高，也不能按常规增大 AlF_3 添加速率。

基于以上的考虑，在开发槽况综合诊断与决策系统时，可把 AlF_3 添加速率这一参数作为需要通过决策来取值的参数之一。换言之，将分子比控制融入槽况诊断与决策之中。这样就能避免使用单一的 AlF_3 添加控制模型“考虑不周”或“顾此失彼”的问题。以本文作者及其团队曾开发的一个简单的槽况诊断与决策系统为例：

(1)系统采用如下输入变量作为槽况诊断的判据：①电解质温度；②铝液高度；③电解质高度；④24 h 针摆(包括针振和摆动)的累计时间；⑤阳升、阳降平均电阻率；⑥分子比。

(2)以 24 h 为周期进行槽况诊断，诊断结论中描述当前槽况最符合下列类型中的哪一种(或哪两种)：①炉膛不好；②炉底不好；③冷槽；④热槽；⑤假热槽(过热度低)；⑥理想槽况；⑦不理想槽况。同时，用[0, 1]取值描述结论的可信程度(若为病槽，也代表病槽的严重程度)。

(3)最后，系统根据输入变量及诊断结论，做出控制决策，即确定下列三个输出变量的取值：①设定电压；②AlF_3 添加速率；③出铝量。其中，对 AlF_3 添加速率的决策原则：如果为“炉膛不好”或“炉底不好”或“冷槽”或“针摆严重”，或者有向这些病槽发展的趋势，则下个周期(24 h)中需减小 AlF_3 添加速率；如果为“热槽”或有向“热槽”发展趋势，则下个周期中需增大 AlF_3 添加速率。

上述的槽况诊断与决策系统安装在上位机中，因此上位机将 AlF_3 基准添加速率决策值发送到槽控机，槽控机在具体执行时还会根据当前槽况与槽上作业(如阳极效应发生、人工操作工序的进行等)进行 AlF_3 添加速率的二次调整。

10.5.5　改进分子比控制效果的措施

要获得理想的分子比控制效果，第一要选用先进的控制模型与算法；第二要尽力保障控制模型与算法所需要的输入参数准确可靠，因此要十分重视人工定期检测分子比和槽温；第三要确保 AlF_3 下料系统计量准确，运行可靠；第四要加强人工管理，严格遵守作业标准，确保符合相关技术条件且稳定，尽量减少病槽的发生，确保人-机和谐配合，能正确地设置相关的人工设定参数（如 AlF_3 基准下料速率），并正确地实施人工辅助调节。

从人工维护的角度考虑，尽可能保持电解槽运行稳定和防止病槽发生对于获得理想的分子比控制效果是十分重要的。在槽况维护中，保持电解槽的热平衡又是最重要的，因为热平衡的波动与分子比的变化最容易陷入恶性循环。尤其是采用低分子比操作后，熔融电解质组成（强酸性）与凝固的电解质组成（接近中性）差别大，因此分子比与热平衡的相互影响与相互作用要比高分子比状态下强烈得多；低分子比状态下的调整分子比操作会导致分子比和热平衡出现较长时间和较大幅度的“惯性”变化过程。

对于槽况不稳定、分子比偏离正常范围较大的电解槽，常常施以人工辅助调节。在进行人工辅助添加时（或者人工调整 AlF_3 基准添加速率时），要密切注视分子比和热平衡的变化，要用系统的和动态的观点找准引起分子比变化的原因和趋势，不能只看每一静态值或单靠调整 AlF_3 的添加量来调整分子比。由于分子比的调整会导致分子比和热平衡出现较长时间和较大幅度的“惯性”变化过程，因此人工调整时，每调整一次分子比便要等待电解槽进入一个相对较平稳的过程，然后再考虑下一次调整。如果两次下调分子比的操作没有拉开足够的时间间隔，那么这两次操作对槽温和分子比的影响便会叠加在一起，使电解槽的热平衡发生振荡。

参考文献

[1] BONNY P, GERPHAGNON J L, LABOURE G, et al. Process and apparatus for accurately controlling the rate of introduction and the content of alumina in an igneous electrolysis tank in the production of aluminium: U. S. Patent4431491[P]. 1984-02-14.

[2] BORG P, MOEN T O M, AALBU J. Adaptive control of alumina reduction cells with point feeders [J]. Modeling, Identification and Control, 1986, 7(1): 45-46.

[3] MCKENNA J S, OMANI F K, NYADZIEHE T. An adaptive feed strategy for a center-break reduction cell[J]. JOM, 1993, 45: 44-47.

[4] 李劼. 点式下料铝电解槽计算机控制模型的研究[D]. 长沙：中南工业大学，1993.

[5] 李劼，刘业翔，黄永忠，等. 点式下料铝电解槽氧化铝浓度新型估计模型[J]. 中国有色金属学报，1993，3(2)：25-28.

[6] JIE, LI, et al. An estimation model of alumina concentration for point-feeding aluminum reduction cells[C]. U MANNWOLLOR. Light Metals 1994, San Francisco: TMS, 1994: 441.

[7] LI J, XIAO J, LIU Y X, et al. Hierarchical intelligent control system for aluminium reduction cells[C]. Light Metals 1997, Warrendale: TMS, 1997: 463-467.

[8] WANG, JIE, et al. Development of data-knowledge-driven predictive model and multi-objective

optimization for intelligent optimal control of aluminum electrolysis process [J]. Engineering Applications of Artificial Intelligence, 2024, 134: 108664.

[9] 李劼, 王前普, 肖劲, 等. 预焙铝电解槽智能模糊控制系统[J]. 中国有色金属学报, 1998, 8(3): 557-562.

[10] 李劼, 肖劲, 张泰山, 等. 铝电解槽点式下料的专家模糊控制方法[J]. 中南工业大学学报, 1998, 29(1): 32-35.

[11] 李劼, 丁凤其, 邹忠, 等. 铝电解模糊专家控制器的开发与应用[J]. 有色金属, 2000, 52(4): 61-63.

[12] LI J, DING F Q, ZOU Z, et al. Development of fuzzy expert technique for aluminum electrolysis [C]//Light Metals 2001, TMS, 2001: 1267-1272.

[13] 李劼, 张文根, 丁凤其, 等. 基于在线智能辨识的模糊专家控制方法及其应用[J]. 中南大学学报(自然科学版), 2004, 35(6): 911-914.

[14] LI J. Technological progress in Chinese primary aluminum industry and the characteristics of chinese technologies [R]//Proceedings of International Forum on Aluminum—Application & Development in Products and Processes, Shanghai: 2005: 111-127.

[15] MEGHLAOUI A, BUI R T, THIBAULT J, et al. Intelligent control of the feeding of aluminum electrolytic cells using neural networks[J]. Metallurgical and Materials Transactions B, 1997, 28B(4): 215-221.

[16] MEGHLAOUI A, BUI R T, THIBAULT J, et al. Predictive control of aluminum electrolytic cells using neural networks[J]. Metallurgical and Materials Transactions B, 1998, 29B(10): 1007-1019.

[17] MEGHLAOUI A, THIBAULT J, BUI R T, et al. Neural networks for the identification of the aluminium electrolysis process[J]. Computer & Chemical Engineering, 1998, 22(10): 1419-1428.

[18] 李劼, 刘业翔, 黄永忠, 等. 铝电解过程控制信号滤波与槽噪声解析模型的研究[J]. 中南矿冶学院学报, 1993, 24(3): 318-325

[19] LI J, LIU Y X, HUANG Y Z, et al. Bath temperature model for point-feeding aluminium reduction cells[J]. Transactions of Nonferrous Metals Society of China, 1994, 4(1): 26-32.

[20] 边友康, 李民军, 等. 铝电解槽分子比控制技术的研究进展[J]. 轻金属, 2000, (5): 36-38.

[21] 李劼, 李民军, 肖劲, 等. 铝电解槽槽电阻的智能控制方法研究[M]//中国科协第三届青年学术年会论文集——信息科学与微电子技术. 北京: 中国科学技术出版社, 1998.

[22] 李民军. 大型预焙铝电解槽模糊专家控制器及新颖热平衡控制模型的研究[D]. 长沙: 中南工业大学, 1999.

[23] VUKSANOVIC, BRANISLAV, AMAR BOUSBAINE. Intelligent control of aluminium rolling mills using two dimensional adaptive filters [J]. International Journal of Modeling and Optimization, 2013, 3(5): 412.

[24] R LOGANANTHARAJ, G PALM, M ALI. Thirteenth International Conference on Industrial and

Engineering Applications of Artificial Intelligence and Expert Systems(IEA/AIE2000)[M]. New Orleans: Springer, 2000.

[25] SALT D J. Bath chemistry control system[C]. Light Metals 1990, 1990: 299-304.

[26] BARBER M. The optimization and control of bath chemistry [C]//Proceedings of the International Symposium on Quality and Process Control in the Reduction and Casting of Aluminum and other Light Metals, New York: Pergmon Press, 1987: 51-58.

[27] BARBER, M. THE OPTIMIZATION AND CONTROL OF BATH CHEMISTRY [M]// Proceedings of the International Symposium on Quality and Process Control in the Reduction and Casting of Aluminum and Other Light Metals. Winnipeg: Pergamon, 1987.

[28] MADSEN D J. Temperature measurement and control in reduction cells[C]. Light Metals 1992, 1992: 453-456.

[29] CAMPO J J, SANCHO J P. Low bath ratio operation in side breaking V. S. S. Pots[J]. Aluminium, 1994, 70(9/10): 587-589.

[30] DESCLAUX P. AlF_3 additions based on bath temperature measurements[C]. Light Metals 1987, 1987: 309-313.

[31] WILSON M J. Practical considerations used in the development of a method for calculating aluminium fluoride additions based on cell temperatures[C]. Light Metals 1992, 1992: 375-378.

[32] ENTNER P M, GUDMUNDSSON G A. Further development of the temperature model[C]. Light Metals 1996, 1996: 445-449.

[33] ENTNER, PETER M. Control of AlF_3 Concentration[C]. Light Metals 1992, 1992: 369-374.

[34] ENTNER P M. Further development of the AlF_3-model[C]. Light Metals 1993, 1993: 265-268.

[35] ENTNER, PETER M. Control of bath temperature[M]//Essential Readings in Light Metals: Volume 2 Aluminum Reduction Technology. Cham: Springer, 1995: 808-811.

[36] RIECK T, IFFERT M, WHITE P, et al. Increased current efficiency and reduced energy consumption at the TRIMET smelter essen using 9 box matrix control[C]//P COOPER, A HARDMAN, E BURHOP. Light Metals 2003, 2003, Warrendale: TMS, 449-456.

[37] MEGHLAOUI A, ALJABRI N. Aluminum fluoride control strategy improvement[C]. Light Metals 2003, 2003: 425-429.

[38] 周诗国. 预焙铝电解槽热平衡诊断专家系统的研究[D]. 长沙: 中南大学, 2001.

[39] 陈湘涛. 数据仓库与数据挖掘技术在新型铝电解控制系统中的应用研究[D]. 长沙: 中南大学, 2004.

[40] 刘业翔, 陈湘涛, 张文根, 等. 基于连通分支的聚类分析算法及其在铝电解中的应用[J]. 计算机工程与应用, 2004, 23: 216-219.

[41] 刘业翔, 陈湘涛, 张更容, 等. 铝电解控制中灰关联规则挖掘算法的应用[J]. 中国有色金属学报, 2004, 14(3): 494-498.

[42] CHEN X T, LI J, ZHANG W G, et al. The development and application of data warehouse and

data mining in aluminum electrolysis control systems[C]//TRAVIS J GALLOWAY. Light Metals 2006, 2006: 515-519.

[43] 游旺. 大型预焙铝电解槽槽膛内形在线动态仿真研究[D]. 长沙: 中南工业大学, 1997.

[44] 徐福仓. 专家系统技术在铝电解过程监控中的应用研究[D]. 长沙: 中南工业大学, 1998.

[45] 李劼, 肖胜华, 吕晓军, 等. 一种预焙铝电解槽电流强化与高效节能的方法: CN201010297450. 3[P]. 2010-09-30.

[46] FROST F, KARRI V. Identifying significant parameters for Hall-Heroult Process using general regression neuralnetworks[J]. DBLP 2000. 73-78.

[47] JIE L, XIAOJUN L, HONGLIANG Z, et al. Development of low-voltage energy-saving aluminum reduction technology[C]. Light Metals 2013, 2013: 557-559.

[48] 邹忠, 杨帅, 李勇, 等. 一种铝电解槽的阳极电流在线测量方法与装置: CN201410359119. 8[P]. 2014-07-25.

[49] YANG S, ZOU Z, LI J, et al. Online anode current signal in aluminum reduction cells: Measurements and prospects[J]. JOM, 2016, 68: 623-634.

[50] 张红亮, 李劼, 邹忠, 等. 一种全数字化电解槽及其一体化智能控制系统: CN201810762764. 2[P]. 2018-07-12.

[51] 李劼, 张红亮, 罗若木, 等. 一种氧化铝浓度二次仿真方法, 系统及存储介质: CN202110471902. 3[P]. 2021-04-29.

[52] 李劼, 罗若木, 彭晨, 等. 铝电解数字孪生体构建及应用研究[J]. 中南大学学报(自然科学版), 2023, 54(2): 710-719.

[53] 邹忠, 彭晨, 李劼, 等. 基于分布式感知的铝电解智能识别系统及应用[J]. 中南大学学报(自然科学版), 2023, 54(2): 732-743.

[54] LI J, QIANG K J, YANG C H, et al. Construction and application of digital twin in aluminum electrolysis[C]//SAMNEL WAGSTAFF. Light Metals 2024, TMS, 2024: 453-463.

第 11 章　铝电解槽的分布式感知

铝电解生产要向智能优化制造转型，就必须首先解决构建铝电解槽数字孪生体并进而构建数字化工厂的技术难题，而铝电解槽数字孪生体的构建，首先必须解决电解槽工况的空间分布信息获取难题，特别是实时获取的难题[1-4]。

从进一步提升现代大型、超大型铝电解槽运行技术经济指标的角度来看，也十分有必要解决槽内工况的空间分布信息实时获取难题。这是因为大型、超大型铝电解槽具有极强的空间分布特性，即在槽内会出现各种各样的分布问题、不均匀问题，特别是氧化铝浓度不均匀分布和温度不均匀分布的问题。

长期以来，铝电解槽的在线采集参数只有集总参数型的槽电压和系列电流两个采集点。由于槽内熔体的强腐蚀性，至今尚无可利用的传感器探头能承受熔体的长时间腐蚀，因此氧化铝浓度、电解质温度、铝液高度（俗称铝水平）、电解质高度（俗称电解质水平）等重要状态参数依然无法直接在线检测。工业生产中对这些参数采用定期（或认为必要时）人工检测的方式，铝业界考虑和研究过的分布式信号在线采集主要集中在无需在槽内熔体中取信号的分布式信息采集，包括阳极电流分布、槽壳侧壁与钢棒温度、阴极电流分布等，但已有检测方法与技术要么因为采样精度与可靠性不够，要么因为采集系统造价高且缺乏有效利用这些信号进行槽况解析的技术而没有得到推广应用。

阳极电流分布信息包含十分丰富的槽内工况空间分布状态信息，本书作者及其团队首先重点攻克了阳极电流分布信号在线采集的难题，实现阳极电流分布状态信息高精度、高稳定、铝低成本在线感知。在此基础上，结合阳极母线位置、槽壁温度分布、阴极电流分布和烟道端烟气温度等信号的在线检测技术与装置的开发，将铝电解槽在线采集信号从常规集总式的槽电压与系列电流 2 个在线采集点，扩展到 4 类（标准配置）~7 类（扩展配置）共 33~297 个在线采集点，实现分布式槽状态信息的在线实时感知。

将上述在线检测系统的实时感知信息与各种其他来源的信息（包括人工检测数据、人工取样交化验室检测所获数据等）相结合，所形成的“多源异构数据”构成了铝电解智能优化制造的最底层数据基础。

11.1　分布式在线检测信号的种类及其检测价值

1. 分布式在线检测种类

作为标准配置的在线采集信号包括以下几种。

(1)槽电压(1 个采集点)。

(2)系列电流(1 个采集点)。

(3)阳极电流分布(根据槽型不同有 24~48 个采集点)。

(4)阳极母线位置(1~2 个采集点)。

(5)作为拓展配置(由用户根据自身需求与目标选配)的分布式信号。

(6)槽壳侧壁与钢棒温度分布(最多有 128 个采集点)。

(7)阴极钢棒中阴极电流分布(最多有 128 个采集点)。

(8)槽烟道端烟气温度(1~4 个采集点)。

2. 分布式在线信号的价值

槽电压和系列电流的在线检测，是延续常规控制系统的在线检测方案，根据这两个信号计算得到的(表观)槽电阻是用于分析和控制铝电解槽物料平衡(氧化铝浓度)及热平衡和极距的重要依据。

阳极电流分布因其具有变化频率快、与生产工艺管理密切相关、跟电解槽工作状态相关性大等特点，是多年来铝电解生产管理最为关注的信号，长期以来铝厂主要由电解操作工定期或不定期地进行人工检测。实现在线实时检测后，该信号与其他检测和解析信息联用，可用于获取如下槽况信息：

(1)各区域(即电解槽阳极块/组对应的电解槽工作区域)的氧化铝浓度变化信息。

(2)各区域阳极效应发生趋势的信息。

(3)各区域电解质过热度的变化信息。

(4)各区域阳极块/组工作稳定性(包括阳极病变)的信息。

(5)阳极更换的操作质量信息。

阳极母线位置的在线检测，是传统铝电解控制中阳极行程测量装置——回转计的高精度替代品。过去的回转计因为精度太差而无实际应用价值。实现阳极母线位置的高精度在线检测后，通过该信息可以获得阳极移动量的信息，再与其他检测和解析信息联用，可用于获取如下槽况信息：

(1)极距变化信息。

(2)槽膛变化信息(注：出铝前后精确的母线位移是炉膛大小变化的重要判据)。

(3)电解质电阻率变化信息。

(4)过热度变化信息。

(5)阳极移动是否正常的信息(阳极移动安全预警)。

侧壁与钢棒温度分布的在线检测信息与其他检测和解析信息联用，可用于获取如下槽况信息：

(1)槽膛变化信息。

(2)热平衡(槽温、过热度)变化信息。

(3)阴极与内衬工作状态信息(槽寿命监测)。

(4)漏槽预警信息。

阴极电流分布的在线检测信息与其他检测和解析信息联用，可用于获取如下槽况信息：

(1)槽内电场(电流)分布信息。

(2)槽内磁场分布信息。

(3)槽内磁流体稳定性及其分布信息。

(4)槽内阴极状态(阴极钢棒与炭块工作状态、阴极沉淀分布状态、槽寿命预测)信息。

(5)阴极破损及漏槽预警信息。

烟气温度的在线检测信息与其他检测和解析信息联用，可用于获取如下槽况信息：

(1)槽内热平衡变化信息。

(2)电解槽密封状态信息。

(3)槽面保温料的保温状态信息。

11.2 分布式在线检测的整体方案设计

为铝电解槽开发的分布式在线检测系统整体方案如图 11-1 所示，其中传统的铝电解控制采集信号(系列电流与槽电压)、在线阳极电流分布传感器、在线阳极母线位置传感器、可选的在线烟气温度传感器，均通过高温电缆连接到槽上部烟道端的信号采集箱，由于槽上部采集箱内置信号采集板，可将采集到的信号通过 CAN 总线传输到槽控机。

在线侧壁与钢棒温度传感器(最大采集点数为 128 个)、在线阴极电流分布传感器(最大采集点数为 128 个)作为可选方案，也通过高温电缆将信号连接到区域信号采集箱，每个区域信号采集箱接入 8~16 路温度或阴极电流信号，由于各区域采集箱内置信号采集板，可将采集到的信号通过 CAN 总线传输到槽控机。

槽控机将采集到的在线传感器信息，通过工业以太网传送到机房的后台数据中心服务器，后台数据中心服务器对采集到的原始数据进行统一存储与管理，同

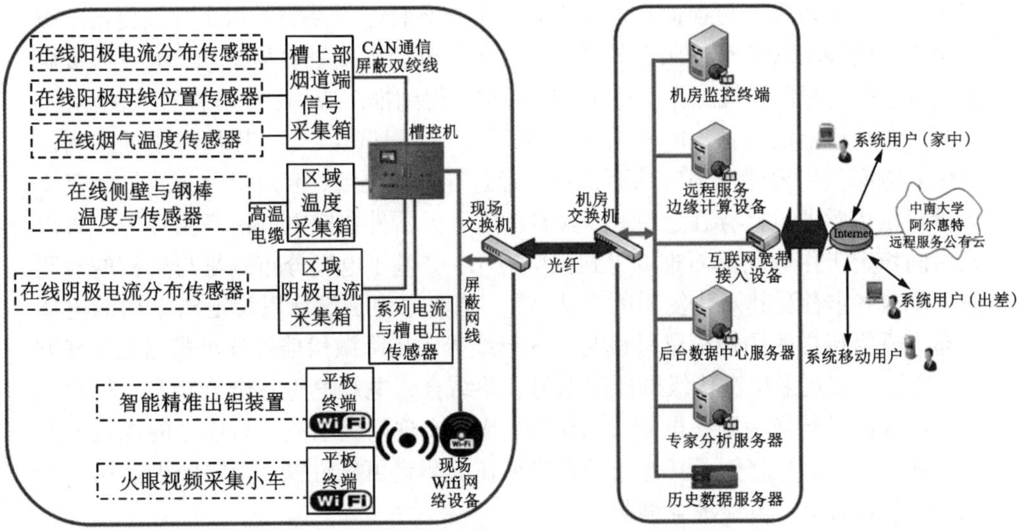

图 11-1　分布式在线检测系统的整体方案

时将原始信息分发给专家分析服务器，并进行传感信号的数字信号处理和工艺特征提取。

分布式在线检测系统除了采集上述在线传感器的信号，还集成了智能精准出铝装置和火眼视频采集小车（为以后预留）的自动采集信息。

现场智能精准出铝装置获取的天车信息（出铝量与天车控制信息，传输信息点数为 8~10），通过现场架设的 WiFi 网络传送到现场交换机，并进一步传送到机房的后台数据中心服务器，进行原始数据的存储与管理；同时天车信息也会分发到专家分析服务器，用于铝电解状态分析与控制优化处理。

火眼视频采集小车投入应用后，同样可以通过现场架设的 WiFi 网络，将火眼视频传送到现场交换机，并进一步传送到机房的远程服务边缘计算设备，经过边缘侧视频数据的处理与缓存，最终将视频数据发送到第三方（中南大学）远程服务公有云平台，用于槽工作状态的软测量。

11.3　阳极电流分布信号的在线检测

作为铝电解槽“面”信息的阳极电流分布包含了丰富的槽状况信息。多年来，国内外一直在开发在线检测方法与装置，先后开发的方法及其检测原理如下：①直接测量法，或称接触式测量法或等距压降法，其基本原理是通过测量一段固定长度的阳极铝导杆上的等距压降来推算或直接判断流经被测阳极块（组）阳极电流的大小，是手工检测的常用方法，也被研究用于在线检测[1-2]，但用于在线检测时由于阳极需要更换而只能用卡具在阳极导杆上安装测量探头并在更换阳极时由人工将探头转移至新阳极的导杆，这会导致探头接触容易松动、触点易被腐蚀失效、在线测量系统工作不稳定，因而难以得到推广应用；②非接触式测量法，或叫霍尔传感器测量法，也得到了较多研究与应用试验[3-5]，其基本原理是利用霍尔效应测量出磁感应强度从而推算出通过导杆的电流，但由于分布式检测需要大量霍尔传感器且其存在造价高、含有的电子元器件在铝电解槽高温环境下难以长时间稳定工作等问题而难以得到推广应用；③基于电场分布测量与解析的检测法，即本书作者及其团队发明的方法[6-8]，基本原理是设计以特定槽结构的电场分布解析为指导的阳极横梁母线与立柱母线等距压降微伏信号分布式测点布置方法，通过分布式采集微伏级电压降信号，并结合铝电解槽电场分布模型，将微伏级电压降信号转换为阳极电流分布信号，成功实现阳极电流分布信号的稳定与高精度在线测量，并避免了其他测量方法存在的测量可靠性低、受阳极更换作业干扰、成本高而使用不经济等难题[5-8]。

1）基于电场分布测量与解析的阳极电流分布信号在线检测技术原理

以在某 400 kA 铝电解槽上进行检测为例，叙述本章研发的阳极电流分布信号在线检测的技术原理。通过铝电解槽的电流一般由连接上一台槽阴极母线的各个立柱母线引入，然后通过横梁母线与阳极导杆的接触连接进入各个导杆中。如图 11-2 所示的一段横梁，其在立柱母线或过桥母线引入电流后，分别通过横梁流向各个阳极炭块。其各个阳极和总的电平衡可由式(11-1)、式(11-2)、式(11-3)、式(11-4)、式(11-5)表示。

$$I_t = I_3 + I_4 = I_a + I_b + I_c + I_d + I_1 + I_6 \tag{11-1}$$

$$I_a = I_2 - I_1 \tag{11-2}$$

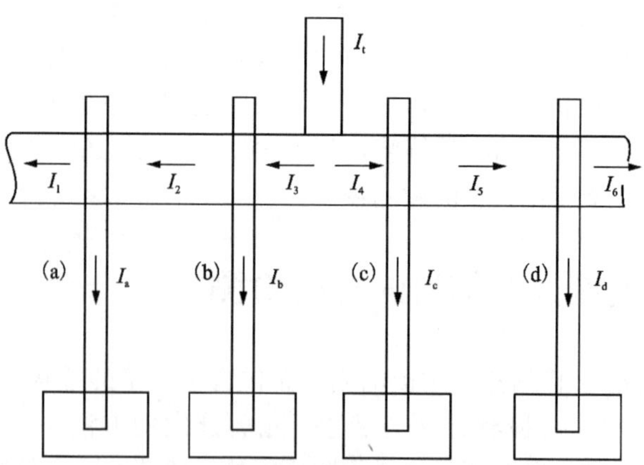

图 11-2　横梁母线电流流向示意图

$$I_b = I_3 - I_2 \tag{11-3}$$

$$I_c = I_4 - I_5 \tag{11-4}$$

$$I_d = I_5 - I_6 \tag{11-5}$$

式中：I_t 为立柱或过桥母线进入该段横梁的总电流；I_1、I_2、I_3、I_4、I_5、I_6 分别为各段横梁的局部截面电流；I_a、I_b、I_c、I_d 分别为各个阳极导杆的流入电流。

对于流经导杆的电流而言，除了可以直接通过测量导杆的等距压降利用欧姆定律计算，还可以通过获得与导杆进行接触导电的两侧横梁的流经电流进行加和求解。因此，基于横梁上电流可以进行测量的前提，对于每一根阳极导杆来说，可以把问题化简为电流流入流出节点的问题，导杆与横梁的接触点即为节点，如图 11-3 所示。

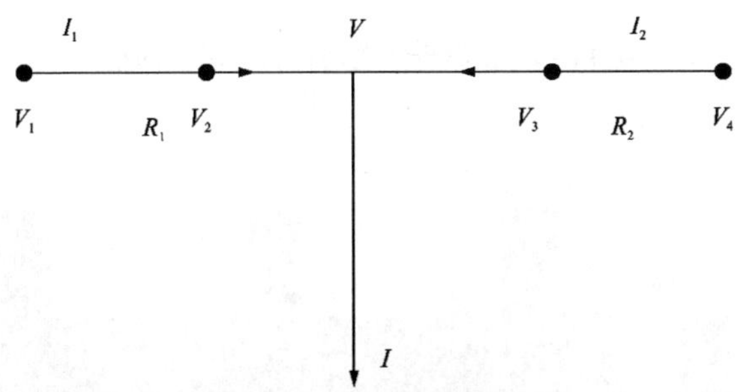

图 11-3　节点电流流向

假设可以把流经横梁和导杆的电流看成理想状态下的线电流，那么流经某段横梁的电流就可通过沿着横梁方向特定长度上的电势差进行计算。如图 11-3 所示，流经导杆的电流 I 可以通过式(11-6)进行计算：

$$I = I_1 + I_2 = \frac{V_1 - V_2}{R_1} + \frac{V_4 - V_3}{R_2} \tag{11-6}$$

因此，若能够测量出导杆两侧横梁上的某段电势差 V_1-V_2 以及 V_4-V_3，则可获得与等距压降同等意义的物理量。本章提出的基于横梁的阳极电流分布测量的新方法，正是基于以上描述和假设进行横梁压降测量、间接计算阳极电流的方法。

针对槽上部母线结构，赋予实际情况下的电流载荷以及其他边界条件，考虑铝材料在不同温度条件下的材料属性不同的问题，建立与实际情况接近的有限元模型，而且模型中还要考虑铝导杆与横梁的接触。建立的模型的部分有限元网格如图 11-4 所示。

导杆与导杆之间的局部横梁电势分布如图 11-5 所示，可以看到导杆间的电势分布整体比较均匀，说明基于横梁母线压降的阳极电流分布测量途径在理论上是可行的。

扫一扫，看彩图

图 11-4　横梁母线电场计算有限元网格

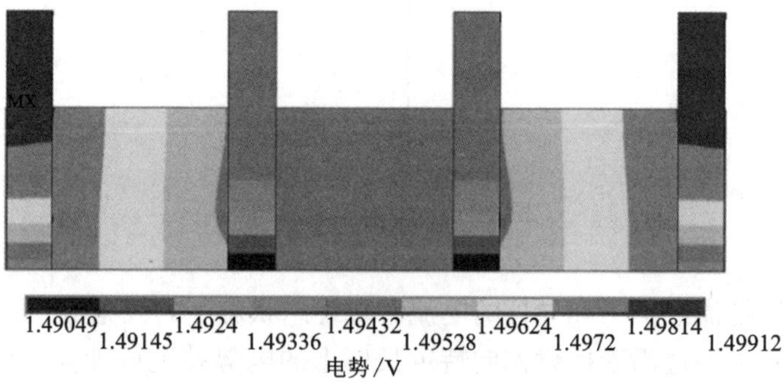

图 11-5　横梁与导杆间电势分布

2) 阳极电流分布信号在线检测硬件系统

根据横梁母线测量阳极电流分布的原理及以上分析，开发相应的在线检测硬件系统并开展在线检测的实际应用分析。本实例的 400 kA 铝电解槽包含 48 块阳极，其中进电面从出铝端到烟道端标注为 A1 至 A24，出电面的阳极标注为 B1 至 B24。

对于横梁上的电压测量来说，测量环境虽比导杆压降要好得多，但仍不免需要在较高的温度和较强的腐蚀性环境中进行，对硬件的稳定性要求仍然要保证较小的故障率，因此在硬件系统的设计和使用中也必须注意实际环境的问题。

图 11-6、图 11-7 分别为阳极电流分布在线检测系统框架图及测量点的现场安装示意图。

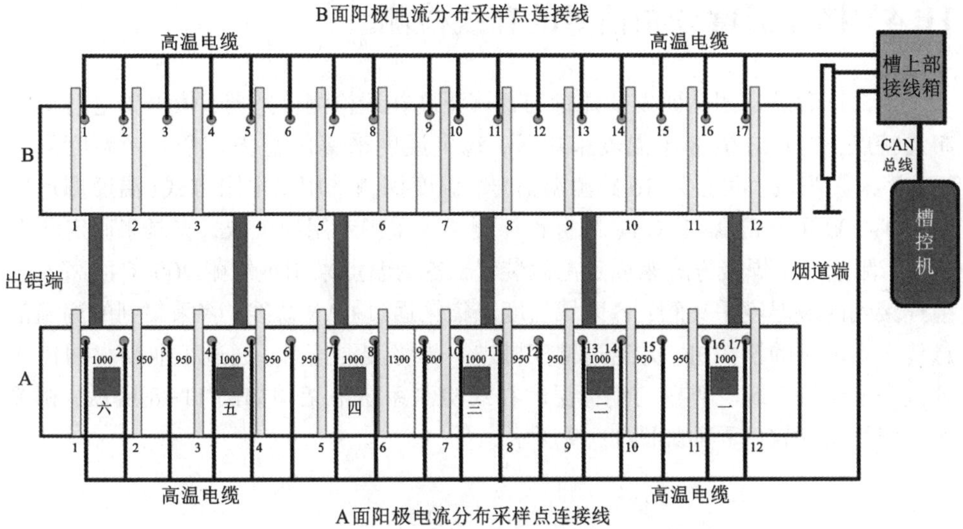

图 11-6　阳极电流分布在线检测系统框架图

图 11-7　阳极电流分布测量点的现场安装示意图

如图 11-7 所示，导杆之间的测量点位于横梁的中部，每个测量位置分别由两根采样线引出电压差；采样线由专用夹具保护在横梁上，以防止在人工进行槽上部结构维护时被破坏以及与横梁间的磨损。采样所使用的导线可耐受 150 ℃的环境温度，低于横梁上的最高温度。此外，夹具还具有在横梁后部固定线束、维持导线束的位置稳定的作用。

11.4 槽壳温度分布信号的在线检测

本书作者及其团队研发的侧壁与钢棒温度在线检测传感器，依据铝电解槽的布局特点，划分出 6~8 个温度采集区，每个温度采集区配备一个区域温度采集箱，该采集箱最大可接入 16 路测温信号，温度探测采用热电阻方式(温度测量区间-50~500 ℃，精度±1 ℃)，阴极钢棒测温点采用专用的机械式夹具来固定测温装置，侧壁采用焊接方式来固定测温装置，各测温点采用绝缘耐 200 ℃的高温电缆连接到区域温度采集箱；各区域温度采集箱通过 CAN 总线，将采集到的测温信息传送到现场的槽控机，并通过槽控机进一步将测温信息，通过工业以太网传送到机房上位机系统。侧壁与钢棒温度在线检测系统框架图如图 11-8 所示，相关实物照片及其软件界面如图 11-9 所示。

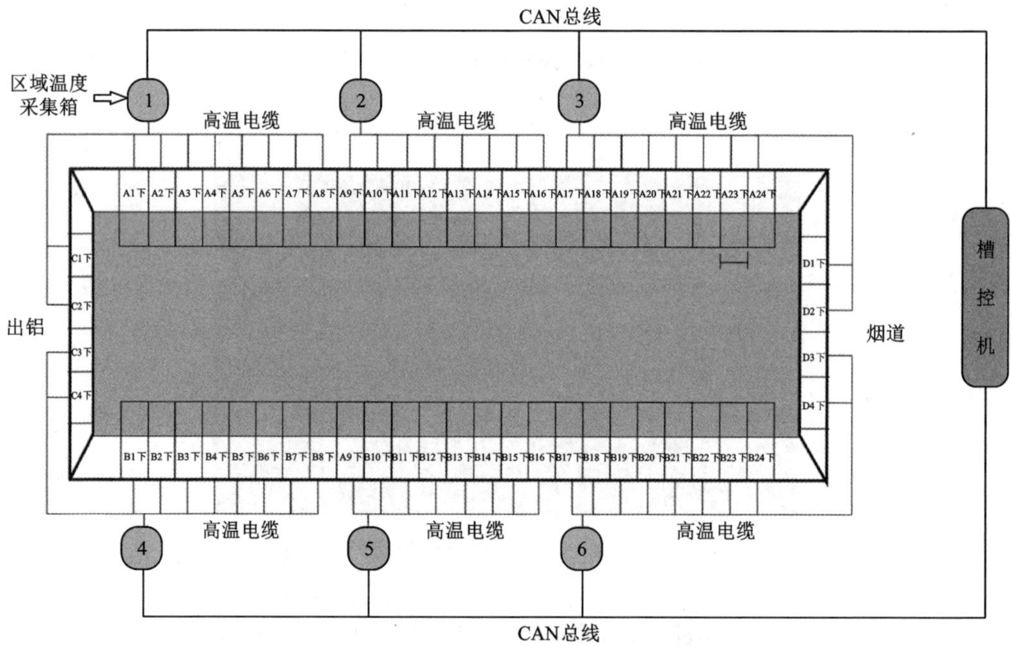

图 11-8 侧壁与钢棒温度在线检测系统框架图

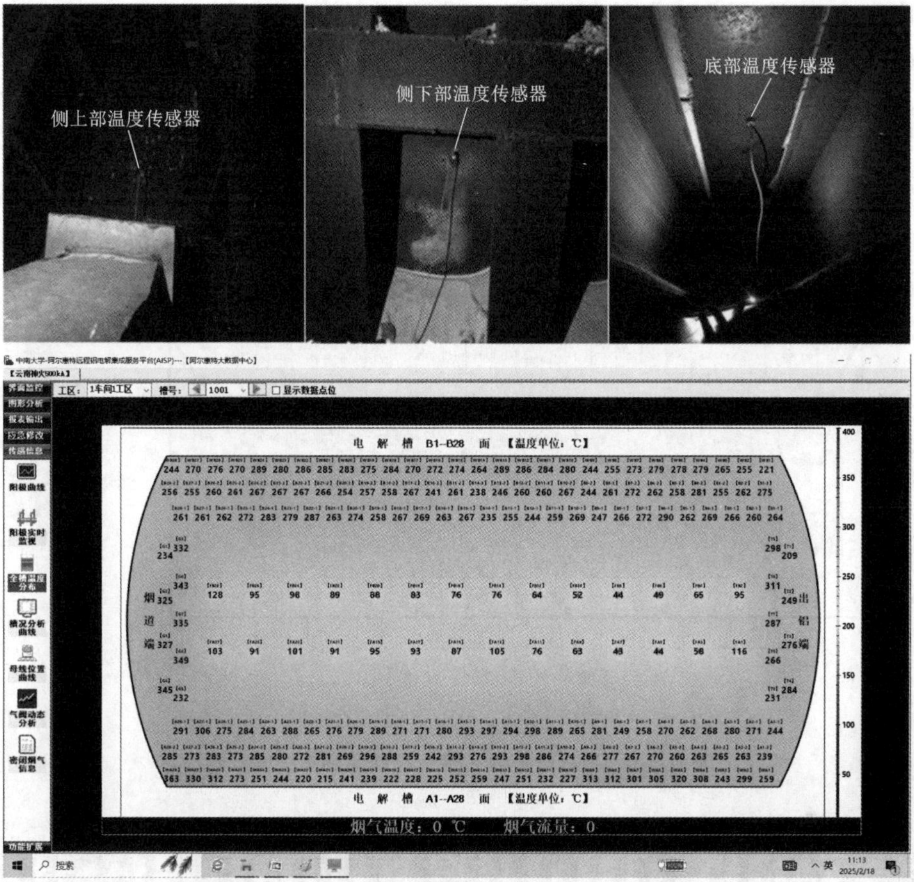

图 11-9　槽壳温度分布信号的在线检测结果(实例)

扫一扫，看彩图

11.5　阴极电流分布信号的在线检测

本书作者及其团队研发的阴极电流分布在线检测传感器，依据铝电解槽的布局特点，划分出 6~8 个阴极电流采集区，每个阴极电流采集区配备一个区域阴极电流采集箱，该采集箱最大可接入 16 路电压信号，阴极电流采用等距压降方法测量；阴极电流测量点位于阴极母线小软带上，并采用专用的机械式夹具来固定，该夹具能快速拆卸，便于移动式部署阴极电流测量位置，该夹具测量的阴极母线压降长度为 15 cm，各阴极母线等距压降测量点采用绝缘耐 200 ℃高温电缆连接到区域阴极电流采集箱；各区域阴极电流采集箱配备基于数传电台的无线通信发射装置，耐高温电池供电，将采集到的阴极母线等距压降信息，无线传送到现场槽控机上的数传电台无线接收装置，该接收装置通过网线与槽控机内部的 RJ45

网络接口相连，并将接收到的阴极母线等距压降信息，通过工业以太网传送到机房上位机系统[3-5]。

鉴于阴极电流分布的变化非常缓慢，作者研发了基于无线传输的移动式在线阴极电流分布检测系统，其框架图如图 11-10 所示、相关检测结果的实例如图 11-11 所示。

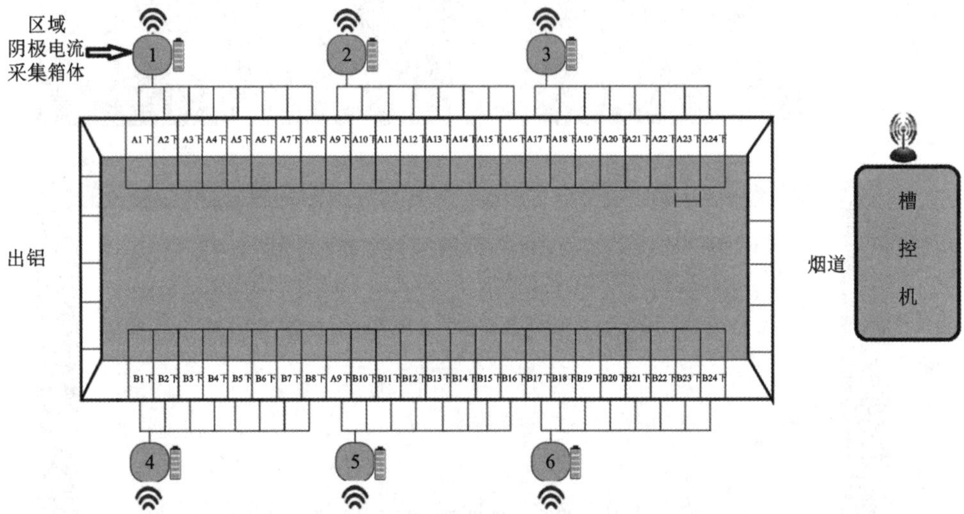

图 11-10　阴极电流分布信号在线检测系统框架图

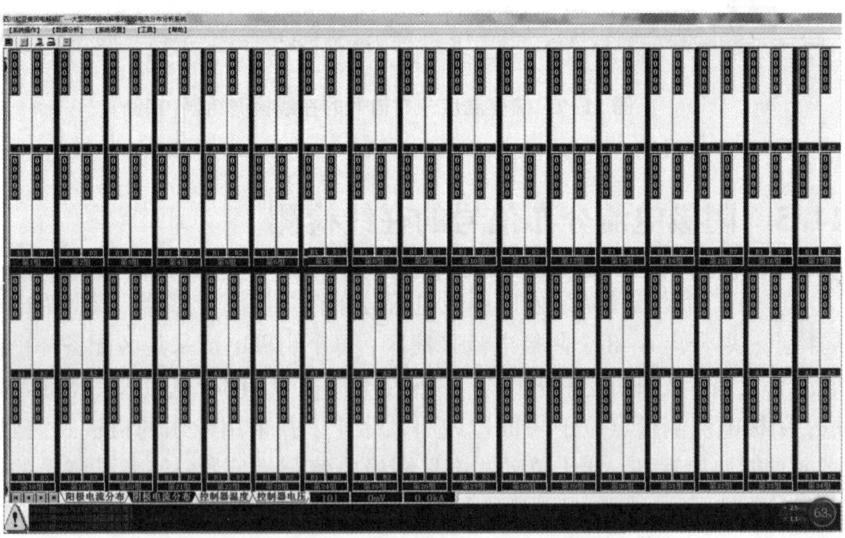

图 11-11　阴极电流分布信号在线检测结果(实例)

扫一扫，看彩图

11.6　阳极母线位置的在线检测

本书作者及其团队研发了一种高精度阳极母线位置在线检测传感器，该传感器基于高精度电子尺测量原理实现阳极母线位置的测量，测量精度能达到 0.1 mm。将电子尺底座固定在槽上部框架，拉杆端固定在铝电解槽横梁母线上部，电子尺的测量信号通过绝缘耐 200 ℃的高温电缆连接到槽上部的接线箱，该接线箱与在线阳极电流分布检测信号共用一个。接线箱通过 CAN 总线，将电子尺测量信息传送到现场的槽控机，并通过槽控机进一步将电子尺测量信息，通过工业以太网传送到机房上位机系统。系统的框架图如图 11-12 所示，相关应用现场及检测结果实例如图 11-13 所示。

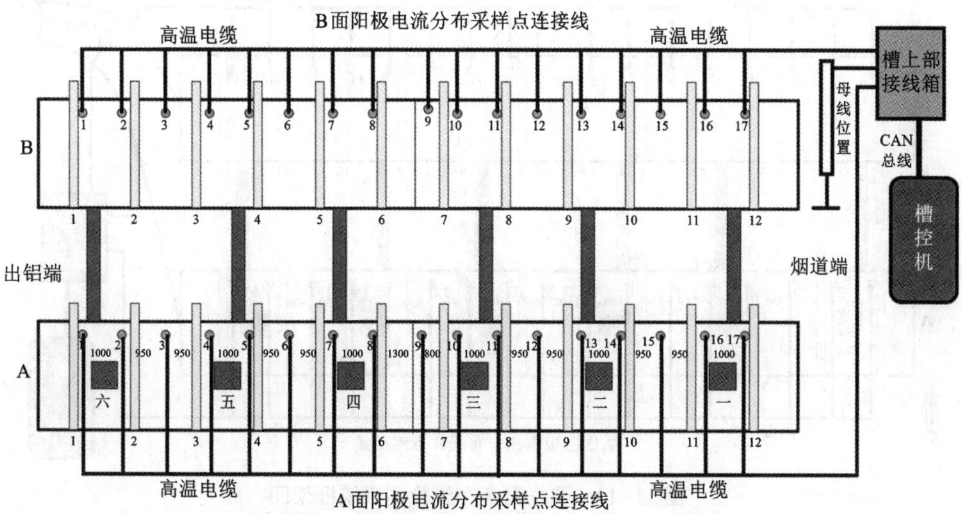

图 11-12　阳极母线位置在线检测系统框架图

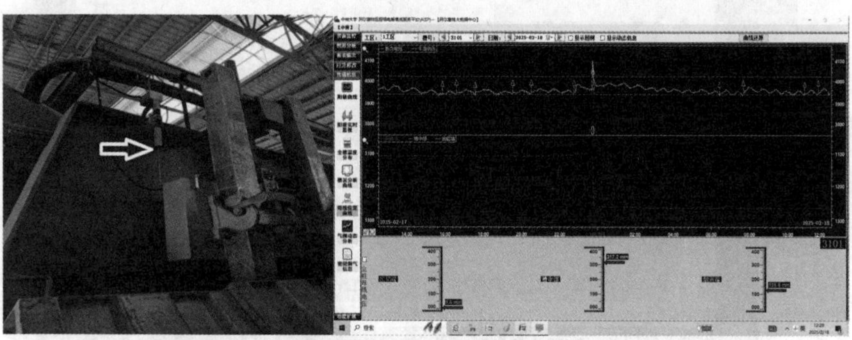

图 11-13　阳极母线位置在线检测应用现场及检测结果(实例)

扫一扫，看彩图

11.7 烟气温度信号的在线检测

本书作者及其团队研发了一种烟气温度在线检测传感器，烟气温度探测采用热电阻方式(温度测量区间-50~500 ℃，精度±1 ℃)，将测温装置固定到铝电解槽烟道端烟管内部的机械装置上，位置靠近烟管蝶阀位置，并尽量使测温装置位于烟管的中心位置。烟气测温信号通过绝缘耐 200 ℃的高温电缆，连接到槽上部的接线箱，该接线箱与在线阳极电流分布与在线阳极母线位置检测信号共用一个。接线箱通过 CAN 总线，将烟气测温信息传送到现场的槽控机，并通过槽控机进一步将烟气测温信息，通过工业以太网传送到机房上位机系统。系统的框架图如图 11-14 所示，检测结果实例如图 11-15 所示。

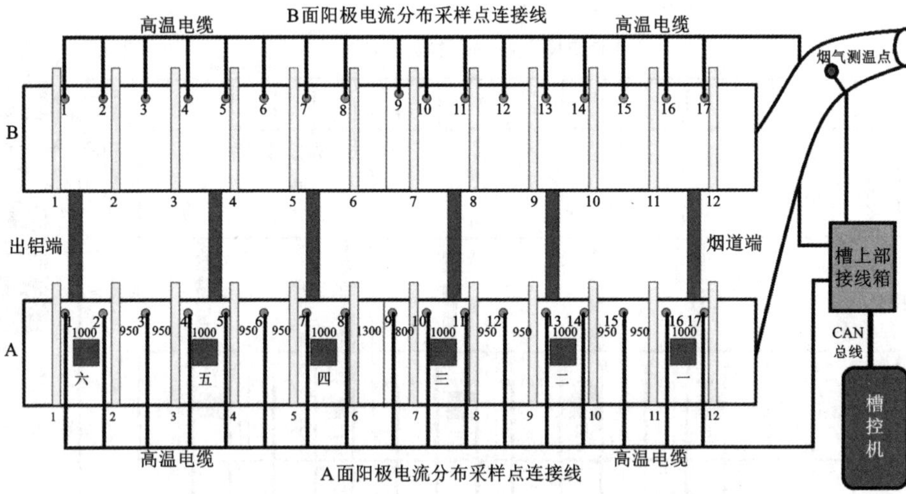

图 11-14 烟气温度在线检测系统框架图

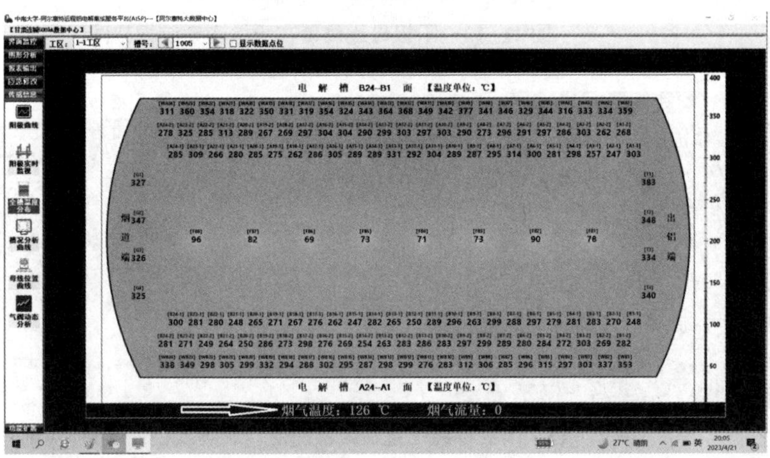

扫一扫，看彩图

图 11-15 烟气流量与温度信号的在线检测结果(实例)

11.8　铝电解多源异构数据的抽取与处理技术

按数据的来源，铝电解的多源异构数据分为如下 9 类。

(1)各类在线传感器数据。

(2)人工检测数据(含人工取样交化验室检测)。

(3)天车称重和操作信息。

(4)设定参数(生产管理与控制用的各种设定参数，部分此类参数可由本章开发的系统进行自动优化)。

(5)仿真分析数据(主要是由人工利用有限元仿真软件或其他模拟软件，基于所设定的工艺条件计算出来的)。

(6)智能识别与决策数据(包括一次智能识别、二次智能识别、专家决策等环节产生的信息数据)。

(7)制造执行信号(如下料器、阳极移动装置、多功能天车等在执行指令过程中所产生的动作信号)。

(8)生产供应数据(来自企业 ERP 系统，包括企业内部供应链部门存有的物料价格及库存清单等用于经济及生产核算的数据)。

(9)市场信息数据(与生产经营密切相关的，如铝价、电价、各类原材料价格等信息数据)。

按照存储数据的数据库类型，可划分为如下 4 类：

(1)生产监控数据库(包括各类在线传感器数据、人工检测数据、天车称重数据、设定参数、仿真分析数据、智能识别与决策数据等)。

(2)制造执行管理数据库。

(3)生产供应数据库。

(4)市场信息数据库。

按照数据的结构特征，可划分为如下 3 类：

(1)结构化数据(大部分属于此类数据)。

(2)非结构化数据(火眼图像等多媒体文件)。

(3)半结构化数据(从互联网上获得的市场信息文件等日志文件)。

针对各类铝电解多源异构数据的抽取与格式转换流程如图 11-16 所示。

铝电解多源异构数据的抽取与转换方法如下：

1)结构化数据的提取及转换

通过采用 SQL 脚本语言，可以使用户在高层数据结构上工作，首先要创建(create)常用数据库，如铝电解生产供应数据库、铝电解生产监控数据库、铝电解制造执行数据库等。再找出所需对接的业务系统源，根据其数据类型特点进行读

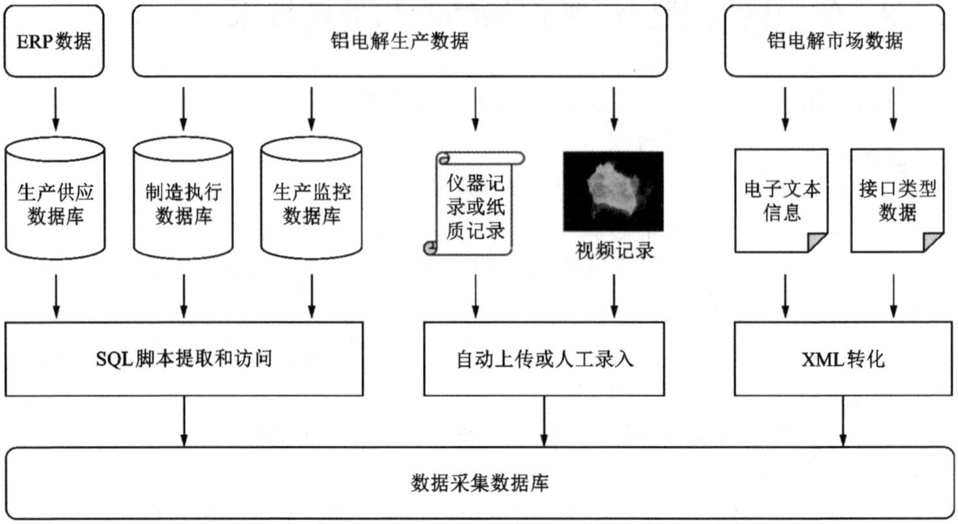

图 11-16 铝电解多源异构数据的抽取与格式转换流程

取分类，为了提高操作效率，一般可直接通过源接口进行读取。在构建好稳定可靠的数据传输通道后，根据本地业务系统所指定的规则，将所获取的数据通过修改(alter)、删除(drop)等语句进行预处理，预处理后的数据即可写入本地采集数据库，供智能优化制造系统进行槽况智能识别和生产过程智能决策使用。

人工离线检测的参数基本是变化较缓慢的参数，如电解质分子比、电解质温度、原铝品位、各种添加剂含量等，现阶段仍采用人工取样进行离线分析的方式，并将结果通过网络终端输入计算机对应数据库中(化验室分析结果可通过联网模式传输)。

2)非结构化数据的提取及转换

针对视频等多媒体文件，在按照标准规范进行视频拍摄后，可将视频文件自动上传存放于计算机存储管理器中对应电解槽槽号的文件夹下，同时在数据库中对应填写图片和视频的存储路径。

3)半结构化数据的提取及转换

针对铝电解相关企业后台所保存的日志文件，可以通过提取有关的元数据将其转换为 XML 文档的方式，即将半结构化数据转化为结构化数据的形式进行储存。在铝电解市场数据采集过程中，比较常见的半结构化数据的文件类型主要为.json 格式。对此，可以利用 System.IO 相应的 API 接口进行分析，从而转化为 XML 文档的格式。

针对不同的数据类型，机房后台数据中心和专家分析服务器采用的数据存储与管理方式是不同的，在线传感信息不论是原始数据、一次智能识别数据、二次智能识别数据还是专家决策信息数据，均采用关系型数据库进行存储与管理。具体来说，针对多采样点的传感信息独立构建一个数据库，比如在线阳极电流分布原始数据库为 adatanew，在线侧壁与钢棒温度原始数据库为 apottemp，在线阳极母线位置传感信息只有 1~2 个数据，就集成到传统的历史曲线数据库 tenora 中，这种数据库往往数据量比较大，需要针对每台槽构建一个独立的表来存储，这样可以显著加快数据查询的速度。

对于更新周期较长的智能识别及专家决策信息，目前数据量不大，只需为这类数据构建一个统一的数据库 yangji，每种智能识别信息对应一个表，比如效应预报信息存储在 anodeAEPreditionInfo 中，单点下料故障预报信息存储在 feedTroublePreditionInfo 中；火眼阳极总电流的变化率，因为需要实时跟踪浓度变化，需要独立构建数据库 fireHoleAnodeCurrentDelta，而且为每台槽构建一个表。

针对某些智能识别算法涉及 10 s 以下甚至秒级的单台历史数据，采用关系型数据库的访问速度太慢，为此本文作者设计了一套高性能的分布式文件系统来存储与管理这些数据，这套分布式文件系统也同时用于火眼视频原始文件的存储与管理。

对于人工离线测量与化验数据，目前统一存储在关系型数据库 yxora 的 gongyirpt 表中，是典型的结构化数据，其中槽温和两水平测量完成后，将结果输入平板电脑，并实时由现场 WiFi 网络传送到机房的历史服务器中；化验数据也是典型的结构化数据，通过驻留在历史服务器上的数据转存接口软件，定时从化验室数据库中转存到 gongyirpt 中。

铝电解生产经营管理所需的互联网数据与信息，一般通过爬虫软件或专有数据接口 API 从金融机构网站获取，并统一以结构化数据方式存储在第三方(中南大学)公有云平台数据库中。

企业端机房后台与第三方(中南大学)公有云平台均研发了后台数据运维工具，定期自动完成数据备份、清理与恢复等数据管理工作。

参考文献

[1] HVIDSTEN R, RYE K. Practical applications of the continuous measurement of individual anode currents in Hall-Heroult cells[C]//Light Metals 2008, Warrendale: TMS, 2008: 329.

[2] RYE K A, KONIGSSON M, SOLBERG I. Current redistribution among individual anode carbons in a hallheroult prebake cell at low alumina concentrations[C]. Light Metals 1998, 1998: 241-246.

[3] WIESER C, HELMBOLD A, GÜLZOW E. A new technique for two-dimensional current

distribution measurements in electrochemical cells [J]. Journal of Applied Electrochemistry, 2000, 30: 803-807.

[4] BARCLAY J, HUNG O, RIEG J. Control electrochemical cell dynamics with electrode current measurements[C]. Light Metals 2001, 2001: 1219-1224.

[5] LÜTZERATH A, EVANS J W, VICTOR R. On-line monitoring of anode currents: Experience at Trimet[C]//JOHN GRANDFELD. Light Metals 2014, 2014: 739-741.

[6] YANG S, ZOU Z, LI J, et al. Online anode current signal in aluminum reduction cells: Measurements and prospects[J]. JOM, 2016, 68: 623-634.

[7] 邹忠, 杨帅, 李勇, 等. 一种铝电解槽的阳极电流在线测量方法与装置: CN201410359119.8[P]. 2014-07-25.

[8] 邹忠, 彭晨, 李劼, 等. 基于分布式感知的铝电解智能识别系统及应用[J]. 中南大学学报(自然科学版), 2023, 54(2): 732-743.

第 12 章　铝电解槽数据预处理与可视化分析

随着工业信息化浪潮的推进，工业传感器技术也在不断发生变革，铝电解过程产生的数据量已经逐渐超过了人类的分析理解能力。借助数据分析工具能够缩小数据与信息之间的差距，经典统计分析（classical statistical analysis）就是一种为人熟知的数据分析工具，它可以通过提出问题、确定数据、假设模型和参数估计，得到假设验证。但是在工业实际的问题中，假设的模型往往难以与真实情况相匹配，一旦模型选择得不对，修改的成本会非常高。实际工业中更需要的是在正式的统计推断之前，对数据进行初步的分析和探索，因此在统计分析的基础上，诞生了探索性数据分析[1]（exploratory data analysis，EDA）工具。相对于经典统计分析，EDA 更加关注对数据本身的了解和理解，其能够通过图形可视化俯瞰数据集来发现重要特征，已成为目前数据挖掘研究中至关重要的一环。

根据现有研究启发[2-3]，本章以槽寿命分析为例，从采集到的真实铝电解槽生产数据出发，确定了以下三个分析步骤，即统计分析、探索性数据分析与数据处理结果的可视化分析。

12.1　数据采集系统

长期以来，铝电解过程能实时采集的参数较少，常规集总式在线采集信号仅有槽电压与系列电流，由于缺乏能长时间承受熔融电解质腐蚀的信号探头，一些重要状态参数无法实现在线采集，如氧化铝质量百分比（俗称氧化铝浓度）、电解质温度、铝液高度（俗称铝水平）和电解质高度（俗称电解质水平）等主要依赖人工离线检测。此外，某个槽的服役时长、停槽原因等情况将由现场人员单独记录整理。

随着铝电解槽使用寿命不断增加，存在于分厂、车间、不同工序中的信息呈现出海量、多源与碎片化的特点，如何便捷、高效、实时地获取电解槽的状态信息，实现对数据的统一提取和价值管理，成为铝电解智能优化制造发展亟需解决的问题。针对以上问题，本文作者及其团队设计了一套边缘端-云端实时感知系统[4]，其整体架构如图 12-1 所示，总体实现过程如下：

（1）在槽电压和系列电流检测基础上，配置阳极母线位置、阳极电流、槽壳温度等新型检测装置，将实时感知的信号连接到信号采集箱。

(2)各区域采集箱内置信号采集板，采集的信号通过 CAN 屏蔽双绞线传输到槽控机。双绞线能提供良好的抗干扰性能，保障传输的可靠性。

(3)槽控机将实时传感器信息通过工业以太网传送到后台数据中心服务器进行统一存储与管理，同时将原始信息分发给机房监控终端、专家分析服务器等，对传感信号进行数字化处理。

(4)将数据发送到远程服务公有云平台，用户可随时访问数据并进行处理。

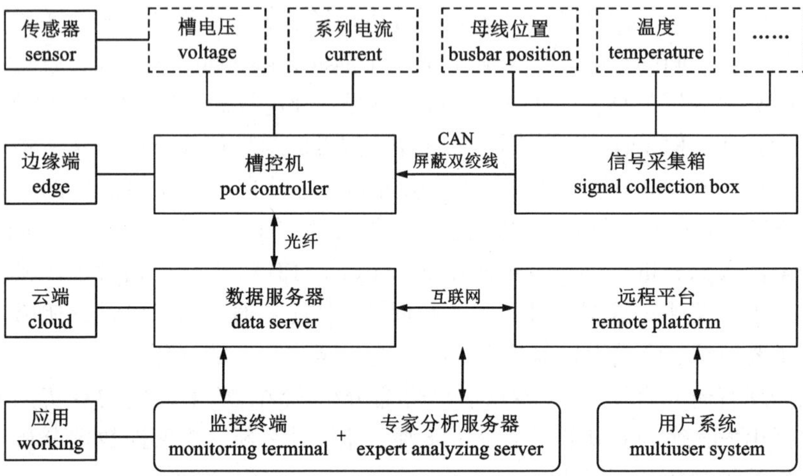

图 12-1　实时感知系统的整体架构

该系统通过边缘端设备在线采集、处理和传输工业现场信息，完成对物理世界实时状态的监测和管理；同时，与云端设备进行数据交换和协同工作，利用云端大量的计算和存储资源实现大规模的数据处理和分析。

利用上述系统，用户通过铝电解工业大数据平台远程操作即可获得现场第一手数据；研究人员可以对关注领域进行集中分析，同时将处理后的数据、模型和决策等重要信息传递给云端，实现更高级别的分析和管理。这一过程不仅契合现代铝电解企业的信息化应用水平，也便于高校开展更加复杂的智能决策算法研究，实现由物理实体快速落地到工业解决方案，从而快速拓展铝电解控制智能化应用的深度和广度。

如图 12-2 所示，基于上述铝电解云服务人机交互平台，本研究的原始数据直接来源于真实铝电解企业。由于具体电解槽的运行数据涉及整个铝电解企业的运行安全以及商业机密，因此在本研究中出现的工况数据和各类信息都经过了脱敏处理，并且在脱敏过程中已顾及不影响原本数据集所蕴含的关系。

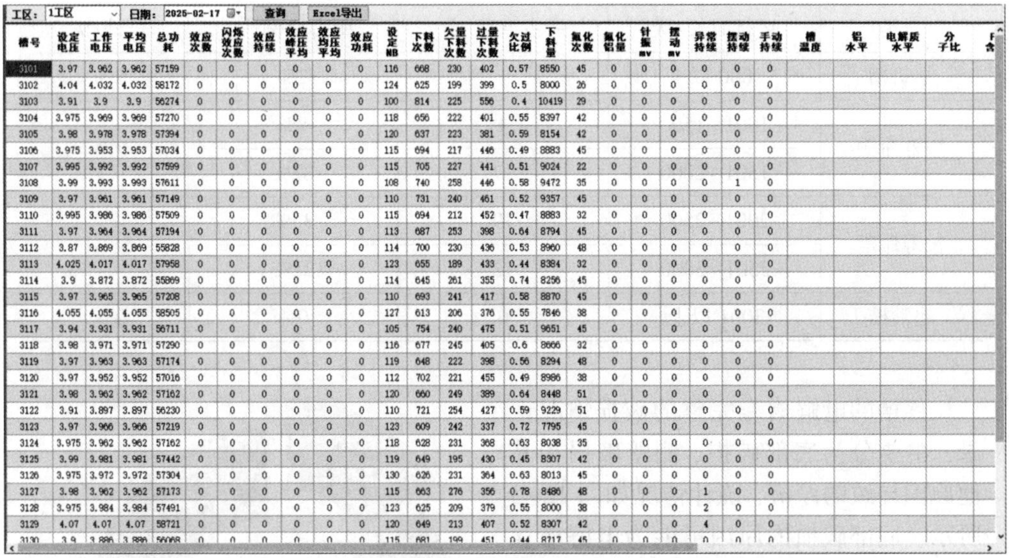

槽号	设定电压	工作电压	平均电压	总功耗	效应次数	闪烁效应次数	效应持续	效应峰压平均	效应均压平均	效应功耗	设定NB	下料次数	欠量下料次数	过量下料次数	欠过比例	下料量	氟化次数	氟化铝量	针振mv	摆动mv	异常持续	摆动持续	手动持续	槽温度	铝水平	电解质水平	分子比	F含
3101	3.97	3.962	3.962	57159	0	0	0	0	0	0	116	668	230	402	0.57	8550	45	0	0	0	0	0	0					
3102	4.04	4.032	4.032	58172	0	0	0	0	0	0	124	625	199	399	0.5	8000	26	0	0	0	0	0	0					
3103	3.91	3.9	3.9	56274	0	0	0	0	0	0	100	814	225	556	0.4	10419	29	0	0	0	0	0	0					
3104	3.975	3.969	3.969	57270	0	0	0	0	0	0	118	656	222	401	0.55	8397	42	0	0	0	0	0	0					
3105	3.98	3.978	3.978	57394	0	0	0	0	0	0	120	637	223	381	0.59	8154	42	0	0	0	0	0	0					
3106	3.975	3.953	3.953	57034	0	0	0	0	0	0	115	694	217	446	0.49	8883	45	0	0	0	0	0	0					
3107	3.995	3.992	3.992	57599	0	0	0	0	0	0	115	705	227	441	0.51	9024	22	0	0	0	0	0	0					
3108	3.99	3.993	3.993	57611	0	0	0	0	0	0	108	740	258	446	0.58	9472	35	0	0	0	0	1	0					
3109	3.97	3.961	3.961	57149	0	0	0	0	0	0	110	731	240	461	0.52	9357	45	0	0	0	0	0	0					
3110	3.995	3.986	3.986	57509	0	0	0	0	0	0	115	694	212	452	0.47	8883	32	0	0	0	0	0	0					
3111	3.97	3.964	3.964	57194	0	0	0	0	0	0	113	687	253	398	0.64	8794	45	0	0	0	0	0	0					
3112	3.87	3.869	3.869	55828	0	0	0	0	0	0	114	700	230	436	0.53	8960	48	0	0	0	0	0	0					
3113	4.025	4.017	4.017	57958	0	0	0	0	0	0	123	655	189	433	0.44	8384	32	0	0	0	0	0	0					
3114	3.9	3.872	3.872	55869	0	0	0	0	0	0	114	645	261	355	0.74	8256	45	0	0	0	0	0	0					
3115	3.97	3.965	3.965	57208	0	0	0	0	0	0	110	693	241	417	0.58	8870	45	0	0	0	0	0	0					
3116	4.055	4.055	4.055	58505	0	0	0	0	0	0	127	613	206	376	0.55	7846	38	0	0	0	0	0	0					
3117	3.94	3.931	3.931	56711	0	0	0	0	0	0	105	754	240	475	0.51	9651	45	0	0	0	0	0	0					
3118	3.98	3.971	3.971	57290	0	0	0	0	0	0	116	677	245	405	0.6	8666	32	0	0	0	0	0	0					
3119	3.97	3.963	3.963	57174	0	0	0	0	0	0	119	648	222	398	0.56	8294	48	0	0	0	0	0	0					
3120	3.97	3.952	3.952	57016	0	0	0	0	0	0	112	702	221	455	0.49	8986	38	0	0	0	0	0	0					
3121	3.98	3.962	3.962	57162	0	0	0	0	0	0	120	660	249	389	0.64	8448	51	0	0	0	0	0	0					
3122	3.91	3.897	3.897	56230	0	0	0	0	0	0	110	721	254	427	0.59	9229	51	0	0	0	0	0	0					
3123	3.97	3.966	3.966	57219	0	0	0	0	0	0	123	609	242	337	0.72	7795	45	0	0	0	0	0	0					
3124	3.975	3.962	3.962	57162	0	0	0	0	0	0	118	628	231	368	0.63	8038	35	0	0	0	0	0	0					
3125	3.99	3.981	3.981	57442	0	0	0	0	0	0	119	649	195	430	0.45	8307	42	0	0	0	0	0	0					
3126	3.975	3.972	3.972	57304	0	0	0	0	0	0	130	626	231	364	0.63	8013	45	0	0	0	0	0	0					
3127	3.98	3.962	3.962	57173	0	0	0	0	0	0	115	663	276	356	0.78	8486	48	0	0	0	1	0	0					
3128	3.975	3.984	3.984	57491	0	0	0	0	0	0	123	625	209	379	0.55	8000	38	0	0	0	2	0	0					
3129	4.07	4.07	4.07	58721	0	0	0	0	0	0	120	649	213	407	0.52	8307	42	0	0	0	4	0	0					
3130	3.9	3.886	3.886	56068	0	0	0	0	0	0	115	681	199	451	0.44	8717	45	0	0	0	0	0	0					

图 12-2　铝电解槽远程服务平台的基本参数查询界面(实例)

12.2　数据统计分析

12.2.1　槽寿命相关数据

在工业中，铝电解槽的寿命定义为槽启动到停止的这段运行时间，本研究将运行时长在 1000 d 以下的称为早折槽，1001 d 以上 2000 d 以下的称为短寿命槽，2001 d 以上 3000 d 以下的称为长寿命槽，3001 d 以上的称为超龄槽。

考虑到数据集的规范性与完整性，本研究选择某铝厂 2 个车间 6 个厂区的电解槽作为槽寿命研究的对象。经统计，自 2012 年 9 月 4 日第一台电解槽通电启动起，到 2022 年 3 月 19 日统计结束为止的 3483 d 中，该铝厂共焙烧启动电解槽 228 台次，其中 2012 年 2 台、2013 年 9 台、2014 年 16 台、2015 年 15 台、2016 年 17 台、2017 年 118 台、2018 年 53 台、2019 年 48 台、2020 年 10 台。自 2020 年 6 月 1 日某电解槽停槽以来，累计停槽数 53 台，占开槽总量的 15.7%，其中电解槽运行时间最长的为 2914 d，最短的仅为 708 d，平均寿命 2064 d，整体电解槽槽龄分布情况见表 12-1 所列。

表 12-1　电解槽槽龄分布表

分类	运行时长/天	所占台数/台	所占比例/%	合计/%
早折槽	1000 以下	1	2%	2%
短寿命槽	1001～1500	4	8%	40%
	1501～2000	17	32%	
长寿命槽	2001～2500	19	36%	58%
	2501～3000	12	22%	
超龄槽	3001 以上	0	0%	0%

停槽的电解槽有完整的破损情况记录，主要分为底部破损、侧壁破损和其他原因导致的停槽，统计情况如图 12-3 所示。底部破损的原因可能为电解槽存在温度波动过大的情况，使得本已存在的裂纹扩展至阴极钢棒，在物理溶解和化学侵蚀的双重作用下，最终导致炉底破损；侧壁破损的原因可能为侧壁长期缺乏炉帮保护，破损位置多见于电解质和铝液的分界处。这些破损原因的分析能够为电解槽操作问题、电解槽寿命问题提供有价值的信息。

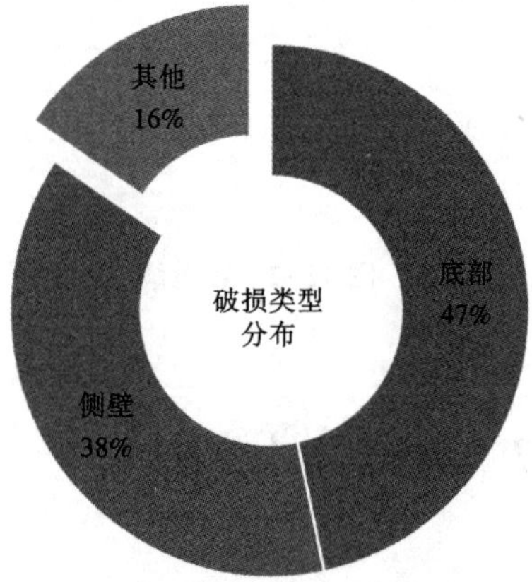

图 12-3　电解槽主要破损类型

12.2.2　关键工艺参数

由前文可知，影响铝电解槽寿命的主要因素有五类，本研究主要聚焦于后期操作管理部分，即铝电解槽正常服役过程产生的工艺参数数据与铝电解槽寿命之间的关系。这类生产数据主要存储在 SQL server 数据库中，包含了大量的表、键等关系模型和数据结构，见表 12-2，支持用 SQL server management studio 软件进行访问和管理。

表 12-2　电解槽部分工艺参数结构表

序号	字段名	字段解释	类型	示例	单位	来源
1	caoh	槽号	smallint	8101	号	人工记录
2	caoqdrq	槽启动日期	char	2015-10-21	—	人工记录

续表12-2

序号	字段名	字段解释	类型	示例	单位	来源
3	caol	槽龄	int	1692	天	人工记录
4	Fehl	铁含量	char	0.10	%	人工化验
5	Sihl	硅含量	char	0.04	%	人工化验
6	fenzb	分子比	char	2.50	—	人工化验
7	Lvshp	铝水平	real	320	cm	人工测量
8	dianjzhshp	电解质水平	real	150	cm	人工测量
9	Al_2O_3nd	氧化铝浓度	real	3.97	%	人工测量
10	ludyj	炉底压降	real	319	mV	人工测量
11	xialcsh	下料次数	int	1028	次	人工设置
12	wend	温度	real	930	℃	传感器
13	zhenzh	针振	int	4	mV	传感器
14	baid	摆动	int	1	mV	传感器
15	zonggh	总功耗	int	34474	kW · h	传感器
16	caoqwd	槽壳温度	real	279	℃	传感器
17	dianl	电流	real	362	kA	传感器
18	yichchx	异常持续	smallint	4	min	传感器
19	gongzdy	工作电压	real	4.00	V	传感器

针对每一台电解槽，该数据库均包含两类记录，如表 12-3 所示。一类是以天为存储节点的报表类型数据，单台槽每天只产生 1 条记录，以平均寿命 2064 天计算，则系列槽共有 695568 条记录，每条记录中又包含了设定电压、平均电压、电阻、针振、摆动、总功耗、槽龄等多个指标；另一类是以 2 min 为存储节点的控制类型数据，单台槽每天产生 720 条记录，系列槽有超过 5 亿条记录，每一条记录包含着更为详实的实际电压、效应时刻、下料状态等指标。

表 12-3　原始数据基本信息

类型	采集频率	样本数	指标数	范围
报表数据	1 条/(天 · 槽)	695568	81	2012.09.04—2022.03.19
控制数据	720 条/(天 · 槽)	50081 万	86	

从列式的文本数据来看，数据集本身具有相当规模，而且由于寿命数据本身就是一种时间跨度大的流数据，为匹配数据特点，本研究选用以天为存储节点的报表类型数据进行后续研究。利用 select 语句从报表类型数据库中提取 dayrpt、gongyirpt 和 u_sys_caotxhdzhb 的信息进行连接处理。其中，传感器数据存储在 dayrpt 中，人工测量数据可以直接从 gongyirpt 表中获取，而电解槽寿命在数据库中定义为 dayrpt 内电解槽停止日期减去 u_sys_caotxhdzhb 内槽启动日期。

12.3 探索性数据分析

由上一节简单的统计情况可知，电解槽寿命问题涉及的数据不仅参数种类多，而且时间跨度长，已经远远超过了人类的分析处理能力，针对如此庞大的数据集，本节选择 Dataprep. eda 库[5]对数据进行量化和可视化分析。Dataprep. eda 是一个开源的 Python 库，相比常用的 Pandas-profiling 库具有更快的运算速度和更适配的 API 设计，能够直接对数据集使用描述统计概览和图表概览，有助于直观掌握整个数据集的质量和数据特点。EDA 常见步骤如表 12-4 所示。

表 12-4　EDA 常见步骤

<table>
<tr><th>EDA</th><th>代码块</th><th>功能</th></tr>
<tr><td>overview</td><td>plot(df)</td><td>数据库量化统计；数据分布直方图等</td></tr>
<tr><td rowspan="3">missing value analys</td><td>plot_missing(df)</td><td>条形图、缺失谱图、缺失值相关性热图等</td></tr>
<tr><td>plot_missing(df, col1)</td><td>显示：缺失值在所有其他列上的影响</td></tr>
<tr><td>plot_missing(df, col1, col2)</td><td>显示：缺失值从列到列的影响</td></tr>
<tr><td rowspan="2">univariate analysis</td><td rowspan="2">plot(df, col1)</td><td>数值型：直方图、KDE、正态 Q-Q 图等</td></tr>
<tr><td>分类型：条形图、饼图、词云图等</td></tr>
<tr><td rowspan="3">bivariate analysis</td><td rowspan="3">plot(df, col1, col2)</td><td>数值型+数值型：散点图、分组箱形图等</td></tr>
<tr><td>数值型+分类型：类别箱形图、多条形图等</td></tr>
<tr><td>分类型+分类型：嵌套条形图、堆积图等</td></tr>
<tr><td rowspan="3">correlation analysis</td><td>plot_correlation(df)</td><td>相关矩阵：使用 pearson、spearman 等</td></tr>
<tr><td>plot_correlation(df, col1)</td><td>相关向量：使用 pearson、spearman 等</td></tr>
<tr><td>plot_correlation(df, col1, col2)</td><td>散点图和回归线等</td></tr>
</table>

12.3.1　数据概览

首先使用 plot( ) 函数对整体工艺参数进行探索性分析，生成一个包含数据集概览、描述性统计和变量分布等信息的报告。其中，均值(mean)描述的是样本的中间点；标准差(standard Deviation)用于衡量数据的波动情况，数值越小越稳定；偏度(skewness)是数据分布偏态方向和程度的度量，偏度小于 0 为左偏、大于 0 为右偏、等于 0 则为正态分布；峰度(kurtosis)则反映曲线峰部的尖度，完全服从正态分布的数据峰度值为 0；变异系数(coefficient of variation)是衡量随机变量离散程度的一种无单位指标，越小说明数据质量越高。如表 12-5 所示，温度指标的标准差和变异系数都较小，说明数据离散程度低、整体波动不大；电流偏度数值较大说明数据分布不对称，负号表示呈现左偏态分布，存在大量极小值拉低了整体均值，同时此分布非常陡峭。

表 12-5　电解槽部分工况数据 EDA 量化结果

序号	属性	均值	标准差	偏度	峰度	变异系数
1	温度	932.0764	5.0071	2.5004	23.3051	0.0054
2	分子比	2.4900	0.9869	1.4756	4.4946	0.0396
3	电流	361.6600	16.3380	-20.4433	418.1994	0.0452
4	总功耗	35325.8178	2320.4573	-7.5887	145.0517	0.0657
5	工作电压	4.0319	0.3968	-8.6912	86.7885	0.0984
6	下料次数	886.0222	96.5003	-6.4400	54.6982	0.1089
7	铝水平	307.8378	35.6943	-1.1697	0.8415	0.1160
8	炉底压降	306.0226	35.668	-0.9055	-0.465	0.1166
9	电解质水平	169.8355	29.4734	1.5919	3.6899	0.1735
10	铁含量	0.1081	0.0335	6.1414	46.7987	0.3100
11	氧化铝浓度	2.8968	1.0636	-0.4935	1.6665	0.3672
12	槽壳温度	182.9680	67.1909	0.4111	0.2206	0.3672
13	针振	5.4942	2.9994	1.6630	4.3731	0.5459
14	异常持续	13.2652	87.3733	13.6974	197.5826	6.5867

由上表可以看出绝大部分工况数据并非正态分布，且存在一定的波动性，说明可能存在一些极端的异常值。通过核密度估计图(kernel density estimation plot)

和正态 Q-Q 图(normal quantile-quantile plot)可以更直观地观察数据集分布。以变异系数相近的铁含量、氧化铝浓度和槽壳温度三个属性作为典型例子，结合图 12-4 对表 12-5 的量化结果进行进一步分析：如图 12-4(a)所示，铁含量呈现尖峰态明显的右偏分布，意味着数值分布集中，即数据的稳定性高，但存在离群的极大值点，需要重点关注；图 12-4(b)中氧化铝浓度基本满足正态分布，但是左侧有一个巨大的峰为数字 0，可能是缺失或异常数据所导致；图 12-4(c)中槽壳温度则是出现双峰分布，两个高峰分别在 160 ℃和 300 ℃附近，且均值出现在了双峰之间，说明可能存在两类数据的叠加状态，需要特别留意。

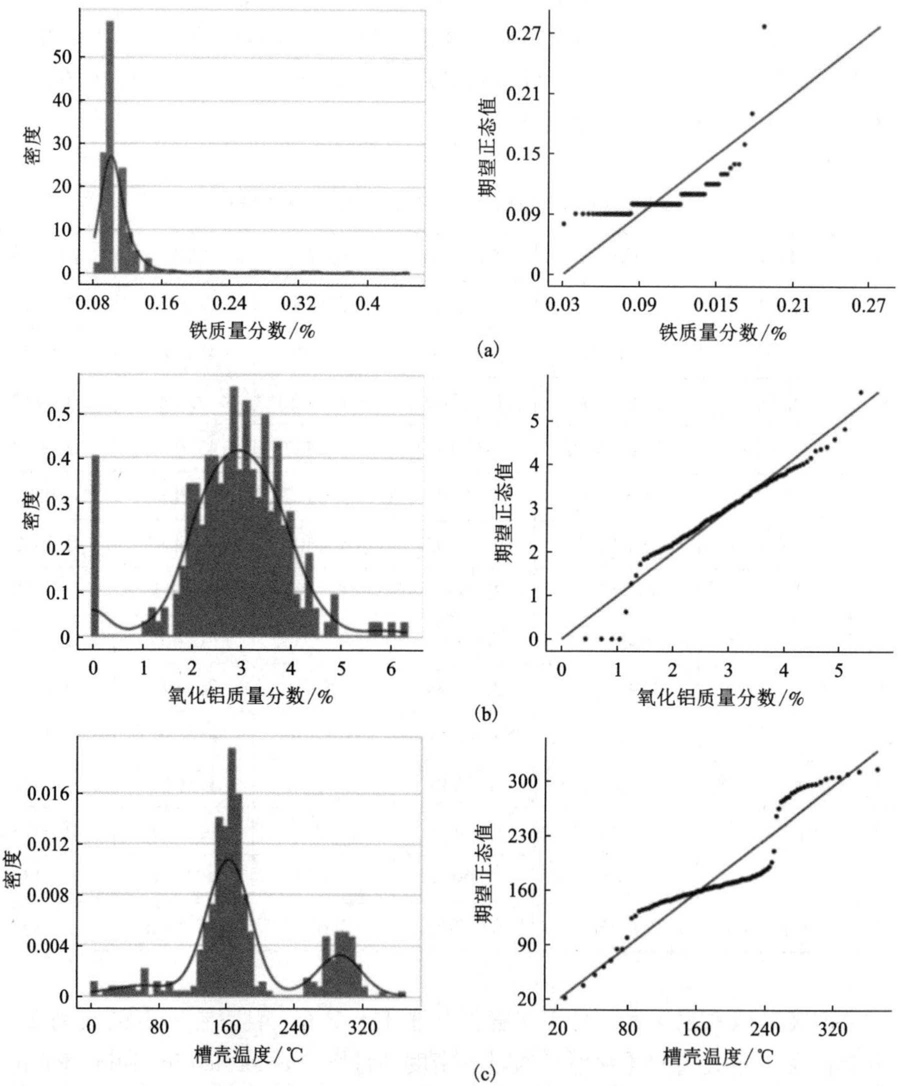

图 12-4　部分属性的 KDE 和正态 Q-Q 图

12.3.2　缺失分析

由概览可知，原始数据集存在较多缺失或不规范问题，数据缺失会导致大量信息丢失，使模型的不确定性增加，最终造成不可信的输出。对此，使用 plot_missing( ) 函数检查缺失情况，结果显示原始数据集存在 18.7%的遗失率，各指标的缺失情况如图 12-5 所示。上一节中提到，铝电解工业数据主要来源于传感器在线检测和人工离线检测两种方式，因此缺失值的产生有以下几个可能原因：①在线传感器失灵导致一些数据没有被记录下来；②人工测量的指标并非流数据，测量周期不一致导致空值；③某些指标在当时认为是不必要的，未曾测量过；④现阶段无法获取或获取数据的代价太大。

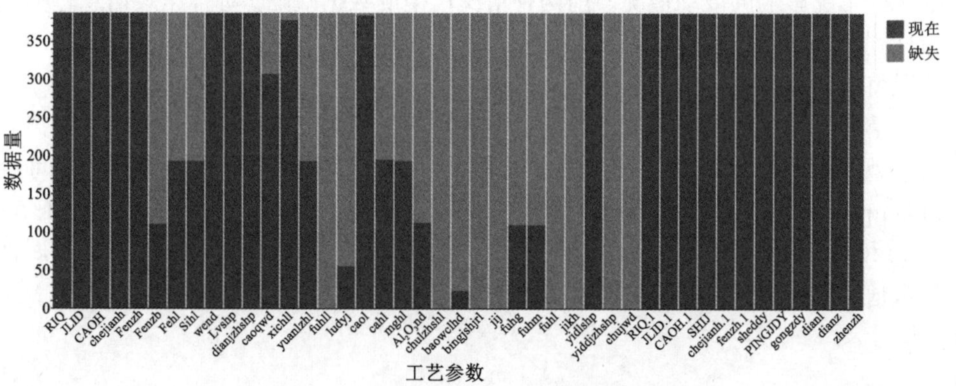

图 12-5　各指标缺失值分布情况概览图

缺失值的处理依据是缺失占比和缺失分析，本研究约定：①若超过 85%的数据遗失，认为该指标已严重受损只能忽略不计；②若 30%～85%的数据遗失，则根据数据特征选择处理方式，尽可能让其在某个区间上平均分布；③若少于 30%的数据遗失时，通常选择一种方法(如均值、插值等)预测该遗漏值；④或者认为缺失值也是一种数据规律，选择不处理。

针对情况①，根据图 12-5 所示条形图中统计的缺失占比情况，将阈值设为该列数据长度×15%，即当某列遗失数据超过 85%时已难以补救，用 drop( ) 函数直接删除该指标，但直接删除法最主要的问题是无法量化数据删除所造成的影响。针对情况②，结合数据相关性分析结果，使用 plot_missing( ) 函数分析含缺失值的特定列对其他列的影响程度，留待进一步处理。情况③和情况④将结合噪声分析进行统一填充处理，填充方法主要为插值法[6]，参考缺失值前后的数据进行近邻插值；由于铝电解寿命数据是一个漫长的变化过程，插值后的结果总体上满足变化趋势就不会偏离实际太远。

经上述处理后，原始数据仍然存在5.9%的缺失值，主要与五项重要指标的测量频率不同有关：如炉底压降一周一测，氧化铝浓度和分子比一周两测，以及铁、硅含量两天一测，时间序列不等间隔导致连续变量离散化。由于槽寿命更考虑长时间变化趋势，且数据量已足够庞大，以缺失最严重的炉底压降为标准进行空值行的删除。

12.3.3 噪声分析

噪声是指对工业实际描述不准确的数据，在铝电解过程中噪声数据产生的原因主要有以下几种：①数据采集出现故障；②本为缺失的数值由0或某一数值填充而造成错误等；③录入过程中出现人为或计算机的错误；④真实值反映电解槽受不同工况影响的波动情况。前两种情况产生的数据缺陷，对含无效信息过多的指标列予以删除，如数值全为0或全为1的摆动持续、效应功耗等属性；后两种情况将结合具体工艺情况进行分类讨论[7-10]。

情况③通常视为异常值进行处理。异常值也称为离群点，指数值明显偏离其余的观测值或者超出了合理的范围。在统计学中，通常用四分位间距(interquartile range, IQR)法进行剔除，将异常值定义为低于下触须($Q_1-1.5\times$IQR)和高于上触须($Q_3+1.5\times$IQR)的值。如图12-6所示，箱形图可概览各属性的数值分散情况，异常值在图中用黑色“·”表示。

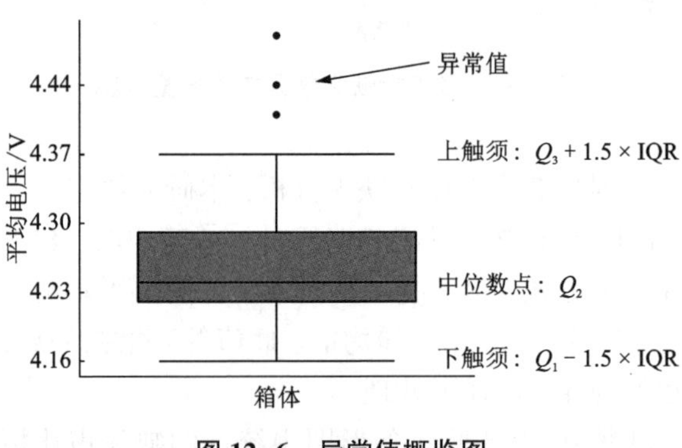

图12-6 异常值概览图

但是，本研究中的属性均是以日为时间单位顺序记录的有序信息，这种时间序列(time series)一般具有随时间推移而变化的趋势，即T时刻的数值对$T-1$时刻具有很强的依赖性，如果直接选取整个时间段内的均值，很容易错误地将一些重要趋势特征作为异常值而剔除。依旧以平均电压属性为例，在图12-7(a)中，电解槽寿命终止前一段时间内平均电压出现了整体上升趋势，而这类表示上升趋势的数据很可能在IQR法中因超过上触须而被作为异常值处理(误检)；相反，也存在一些节点值在某个区间段内已经出现了较大偏离，却反而被保留了下来的情况（漏检），给降噪结果带来巨大误差。

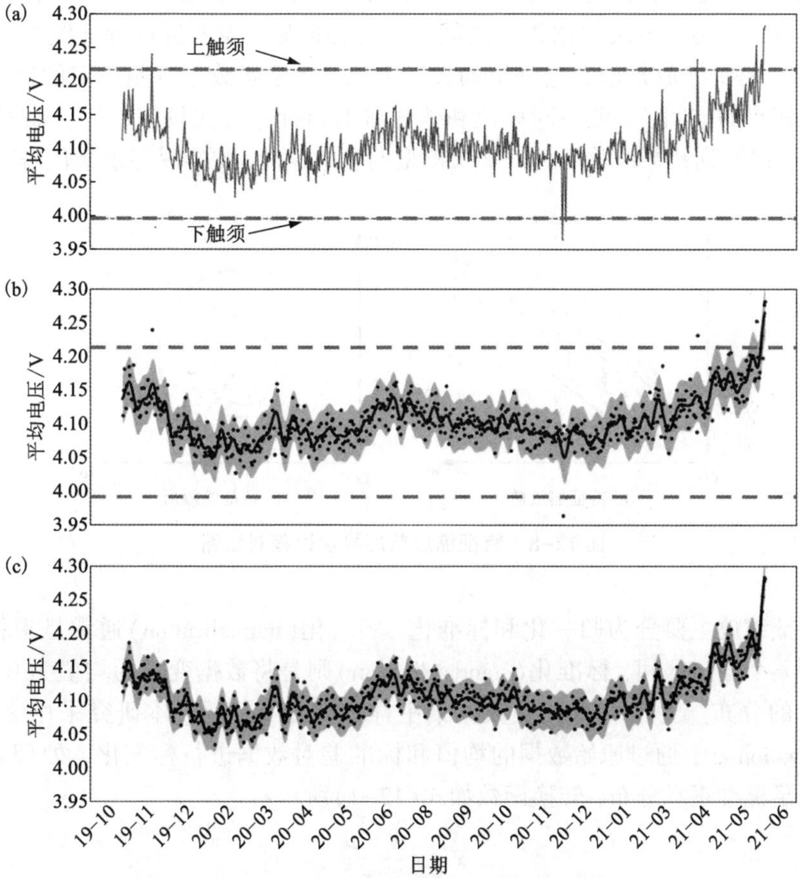

图 12-7　平均电压数据异常处理前后对比

Tsmoothie[7] 是一种专门用于时间序列平滑和离群值检测的 python 库，采用矢量化的方式对数据进行平滑处理，并且保留原始数据中存在的时间模式。在图 12-7(b)中，原始时间序列被分成相等的窗口部分，然后分别进行平滑，最终可视化得到一个灰色的置信区间。采用卡尔曼滤波(kalman filter)算法求动态系统状态序列的最小方差误差估计，受观测系统中的噪声和干扰的影响，将偏离曲线走势的节点值剔除，并用插值方法进行填充。图 12-7(c)为处理后的数据概览，在保留了原始数据[见图 12-7(a)]趋势的基础上排除了噪声干扰。

最后，情况④则认为噪声也是一种数据规律，例如针振增加反映的是短期生产状态变坏，而摆动增加则反映的是炉膛与炉底状态变坏，对于这类数据选择不处理。

12.3.4 特征缩放

在评价铝电解槽的寿命时，本研究采用的是多属性综合评价分析法，且各属性相差巨大。为了解决数据指标之间的可比性问题，需要进行特征缩放(feature scaling)。特征缩放是指通过一定的数学方法，将原始数据按照一定的比例转换到一个较小的空间，方便不同单位和数量级的指标进行比较和加权。如图 12-8 所示，可以看到特征缩放后可以加快模型的收敛速度，更容易寻求最优解[8-15]。

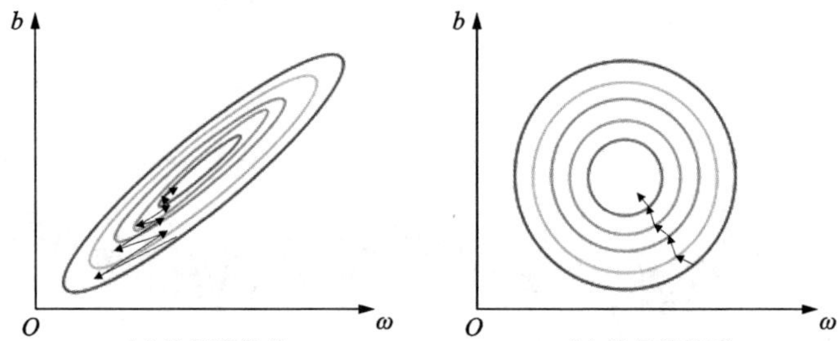

(a) 特征缩放前　　(b) 特征缩放后

图 12-8　特征缩放前后寻优过程对比图

特征缩放主要分为归一化和标准化，归一化(normalization)通常是指将数据变化到某个固定区间，标准化(standardization)则是将数据变化为均值为 0、标准差为 1 的分布。为了着重关注数据集中样本的分布情况，本研究采用 Z-score normalization 法，通过原始数据的均值和标准差对数据进行标准化。处理后的数据将满足标准正态分布，转换函数如式(12-1)所示：

$$x^* = \frac{x - \mu}{\sigma} \tag{12-1}$$

式中：$\mu = \frac{1}{n}\sum_{i=1}^{m} x_i$；$\sigma = \sqrt{\frac{1}{n}\sum_{i=1}^{m}(x_i - \mu)^2}$。

12.4 结果可视化分析

在上一节中，主要从单个电解槽的角度出发进行 EDA，还未在宏观层面对全体电解槽数据进行把握，难以与电解槽使用寿命建立关联分析。为此，本节将利用图、表等视觉元素对整体数据集进行多变量以及相关性分析，能够更直观地理解其内在结构、趋势和关系，从而更好地指导后续建模工作。

12.4.1　分布可视化分析

由于部分槽或工艺参数严重缺失，经过预处理后，电解槽数据的维度从最初的 288 个样本维、81 个参数维下降到 273 个样本维、37 个参数维。归一化前全体电解槽工艺参数分布统计如表 12-6 所示。

表 12-6　全体电解槽工艺参数分布统计

类别	分子比	铁含量	硅含量	炉底压降	氧化铝浓度	…	摆动	针振
均值	2.46	0.10	0.04	315.57	2.96	…	1.23	4.68
标准差	0.09	0.01	0.00	37.76	0.77	…	0.51	2.13
最小值	2.17	0.07	0.02	216.00	0.49	…	1.00	1.00
25%	2.41	0.10	0.03	289.00	2.40	…	1.00	3.00
50%	2.45	0.10	0.04	310.00	2.85	…	1.00	4.00
75%	2.50	0.11	0.04	337.00	3.44	…	1.00	6.00
最大值	3.12	0.29	0.12	495.00	6.22	…	6.00	23.00
变异系数	0.04	0.18	0.21	0.12	0.26	…	0.41	0.45

归一化后的指标绘制在如图 12-9 所示的小提琴图中。其中，小提琴的宽度表示数据的密度，宽度越宽，表示该数据分布越密集；小提琴的长度表示数据离散度。预处理后整体数据分布较为均匀，表明达到了较高的数据质量。

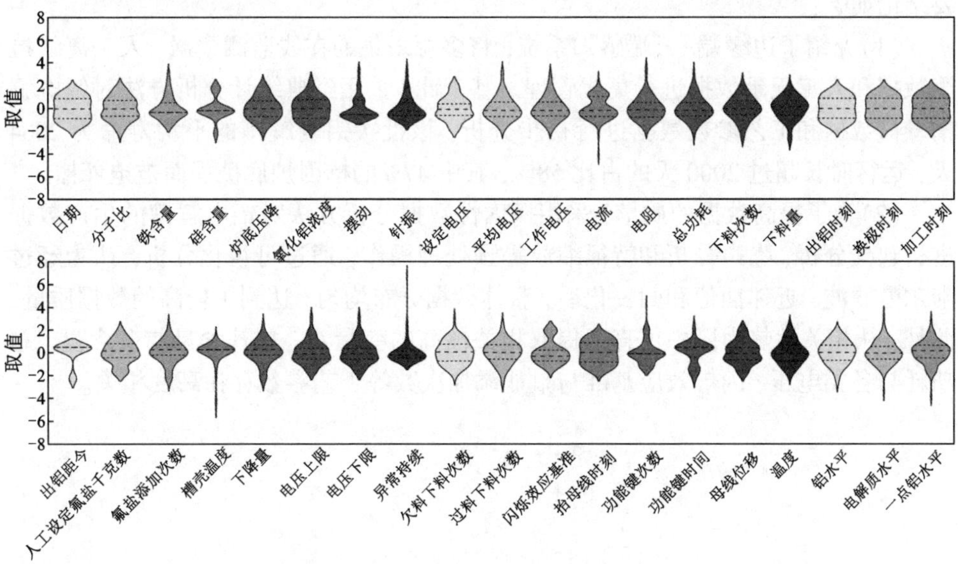

图 12-9　全体电解槽工艺参数小提琴图

12.4.2 相关性可视化分析

通过分布可视化，发现一些数据存在相似的分布，这种高度相关的变量在建立模型时会产生多重共线性问题，从而导致信息冗余和过拟合。由于变量总体为正态分布且为连续测量数值，本节选用皮尔逊相关系数法(pearson product-moment correlation coefficient)进行两个变量之间的相关性分析，其公式如(12-2)所示。取值1表示严格正相关、0表示没有相关性、-1则表示严格负相关：

$$\rho = \frac{E(XY) - E(X)E(Y)}{\sqrt{E(X^2) - E^2(X)}\ \sqrt{E(Y^2) - E^2(Y)}} \tag{12-2}$$

式中：ρ 为任意两个变量 X 和 Y 之间的相关系数；E 为数学期望。

根据上式绘制如图12-10所示的相关性热力图，在给定的相关性矩阵的下三角式中，对每个变量进行迭代，找到与该变量相关性高于阈值绝对值0.9的变量对。例如：与平均电压高度相关的工作电压、设定电压、电阻、总功耗和母线位移；与下料次数高度相关的下料量和过量下料次数；与氟盐添加次数高度相关的闪烁效应基准(氟盐下料间隔)、下降量(实际氟盐加料量)和备注(设定氟盐下料量)等。

最后，简要归纳一下：本章主要以槽寿命分析为例，介绍对铝电解槽数据的预处理与可视化分析，包括基于统计方法和探索性数据分析方法、对槽寿命数据及工艺参数数据进行处理，并通过可视化分析了全体电解槽数据的分布情况、工艺参数之间的相关性，为探讨影响铝电解槽寿命的工艺参数提供了前置信息。主要结论如下：

(1)介绍了边缘端-云端感知系统，将多源采集的在线监测数据、人工离线检测数据和人工记录数据进行集成管理。基于此，采用经典统计分析方法对铝电解槽寿命数据和工艺参数数据进行初步分析，该批次铝电解槽的平均寿命为2064天，运行时长超过2000天的占比58%，其中47%的槽因炉底破损而被迫停槽。

(2)为了提高数据的质量，采用探索性数据分析方法对铝电解槽的生产数据进行缺失分析、噪声分析和特征缩放等预处理操作；通过可视化分析，认为经过卡尔曼滤波、近邻插值和归一化后，整体数据分布均匀，达到了较高的数据质量。此外，从相关性热力图中可直观提取相关性高的变量对，如铁含量与硅含量、总功耗与各类电压、闪烁效应基准与氟盐添加次数等工艺参数存在高度相关。

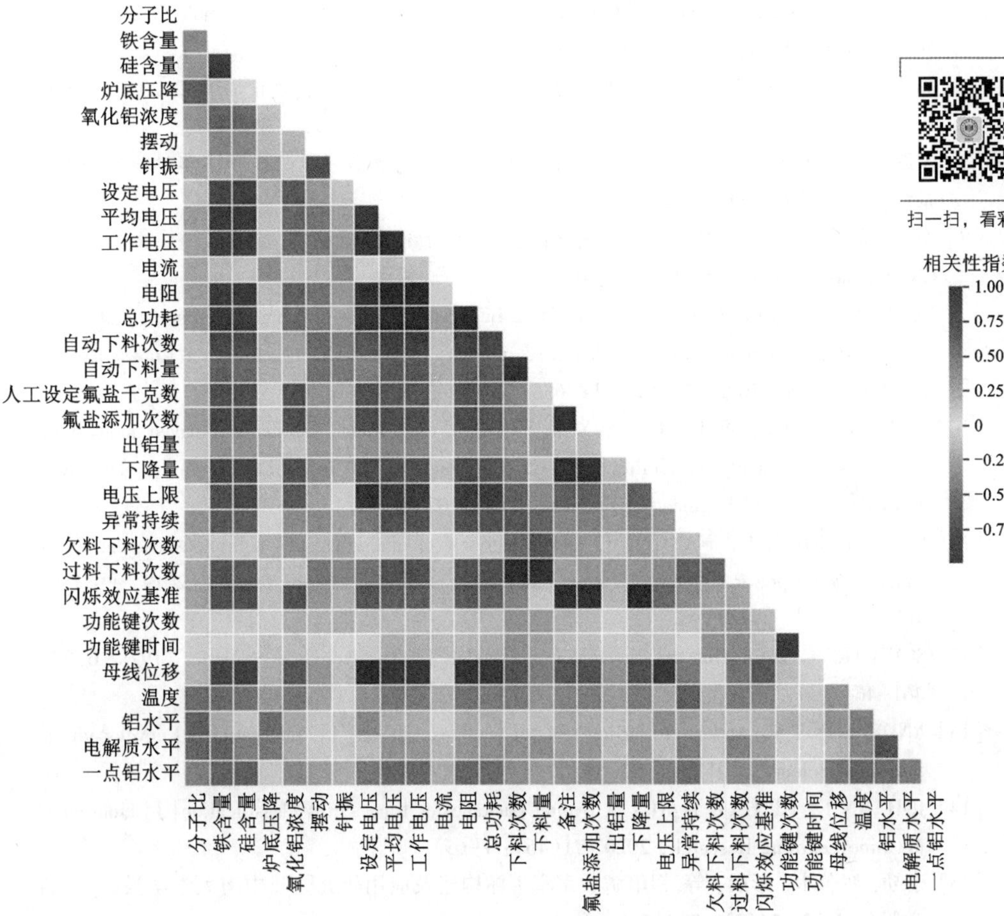

扫一扫，看彩图

图 12-10　全体电解槽工艺参数相关性热力图

参考文献

[1] LOVIE S. Exploratory Data Analysis[M]. John Wiley & Sons, 2008.

[2] ALEKSEY B. Missingno: A missing data visualization suite[J]. The Journal of Open Source Software, 2018, 3(22): 1-4.

[3] YAN J N, GU Z W, JEFFREY M R. Tessera: Discretizing data analysis workflows on a task level [C]//CHI Conference on Human Factors in Computing Systems. Yokohama, Japan, 2021, 20: 1-15.

[4] 邹忠, 彭晨, 李劼, 等. 基于分布式感知的铝电解智能识别系统及应用[J]. 中南大学学报(自然科学版), 2023, 54(2): 732-743.

[5] PENG J, WU W, LOCKHART B, et al. Dataprep. eda: Task-centric exploratory data analysis for statistical modeling in python [C]//Proceedings of the 2021 International Conference on Management of Data, 2021: 2271-2280.

[6] 陈雁声.时间序列中缺失数据的处理方法综述[J].信息与电脑(理论版), 2020, 32(10): 19-22.

[7] 张红亮, 梁金鼎, 李劼, 等.一种基于神经网络的铝电解槽三维炉膛形状实时预测方法和系统: CN106709149A[P].2017-05-24.

[8] 张红亮, 国辉, 李劼, 等.一种铝电解槽局部阳极效应预报方法及其系统: CN201810078867.7[P].2018-07-10.

[9] RUEDEN L V, MAYER S, BECKH K, et al. Informed machine learning-A taxonomy and survey of integrating prior knowledge into learning systems[J]. IEEE Transactions on Knowledge and Data Engineering, 2023, 35(1): 614-633.

[10] ZENG Z H, GUI W H, CHEN X F, et al. A mechanism knowledge-driven method for identifying the pseudo dissolution hysteresis coefficient in the industrial aluminium electrolysis process[J]. Control Engineering Practice, 2020, 102: 1-13.

[11] SHAIR J, XIE X R, WANG L P, et al. Overview of emerging subsynchronous oscillations in practical wind power systems[J]. Renewable and Sustainable Energy Reviews, 2019, 99: 159-168.

[12] SCHWARZ G. Estimating the dimension of a model[J]. The Annals of Statistics, 1978, 6(2): 461-464.

[13] ANDERSON T W. Anderson-darling tests of goodness-of-fit[J]. International Encyclopedia of Statistical Science, 2011, 1: 52-54.

[14] JOHANN F, HICHAM J. pyts: A python package for time series classification[J]. Journal of Machine Learning Research, 2020, 21(46): 1-6.

[15] 李劼, 罗若木, 彭晨, 等.铝电解数字孪生体构建及应用研究[J].中南大学学报(自然科学版), 2023, 54(2): 710-719.

第 13 章　数据与机理融合的铝电解槽故障特征分析

数据与机理融合的建模方法已成为当今发展铝电解智能管控技术的有效方法。本章以铝电解槽故障特征分析为例来展示这一建模方法的应用。

铝电解槽是一个综合性、滞后性强的高温电化学反应系统，复杂的工作条件和工艺参数导致建立一个精确的数学模型去描述铝电解槽寿命十分困难。如果能够以铝电解知识库和专家经验为基础，厘清一系列现象的动态变化过程和因果关系，而不仅是简单罗列影响槽寿命的因素，那么关于铝电解槽寿命的研究就不再是一个仅从数据模型出发就难以解释的“黑箱”过程。

为此，本章将在第 12 章数据分析的基础上，融合知识驱动方法解析全系列电解槽故障特征。首先，从生产实际和专家经验出发，由铝电解槽破损现象及破损原因，通过信息流的方式直观描述铝电解槽内的动态过程，开发出一个简明易懂的机理模型；然后，在该模型的基础上，结合数据驱动方法，将样本划分为不同的铝电解槽样本群体，有针对性地提取每一类铝电解槽最具代表性的特征；最后，通过一组能够充分反映铝电解槽破损机理的特征集合，进一步揭示铝电解槽内部的复杂变化规律，为后续的铝电解槽寿命预测建立坚实的基础[1-8]。

13.1　基于信息流的知识模型构建

本章将结合现场调研的停槽情况和实际工艺参数数值表现，进一步分析“病槽”和“病因”，同时探讨工艺参数之间的耦合关系，开发出一个机理模型来直观描述铝电解槽内部发生了什么、如何发生的以及接下来会影响什么的动态过程[6]。

13.1.1　破损现象与主要原因

一般认为机械磨损并不是阴极损坏的主要原因，铝电解槽的寿命更取决于阴极磨蚀程度，因此本研究更集中关注铝电解过程导致的阴极破损特征，并将其归纳如下。

1)铁硅含量异常

铁(Fe)和硅(Si)是铝电解槽中常见的杂质，会影响铝液的质量，也是铝电解槽破损最为直接的现象。在铝电解槽的启动初期，铁含量可能会比较高，但这只是暂时现象；在正常生产期间，铁和硅的含量一般不超过 0.20%和 0.15%(以下出现的具体数值根据各企业的不同情况略有不同)；在排除异物的情况下，铁、硅含量呈现持续增长且不见稳定的趋势，就推断熔融的电解质和铝液等可能已经渗透到破损的阴极中，并开始消耗阴极钢棒。

图 13-1 为某铝电解槽启动 2000 天以后直至破损时 Fe、Si 质量分数的波动情况，图 13-1 中蓝色曲线为原始数据，红色曲线为能更准确反映数据变化趋势的移动平均趋势曲线。由图 13-1 可知，破损前该槽出现 Fe 含量突然增大的现象，且最终炉底温度多点超过 200 ℃，因阴极发生破损而停槽。

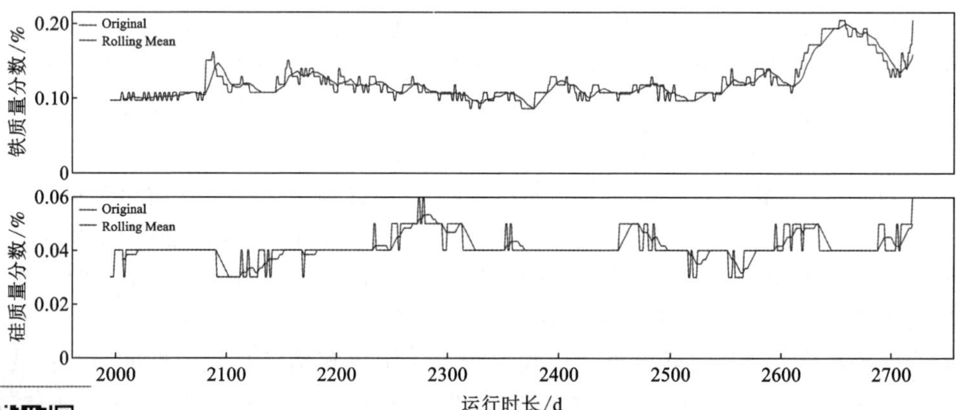

图 13-1　某铝电解槽停槽前铁、硅含量变化趋势图

扫一扫，看彩图

2)针振和电压摆动异常

铝电解槽噪声主要来自炉膛内磁流体不正常波动，可用于衡量电解槽的稳定性。该噪声一般可以分为两类[1-2]：一类是无序的高频噪声(f>0.20 Hz，T<5 s)，也称为电压(或电阻)针振，特点是波形尖脉冲；另一类是有序的低频噪声(f<0.05 Hz，T>20 s)，称为电压(或电阻)摆动。理论上，电压针振往往对应阳极方面的故障，但极距过低或电压摆动严重时也会伴随较大的针振。电压摆动往往由铝液的起伏与波动所引起，而铝液的起伏与波动主要由炉膛不规整或炉底状态不好所引起，因此电压摆动的增大与铝电解槽寿命关联更大。槽控系统在计算针振和摆动时，进行了数值平滑处理，因此正常生产过程中一般分别不超过 10 mV 和 3 mV。

图 13-2 为某铝电解槽启动 1100 天以后的针振和摆动情况，可以看出针振和摆动现象都较为明显且频率较高，最终该槽因长期不稳定且炉膛差而停槽。

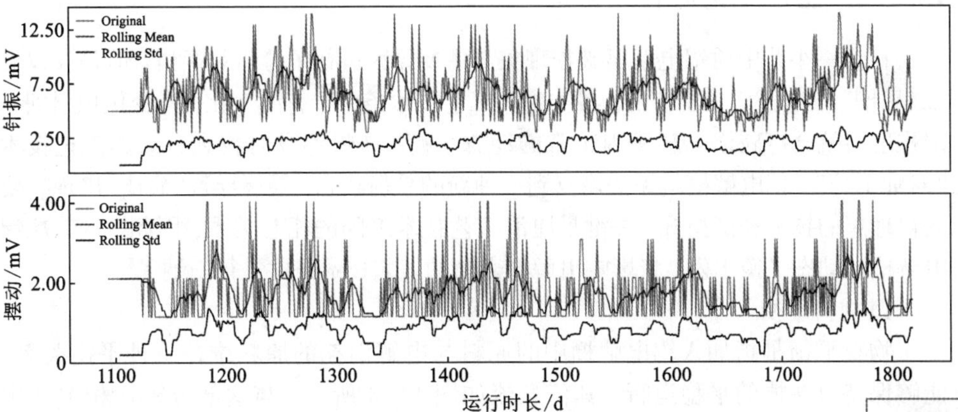

图 13-2　某铝电解槽停槽前针振、摆动变化趋势图

扫一扫，看彩图

3)炉底压降上升异常

随着铝电解槽运行时间的增长，阴极炭块本身的性质会发生变化导致压降自然上升。但是，铝电解槽的正常生产过程中还伴随着金属钠的产生，因为钠与铝的析出电位差仅为250 mV，当电解条件发生变化导致极化现象严重时，钠与铝会同时析出，甚至会更优先析出。析出的钠的主要去向是对炭阴极的渗透，除了在炭阴极的孔隙内导致碳化铝的生成，还会与炭素材料形成嵌钠化合物，反应式[3-5]如下：

$$4Na_3AlF_{6(l)} + 12Na_{(in\ C)} + 3C_{(s)} = Al_4C_{3(s)} + 24NaF_{(l)} \tag{13-1}$$

$$8Al_2O_{3(s)} + 12Na_{(in\ C)} + 3C_{(s)} = Al_4C_{3(s)} + 12NaAlO_{2(s)} \tag{13-2}$$

上述反应物渗入阴极孔隙，在阴极表面出现不规则分布的膨胀和隆起，导致炉底压降大幅度增加，达到400 mV甚至更高，这时候即使铁含量没有异常，也认为阴极遭到侵蚀受损，这是停槽的重要备选项。图 13-3 为某铝电解槽启动 900 天以后炉底压降持续上升的情况，预估其具有漏槽风险而停槽。

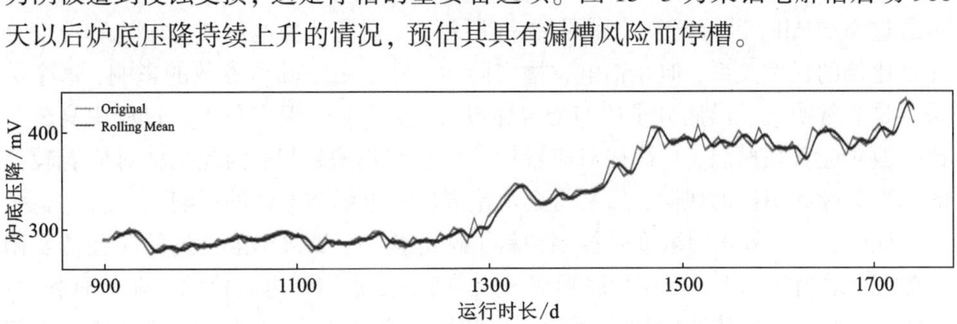

图 13-3　某铝电解槽停槽前炉底压降变化趋势图

13.1.2　生产工艺与有效管理

在上一小节中对铝电解槽破损现象与主要原因进行了分析和探讨，但是仅仅发现“病槽”和“病因”是不够的，各类生产工艺技术条件会持续变化，当变化积累到一定程度后就会打破铝电解槽内正常的动态平衡，如果不及时找到有效的工艺技术“对症下药”，铝电解槽就无法恢复到一种新的平衡状态，最终导致“病槽”出现。要获得理想的技术经济指标，关键是厘清工艺技术之间的相互关系，因此，本节从铝电解槽的动态平衡出发，将影响电解槽寿命的工艺技术条件进行归纳[5-8]。

1)物料平衡

物料平衡是指加入铝电解槽中的原料与电解消耗的原料维持一种平衡关系，能够保持电解槽的平稳运行，其信息流如图 13-4 所示，与这部分密切相关的生产工艺参数主要有分子比、铝水平、电解质水平和氧化铝浓度。

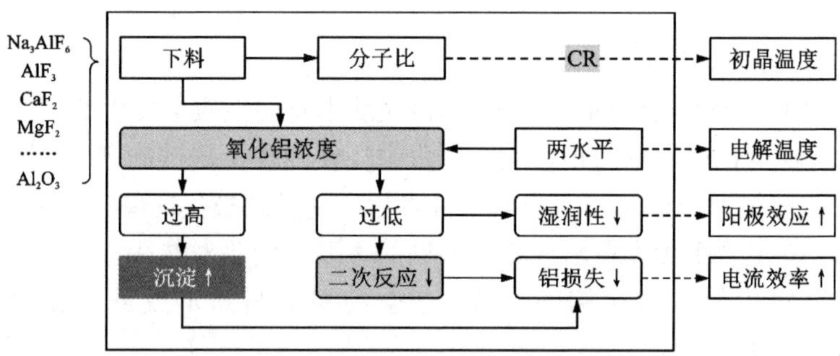

图 13-4　打破物料平衡状态下的情形

在 Hall-Heroult 熔融电解法中，电解质是铝电解槽的“血液”，其主要成分包括冰晶石(80%)、氟化铝(6%~13%)、氧化铝(1%~3.5%)和其他添加剂(5%~10%)。其中，分子比是指电解质中 NaF 和 AlF_3 的摩尔比值，一般为 2.1~2.5，可通过添加 AlF_3 进行调节。如图 13-5 所示，本研究认为电解质分子比和温度存在反比例的线性关系，但在铝电解槽实际生产中，由于其他参数的影响，这个关系不是非常明显。虽然分子比与槽寿命没有直接关联，但实际生产过程中高分子比一般对应着高槽温，且往往对应着炉膛熔化与热槽趋势，因此也就对应着较高的侧部炉膛和阴极的风险，后文将会讨论温度对电解槽寿命的影响[6-10]。

此外，控制氧化铝浓度是控制物料平衡的核心，氧化铝浓度过低时会诱发阳极效应；适当高一点，会在炉底形成一层薄沉淀，这对铝电解槽的寿命是有利的；但浓度太高，又容易造成炉底沉淀，这些聚集在阴极上的氧化铝如果得不到控制，就会导致热槽出现，严重的甚至会缩短阴极寿命。为了既不发生效应，又不产生沉淀，就应该将氧化铝浓度范围保持在 2%~2.5%，如图 13-5 所示。

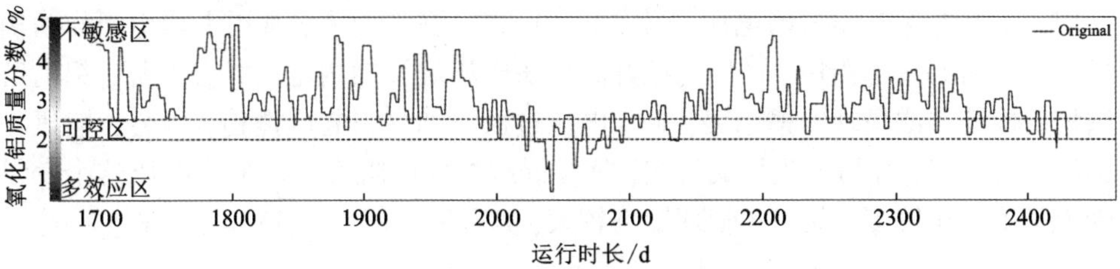

图 13-5　氧化铝浓度正常操作范围

最后，两水平(即铝水平和电解质水平)也是判断热平衡稳定性的重要依据。电解质熔体是热量的主要载体，电解质水平通常在 17~22 cm，过低会导致热稳定性差，铝电解槽技术条件易发生波动；过高往往意味着铝电解槽的能量收入偏高，容易引起二次反应加剧，还可能导致漏槽。铝水平变化比电解质水平变化对炉帮和温度的影响更大，一般为 20~25 cm。铝水平过低，磁流体稳定性变差，容易发生电压针振与摆动，且减小铝电解槽散热量，容易形成热槽，破坏铝电解槽热平衡；铝水平过高容易形成冷槽，也会破坏铝电解槽热平衡；但一般槽龄大的铝电解槽都会设定较高的铝水平，以增加磁流体稳定性，有利于防止漏槽。如图 13-6 所示，生产过程中电解质水平和铝水平往往呈反比关系。

扫一扫，看彩图

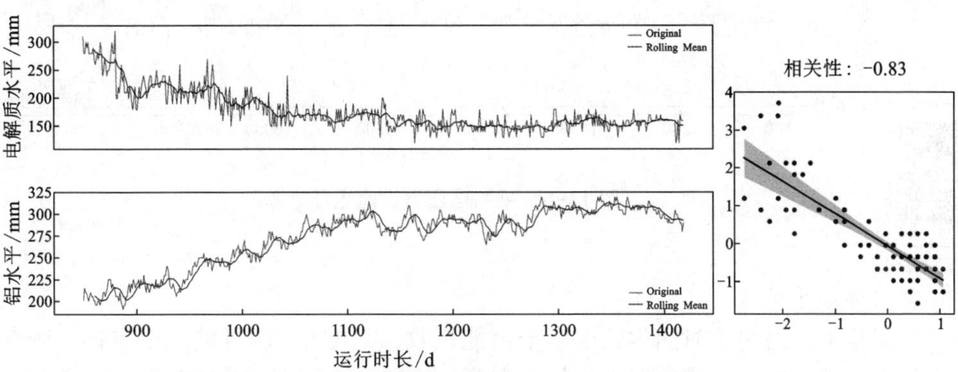

图 13-6　生产过程中电解质水平与铝水平的比例关系

2)电压平衡

在系列电流不变的情况下，电压高低直接决定着铝电解槽的能量输入大小，因此其是影响铝电解槽能量平衡最显著和最快速的因素，其信息流如图 13-7 所示。改变电压的主要手段是调节极距来改变电解质的电压降，在正常生产的反应区域，极距改变 1 cm，槽电压变化 30~40 mV。在工业中，常用平均电压作为衡量铝电解槽的技术指标，平均电压升高反映电压统计期内生产状态变坏，铝电解槽稳定性变差或呈现冷槽趋势；平均电压过低时如果引起冷槽趋势，会影响氧化铝原料的溶解，容易产生炉底沉淀，最终导致炉底电阻变大。平均电压这个变量受人工干预比较多，受工艺管理影响较大，其范围一般在 3.75~4.00 V。

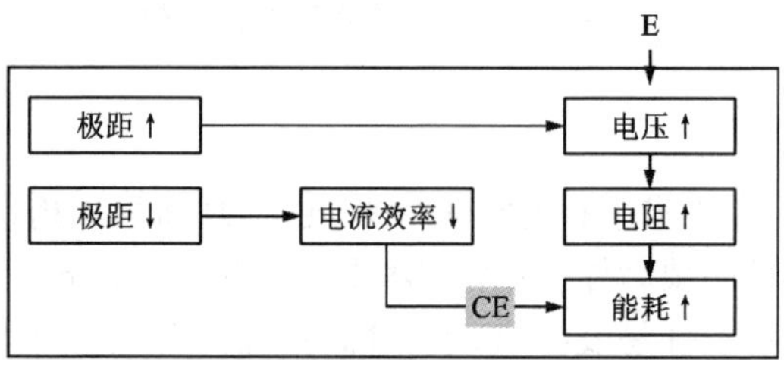

图 13-7　打破电压平衡状态下的情形

此外，本研究特别引入电压偏差(平均电压与设定电压之差)作为衡量停槽的重要备选指标，如图 13-8 所示，正常情况下电压偏差一般不超过 20 mV。如果平均电压总是高于设定电压的情况较多，意味着铝电解槽的稳定性不好。

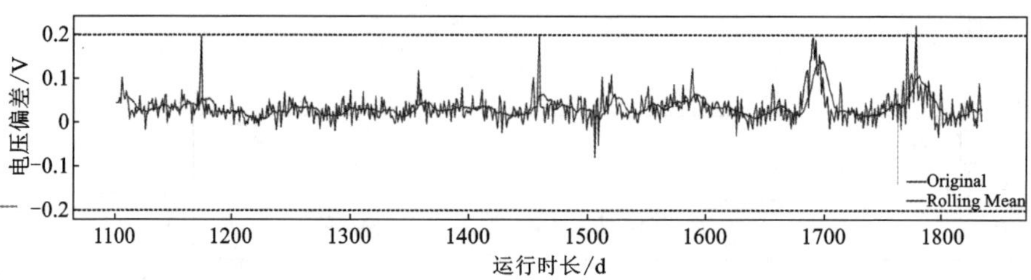

图 13-8　平均电压与设定电压之差

扫一扫，看彩图

3)能量平衡

能量平衡指单位时间内铝电解槽内能量收、支相等，若打破这个平衡，最直观的表现就是铝电解槽的温度会发生变化，其信息流如图 13-9 所示。电解温度是电解质初晶温度与过热度的和，低过热度是保持铝电解槽热平衡稳定以及延长电解槽寿命的关键，但是过低的过热度会使铝电解槽的运行稳定性变差，物料容易沉淀，炉底容易形成结壳，对槽寿命不利，过热度维持在 10~12 ℃比较适宜。

对过热度的管理固然重要，但是电解质组分变化是动态的，初晶温度数据难

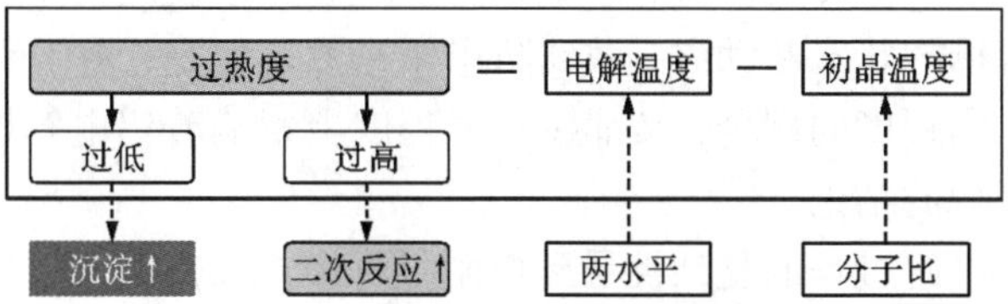

图 13-9　打破能量平衡状态下的情形

以准确统计，加上槽寿命并非精细化的管理过程，所以本研究选用电解质温度作为代替，但其正常范围值要根据生产过程中实际采用的电解质组分来确定。例如，若使用国内铝土矿生产的氧化铝原料，因其锂钾杂质含量较高，导致铝电解槽电解质中锂钾含量高，电解质初晶温度低，所以正常电解质温度就较低。图 13-10 就是某电解槽在 925~935 ℃时正常生产的槽温曲线。

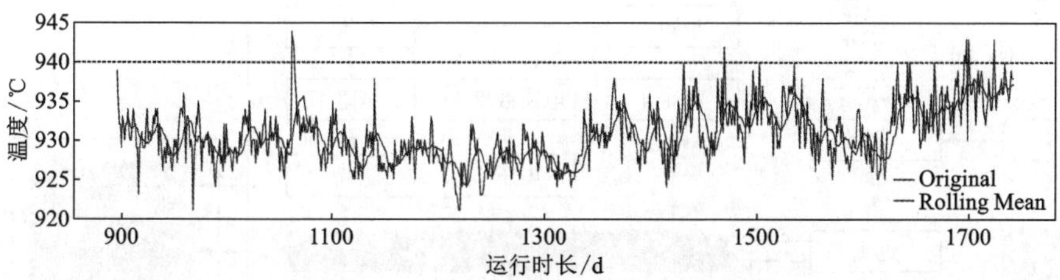

图 13-10　某铝电解槽在低温下正常生产

扫一扫，看彩图

此外，槽壳温度也是槽破损的重要决策依据，通常与侧部漏槽相关。槽壳温度一般控制在 320 ℃以下，如果突然增大，表示铝电解槽有局部破损，需要紧急处理。

最后，根据出铝作业期间总的母线位移量和吸出铝量，可以得到吸出 1 t 铝对应的母线位置变化公式[11]（俗称吨铝行程公式），T_d 变大说明炉膛变小，这个结果可以用于描述炉膛大小的变化，间接反映全槽温度与过热度的变化趋势。叠加从槽内下料调控、极距调控和氟化盐添加调控过程中所显现出来的波动特征，能够对整体过热度状态进行识别。

$$T_d = \frac{\Delta B_p}{M_t} \tag{13-3}$$

式中：ΔB_p 为母线位移量；M_t 为吸出铝量。

13.1.3　破损机理模型构建

综上所述，延长铝电解槽寿命的途径之一是维持其物料平衡、电压平衡和能量平衡，为了确保其在最佳状态下稳定运行，以取得最佳的技术与经济指标，就应当先掌握电解槽的状态和动向，做到防患于未然。但是，由于铝电解槽中各项工艺参数存在不同程度的耦合，又都在某种程度上影响着铝电解槽的寿命，因此一直难以得出定量的结论。

为了解决铝电解过程的复杂性导致电解槽寿命规律不明确、难以抓住本质问题的难题，本研究基于减少变数的思想，将铝电解槽破损模式和工艺技术相关的理论知识与专家经验抽象为一个简洁但全面的动态破损机理模型。其信息流如图 13-11 所示，左侧部分阐述了在打破三种平衡的状态下，铝电解槽是通过怎样的工艺因素导致自身出现稳定性欠佳或炉膛变坏的情况，右侧部分则展示了通过哪类因素能直观判断铝电解槽破损风险增大。

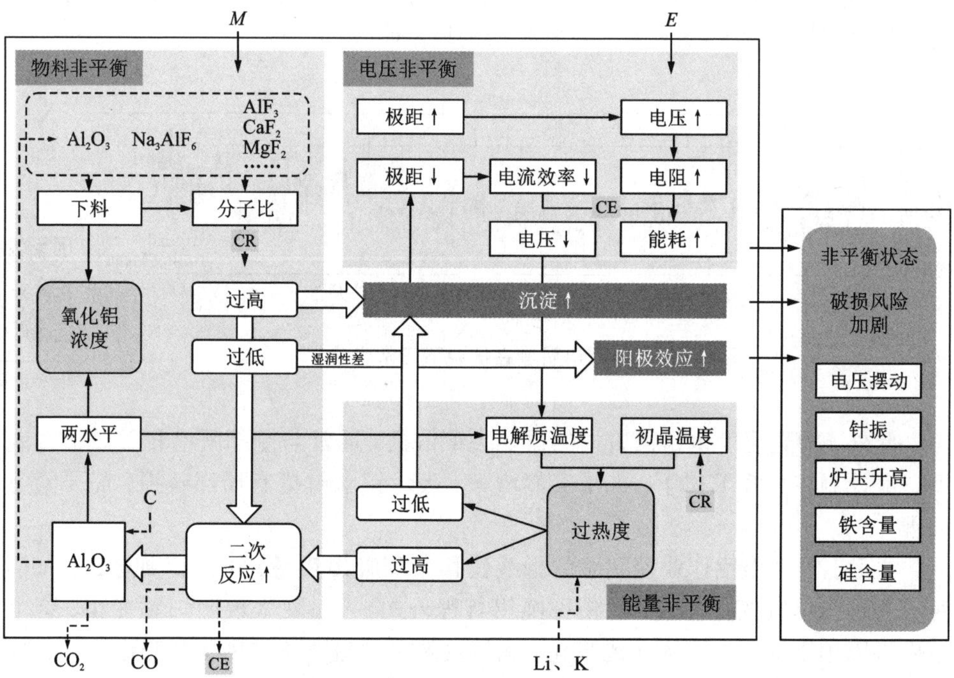

图 13-11　铝电解槽破损机理模型

该信息流将大量的文本知识和专家经验转化为可视化流程图形，有助于非直接相关领域的研究者快速理解现象背后的本质与因素之间的关联。知识模型建立得越正式，越容易集成到机器学习过程中，因此也有助于各领域知识共享、校验模型结果，为数据挖掘的过程及结果提供有价值的推理依据与可靠性解释，从而减少对知识型工作者的依赖。

13.2　基于多维时间序列的铝电解槽聚类

必须认识到机理模型还存在其自身的局限性，通常只能定性地分析问题，难以定量地解决问题，在确定模型之后，需要找到对应模型的特征参数。由于每个铝电解槽存在不同的破损原因和不同的运行阶段，如果概括地对所有铝电解槽进行同质化分析，那么模型的精度和效率也必定大打折扣，因此在特征参数选取之前，本研究首先对现有的铝电解槽进行聚类分析，将相似的样本划分到同一个簇中，最终的结果将以可视化形式展示出来[5-11]。

13.2.1　聚类方法

对铝电解槽进行类别划分主要有分类和聚类两种方法。其中，分类是指以符合某种人类直观评价标准对数据集进行划分的过程，使同一类别数据具有明显相似的特征，不同类别则具有明显的差异。例如前文中，可以将铝电解槽数据集按照运行时间长度不同，分为早折槽、短寿命槽、长寿命槽和超龄槽；也可以按照停槽原因将其分为炉底破损、侧壁破损和其他原因导致的停槽；或者考虑到工人的差异，按照不同厂、不同车间进行划分，等等。但是，在这些情况下，标签和分类标准都是基于主观的易解释性，并没有内在理由说明寿命在 1000 天的铝电解槽和寿命在 1001 天的铝电解槽之间的差异。假设将上述情况同时纳入考虑的范畴，就会导致对“集群”本身的概念都定义不清，就更不用提分类的标准以及模型的准确性了。

通过聚类分析有助于解决上述问题，聚类是一种无监督学习方法，即无需事先定义类别信息，只需最少的先验假设就可以将数据集 $D=\{D_1, D_2, \cdots, D_n\}$ 划分为若干个具有最大相似性且互不重叠的簇 $C=\{C_1, C_2, \cdots, C_k\}$。通常聚类产生的结果与人类直观能理解的概念区别很大，但是能够提取出数据的隐藏模式和规律，因此广泛应用在自然语言处理、图像分割、金融和经济学等多个领域。

铝电解槽寿命问题中主要涉及与时间相关的数据，所以采用的是更加特殊的时间序列聚类。相比常规的静态数据，时间序列具有非线性、高维度和高时间依赖度的特点，使得时间序列之间的相似度和距离难以度量。基于上述特点，时间序列的聚类方法一般分为三类，如图 13-12 所示。

(1) 全时间序列聚类是指将所有的时间序列视为一个整体进行聚类，适用于时间序列之间的趋势和波动率相似，且在整个时间范围内具有相似形状和变化的时间序列。这种方法可以使用基于距离的聚类方法，如 K-means、层次聚类和 DBSCAN 等。

(2) 子序列聚类是指将时间序列分割成多个子序列进行聚类，适用于具有较

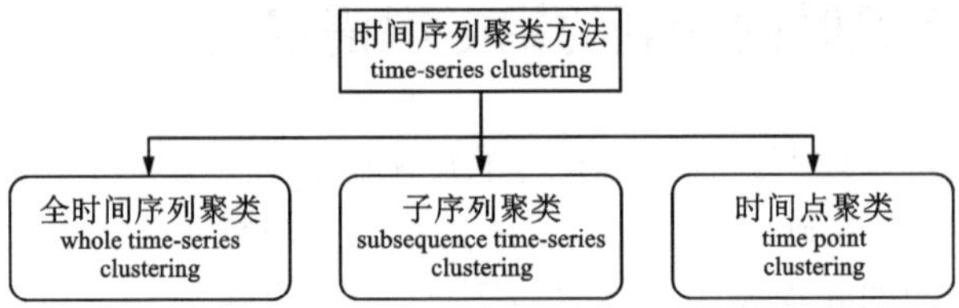

图 13-12　时间序列的聚类方法

强的周期性或季节性，并且在不同的时间段内具有不同的形状和变化的时间序列。这种方法可以使用基于相似度的聚类方法，如基于形状的聚类方法 Shapelet 和基于频域的聚类方法小波变换聚类等。

(3)时间点聚类是指将时间序列转换为一个高维向量，其中每个维度代表一个时间点上的数值。然后，使用基于向量的聚类方法，如 K-means 和层次聚类等，在这些高维向量上进行聚类。这种方法类似于子序列分割，适用于具有较强的周期性或季节性，并且在不同的时间点上具有不同的形状和变化的时间序列，但并不是所有的时间点都会被分配到簇中。

由前文可知，铝电解时间序列数据中，每个时间点都对应着多个维度的参数，不仅单个维度随时间变化发生演变，各个维度之间还存在着关联性和依赖性。为避免“维数灾难”，本研究主要采用基于特征的全时间序列聚类法对其进行维数约简后聚类，包含以下 4 个步骤，主要过程如图 13-13 所示。

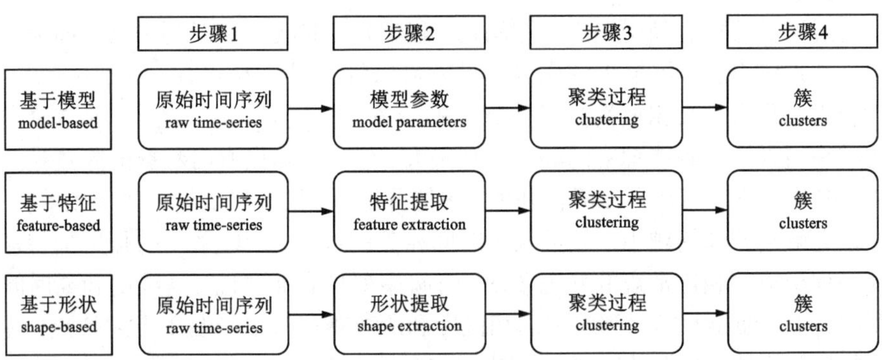

图 13-13　全时间序列聚类三种方法

步骤 1：对原始时间序列进行预处理等数据准备工作。

步骤 2：对预处理后的时间序列进行特征提取。这个过程通常包含提维和降维两个过程：提维是指从高维空间中识别与研究问题强相关的维度的过程，例如时间序列的统计特征、频域特征、时域特征等；降维则是从一个维度空间映射到另一个维度空间的过程，以保留数据的主要特征，但数值含义会发生变化，主要方法包括线性的主成分分析(principal component analysis，PCA)和非线性降维技术随机近邻嵌入(stochastic neighbor embedding，SNE)等。

步骤 3：充分考虑特征的特点和聚类的目的，选择合适的聚类算法。例如，如果希望将数据划分为固定数量的簇，可以选择划分式聚类法；如果希望将数据分为不同层次的簇，可以选择层次聚类法；如果希望自动识别噪声和离群点，可以选择基于密度的聚类法等。各种聚类算法的特点如表 13-1 所示。

表 13-1　聚类算法优缺点比较

类型	算法	适用数据	效率	优点	缺点
划分式	K-means	数值型	很高	适用于大规模数据	对离群点敏感
层次式	Agglomerative	混合型	很差	可以生成层次结构	大规模数据不适用
密度式	DBSCAN	数值型	较差	自动识别聚类数量	密度变化敏感
概率式	GMM	数值型	较差	适用复杂数据分布	大规模数据不适用

步骤 4：对簇进行评估。由于聚类的结果并不像分类的结果那样有清晰的标签，为验证计算的准确率，主要定义两类标准：一类是簇内部评估标准，利用和方差等单一指标对类内相似性进行评价；另一类是外部评估标准，利用外部已经分类好的数据去验证模型的结论。

13.2.2　基于 PCA-K-means 的聚类过程

1)数据集制作

前文新增了电压偏差和吨铝行程参数，在此基础上，数据集包含 273 张表，每张表均代表一个铝电解槽，每个槽又包含 39 列 n 行的时间序列，如图 13-14(a)所示，呈现一个三维的立方体结构。鉴于每张表具有在参数维度上的共性，将其按照样本维度在时间轴方向上纵向堆叠，压缩为二维数据结构，如图 13-14(b)所示。为了便于验证聚类结果，以及探究铝电解槽各工艺参数与寿命之间的关联，本研究选取已知破损情况的 48 台槽作为验证数据集。

2)原始时间序列特征提取

时间序列的特征提取本质上是对一类信号进行有意义描述的过程。常用的时间序列特征包括统计域(statistical domain)、时域(temporal domain)和频域(spectral domain)特征。统计域特征主要包括均值、方差、峰度、峭度和四分位距等；时域特征包括熵、自相关、差分均值和最大峰值个数等；频域特征是指将时

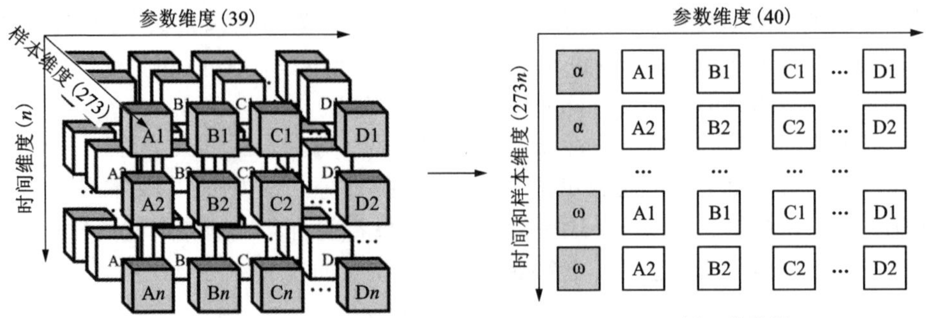

(a) 三维数据　　(b) 二维数据

图 13-14　多维数据模型

间序列数据转换到频域上进行分析，例如傅里叶变换、小波变换等。

由于工业中的时间序列取值范围多样、形态各异，无法直接依赖人工进行大规模的特征提取，因此本研究引入基于可扩展假设检验的时间序列特征提取的 tsfresh 工具对时间序列进行自动表征。首先通过 extract_features 模块进行特征构造，共产生 2 万余种特征；特征过多可能会导致过拟合，因此利用 select_features 对特征显著性进行测试，有大约 600 个特征被认为与铝电解槽寿命足够相关；最后通过多重验证评估需要保留的特征。

样本数据量规模的扩大会导致聚类问题中样本点间的距离计算变得复杂，为了进一步消除冗余特征，通过 PCA 方法将 m 维特征映射到 k 维的空间中进行线性降维($k<m$)。基于方差最大化目标，PCA 方法是构造 k 维特征作为主成分，使各主成分之间相互正交，既保留住较多原始数据的特征，又消除了特征成分之间的相互影响。

主成分分析法的具体描述如表 13-2 所示。

表 13-2　主成分分析法

输入：需要降维的原始特征集 X(每一行代表一个样本，每一列代表一个特征) 输出：降到 k 维后的数据集 X_pca		
1	mean = np. mean(X, axis=0)	计算均值
2	X_centered=X-mean	将 X 进行数据中心化
3	cov_matrix = np. cov(X_centered. T)	计算协方差矩阵
4	eigenvalues, eigenvectors = np. linalg. eigh(cov_matrix)	计算特征值及特征向量

续表13-2

5	idx = np. argsort(eigenvalues) [: : -1]	将特征向量按对应特征值大小从左到右排列成矩阵
6	eigenvalues = eigenvalues[idx]	
7	eigenvectors = eigenvectors[:, idx]	
8	top_k_eigenvectors = eigenvectors[:, : k]	取前 k 列组成矩阵
9	X_pca = np. dot(X_centered, top_k_eigenvectors)	得到降维后的数据矩阵 X_pca

3) 聚类分析

在 PCA 中，以最大方差对应的 3 个主成分作为工艺参数的空间特征。为了对这些特征进行聚类，本研究主要选取了 K 均值聚类算法(K-means)对聚类的 273 个样本槽进行分析。K-means 是一种聚焦于“紧密度”或“相似度”的无监督算法，具有易于实现、迭代速度快的特性，非常适用于大规模数据集。该算法的基本原理如下：选择 K 个数据中心作为初始簇中心，计算每个数据点与簇中心的距离，按就近原则分配到各个簇中，同时重新计算簇中心，直到簇不再发生变化或达到最大迭代次数。因此，初始簇中心的选取对聚类结果的影响非常大，K 值选取不正确，可能会陷入局部最优的问题。

(1) 确定聚类数。

肘部法(elbow method)通常是一种选择 K 值的方法，以最小化误差平方和(sum of squared errors, SSE)为目标函数，随着分类数 K 的增大，SSE 会大幅度减小，当这一现象不明显时，聚类效果最佳的 K 值就会出现在转折点处。肘部法的计算公式如下：

$$SSE = \sum_{k=1}^{K} \sum_{x_i \in C_k} |x_i - u_k|^2 \tag{13-4}$$

式中：K 为簇个数；x_i 为第 i 个样本点，$1 \leqslant i \leqslant 273$；$C_k$ 为第 k 个簇，$1 \leqslant k \leqslant K$；$u_k$ 为簇 C_k 的均值，也称为质心。

设置最大聚类数为 10，按式(13-4)绘制肘部图(如图 13-15 所示)，可以看到当 K 从 1 增加到 2 时，SSE 大大降低，另一次显著降低发生在 $K=4$ 时，此后误差变化趋于线性，根据肘部法可以判定 $K=2$ 或 $K=4$ 时为“肘点”。

(2) 计算样本到聚类中心的距离。

随机初始化 K 个簇中心后，计算笛卡尔平面中每个样本点到质心之间的距离 d，通常使用欧几里得距离测量，如式(13-5)所示：

$$d = \sqrt{\sum_{j=1}^{N} (x_{ij} - u_{kj})^2} \tag{13-5}$$

式中：N 为每个样本的特征个数；x_{ij} 为第 i 个样本点的第 j 个特征，$1 \leqslant i \leqslant 48$，$1 \leqslant$

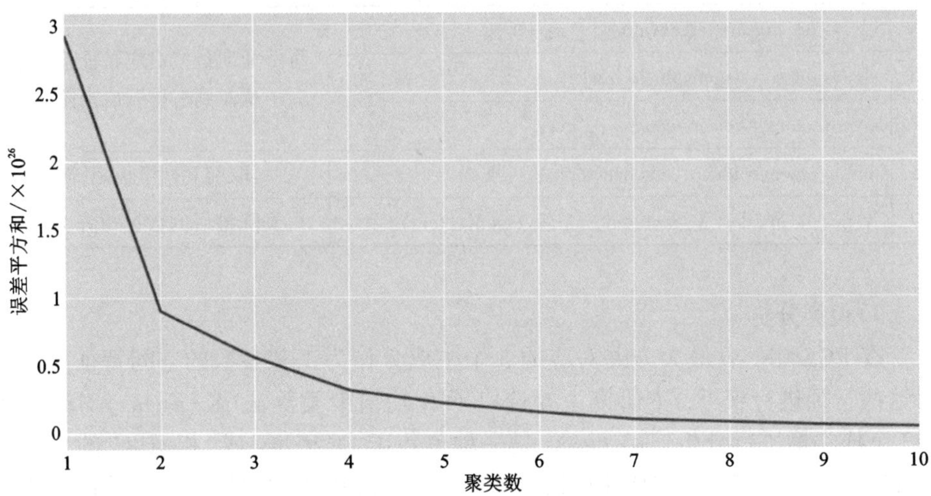

图 13-15　误差平方和变化趋势

$j \leqslant N$; u_{kj} 为簇 C_k 质心的第 j 个特征。

基于样本点到每个簇质心的距离，将每个点分配到最近的簇，使用式(13-6)计算新定义的簇质心，u_k 是簇中 m 个点坐标的算数平均值的有序偶：

$$u_k = \frac{1}{|C_k|}\sum_{x_i \in C_k} x_i \tag{13-6}$$

重复上述步骤，直至算法收敛，输出聚类结果。

13.2.3　聚类结果与分析

不同 K 值下的聚类效果如图 13-16 所示，图 13-16 中包含 277 个待聚类的样本点，相同颜色的点代表相同类别的样本，横轴和纵轴分别表示 PCA 的两个主成分。当 $K=2$ 时，样本点被分为 2 个簇，其中一个簇数据点较为紧密，整体呈现出较小的圆形形状，另一个簇则呈现为一个较为分散的椭圆形，类间存在差异，认为不同簇之间分离度较高，效果较好；当 $K=4$ 时，样本点被分为 4 个簇，此时虽然对铝电解槽的划分在理论上更为精准，但不同簇之间难以区分，这样的划分不便于对数据集进行分析。

综上，将铝电解槽主要聚为两簇，表 13-3 展示了验证集中样本点 S 的聚类情况，其中 P 表示每个样本点具有的 3 个主成分，0 和 1 为簇的标签，分别表示图 13-16(a)中的黑色样本点和红色样本点，T 为前文统计的铝电解槽破损类型。

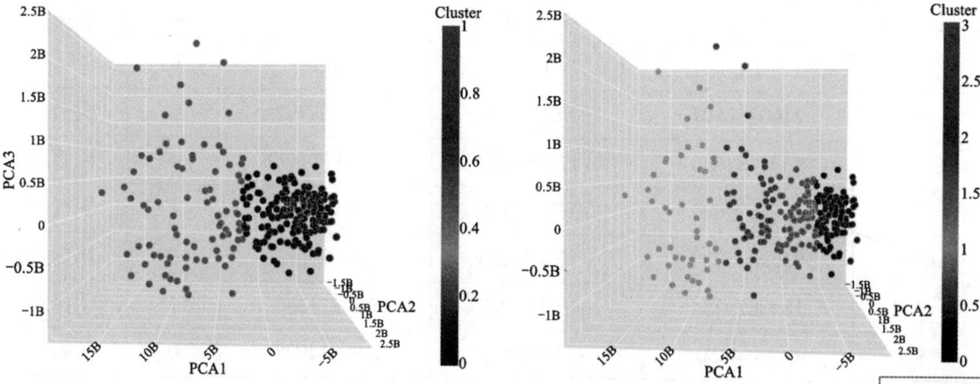

(a) K=2　　(b) K=4

图 13-16　铝电解槽聚类结果可视化

扫一扫，看彩图

表 13-3　铝电解槽聚类结果及其维度特征

样本点 S	主成分			簇 C	类型 T
	P1	P2	P3		
S0	6555805126	−76740181	328484463	1	阴极
S1	3785331401	−96738948	743394971	1	阴极
S2	12669781344	−96847001	48600963	0	侧壁
S3	−6266304636	−150264711	328078922	1	阴极
S4	12133443737	−115529669	−664417808	0	侧壁
S5	13121570825	−110233853	−439822658	0	侧壁
S6	11645121429	−129404625	−725825418	0	侧壁
S7	1603407686	−138824214	−96129570	1	阴极
S8	7827858889	−129144325	−564375319	1	阴极
S9	10739377759	−96119314	−139361332	0	阴极
S10	12462642613	−109918300	−483372058	0	侧壁
…	…	…	…	…	…
S40	14375033398	−118171464	−560006419	0	侧壁
S41	15113963071	−136458244	−1042606267	0	侧壁
S42	13004002909	−82512749	68685405	0	侧壁

续表13-3

样本点 S	主成分			簇 C	类型 T
	P1	P2	P3		
S43	2460202577	-88228973	487368702	1	阴极
S44	8394884680	-122988179	-644779872	1	阴极
S45	4143109627	-97193243	-265358251	1	阴极
S46	9359045179	-122824213	-297624623	0	阴极
S47	1840879354	-88046653	120224344	1	阴极
S48	10044644507	-71457921	706814948	0	阴极

为了对簇的效果进行评价，采用内部指标邓恩指数(Dunn validity index, DI)进行计算，如式(13-7)所示，其目的是识别簇的紧凑性，数值越大意味着类间距离越大，反之则类内距离越小。经计算，DI=2.45，意味着聚类结果质量较好。

$$\mathrm{DI}=\frac{\min\limits_{1\leqslant i<j\leqslant K} d_1(i,\ j)}{\max\limits_{1\leqslant k\leqslant K} d_2(k)} \tag{13-7}$$

式中：d_1 为簇之间的距离；d_2 为簇内部的距离。

邓恩指数着眼于聚类数据本身，数值好坏并不能完全代表聚类结果的好坏，还需要一些带标签的数据作为外部评价指标。纯度(purity)就是一种简单而透明的外部评估手段，能够对正确分配的类进行计算，计算式如下：

$$P=\frac{1}{N}\sum_k \max_j |c_k \cap T_j| \tag{13-8}$$

式中：N 为待聚类样本总数；c_k 为聚类后的簇中的样本；T_j 为正确的类别的样本，P 的取值范围为[0, 1]，P 值越大则聚类效果越好。

利用式(13-8)及表 13-3 的信息对作为验证数据集的铝电解槽进行纯度计算，两个簇的聚类结果正确样本数分别为 19 和 21，则 P=0.83。为更直观地展示聚类效果，将每个簇中记录的停槽原因整理为词云图(如图 13-17 所示)，字号根据文字凸显频率发生改变。由图 13-7 可知，图 13-17(a)为标签是 0 的簇破损记录，主要为侧壁温度高、炉膛差、铝电解槽长期不稳定等；图 13-17(b)为标签是 1 的簇破损原因，主要与阴极相关，包括铁含量高、钢棒温度高等，认为符合本书第 13.1 节中相应的机理模型，并且两个簇之间存在明显差异性，意味着聚类结果质量较好。

(a) C0　　(b) C1

图 13-17　铝电解槽聚类情况及其破损原因词云图

13.3　基于 XGBoost 的故障特征分析

在上一节中，从原始时间序列中增加了信息，并将其转换为可供机器学习模型使用的特征。然而，在这个过程中，每个特征也失去了其本身的物理意义，这就意味着模型无法解释特征与研究对象之间的关系，如果训练不足，还可能导致不可知的错误发生。因此，本节将融合前述的先验知识模型和数据驱动的聚类模型，进一步探究模型特征的工业意义，这有助于故障特征快速可视化识别[5-11]。

13.3.1　特征工程

由前文可知，对于铝电解槽寿命的研究来说，工艺参数本身的变化趋势就是影响铝电解槽寿命的决定性因素，每个工艺参数携带的物理意义、信息量和权重都是不同的，因此可直接将其作为故障特征进行工程处理。这些特征又可分为与现象相关的特征和与生产工艺相关的特征。

特征工程决定着模型的上限，通过特征构建、特征选择和特征提取得出高维度原始集合中重要但不相关的最优特征子集，从而提高模型的性能。其中，特征选择是特征工程的重要研究内容，与特征提取强调数据的转换过程不同，其更注重特征子集搜索策略和特征子集性能评价准则，过程如图 13-18 所示，主要包括以下步骤。

步骤 1：对原始特征集进行预处理、初始特征子集选择等准备工作。

步骤 2：搜索生成特征子集。生成策略包括完全搜索、随机搜索和启发式搜索三大类：当没有任何先验知识时可以使用完全搜索枚举所有组合，理论上能够保证结果最优，但是在实际计算中复杂度过高、可行性低；随机搜索和启发式搜索则可以在运算效率和特征子集质量之间找到一个较好的平衡点。

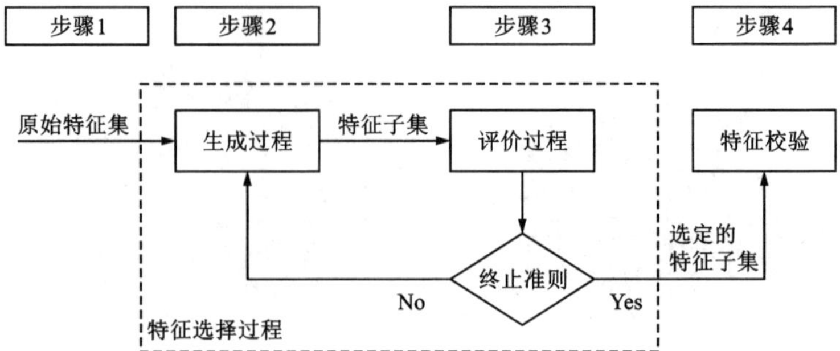

图 13-18　特征选择过程

步骤 3：评价特征子集的优劣。评价准则的选择决定着特征子集的质量，包括独立于分类器的特征重要性评价准则、以分类器分类准确率的评价准则，以及将两者结合的评价准则。当达到终止准则的阈值后就停止搜索。

步骤 4：在验证集上验证筛选出来的特征子集的有效性。

特征选择过程可选用的算法可分为过滤式(Filter)、封装式(Wrapper)和嵌入式(Embedded)三大类：Filter 方法独立于学习过程，主要根据分类贡献的大小进行度量，时间效率高，但需要一个阈值作为特征选择的停止准则，常用 Pearson 相关系数、信息增益等方法；Wrapper 方法更依赖学习过程，需要验证集对模型进行评价，准确率较高，但容易出现过拟合的问题，且计算量巨大；Embedded 方法不需要分训练集和验证集，其通过构造一个目标函数让学习器自动选择特征，通常情况下有较好的性能，但需要训练多个不同分类器。

13.3.2　基于 XGBoost 的故障特征评估过程

1)数据集制作

数据集制作过程如图 13-19 所示，首先基于聚类的结果，将整体数据集划分为两簇，每一簇使用 80%的数据作为训练集，20%的数据作为验证集。

为了避免特征集的不可解释性，基于前文开发的动态破损机理模型，选取作为停槽重要备选项的破损现象工艺参数当初始特征子集：

G^* = {铁含量，炉底压降，电压摆动，硅含量，针振}

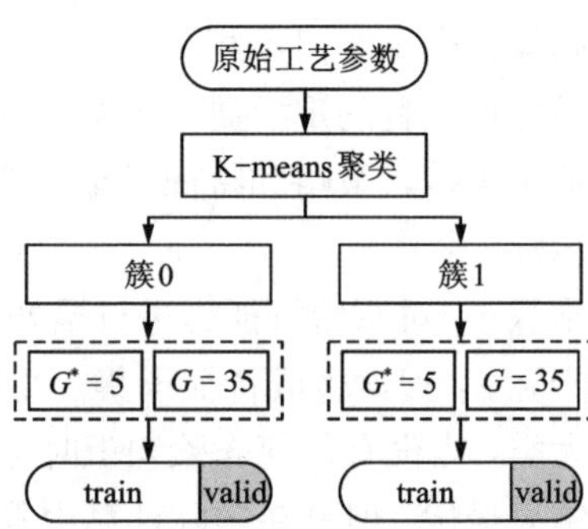

图 13-19　数据集制作

将余下的生产工艺参数加入候选特征子集，考虑到铝电解槽运行时长也是铝电解槽寿命研究的一个重要特征，故将其也添加为特征之一，则候选特征子集共计 35 个特征：

$G=$ {分子比，氧化铝浓度，槽壳温度，设定电压，平均电压，电压偏差，
工作电压，电流，电阻，总功耗，下料次数，下料量，出铝时刻，
换极时刻，加工时刻，出铝距今，备注，氟盐添加次数，吨铝行程，
下降量，电压上限，电压下限，异常持续，欠料下料次数，过量下料次数，
闪烁效应基准，抬母线时刻，功能键次数，功能键时间，母线位移，
温度，铝水平，电解质水平，一点铝水平，运行时长}

2)模型建立

为对工艺参数进行故障特征评估，选用极限梯度提升(extreme gradient boosting, XGBoost)，它是目前在工业应用领域最热门的方法，能够基于特征重要度进行大型数据集的变量筛选。XGBoost 兼具 Embedded 和 Filter 特性，作为梯度提升树(gradient boosting decision tree, GBDT)的一种高效实现，其在原有目标函数的基础上增加基于树的复杂度的正则项 $\Omega(f_t)$，生成新模型的同时学习之前的残差，最终通过梯度下降法将数个树模型组合成为准确率更高的新模型。

其中第 t 个决策树的目标函数如下：

$$\mathrm{Obj}^{(t)}=\sum_{i=1}^{n}\left[L(y_i,\hat{y}_i)+\Omega(f_t)\right] \tag{13-9}$$

式中：$L(y_i,\hat{y}_i)$为损失函数，y_i 为第 i 个样本，$\hat{y}_i$ 为第 i 个样本的迭代预测值；$\Omega(f_t)$为第 t 棵树的模型复杂度。

为便于理解，利用泰勒公式将式(13-9)二阶导数展开，则简化后的目标函数如下：

$$\mathrm{Obj}^{(t)}\approx\sum_{i=1}^{n}\left[L[y_i,\hat{y}_i^{(t-1)}]+g_if_t(x_i)+\frac{1}{2}h_if_t^2(x_i)\right]+\Omega(f_t) \tag{13-10}$$

为获得更快的收敛速度和更高的准确性，假设前 $t-1$ 棵树已训练完成，样本到叶子节节点的映射关系为 q，表示树模型复杂度的叶子节点数为 T，权重值为 w，则使用 L2 正则、移除常数项后的目标函数如下：

$$\mathrm{Obj}^{(t)}\approx\sum_{i=1}^{n}\left[g_iw_{\mathrm{q}}(x_i)+\frac{1}{2}h_iw_{\mathrm{q}}^2(x_i)\right]+\gamma T+\frac{1}{2}\lambda\sum_{j=1}^{T}\omega_j^2 \tag{13-11}$$

式中：γ 和 λ 为调节因子，是一个超参数；叶子节点数 T 与树的深度直接相关。

为简单起见，我们定义：

$$G_j=\sum_{i\in I_j}g_i,\ H_j=\sum_{i\in I_j}h_i \tag{13-12}$$

则简化后的目标函数为只含有数 w_j 和 T 的公式：

$$\mathrm{Obj}^{(t)} \approx \sum_{j=1}^{T}\left[G_j w_j + \frac{1}{2}(H_j + \lambda) w_j^2\right] + \gamma T \tag{13-13}$$

接下来求解 w_j，令 $\mathrm{Obj}^{(t)}$ 对 w_j 求偏导并令其为 0，则最优权重及其对应的目标函数如下：

$$w_j^* = -\frac{G_j}{H_j + \lambda} \tag{13-14}$$

$$\mathrm{Obj}^{(*)} \approx -\frac{1}{2}\sum_{j=1}^{T}\frac{G_j^2}{H_j + \lambda} + \gamma T \tag{13-15}$$

最终，式(13-15)能够以得分值为标准评价一棵树的好坏，将目标函数分裂前后的差值记为信息增益，如式(13-16)所示，Gain 越大表示分裂效果越好，直至达到分裂停止的条件。

$$\mathrm{Gain} = \frac{1}{2}\left[\frac{G_L^2}{H_L + \lambda} + \frac{G_R^2}{H_R + \lambda} - \frac{(G_L + G_R)^2}{H_L + H_R + \lambda}\right] - \gamma \tag{13-16}$$

至此，XGBoost 模型构建完成，通过在不同的线程中并行选择分裂的最大增益，可以获得某个特征在全局的重要度分数。

具体算法实施过程如表 13-4 所示。

表 13-4 极限梯度提升算法

输入：原始特征集合 G 输出：特征重要度 FI		
1	param = {'eta': 0.02, 'objective': 'reg: squarederror'}	定义模型参数
2	train_X, test_X, train_y, test_y = train_test_split(train_data, train_target, test_size=0.2, random_state=0)	数据集划分
3	data_train = xgb.DMatrix(train_X, label=train_y)	数据集转换为 DMatrix 格式
4	data_test = xgb.DMatrix(test_X, label=test_y)	
5	Watch_list = [(data_test, 'eval'), (data_train, 'train')]	模型监控列表
6	model = xgb.train(param, data_train, num_boost_round = 1000, evals = watch_list)	模型训练
7	FI=model.get_score(importance_type='gain')	计算特征重要度

13.3.3 故障特征评估结果与分析

为避免模型结果过度依赖于训练集与验证集的分配，通常需要进行模型验证，本节采用五折交叉验证法(5-fold cross validation)来评估模型的性能。五折交叉验证法是一种常用的模型验证方法，它将原始数据集划分为 5 个等大小的子集，其中 4 份作为训练数据集，1 份作为验证数据集评价模型效果，每次使用不同的组合进行训练和测试，重复 5 次，以消除单次训练引入的偶然性和随机性，其流程如图 13-20 所示。

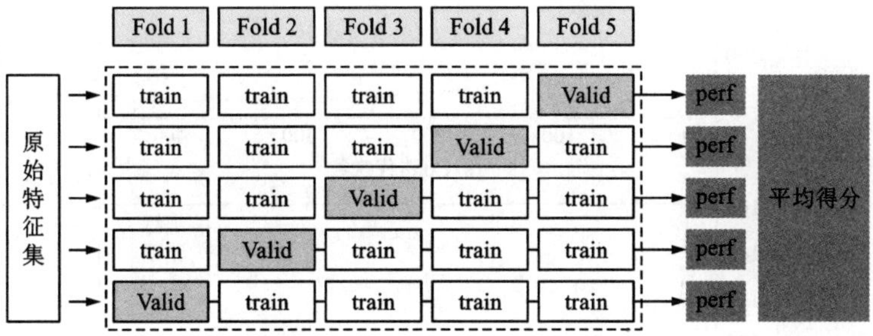

图 13-20　五折交叉验证原理

为了校验模型与真实情况的偏离程度，采用均方根误差(toot mean square error，RMSE)作为 XGBoost 模型的评估指标，RMSE 特征子集对应模型的准确率越高：

$$\mathrm{RMSE} = \sqrt{\frac{\sum_{i=1}^{N}(y_i - \hat{y}_i)^2}{N}} \tag{13-17}$$

式中：$\hat{y}_i$ 为第 i 个样本点的预测值；y_i 为第 i 个样本点的真实值；N 为样本点的个数。

通过上述步骤，分别得到两个聚类结果的五折交叉验证结果，其 RMSE 如图 13-21 所示。随着迭代次数增加，交叉验证平均 RMSE 降至 5.40 附近，说明模型在不同子集上表现相近，具有较好的泛化能力。同时，在训练接近 200 次时，两个聚类结果的 RMSE 均出现了转折点，这表明模型在迭代 200 次后，性能提升的速度变缓，可能已经接近最优解。因此，将模型的迭代次数设置为 200 次进行重新训练，根据式(13-16)计算基于 XGBoost 方法的候选特征子集 G 的重要度，即根据该特征在所有树中被用作分裂样本时带来的增益平均值进行重要度打分并排序。

图 13-22 为聚类标签为 0 的特征重要度，即认为其破损可能发生在侧壁。其中，纵坐标为重要度从大到小排序的故障特征，重要度为 0 的特征不显示；横坐标为重要度打分，为便于理解，将特征重要度之和设为 1，因此各工艺参数对应的横坐标数值大小可以认为是贡献度百分比。

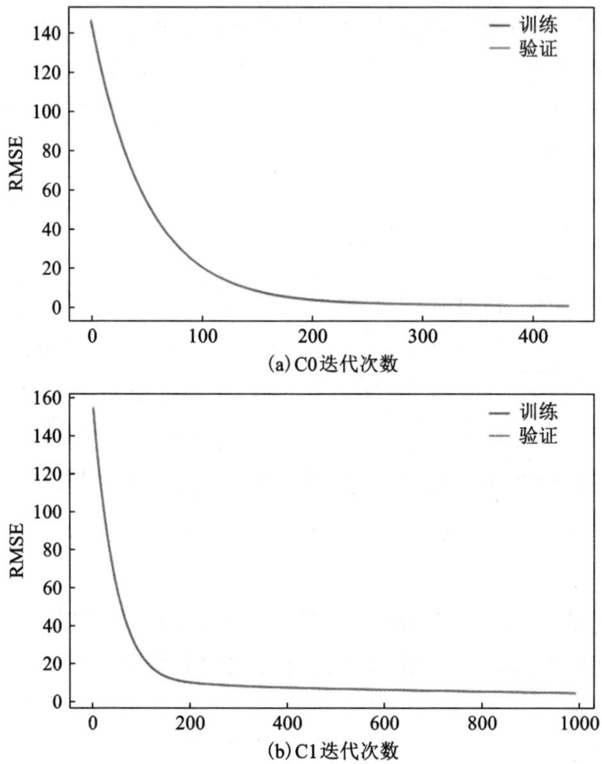

扫一扫，看彩图

图 13-21 RMSE

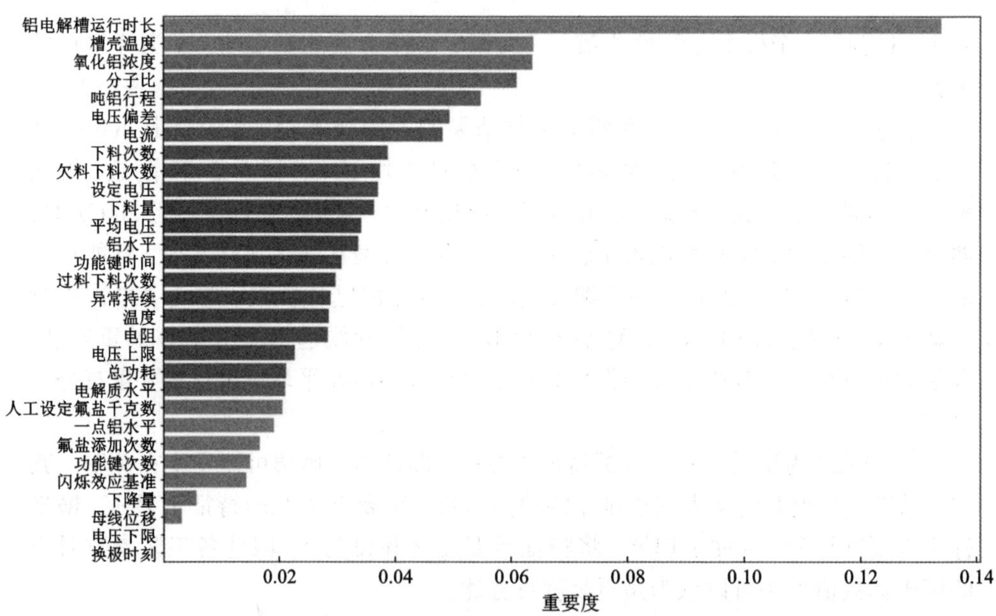

图 13-22 关于侧壁破损的候选特征子集重要度排序

图 13-23 为聚类标签为 1 的特征重要度，即认为其破损可能发生在阴极。从图中可以看出，在不同簇中不同工艺参数的重要度存在差异，但是都认为铝电解槽运行时长、槽壳温度、氧化铝浓度和分子比是导致铝电解槽故障的首要特征，电压和下料相关的系列特征被认为是次要特征。此外，两簇中铝电解槽运行时长这一特征与铝电解槽故障的关联度远超过其他特征，也从侧面验证了该模型具有有效性。

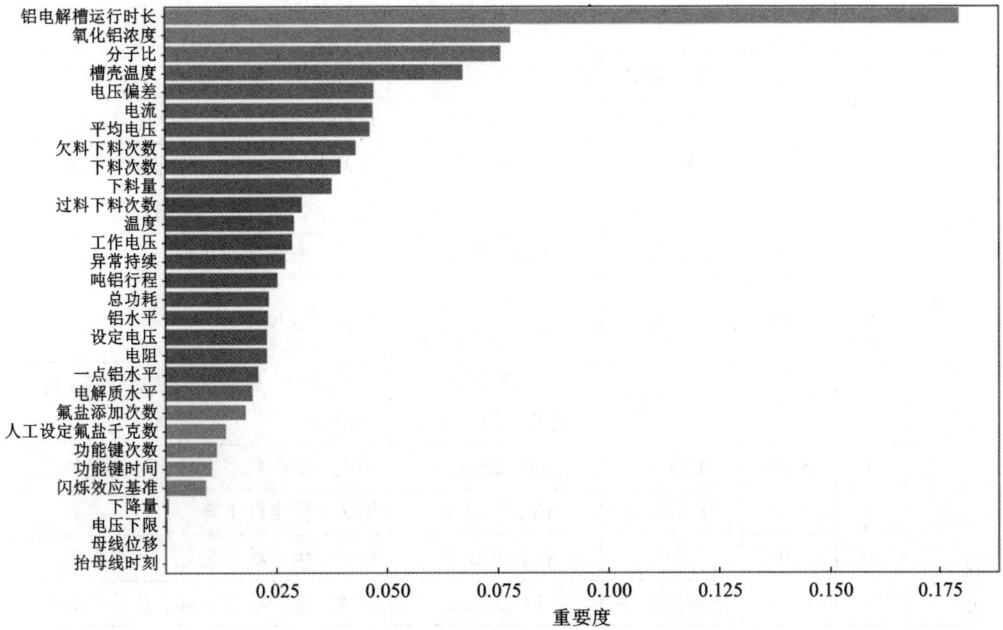

图 13-23　关于阴极破损的候选特征子集重要度排序

在实际生产中，破损原因是未知的，可以采用线性加权融合方法将这两种情况进行综合分析。线性加权融合是一种常用的数据融合方法，其通过为每个特征分配权重，然后将权重与特征值相乘并求和，从而得到一个综合评分。移除作为验证的铝电解槽运行时长后，将能覆盖 90%信息量的前 21 个特征进行保留，剔除相关性阈值高于 0.9 的特征对，以消除特征之间的线性关系。最后，根据综合评分对铝电解槽的故障特征进行重要度排序和评估，如表 13-5 所示；同时综合前文机理模型，给出合理的参数范围作为参考(具体数值根据各企业不同情况略有不同)构建故障知识库。

表 13-5 故障特征评估表

特征类别	特征排序	重要度/%	特征含义	特征范围	评估指标
破损现象	1	—	铁含量	0.2%以下	突然增大，有破损趋势
	2	—	炉底压降	500 mV 以下	增大，漏槽风险
	3	—	摆动	3 mV 以下	增大，炉膛与炉底状态变坏
	4	—	硅含量	0.15%以下	突然增大，有破损趋势
	5	—	针振	10 mV 以下	增大，短期生产状态变坏
生产工艺参数	1	13.10	槽壳温度	320 ℃以下	突然增大，侧部漏槽、局部破损
	2	12.56	氧化铝浓度	2%~2.5%	过高，沉淀增多，影响生产指标
	3	12.21	分子比	2.1~2.5	过高，过热度高，侧部漏槽风险
	4	10.17	吨铝行程	4.11~4.78 mm	增大，炉膛变小，冷槽趋势
	5	9.26	电压偏差	20 mV 以下	过高，影响生产指标
	6	8.99	电流	(实际电流±实际电流)×1%	直接关联度小
	7	7.55	下料次数	(基准下料±基准下料)×5%	突然增大，短期生产状态变坏，冷槽趋势
	8	5.80	铝水平	20~25 cm	增大，生产状态变坏，冷槽趋势
	9	5.03	异常持续	10 min 以下	增大，稳定性下降
	10	5.00	温度	950~970 ℃	增大，生产状态变坏，热槽趋势
	11	4.03	电解质水平	17~22 cm	增大，生产状态变坏，热槽趋势

特征评估结果与实际的工业状况相符合，则效果比较理想，能够为现场人员识别铝电解槽故障原因提供量化的数据支持，优先关注和管理排序较高的特征，有利于及早发现病槽，对延长铝电解槽寿命具有一定工业应用意义。综上，在后续研究中，将选取这 16 维工艺参数作为铝电解槽寿命研究的故障特征，这些特征在工业中可定义，具有时变性，且与其他特征无线性关联。

最后，简要归纳一下：本章以专家经验和生产数据为基础，分析了各工艺参数之间的作用机制，以信息流方式构建了一个简洁直观的铝电解槽破损机理模型，融合数据驱动模型提取反映铝电解槽破损机理的故障特征集合，能够为现场人员提前识别铝电解槽故障原因和采取措施提供量化的数据支持。主要结论如下。

(1)结合现场专家经验和工艺参数的数值表现，从“病槽”和“病因”出发，将阴极破损现象定义如下：铁和硅含量持续增长且不见稳定，针振和摆动异常增加，以及炉底压降异常上升。基于物料平衡、电压平衡和能量平衡厘清其他工艺参数之间的相互关系，将大量的文本知识和专家经验转化为可视化信息流，构建了一个铝电解槽破损原因机理模型，有助于非直接相关领域的研究者快速理解现象背后的本质与因素之间的关联性。

(2)针对上述知识模型只能定性分析问题的局限性，联合数据驱动方法进行量化，分别对聚类后的两种破损类型探究工艺参数与铝电解槽寿命的关联性，基于 XGBoost 算法提取了 16 维故障特征并对其进行重要度排序。结果表明：槽壳温度是显示铝电解槽故障的首要特征，重要度约 13.10%，当其出现突然增大的趋势，则说明可能存在局部破损；其次，氧化铝浓度为物料平衡控制的核心内容，重要度约 12.56%，浓度太高会造成炉底沉淀，从而影响阴极寿命；高分子比同样会使过热度升高，增加侧部炉膛和阴极的风险，重要度约 12.21%；其余如电压相关特征、下料相关特征和两水平等同样为主要故障特征。上述结果与知识模型结果相符合，根据评估结果构建可表征铝电解槽故障失效特性的知识库，并给出合理的特征取值范围以供参考。

参考文献

[1] 刘业翔，李劼，等.现代铝电解[M].北京：冶金工业出版社，2008.

[2]邱竹贤.预焙槽炼铝[M].北京：冶金工业出版社，2006.

[3]贾明星.七十年辉煌历程 新时代砥砺前行——中国有色金属工业发展与展望[J].中国有色金属学报，2019，29(9)：1801-1808.

[4]刘风琴，邱定蕃，顾松青，等.我国铝冶炼工业的竞争力分析及发展趋势[J].工程科学学报，2022，44(4)：561-572.

[5]李劼，丁凤其，邹忠，等.铝电解槽电流强化与高效节能综合技术的开发及应用[J].轻金属，2011(2)：25-30.

[6]李劼，丁凤其，李民军，等.预焙铝电解槽阳极效应的智能预报方法[J].中南工业大学学报(自然科学版)，2001，32(1)：29-32.

[7]桂卫华，曾朝晖，陈晓方，等.知识驱动的流程工业智能制造[J].信息科学，2020，50(9)：1345-1360.

[8]ARKHIPOV G, PINGIN V. Investigating cathode strained-stressed state in the aluminum electrolysis cell[C]//WOLFGANG SCHNEIDER. Light Metals 2002, Seattle: TMS, 2002: 347-354.

[9]BALCHEN J G. A method for the control of alumina concentration in aluminium reduction cells[J]. Modeling, Identification and Control, 1992, 13(1): 41-49.

[10]WAN J F, TANG S L, LI D, et al. A manufacturing big data solution for active preventive maintenance[J]. IEEE Transactions on Industrial Informatics, 2017, 13(4): 2039-2047.

[11]KOU G, YANG P, PENG Y, et al. Evaluation of feature selection methods for text classification with small datasets using multiple criteria decision-making methods[J]. Applied Soft Computing, 2020, 86: 1-14.

第 14 章　数据与机理融合的铝电解槽寿命预测与风险预警

本章以铝电解槽寿命预测与风险预警为例，进一步展示数据与机理融合的建模方法的应用。

铝电解槽由于故障发生导致使用寿命到期的问题一直是一项重大的经济效益问题，现阶段铝电解槽的维护策略主要依赖于对已出现的故障进行响应式维护(RM)及固定周期巡检，以防故障发生的预防性维护(PM)。如果能够直接基于铝电解槽服役过程的实时感知数据，进行动态的可靠性评估和实时的故障预测，就可以从预防性维护转向预测性维护(PdM)，从而实现完整的状态监测、故障分析、寿命预测和指向性维护决策支持流程，这不仅能够避免计划外停槽带来的经济损失，还能够延长铝电解槽的寿命，以提高整个生产系统的可靠性，对于确保铝电解生产的安全性、经济性和环保性具有重大意义。

尽管 PdM 机器学习方法是在智能优化制造领域最典型的应用之一，但是现代大型铝电解槽的高度复杂性和模糊化智能控制过程为 PdM 的实现带来了巨大的挑战，因此本领域内还未提出相对完整的 PdM 框架。在这一背景下，本章以铝电解槽 RUL 作为研究切入点，采用知识-数据联合驱动方法搭建了 PdM 研究框架：首先，基于数学理论对整体电解槽 RUL 进行估计，保证模型构建的可靠性以及在工程实践中的可行性；其次，从整体寿命分布出发对铝电解槽的运行状态进行定义，利用可量化的单一指标预测故障失效可能发生的时间，以便在铝电解槽寿命终止之前发出警告；最后，用离散的分类等级实现对铝电解槽运行状态的监控及故障预警，为管理者构建一个基于 PdM 框架的可视化平台，为管理者生成一个有指导意义的维护方案[1-9]。

14.1　基于 Weibull 模型的 RUL 估计

对整体设备进行可靠性分析时，常用的分布有指数分布(exponential distribution)、威布尔分布(Weibull distribution)、伽马分布(Gamma distribution)及对数正态分布(lognormal distribution)等。鉴于 Weibull 模型良好的数据拟合性能，本节采用该模型对整体铝电解槽 RUL 进行估计，并提供了铝电解槽失效模型在给定时间内的应用实例。

14.1.1　可靠性数学理论

预防性维护(PM)是指通过定期维护降低故障可能性的过程，通常在设备正常工作的情况下进行。一般假设设备的故障失效行为呈现出“浴盆”曲线的形状，如图 14-1 所示。“浴盆”曲线表明，设备在第一个阶段故障问题暴露较快，故障率到处理后第二个阶段趋于稳定，但依旧存在一些偶发性故障，最后经过长时间运转设备进入第三个阶段磨损退化，发生故障的概率急剧上升。

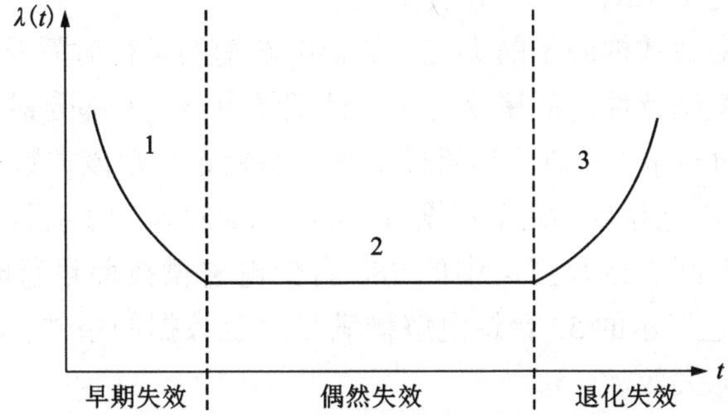

图 14-1　设备失效率一般曲线图

由于设备的破损和失效都是随机的现象，因此可以通过数学模型定量地描述和分析这一现象。假设铝电解槽的运行时长为连续的随机变量 X，且在 t 时刻尚未发生故障，则将剩余使用寿命 RUL 定义为下式：

$$\mathrm{RUL} = X - t \mid X \geqslant t \tag{14-1}$$

其分布函数和概率密度函数分别定义为 $F(t)$ 和 $f(t)$，则可靠度函数(或称生存函数) $R(t)$ 定义为该槽在 $[0, t]$ 内正常工作的概率：

$$R(t) = P(X \geqslant t) = 1 - F(t),\ t \geqslant 0 \tag{14-2}$$

失效率函数 $\lambda(t)$ 定义为该槽在时间间隔 $[t, t+\Delta t)$ 中失效的概率，可以绘制出图 14-1 中的“浴盆”曲线：

$$\lambda(t) = \frac{f(t)}{1 - F(t)} \tag{14-3}$$

在退化失效这一过程中，平均失效前时间(mean time to failures, MTTF)定义为设备无故障运行的平均时间：

$$\mathrm{MTTF} = \frac{1}{\lambda(t)} \tag{14-4}$$

设备的期望寿命 $E(X)$ 定义为所有设备的平均寿命水平：

$$E(X) = \int_0^{\infty} t \cdot f(t)\,\mathrm{d}t \tag{14-5}$$

则根据可靠性理论，RUL 的可靠度推导为下式：

$$R_{\mathrm{RUL}}(X) = P(\mathrm{RUL} \geqslant x) = \frac{1 - F(t + x)}{1 - F(t)} \tag{14-6}$$

14.1.2 基于 Weibull 模型的 RUL 估计过程

PM 通常包括以下两个步骤[1]：①根据收集到的一组包含设备寿命信息的时间序列数据，用统计学方法评估设备的 RUL；②根据 RUL 结果提供维护方案，以最低的成本最大化系统的可靠性和安全性。

本节使用的寿命数据源于前文统计的铝电解槽的运行时间及故障报告，该数据集存在明显的截尾特性。截尾是由于统计期结束时，一部分铝电解槽还未发生破损，没有确切的寿命，只知道其超过了某一特定值，则该类数据称为截尾数据(censored data)；与之相反，完全数据(complete data)包含了统计期内从起点至故障所经历的全部时间。将数据集中的 288 台铝电解槽按照运行时长排序绘制成图 14-2，其中红色标示的 53 台铝电解槽满足完全数据的条件，即统计结束时铝电解槽已发生故障失效。

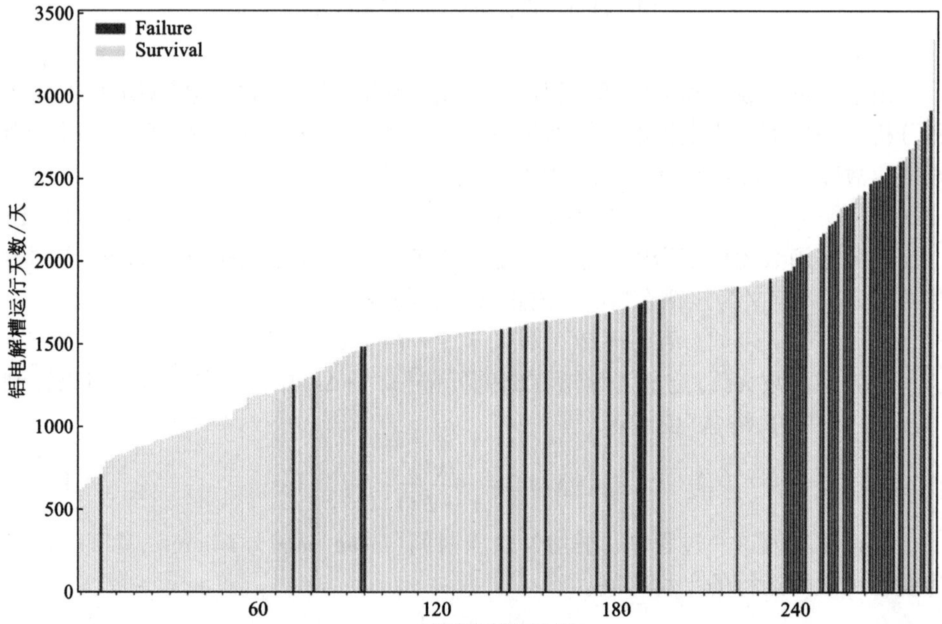

图 14-2 排序后的铝电解槽故障时间分布图

扫一扫，看彩图

满足完全数据要求的铝电解槽按照运行时长进行统计后绘制成图 14-3，其中纵坐标表示故障失效槽占总数的比例，横坐标为运行时长。图 14-3(a)中每一个实心点都对应着铝电解槽发生故障的具体时间，空心点为累计平均槽龄。将上述散点绘制成经验分布(empirical distribution)曲线，如图 14-3(b)所示，根据格利文科-坎特利定理(Glivenko-Cantelli theorem)，由于这些铝电解槽寿命样本满足独立同分布，认为该曲线趋近于真实的铝电解槽寿命分布。

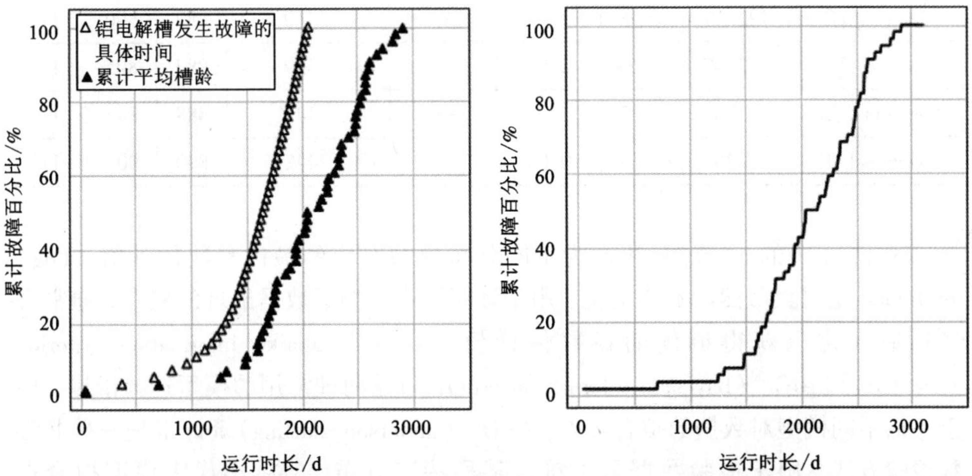

图 14-3　电解槽槽龄分布图

由图 14-3(b)的转折点还可以清晰地看出，大约 10%的铝电解槽在启动 1500 天以内就破损了，其余的槽破损集中在 1500~3000 天，这说明至少有两种破损模式导致铝电解槽寿命终止。通常称这种现象为双重分布，在铝电解过程中，认为前者通常是早期破损，后者为正常期破损，识别并移除这类早期破损的电解槽，对预测槽寿命有很大帮助。

接下来建立数学模型描述这种分布，以获得完全数据下整体铝电解槽服役寿命的具体估计值。本节选择专用于可靠性工程的 reliability 库[2] 构建概率分布模型，以确定哪些分布能够更好地拟合电解槽寿命数据。表 14-1 为 8 种分布类型对应的拟合检验结果，从上至下依次为指数分布、Weibull 分布、伽马分布和对数正态分布，其中_1P 表示一参数分布、_2P 表示二参数分布，以此类推。

表 14-1 不同分布对数据的拟合检验结果

分布类型	α	β	γ	μ	Log-likelihood	AICc	BIC	A-D
Exponential_1P	—	—	—	0.00029	-566	1133	1137	21
Exponential_2P	—	—	617.00	0.00018	-508	1020	1027	27
Weibull_2P	2577.19	6.27	—	—	-437	878	885	11
Weibull_3P	2471.77	5.96	104.00	—	-437	880	891	11
Gamma_2P	122.47	19.89	—	—	-439	882	890	11
Gamma_3P	122.47	19.89	0.00	—	-439	884	895	11
Lognormal_2P	7.78	0.25	—	—	-442	888	895	11
Lognormal_3P	7.78	0.25	0.00	—	-442	890	901	11

表 14-1 中的 α、β、γ 和 μ 为不同分布模型对应的最优参数估计值。Log-likelihood 是对数似然函数[3]的值，用于计算给定模型下数据出现的概率，通常会将其最大化以获得最优的参数估计值。AICc[4]（akaike information criterion corrected）和 BIC[5]（bayesian information criterion）是两种常用的模型选择准则，用于评估不同模型对数据的拟合效果，A-D[6]（anderson-darling）统计量是一种非参数检验方法，用于检验数据是否符合某种特定分布，值越小代表模型拟合得越好。

图 14-4 为上述分布模型所分别对应的图像，其中横坐标表示运行时长，纵坐标表示失效率，如果寿命数据符合某种特定分布，那么经验累积分布函数的点就会落在代表该分布的直线上及其 95%的置信区间内。结合表 14-1 可以直观地得出结论：在所有分布中，Weibull 分布最接近线性，拟合效果最好；相比其他模型，Weibull 分布的 Log-likelihood 函数值最大，AICc、BIC 和 A-D 均为最小，由此认为该完全数据样本集合的失效过程服从于 Weibull 分布。

综上，选用瑞典物理学家 W. 韦伯发明的“链式模型”Weibull 分布来解释铝电解槽 RUL 问题[7]。Weibull 分布是可靠性分析、天气预报和寿命检验等实际应用领域中最常用的一种连续型分布，常见的有二参数和三参数分布等。二参数 Weibull 涉及的参数主要有尺度参数 α 和形状参数 β，尺度参数 α 也叫特征寿命，用来衡量失效平均间隔时间；形状参数 β 用于描述失效率随持续运行时间的变化趋势。当 $\beta<1$ 时，失效率随时间的变化趋势呈现为“凹形”；当 $\beta=1$ 时，呈现简单的指数分布；当 $\beta>1$ 时，失效率随时间的变化趋势呈现为“峰型”或“凸形”。这一过程正好对应图 14-1 中“浴盆”曲线的三个阶段，说明 Weibull 分布的一般性使其适用于多种失效模式。三参数 Weibull 分布在此基础上增加了一个位置参数

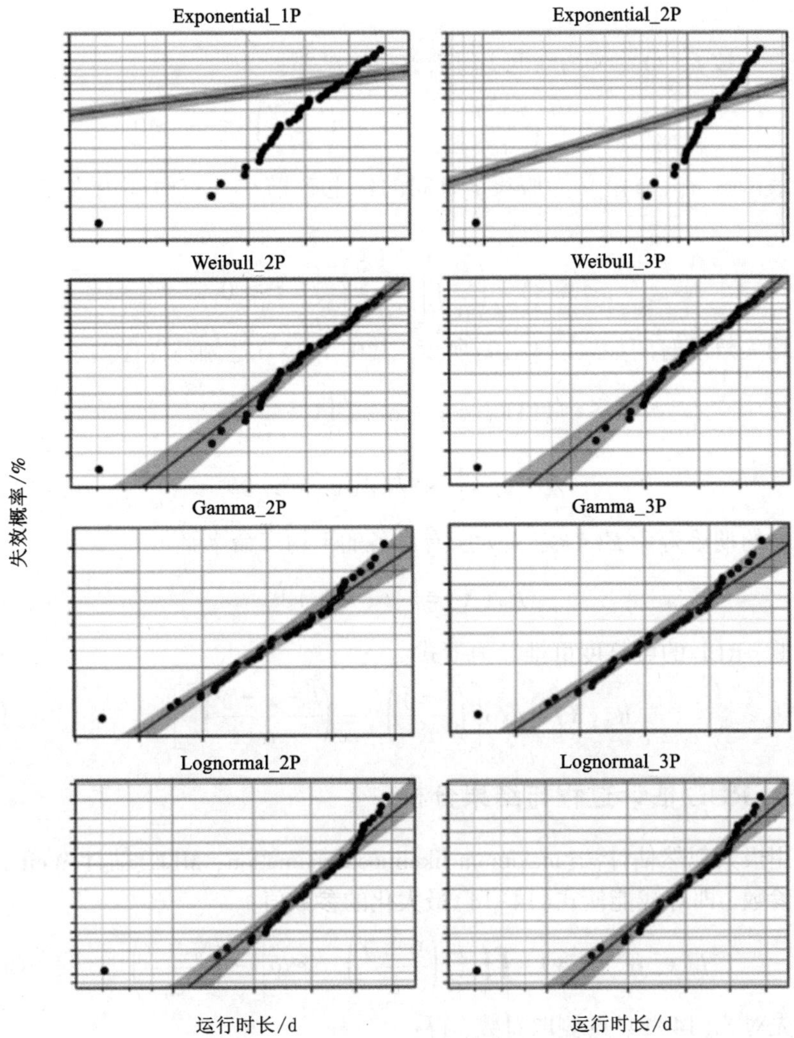

图 14-4　不同拟合下的概率分布图

γ，用于描述失效率的起始时间，因此三参数 Weibull 分布能更准确地描述出设备寿命的非对称概率分布，在拟合随机数据方面十分灵活。

根据前文的可靠性理论，即假设铝电解槽的运行时长为连续的随机变量 X，且在 t 时刻尚未发生故障，将服从三参数 Weibull 的分布函数 $F_W(t)$ 定义为破损槽比例与时间 t 的关系，用于近似描述实际破损曲线：

$$F_W(t) = P(X < t) = 1 - \exp\left[-\left(\frac{t-\gamma}{\alpha}\right)^{\beta}\right],\ t \geqslant 0 \tag{14-7}$$

式中：尺度参数 $\alpha>0$；形状参数 $\beta>0$；当位置参数 $\gamma=0$ 时即满足二参数 Weibull 分布。

密度函数 $f_{\mathrm{W}}(t)$ 定义为时间 t 内槽破损的概率：

$$f_{\mathrm{W}}(t)=\frac{\beta}{\alpha}\left(\frac{t-\gamma}{\alpha}\right)^{\beta-1}\exp\left[-\left(\frac{t-\gamma}{\alpha}\right)^{\beta}\right],\ t\geqslant 0 \tag{14-8}$$

失效函数 $\lambda_{\mathrm{W}}(t)$ 定义为服役 t 时间的铝电解槽在一定时间内未发生破损的概率：

$$\lambda(t)=\left(\frac{\beta}{\alpha}\right)\left[\frac{t-\gamma}{\alpha}\right]^{\beta-1},\ t\geqslant 0 \tag{14-9}$$

平均失效前时间如式(14-10)所示，其中 $\Gamma(\cdot)$ 是伽马方程：

$$\mathrm{MTTF}_{\mathrm{W}}=\gamma+\alpha\cdot\Gamma\left(1+\frac{1}{\beta}\right) \tag{14-10}$$

$$\Gamma(a)=\int_{0}^{\infty}x^{a-1}\mathrm{e}^{-x}\mathrm{d}x,\ a>0 \tag{14-11}$$

设备的期望寿命 $E(X)$ 定义为所有设备的平均寿命水平：

$$E_{\mathrm{W}}(X)=\int_{0}^{\infty}t\cdot f_{\mathrm{W}}(t)\,\mathrm{d}t \tag{14-12}$$

因此，RUL 的可靠度可推导为下式：

$$R_{\mathrm{W}}(X)=\exp\left[\left(\frac{t-\gamma}{\alpha}\right)^{\beta}-\left(\frac{t+x-\gamma}{\alpha}\right)^{\beta}\right] \tag{14-13}$$

14.1.3 RUL 估计过程与结果分析

选用极大似然估计法(maximum likelihood estimation, MLE)估计 Weibull 分布的三个参数，即寻找能使式(14-14)最大化的参数值：

$$L(x:\alpha,\beta,\gamma)=\prod_{i=1}^{n}\frac{\beta}{\alpha}\left(\frac{x_i-\gamma}{\alpha}\right)^{\beta-1}\exp\left[-\left(\frac{x_i-\gamma}{\alpha}\right)^{\beta}\right] \tag{14-14}$$

首先对式(14-14)两侧取对数，得：

$$\ln L(x:\alpha,\beta,\gamma)=n\ln\frac{\beta}{\alpha}+(\beta-1)\sum_{i=1}^{n}\ln\left(\frac{x_i-\gamma}{\alpha}\right)-\frac{1}{\alpha^{\beta}}\sum_{i=1}^{n}(x_i-\gamma)^{\beta} \tag{14-15}$$

为了求解式(14-14)的最大值，分别对 α、β 求偏导并令其为 0，其中 γ 不能直接进行求导，通常会先确定其估计值：

$$\frac{\partial\ln L}{\partial\alpha}=0,\ \frac{\partial\ln L}{\partial\beta}=0 \tag{14-16}$$

经数值求解得到最优的 Weibull 分布参数值分别为 $\alpha=2471.77$、$\beta=5.96$ 及 $\gamma=104.00$，使用 Fit_Weibull_3P( ) 函数重新拟合三参数 Weibull 分布模型，在缩放

轴上绘制累积分布函数(cumulative distribution function, CDF)，如图 14-5 所示。其中灰色区域为 Weibull 拟合分布的 CDF 及其置信区间(95%)，黑色实心点为完全数据集的经验 CDF，由图 14-5 可知，除前文提及的早期破损槽(圆点)以外，大部分失效数据与拟合结果相一致，因此认为该参数符合铝电解槽数据集的情况。

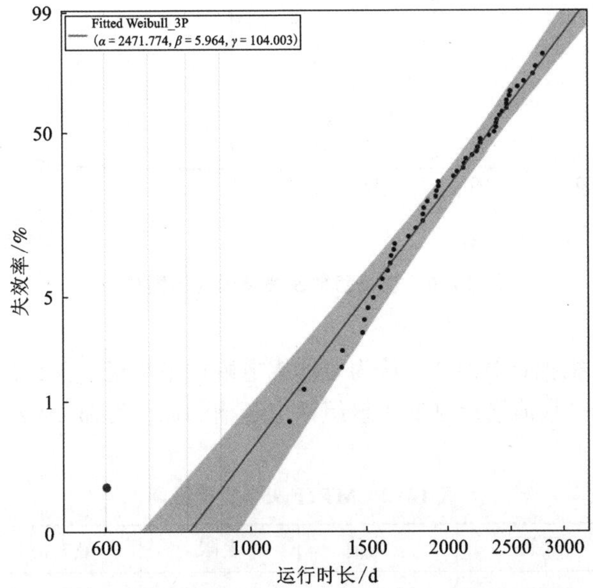

图 14-5　拟合 Weibull 分布的 CDF 图

使用生存函数 $R(t)$ 和风险函数 $h(t)$ 来描述整体铝电解槽在不同时间点的可靠性情况，其中生存函数在式(14-2)及式(14-7)中已给出定义，将风险函数[8]定义为式(14-17)，表示下一个时间增量期间发生故障的可能性：

$$h(t)=\frac{f(t)}{S(t)}=\frac{\beta(t-\gamma)^{\beta-1}}{\alpha^{\beta}} \tag{14-17}$$

图 14-6 分别为利用式(14-17)绘制的生存函数曲线和风险函数图。由图 14-6 可得如下结论：当铝电解槽运行时长超过 1500 天后，随着时间的增长，其可靠度急剧下降[图 14-6(a)]，运行风险也相应地提高[图 14-6(b)]；当运行时长接近 2000 天时，故障率明显上升，总体符合“浴盆”曲线的退化失效过程(图 14-1)；这批铝电解槽运行时长超过 3000 天时，成为超龄槽的可靠度低于 10%。

为了确定 PdM 的周期，通常使用 Bootstrap 方法[9]来估计 MTTF，以保证铝电解槽的可靠度。在 95%置信水平下，抽样 1000 次得到如表 14-2 所示的 Bootstrap

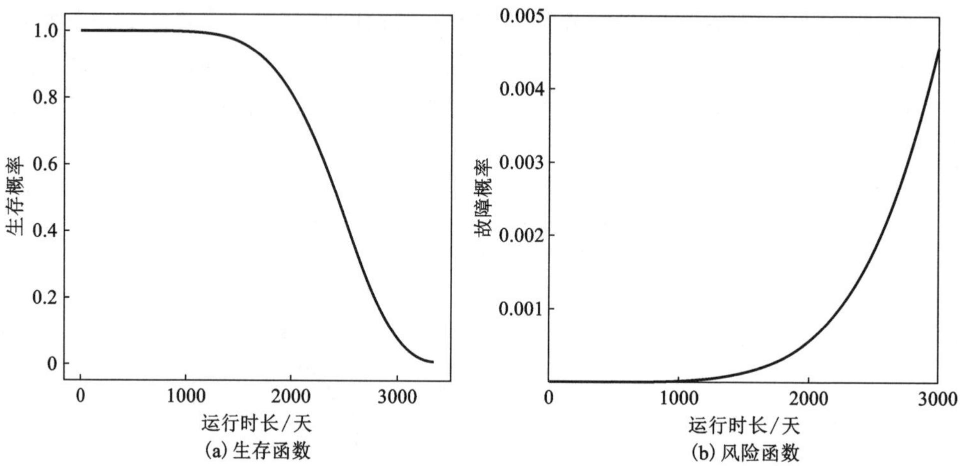

图 14-6　生存函数曲线及风险函数曲线

样本置信区间。根据计算结果，认为全体铝电解槽平均经过 MTTF = 2390.89 天就会发生故障，这一数值接近且低于该组铝电解槽的期望寿命 E = 2394.59 天。

表 14-2　MTTF 95%置信区间

最小值	下限	平均值	上限	最大值	方差
2225.30	2287.50	2390.89	2494.27	2567.003	2775.91

同时，在 95%置信水平下，本研究得到该组铝电解槽在给定时间 t 内退化失效的计算式如(14-18)所示。根据该式，可以预测任意运行时长的铝电解槽状态，如求解 $F(3000)$ 可计算出该批次槽在 3000 天时的失效概率约为 92.35%。

$$F(t) = 1 - \exp\left[- \left(\frac{t - 104}{2471.77} \right)^{5.96} \right], \ t \geqslant 0 \qquad (14-18)$$

为了更加直观地获取铝电解槽运行时长与失效概率之间的关系，将式(14-18)绘制为如图 14-7 所示的概率曲线。通过该曲线可以直观地获取运行时长 t 对应的铝电解槽失效概率 $F(t)$ 及其 95%置信区间；反之，利用失效概率对应的运行时长作为风险控制值，可以根据不同需求制订维修计划，具有较好的工业适用性。

结果表明，铝电解槽寿命总体服从 Weibull 分布的退化失效过程，通过与文献[10]进行比照，认为该模型能够根据有限的早期失效电解槽数量准确预测该组铝电解槽的破损速率以及平均寿命水平；可靠性最大化是制定 PM 维护策略的一

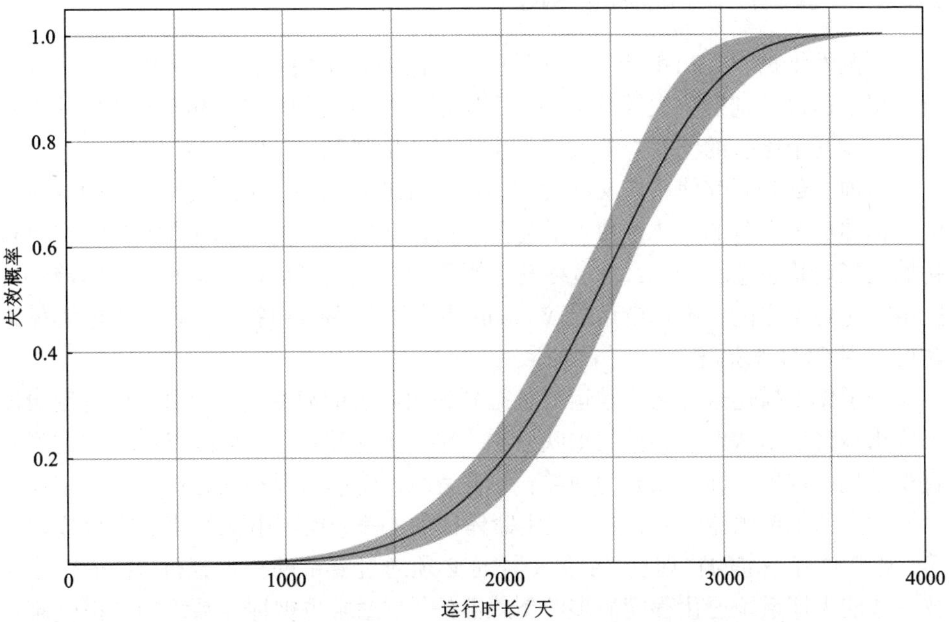

图 14-7　铝电解槽服从 Weibull 分布的失效概率曲线

个直接的标准，通过式(14-18)对整体铝电解槽的失效情况进行评估，根据 MTTF 结果，应当优先对运行时长接近 2390.89 天的铝电解槽进行重点关注，确保其在该阶段维持良好的工作状态。需要注意的是，以上只是理论上的故障失效概率，而不是针对具体铝电解槽状况的实际统计。在实际应用中，需要根据铝电解槽的实际运行情况和维护记录来调整预测模型，以便更准确地预测铝电解槽的破损速率和平均寿命水平。

14.2　基于 TSBP 方法的 RUL 预测

在上一节中，Weibull 模型较好地描述了整体铝电解槽运行时长的分布特征，反映了铝电解槽退化失效的普遍规律，但是其结果只能作为同一类铝电解槽性能的参考值，并不能满足工业中需要对不同铝电解槽“对症下药”的需求。为了体现铝电解槽的个体特征，实现对铝电解槽 RUL 更为精准的预测，本节创新性地引入铝电解槽“健康”这一概念性指标来综合表征其服役过程的退化规律，通过建立监测数据与设备故障失效时间的映射关系，提出一种融合先验知识的 RUL 预测方法。

14.2.1 健康度评价指标的构建

预测性维护[11](PdM)旨在预测设备发生故障的时间节点，是建立在实际运行状况上通过判别退化失效的趋势从而制定维护方案的过程，相较于 PM 能够在有效减少冗余维护的同时降低灾难性事故发生的风险。

目前大部分研究使用广义线性模型(generalized linear model, GLM)的分段退化来描述单个设备的退化规律，系统在启动初期以一定的状态正常运行，在出现初始故障后状态急剧退化，并最终发生严重的功能故障而停止运行，总体趋势与图 14-6(a)得出的该批铝电解槽 Weibull 生存函数模型相符合，因此铝电解槽寿命可以用 GLM 来描述。

为了便于描述这种从正常运行状态到失效状态的演变过程，引入设备健康度评价指标将表示状态的多源数据映射到一维的退化轨迹上，最终以可视化的形式直观呈现。这种指标一般分为两类：一类是通过简单的观察或分析就能直接反映系统状态的单传感器信号，如反映生命体征的心率、反映电池健康的容量或内阻等，通常具有一定的物理意义；另一类是必须通过复杂的机理分析、特征工程等技术才能表征系统退化程度的多源传感器信号，通常也被称为系统的虚拟健康指标(virtual health indicator, VHI)，由于很多潜在故障难以通过传感器直接检测出来，因此 VHI 在工业中应用得更为广泛[5-9]。

现代大型铝电解槽具有数据来源多样性和操作条件复杂性的特点，相较于单一指标的决策过程，VHI 能够有效模糊不可控因素给铝电解槽 RUL 预测带来的潜在影响，在说明健康度随时间推移退化的过程的同时，还能够有效减少模型计算量。因此本研究将采用 VHI 作为评估铝电解槽分段退化的健康度评价指标，将其取值范围固定在[0, 1]，其中 1 表示完全健康的槽，0 表示出现故障且完全失效的槽。同时在应用过程中遵循以下假设：假设铝电解槽启动初期健康度不会发生明显变化；假设其退化是随着时间推移的正常退化而不是突然损坏；假设其达到一定的故障程度即停止运行。

VHI 构建的关键在于如何将来自多种故障模式的信息映射到单个健康指数中，这涉及信息和数据不同层次的融合处理过程。根据融合层所处的层级，通常而言可以将其分为三种类型：数据层融合、特征层融合和决策层融合[12]，其中特征层融合的方法凸显了特征之间的关联性和复合性，能够同时表征多种故障模式，且在一定程度上具有物理意义，因此本节采用特征融合方法构建 VHI，其过程如图 14-8 所示。

多源传感器信号往往差异较大，与设备失效之间的关系一般难以界定，如果没有良好的故障特征机理知识作为基础，这类方法必将迷失于浩瀚的数据海洋中。因此从传感器中采集到的数据必须先进行特征工程，在故障特征可信的前提

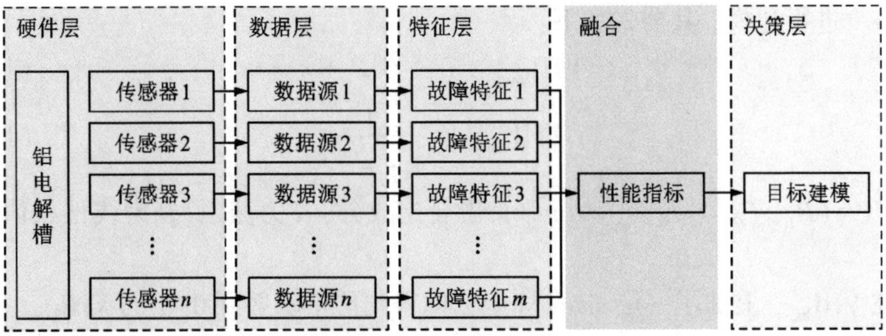

图 14-8　融合方式示意图

下做出如下定义：令时间序列 $T=\{t_1, t_2, \cdots, t_k\}$，其中 t_k 表示历史数据的第 k 个时间节点；特征序列 $X^l(t_k)=\{X_1^l(t_k), X_2^l(t_k), \cdots, X_m^l(t_k)\}$，其中 $X_m^l(t_k)$ 表示第 l 个铝电解槽在 t_k 时间节点第 m 个特征的值($1\leqslant l\leqslant L$, $1\leqslant m\leqslant M$)，则特征矩阵可以表示为下式：

$$\boldsymbol{A}=\begin{bmatrix} X_1^1(t_1) & X_2^1(t_1) & \cdots & X_m^1(t_1) \\ X_1^1(t_2) & X_2^1(t_2) & \cdots & X_m^1(t_2) \\ \vdots & \vdots & \ddots & \vdots \\ X_1^l(t_k) & X_2^l(t_k) & \cdots & X_m^l(t_k) \end{bmatrix} \tag{14-19}$$

在进行特征融合之前，可以利用特征重要度对故障特征进行加权，权重 $W=\{\omega_1, \omega_2, \cdots, \omega_m\}$，其中 ω_m 表示第 m 个特征的比重，则加权特征矩阵为下式：

$$\boldsymbol{A}'=\begin{bmatrix} \omega_1 X_1^1(t_1) & \omega_2 X_2^1(t_1) & \cdots & \omega_m X_m^1(t_1) \\ \omega_1 X_1^1(t_2) & \omega_2 X_2^1(t_2) & \cdots & \omega_m X_m^1(t_2) \\ \vdots & \vdots & \ddots & \vdots \\ \omega_1 X_1^l(t_k) & \omega_2 X_2^l(t_k) & \cdots & \omega_m X_m^l(t_k) \end{bmatrix} \tag{14-20}$$

事实上对于第 l 个铝电解槽来说，并不是所有的特征都有助于提高 RUL 预测的准确性。为了使 VHI 的构建具有有效性，通常希望故障特征表现出强烈的时变性，以确保融合后的健康度评价指标能够达到失效阈值。为了量化特征的趋势，使用最小二乘法拟合特征趋势，并计算线性趋势线斜率 Slope，最后根据 Slope 绝对值大小对所有特征进行排序，具体公式如下：

$$\mathrm{Slope}_m^l=\frac{K\sum_{k=1}^{K} t_k\omega_m X_m^l(t_k)-\sum_{k=1}^{K} t_k\sum_{k=1}^{K}\omega_m X_m^l(t_k)}{K\sum_{k=1}^{K} t_k^2-\left(\sum_{k=1}^{K} t_k\right)^2} \tag{14-21}$$

选取时变特征最明显的前 $M(M\leqslant m)$ 个非线性相关的特征进行 PCA，以抑制噪声确定待融合特征，VHI(·)为融合方程。分别使用线性回归和逻辑回归对VHI(·)进行建模，其公式如下：

$$\mathrm{VHI}_{\mathrm{linear}} = \alpha + \boldsymbol{\beta}^{\mathrm{T}}\boldsymbol{P} + \varepsilon \tag{14-22}$$

$$\mathrm{VHI}_{\mathrm{logistic}} = \frac{1}{1 + \mathrm{e}^{-\boldsymbol{\beta}^{\mathrm{T}}\boldsymbol{P}}} \tag{14-23}$$

式中：$\boldsymbol{P}=(P_1, P_2, \cdots, P_u)$为 u 维待融合主成分；α 为截距；$\boldsymbol{\beta}$ 为线性权值；ε 为误差。

在 $\mathrm{VHI}_{\mathrm{linear}}$ 上加了一层 sigmoid 函数即得到严格映射到 0~1 的 $\mathrm{VHI}_{\mathrm{logistic}}$。

14.2.2 基于健康相似度的 RUL 预测过程

RUL 预测涉及多个研究领域的交叉学科知识，如可靠性分析、时间序列分析、人工智能等技术和算法，这类全局模型在涉及孤立设备或简单系统的应用中非常有效，但是对于复杂系统而言，这类数据驱动方法缺乏对故障模式的解释机制，且严重依赖于数据的完整性[13]，因此本节使用兼具知识驱动与数据驱动特点[14]的基于轨迹相似度预测(trajectory similarity based prediction，TSBP)的方法来进行 RUL 预测。TSBP 方法通过评估待预测样本之间历史数据的相似度，就可以从已知状态的样本库中筛选出与待预测样本趋势相近的样本，接受已知样本在横坐标上剩余轨迹的映射作为未知样本的 RUL 预测结果。TSBP 方法易于实施且结果准确[15]，对于寿命数据来说结合 Weibull 分布模型具有较强的解释能力[13]。

基于轨迹相似度预测的方法使用过程中遵循以下假设：假设状态空间内外的样本数据结构完全相同，且历史数据均是连续获得的；假设状态空间中的样本数据已经足够完整，且数据越多预测结果越精准；假设在某一段时间内具有相似退化轨迹的样本拥有相似的剩余寿命。对于本研究来说，TSBP 方法是通过评估铝电解槽健康度变化趋势的相似程度，即比较 VHI 之间的距离以查找最佳匹配轨迹，实现 RUL 预测。常见的距离有欧几里得距离(Euclidean distance)、曼哈顿距离(Manhattan distance)和余弦相似度(cosine similarity)等，本研究使用 python 库中的 euclidean_distances( )函数来计算欧几里得距离，其通用公式如下：

$$\mathrm{dist}(P, Q) = \sqrt{\sum\nolimits_{l=1}^{L}(p_l - q_l)^2} \tag{14-24}$$

式中：P 和 Q 为长度为 L 的 VHI 曲线片段。

将状态空间中的样本记为 $Y=\{y_1, y_2, \cdots y_s\}$，待预测的样本记为 X_r，则相似性度量过程如下：首先将 X_r 的 VHI 曲线划分为 N 个窗口，分别在状态空间样本中计算 dist(P, Q)的平方矩阵，使用 numpy 库中的 np. trace( )函数计算该平方矩阵的沿着对角线滑动的元素之和，记为平方差之和(sum of squared differences, SSD)。SSD 是一种常用的距离度量方法，可以用于衡量两个样本之间的相似度，

SSD 越大说明相似程度越低，SSD 值最小的位置即为匹配位置，则每个状态空间的样本均会产生一个 RUL 预测值：

$$\hat{\mathrm{RUL}}_\mathrm{s} = \mathrm{argminSSD}_\mathrm{s}(Y,\ X_\mathrm{r}) \tag{14-25}$$

将 $\hat{\mathrm{RUL}}_\mathrm{s}$ 融合输出为最终的 RUL 预测值，最直接的方法是取其中位数。此外，通过不同的赋权方式，能够更准确地反映 RUL 预测值的整体情况，如式(14-26)所示，其中 φ_s 为权重，可以根据多种加权方式得出。本研究采用的加权方式主要有以下三种：基于 SSD 的加权平均值法，即认为 SSD 越低则权重越高；最大最小值加权法，即对 RUL 预测结果的最小值赋予较高的权重；算术平均法，即对所有预测结果赋予相同的权重。

$$\hat{\mathrm{RUL}}_\mathrm{r} = \sum_s \varphi_s \cdot \hat{\mathrm{RUL}}_\mathrm{s} \tag{14-26}$$

为了验证 $\hat{\mathrm{RUL}}_\mathrm{r}$ 的有效性，本研究采用常用指标 RMSE 和评分函数(score function，SF)评估预测结果的准确度，评分函数如式(14-27)所示：

$$\mathrm{Score} = \begin{cases} \sum_{i=1}^{n} \mathrm{e}^{-\left(\frac{\mathrm{error}_\mathrm{i}}{a_1}\right)} - 1,\ \mathrm{error}_\mathrm{i} < 0 \\ \sum_{i=1}^{n} \mathrm{e}^{\left(\frac{\mathrm{error}_\mathrm{i}}{a_2}\right)} - 1,\ \mathrm{error}_\mathrm{i} \geqslant 0 \end{cases} \tag{14-27}$$

式中：n 为样本数量；$\mathrm{error}_\mathrm{i}$ 为真实值与预测值之差；a_1、a_2 通常分别取值为 10 和 13。

RMSE 曲线可以评估模型的准确性，但是对于工业实践而言，滞后的预测($\mathrm{error}_\mathrm{i} \geqslant 0$)失效会带来难以估计的损失，因此评分函数应随着误差增加而呈现更严重的惩罚增长趋势，这在图 14-9 中表现为非对称的 Score 曲线，两种指标均能评估预测的误差，其值越小越好。

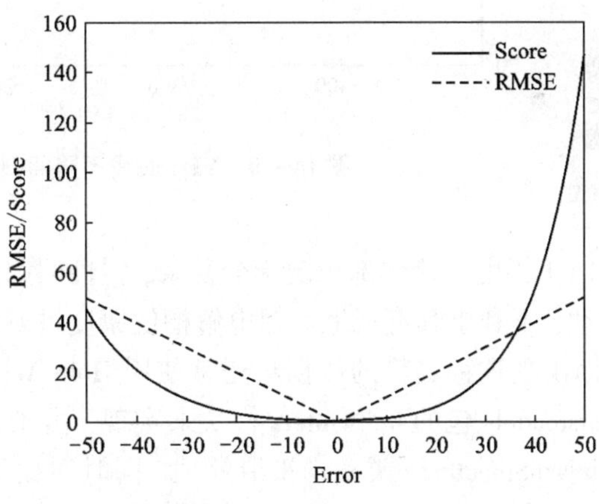

图 14-9　均方根误差(RMSE)和 S 评分比较图

14.2.3　RUL 预测过程与结果分析

1) VHI 构建与分析

首先，根据故障特征的重要性和单调性，确定每个样本的待融合特征，将累计贡献率超过 75%的主成分进行融合，在此基础上利用式(14-22)和式(14-23)

绘制图 14-10。由图 14-10 中可以看出，VHI 总体趋势随着电解槽运行时长增加而逐渐降低，其中，蓝色折线为线性回归融合方法，橙色折线为逻辑回归融合方法，两者的 RMSE 均小于 0.045，数值接近则表明这两种模型的表现同样良好。尽管两种回归方式在模型上表现出相似的性能，但是由于 sigmoid 函数的严格映射，导致逻辑回归的输出在接近两端时趋于平坦[11]，存在扭曲原始失效模式的可能性，因此本研究将主要选用线性回归融合方法作为健康度评价指标。

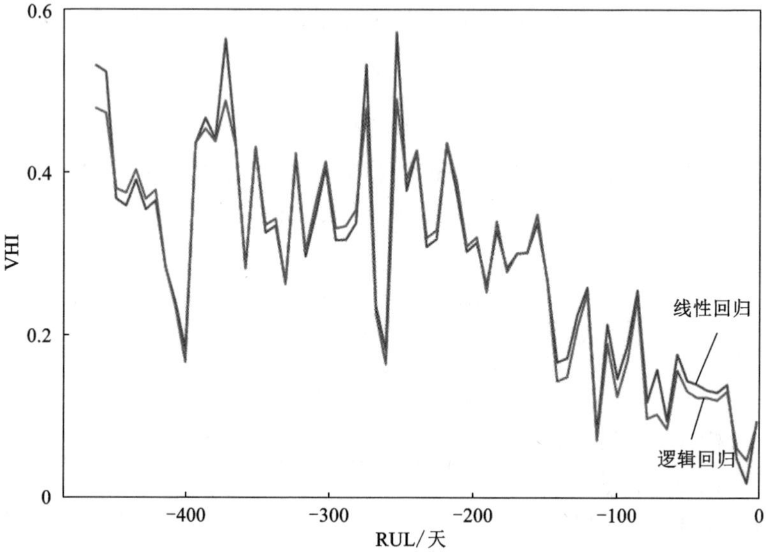

扫一扫，看彩图

图 14-10　VHI 曲线不同回归模型对比图

由于铝电解槽内部工况十分复杂，线性回归模型直接呈现的 VHI 还存在巨大的波动，不利于其直观地对铝电解槽健康度进行评价。该指标呈现持续下降的态势，而出现这种趋势的数据集通常使用 Holt-Winters 算法进行平滑，借助 Python 中 statsmodels 包的 holtwinters 模块来实现，由于只考虑趋势不考虑季节性，使用 SimpleExpSmoothing 类实现平滑处理，同时对比了其他平滑方法，如图 14-11 所示，Holt-Winters 呈现出更好的平滑效果。

可见 VHI 与运行时长呈现出 GLM 中指数函数的关系，这在文献[12-13]中得到了验证，因此本研究最终的健康度评价指标模型构建如式(14-28)所示，拟合结果如图 14-12 所示。

$$\mathrm{VHI}=a(\mathrm{e}^{bt}-1)+\varepsilon \tag{14-28}$$

式中：a、b 为待拟合参数；ε 为误差。

图 14-12 中，参数估计结果为$(a, b, \varepsilon)=(-0.840, 0.008, 0.000)$，RMSE

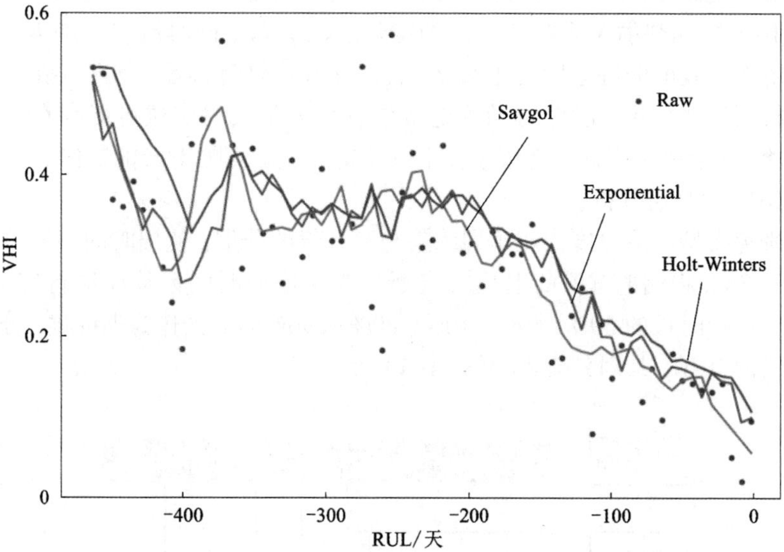

图 14-11　VHI 曲线不同平滑算法对比图

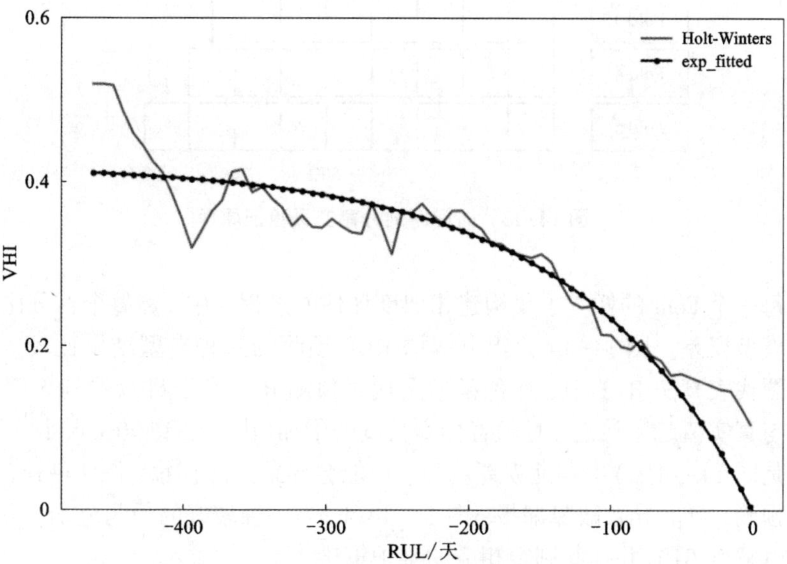

图 14-12　VHI 曲线指数拟合结果图

小于 0.086。图 14-12 中的黑色曲线为一维的光滑序列，整体单调性明显，较好地追踪了原始数据的健康度退化趋势；同时，越接近寿命末期的数据拟合效果越好，最终落在(0, 0)处表示寿命终止，符合退化过程。

重复上述操作，即可建立完全数据集铝电解槽健康度评价指标模型库，实现VHI与RUL之间映射关系状态空间的构建。该状态空间具有以下功能：能够量化铝电解槽失效前的健康度退化状况，直观评价当前槽的运行状况；结合表17-5的故障特征评估结果，能够协助铝电解槽管理人员实时定位可能存在的风险问题；同时，这个评价指标也将用于接下来TSBP方法预测RUL的工作。

2）RUL预测与分析

为避免模型结果过度依赖于训练集与验证集的分配，使用时间序列分割函数TimeSeriesSplit将铝电解槽的退化轨迹划分为递增的时间窗从而进行交叉验证，即使用其运行时长的50%、60%、70%、80%和90%的数据作为训练集，分别预测铝电解槽的RUL，其划分流程如图14-13所示。

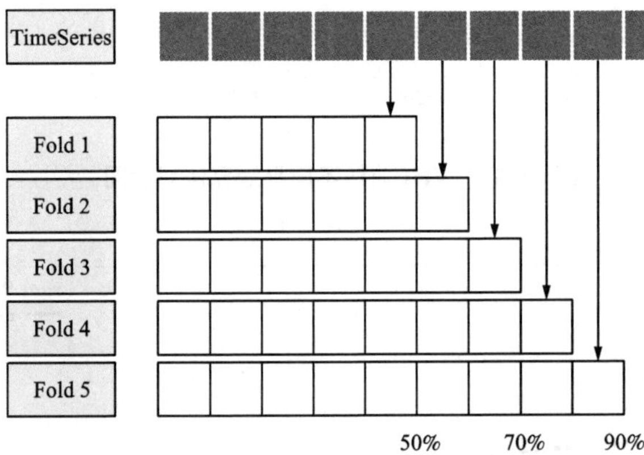

图14-13　时间序列分割交叉验证原理

对每一个Fold的样本子集构建相似度评估的过程，并计算每个百分比截断数据点的模型误差。图14-14为铝电解槽RUL预测的几种典型结果比较，其中浅色条形图代表真实RUL值，深色条形图代表预测RUL值，可以看到大部分预测结果都与真实值趋于接近，且随着样本长度的增加（由50%到90%），误差明显减小。但是图14-14(a)中早期误差明显，可能会导致故障误报；图14-14(c)出现了滞后预测，可能导致故障漏报；图14-14(b)为一种较好的预测范本，可以准确预测铝电解槽RUL并据此制定相应的维护策略。

为了验证不同融合算法在预测精度上的有效性，将Score汇总如图14-15所示。从图14-15中可以得出以下结论：在四种融合算法中，M3代表的最大最小值加权法在不同截断百分比下表现平稳，且在早期（运行时长的50%）阶段就表现出了优异的性能；M1代表的中位数法则相反，在运行末期（运行时长的90%）的预测效果最好，但是早期误差过大；M2代表的基于SSD的加权平均值法和M4

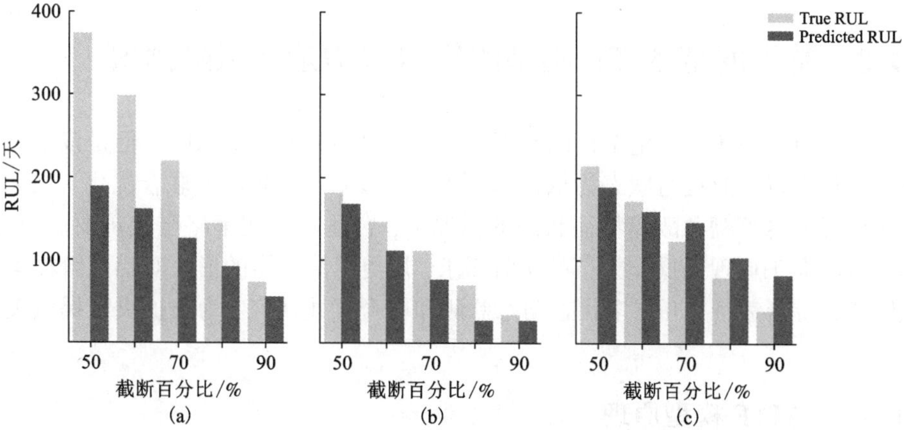

图 14-14　真实 RUL 和预测 RUL 的比较图

代表的算术平均法总体表现相当。基于 RUL 预测的冷热特性，即对运行末期预测更精准的要求，本研究认为基于 SSD 的加权平均值法具有全局最佳的表现，平均得分为 340 分。

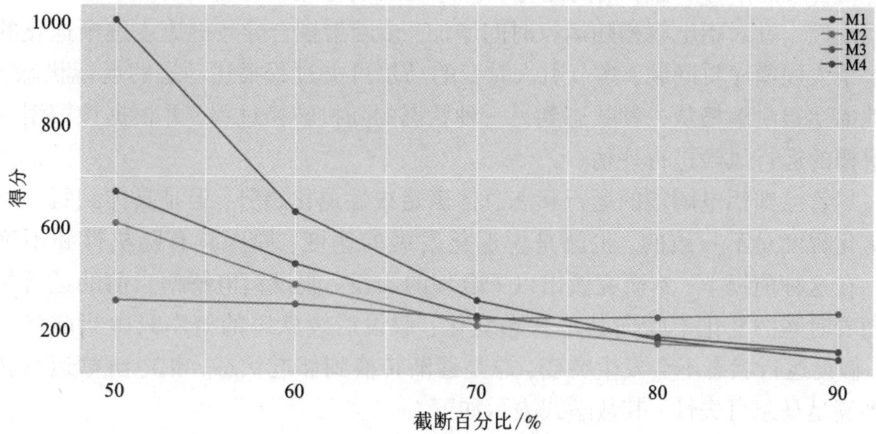

图 14-15　不同融合方法的 S 评分比较图

上述结果论证了健康度评价指标的可靠性和用 TSBP 方法预测铝电解槽 RUL 的有效性。结合铝电解槽健康度评价指标构建的已知状态样本库，可对任意待预测铝电解槽的健康度和健康指标相似度进行评估，从而预测其 RUL；其中基于距离加权融合评价相似度的方式具有非常高的鲁棒性，同时可以针对一系列待预测槽的表现和需求灵活选取不同方法；借助该方法，使得基于健康度评价指标的

PdM 和知情寿命管理成为可能。

14.3 基于时变 MTF 模型的铝电解槽运行风险预警

上一节致力于对铝电解槽的健康度进行评估以及预测其 RUL，但是该结果难以直观得出以实时运行状态为依据的维护策略及对生产过程的联合优化。在无法实时明确铝电解槽各故障特征状态的情况下，合适的观测策略至关重要。因此，本节将面向工业现场操作人员的实时需求，用更简洁易懂的形式对铝电解槽运行风险进行综合表征，开展多状态动态监测和联合优化研究，为维护决策提供关键信息。

14.3.1 MTF 模型原理

随着传感技术的发展，设备内部的运行状态直接通过监测信息揭示，能够辅助判断设备是否处于异常运行状态或是即将处于异常运行状态，有利于生产现场制定维护策略。例如铝电解生产过程中的阳极效应预报、槽噪声分析，以及由此发展起来的以槽电阻解析、槽电阻控制(极距调节)和下料控制为基础的简单策略在工业中有较高的应用价值。但是上述策略只能片面地反映短期内个别工艺的状态，无法从整体对铝电解槽的运行状况及发展趋势做出综合的评判，还存在一定的局限性。针对铝电解槽随运行时间增加、多因素耦合导致健康度逐渐退化的这种复杂大规模序贯问题，本节引入时变的马尔可夫过程描述动态的运行状态，综合地描述铝电解槽从一种状态到另一种状态的随机转换过程，并根据该模型对铝电解槽的运行风险进行评估。

尽管已知铝电解槽的运行状态总体满足线性退化趋势，但是具体到每一时刻的劣化程度是不一致的，也就是说退化发展的速度、原因具有随机性和不确定性。在这种前提下，本研究做出以下合理的假设：假设铝电解槽当前的运行状态会随着时间的变化不断向其他状态变化；假设后续状态的概率只由当前状态决定；假设运行状态不会发生突变，总是逐渐转换到邻近状态。铝电解槽运行状态序列满足马尔可夫性，其数学式表示如下：

$$P\{U_{n+1} \mid U_1, U_2, U_3, \cdots, U_n\} = P\{U_{n+1} \mid U_n\} \tag{14-29}$$

式中：U_n 为铝电解槽第 n 个状态。

由于铝电解槽监测数据主要依赖于时间序列，为构建直观可视化的状态转移过程，本节引入时变马尔可夫转移场(Markov transition field，MTF)，在马尔可夫的基础上，考虑到状态转移的概率会随时间发生变化，因此将通过高维空间放大时序信息，在挖掘潜在时间信息的同时又摒弃了对时间关系的依赖性。

MTF 的状态空间是一个二维网格，每个网格单元对应一个状态，首先将时间

序列 X 划分为 Q 个区域，其中 $X=\{x_1, x_2, x_3, \cdots, x_n\}$，$Q=\{q_1, q_2, q_3, \cdots, q_r\}$，则任意 x_t 可以映射到 q_i 上。x_t 为第 t 个时刻的采样信号，则一个网格点到另一个网格点的马尔可夫转移概率矩阵 $M_{n\times n}$ 描述如下：

$$M_{n\times n}=\begin{bmatrix} w_{ij|x_1\in q_i,\ x_1\in q_j} & w_{ij|x_1\in q_i,\ x_2\in q_j} & \cdots & w_{ij|x_1\in q_i,\ x_n\in q_j} \\ w_{ij|x_2\in q_i,\ x_1\in q_j} & w_{ij|x_2\in q_i,\ x_2\in q_j} & \cdots & w_{ij|x_2\in q_i,\ x_n\in q_j} \\ \vdots & \vdots & \ddots & \vdots \\ w_{ij|x_n\in q_i,\ x_1\in q_j} & w_{ij|x_n\in q_i,\ x_2\in q_j} & \cdots & w_{ij|x_n\in q_i,\ x_n\in q_j} \end{bmatrix} \tag{14-30}$$

式中：w_{ij} 为 q_i 中的信号点转移到 q_j 中的概率。

经过式(14-30)可得到一个大小为 $n\times n$ 的马尔可夫转移场。为了使矩阵大小适合于可视化输出，通常采用分段聚合近似法(piecewise aggregate approximation，PAA)进行压缩比为 $k=n/m$ 的降维过程，其中 $n\geqslant m$ 且 n 能被 m 整除，然后利用分段内元素均值近似表示该序列。最后可以将分段结果映射到原始时间序列上，从而实现时间序列状态转移的直观可视化。

14.3.2　MTF 模型构造过程

1)数据集准备

前文已验证了铝电解槽健康度评价指标的可用性，为了使研究具有更好的延续性，同时节省大量数据准备的前置工作，本节将沿用前文中构建的 VHI 数据集。以某一铝电解槽为例，如图 14-16 所示，图 14-16 中的折线为 VHI 单维时间序列，不同的颜色区域表示高斯分布下离散化处理后的每个分区 Q。

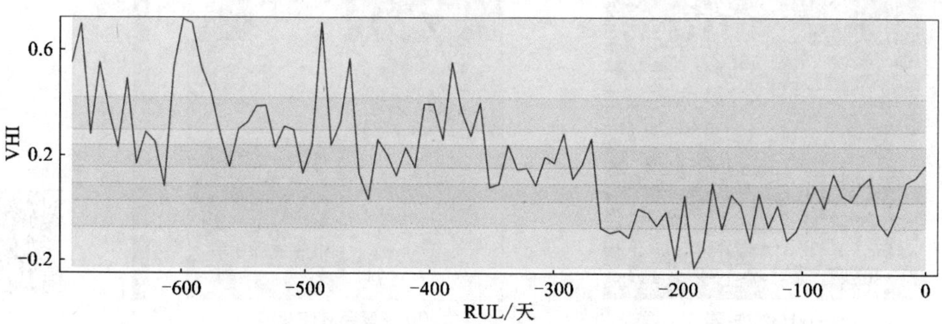

图 14-16　VHI 数据集离散结果可视化

2)计算马尔可夫转移矩阵

对于量化后有 8 个分区的马尔可夫过程，可以获得如表 14-3 所示的 8×8 马尔可夫转移矩阵，矩阵中的每一个值表示状态转移的概率。

表 14-3 马尔可夫转移矩阵

序号	1	2	3	4	5	6	7	8
1	0.5380	0.2310	0.0000	0.0000	0.1540	0.0000	0.0000	0.0770
2	0.3080	0.0770	0.3850	0.0770	0.0770	0.0770	0.0000	0.0000
3	0.1430	0.3570	0.2140	0.1430	0.1430	0.0000	0.0000	0.0000
4	0.0770	0.0770	0.3850	0.2310	0.0770	0.0000	0.0770	0.0770
5	0.0000	0.1540	0.0770	0.3080	0.1540	0.0770	0.1540	0.0770
6	0.0000	0.0710	0.0000	0.1430	0.2140	0.1430	0.2140	0.2140
7	0.0000	0.0000	0.0000	0.0000	0.0770	0.4620	0.1540	0.3080
8	0.0000	0.0000	0.0000	0.0710	0.0710	0.2860	0.2860	0.2860

3)计算马尔可夫转移场

为了增加时域中的信息，按照时间顺序对马尔可夫转移矩阵进行动态编码，在这一过程中根据式(14-30)采用 pyts[24] 库将一维时间序列展开到二维像素点上，从而构建采样信号的 MTF 模型，如图 14-17(a)所示。为了便于观察，进一步使用 PiecewiseAggregateApproximation()类将 MTF 划分为若干个子矩阵，对每个子矩阵中的值进行聚合处理，从而有效地减小矩阵，则聚合后的概率转移场如图 14-17(b)所示。

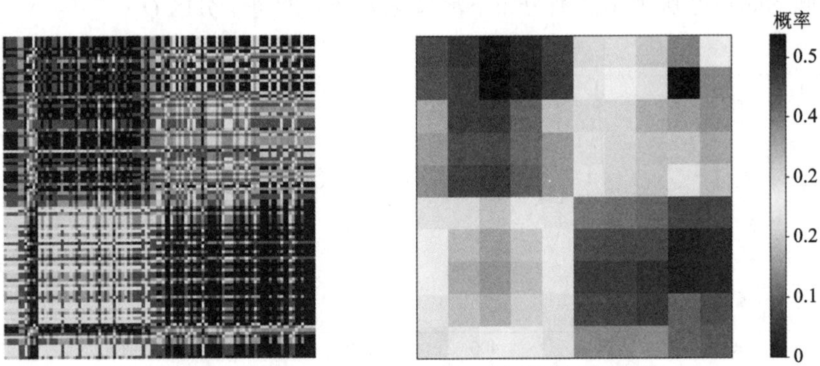

(a) MTF矩阵　　(b) 高聚合MTF矩阵

扫一扫，看彩图

图 14-17 PAA 处理前后的马尔可夫转移场对比图

把时刻转移时仍然停留在当前状态的概率称为自转移概率，即为 MTF 对角线上的元素。自转移概率可以衡量同一时间序列的状态在连续时间步中的稳定性和持续性，也可以比较不同时间序列的相似性和差异性。图 14-18 为图 14-17 中

MTF 的自转移概率分布、均值和标准差情况，其中，自转移概率呈现明显的偏态分布[图 14-18(a)]、均值和标准差抖动逐渐增加[图 14-18(b)]，说明观测时间内该时间序列的自转移概率很低，状态之间的转移具有明显的不稳定性和随机性。

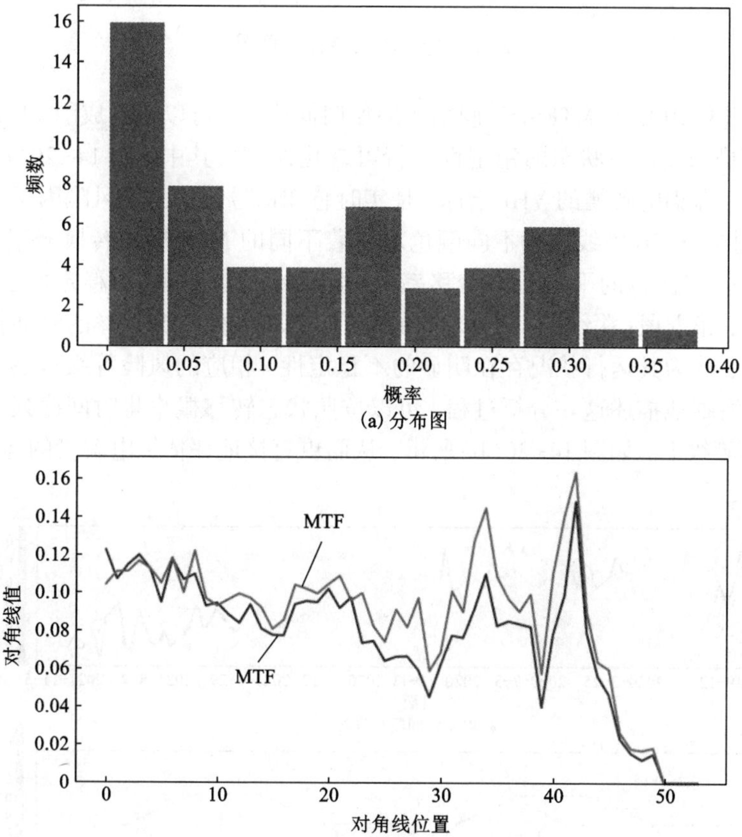

(a) 分布图

(b) 均值和标准差图

图 14-18　MTF 自转移概率特征描述图

14.3.3　风险分级与预警分析

为了满足工业现场操作人员的实时需求，用更简洁易懂的形式对铝电解槽运行风险进行综合表征，根据前文探讨的铝电解槽退化模型，本节按照铝电解槽状态波动的剧烈程度将运行风险人为地划分为正常运行、低风险运行、中风险运行和高风险运行四个等级，每个风险等级对应着不同的状态稳定性。根据之前对运行状态的假设，本研究认为风险等级同样可以保持不变，或逐渐转移到邻近的风险等级，其转移过程如图 14-19 所示。

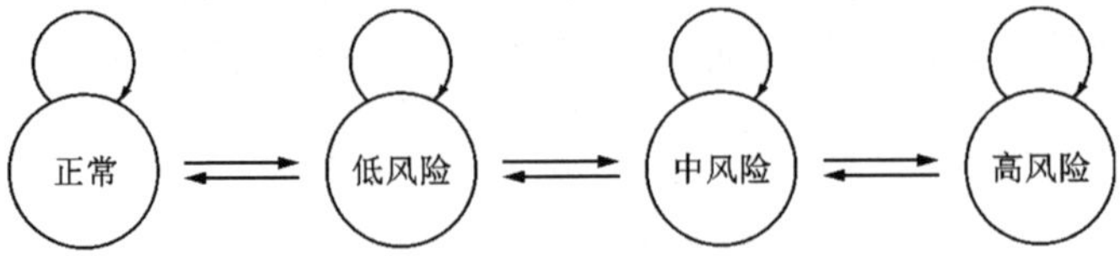

图 14-19　风险转移示意图

将图 14-19 中的 MTF 结果映射到原始时间序列，可以绘制成图 14-20，用于对铝电解槽历史运行状态的稳定性进行可视化评估。其中，图 14-20(a)为原始时间序列，即铝电解槽的 VHI 指标，是实时感知信号的集总型风险因子结果的总体呈现。图 14-20 中线段的不同颜色对应着不同的 MTF 平均转换概率，例如第一个时间段(蓝色)的平均状态转移率为 14.45%，意味着相对稳定的运行状态；相比之下，第九段(深红色)部分对应的运行时段内超过 25.28%的时间都在发生状态转移，认为其运行状况存在明显的不稳定性，相应的风险等级也越高。为了更简单、清晰地描述这一分析过程，可以按照状态转移概率将时间序列映射到不同的风险等级上，如图 14-20(b)所示，从而更直接地评估铝电解槽的运行状态。

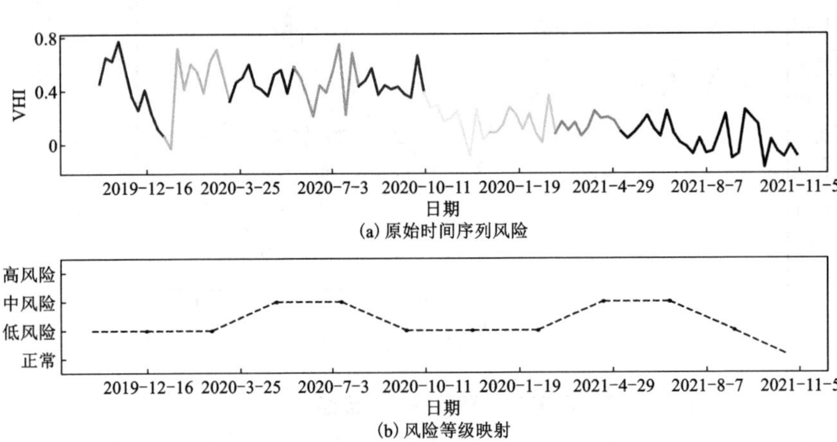

扫一扫，看彩图

图 14-20　风险等级对照图

由图 14-20 可知，风险等级越高，铝电解槽 MTF 概率高，意味着导致铝电解槽运行不稳定的因素增多，即组成健康度评价指标的故障特征可能存在波动异常。结合前述研究，可以在最佳时间节点评估铝电解槽的破损类型，提取最优先维护工艺技术条件，推演铝电解槽内非平衡状态，综合提出有针对性的维护策略。

14.4　基于 PdM 框架的可视化平台设计与实现

虽然前文分别在铝电解槽状态监测、故障分析、寿命预测和风险预警做了大量研究工作，解决了对铝电解槽多参数下状态预测的难题，但是从整体研究看还未实现模型之间的互联互通，缺乏自上而下的应用框架和系统设计。本节通过可视化技术对各类分析结果进行进一步有效展示，这对现场操作人员掌握铝电解槽状态、推动 PdM 在铝电解现场的实际应用具有重要意义。

14.4.1　可视化平台整体方案设计

数字经济已成为全球发展的热点，许多领域已经认识到数字化转型带来的机遇[16-23]，以传统制造业为例，铜冶炼和钢铁冶炼等已率先在数字化转型中取得阶段性成效。本节以本书作者所在团队已开发的铝电解数字孪生体原型系统为核心，在边缘端-云端参数实时感知系统的基础上，结合 PdM 技术体系，设计并实施可覆盖铝电解槽状态监测、故障分析、寿命预测和维修决策全生命周期的可视化应用平台，向现场操作人员提供简明易懂的决策支持。其主体架构如图 14-1 所示，在本节中的具体实现如图 14-21 所示。

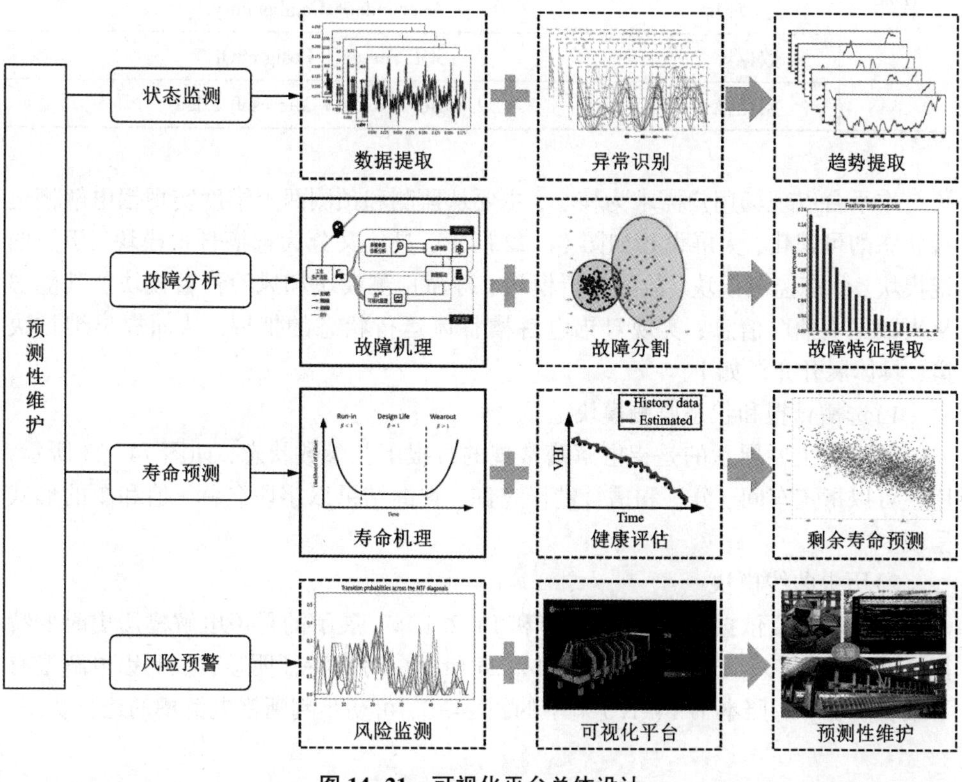

图 14-21　可视化平台总体设计

本平台的总体设计目标：以现场用户需求为核心，使平台简单又高效地满足现场用户的需求和习惯，具备使用门槛低、后期维护简单及后续延展性强的特点，即使用户没有相关工艺原理或机器学习模型的经验，也能够直观地了解铝电解槽的整体运行状态。

14.4.2 可视化平台模块实现

本平台实验环境软硬件配置如表 14-4 所示。

表 14-4 软硬件基本配置

分类	名称	配置
硬件	处理器	Intel(R) Xeon(R) CPU E5-2620 v3 @ 2.40 GHz
	显卡	NVIDIA GeForce RTX 2070
	内存	32.0 GB
软件	操作系统	Windows 10
	算法语言	Python 3.9.16 + Vue.js
	开发环境	Anaconda + Colaboratory
	数据库	SQL Server + PostgreSQL
	浏览器	Google Chrome + Microsoft Edge

本平台以现场用户需求为核心，主要从监测和预测两个维度实现铝电解槽运行状态的可视化，大屏设计如图 14-22 所示，具体又分为选槽日报模块、历史曲线模块、状态监测模块、故障分析模块、寿命预测模块和风险预警模块。其能够从大数据中抽取信息，实现对铝电解槽整体运行状态的把握，从而提出维护决策，具体展开介绍如下。

1) 选槽日报和状态监测模块

该模块主要展示的是铝电解槽常规的日报工艺参数状态，如图 14-23 所示，用户可以指定车间、分厂和槽号进行查询，查询结果以字段名称、值和图的形式呈现。

2) 历史曲线模块

该模块主要依据本书 13.3.3 节和 14.2.1 节，展示的是该电解槽历史时变特征最明显的前三个工艺参数，如图 14-24 所示。时变特征明显，说明铝电解槽有了某种趋势，对照本书 14.1.3 节中的图 14-5，可初步判断铝电解槽的运行状态。

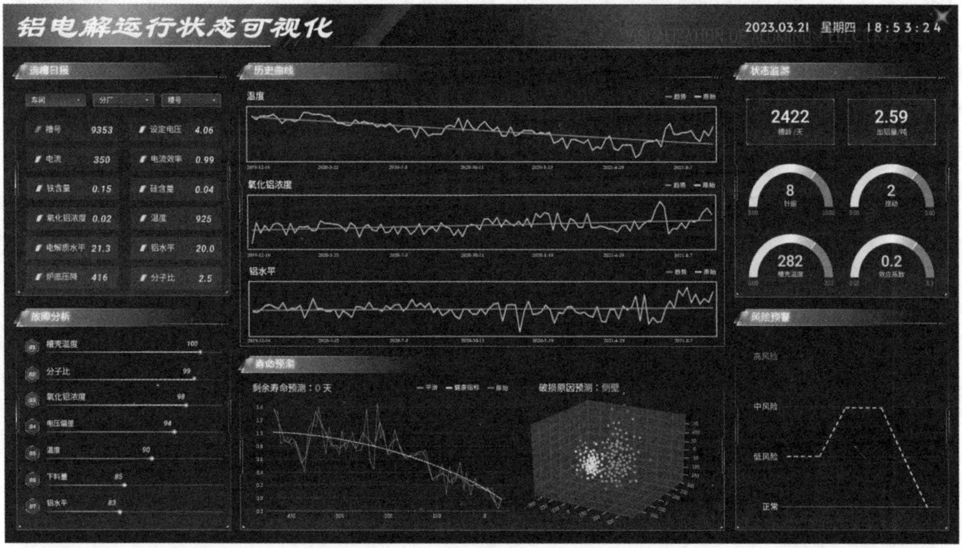

图 14-22　可视化大屏设计

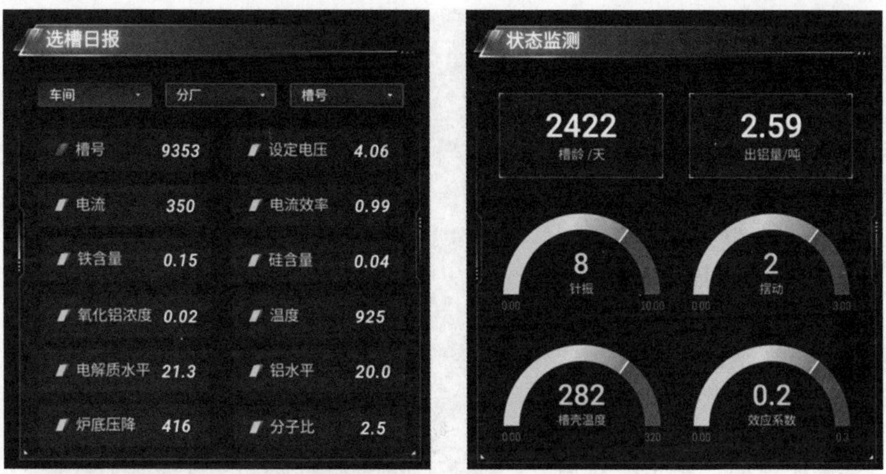

图 14-23　选槽日报模块

3) 故障分析模块

该模块计算过程主要依据本书 14. 3 节，展示的是未来铝电解槽发生破损现象时贡献度最大的工艺参数，如图 14-25 所示。该模块的排序可以判断影响铝电解槽状态的故障特征及其重要度，也可用于辅助评估破损类型。

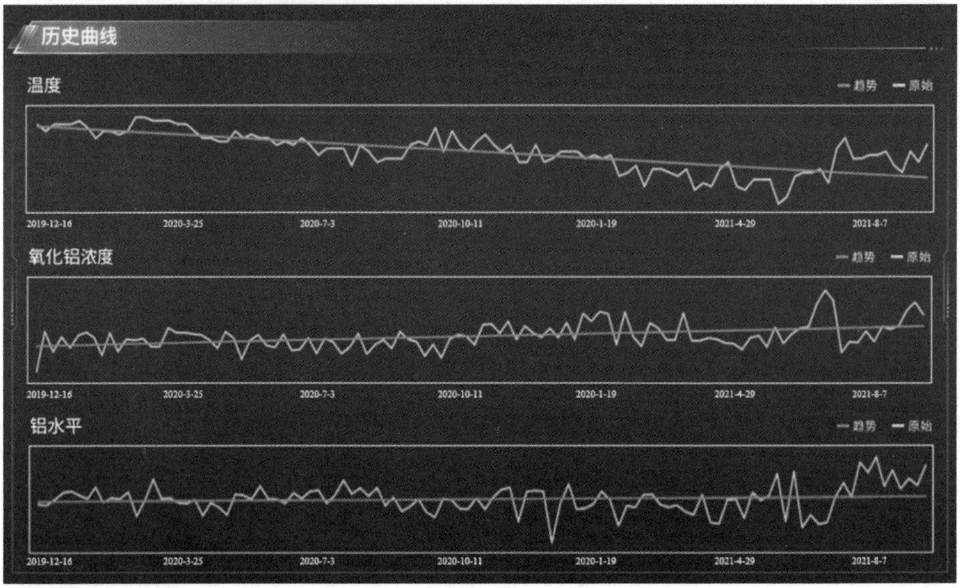

图 14-24　历史曲线模块

4)寿命预测模块

该模块剩余寿命预测部分主要依据本书 12.2 节，展示的是该电解槽健康度的变化趋势、剩余使用寿命的预测情况；破损原因预测部分主要依据本书 13.2 节，展示的是电解槽的聚类情况，如图 14-26 所示。结合历史曲线模块和故障分析模块，可以完整推断铝电解槽的运行阶段和故障失效原因。

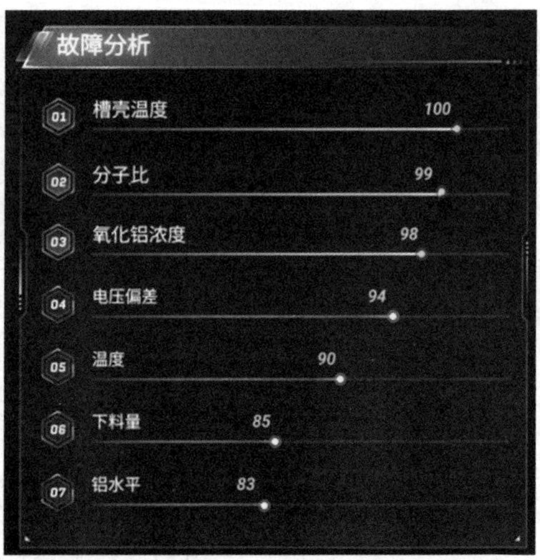

图 14-25　故障分析模块

5)风险预警模块

该模块计算过程主要依据本书 14.3 节，展示的是复合型健康度评价指标下该电解槽运行风险指示，如图 14-27 所示。风险等级越高，意味着影响铝电解槽运行的不稳定性因素增多。值得注意的是，当识别出高风险时，系统将输出“警告”的提示信号。

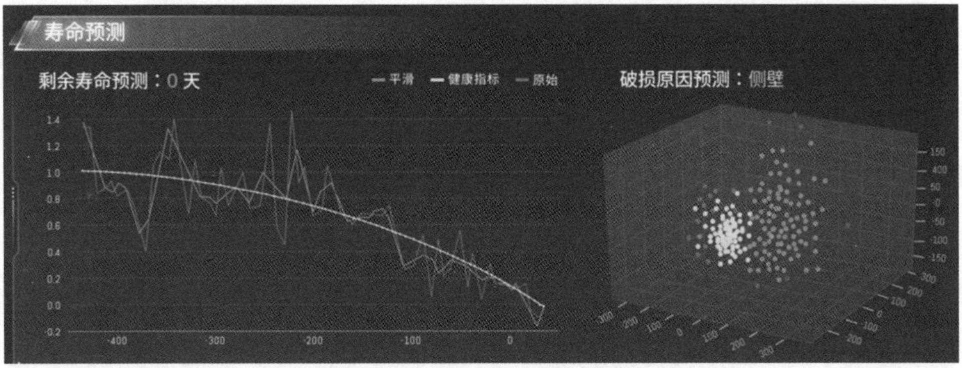

图 14-26　寿命预测模块

14.4.3　应用与分析

在实际应用中，现场人员既可以由上至下从各模块中监测数值，以便实时掌握铝电解槽运行状态；也可以由下至上反推铝电解槽运行的不稳定性因素，从而提出有针对性的维护策略。前文中已阐述了第一种情况，在本节中将基于第二种情况完善 PdM 框架。

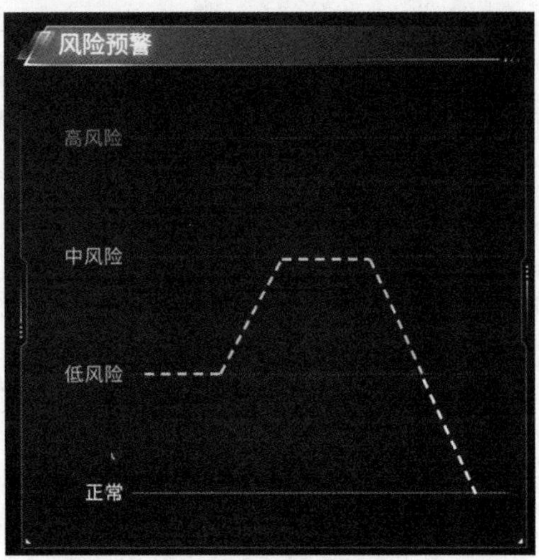

图 14-27　风险预警模块

由前文可知，风险等级越高，MTF 概率高，组成健康指标的故障特征存在波动异常的可能性越高，因此可通过反推 VHI 的构建过程，高效获取最优先维护次序。在本实例中，由图 14-27 可知铝电解槽的运行稳定性不佳，存在故障风险；由图 14-26 的聚类结果判别该槽主要破损风险在侧壁破损；由图 14-24 可识别出最有可能导致运行状态异常的故障特征分别为温度、氧化铝浓度和铝水平，对照前文中的故障特征评估表，推测该槽沉淀增多、生产状态变坏，冷槽趋势明显；更进一步分析，图 14-27 的结果可以作为维护过程中应重点调整的工艺参数的参考排序，同时结合前文的动态破损机理模型，认为可以通过控制下料或增加极距两种方法来提高过热度并降低氧化铝浓度，促使铝电解槽恢复到物料平衡、电压平衡和能量平衡的状态，从而实现复杂系统下的综合维护决策。

最后，简要归纳一下：本章分别从知识驱动和数据驱动的角度对铝电解槽 RUL 进行估计和预测，并结合 MTF 模型开发了面向 PdM 的铝电解槽运行状态可视化平台，为铝电解工业智能化维护框架提供了支撑的关键理论与方法基础。主要结论如下：

(1)铝电解槽整体寿命服从 Weibull 分布的退化失效过程，三参数值分别为 $\alpha=2471.77$、$\beta=5.96$ 及 $\gamma=104.00$。结果表明：该批次铝电解槽运行时长超过 1500 天后可靠度急剧下降；同时，在 95%置信水平下，全体铝电解槽平均经过 2390.89 天就会发生故障，运行时长超过 3000 天则成为超龄槽的可靠度低于 10%。

(2)为了体现铝电解槽的个体特征，引入 VHI 指标综合表征其服役过程的退化规律，在此基础上，采用 TSBP 方法实现对任意铝电解槽剩余寿命的预测。结果表明：随着样本长度的增加(由 50%到 90%)，预测误差明显减小；同时，基于 SSD 的加权平均值法综合得分为 340 分，具有全局最佳的表现，从而论证了 VHI 的可靠性和 TSBP 方法预测铝电解槽 RUL 的有效性。

(3)针对单一的预测结果难以直观得出维护需求的局限性，采用 MTF 模型对铝电解槽运行风险进行预警，能够辅助判断设备是否处于或即将处于异常状态，MTF 概率高，意味着铝电解槽运行稳定性差。

(4)在 PdM 框架下，以本书作者所在团队开发的铝电解数字孪生体原型系统为核心，设计并实施了可覆盖铝电解槽状态监测、故障分析、寿命预测和风险预警等定量分析结果的可视化应用平台，实现模型之间的互联互通，高效获取最优先维护次序。当风险预警模块显示高风险时，认为铝电解槽运行稳定性差，可识别出具体的风险因素可能为温度、氧化铝浓度和铝水平等，进而推测该槽沉淀增多、冷槽趋势明显。基于破损原因和剩余寿命预测结果，能够在全面掌握铝电解槽状态的前提下获取最佳维护策略，有助于提高铝电解槽的运行稳定性和延长使用寿命，为铝电解工业的智能维护策略提供更为可靠的支撑[25-26]。

参考文献

[1] WANG J L, ZHANG L B, DUAN L X, et al. A new paradigm of cloudbased predictive maintenance for intelligent manufacturing[J]. Journal of Intelligent Manufacturing, 2017, 28(5): 1125-1137.

[2] MILLMAN K J, AIVAZIS M. Python for scientists and engineers[J]. Computing in Science and

Engineering, 2011, 13(2): 9-12.

[3] FISHER R A. On the mathematical foundations of theoretical statistics[J]. Breakthroughs in Statistics, 1922, 222(594): 309-368.

[4] CLIFFORD M H, CHIH L T. Regression and time series model selection in small samples[J]. Biometrika, 1989, 76(2): 297-307.

[5] SCHWARZ G. Estimating the dimension of a model[J]. The Annals of Statistics, 1978, 6(2): 461-464.

[6] ANDERSON T W. Anderson-Darling tests of goodness-of-fit[J]. International Encyclopedia of Statistical Science, 2011, 1: 52-54.

[7] 李明泽. 威布尔分布参数估计方法的研究[D]. 锦州: 辽宁工业大学, 2021.

[8] TAKETOMI N, KAZUKI Y, CHRISTOPHE C, et al. Parametric distributions for survival and reliability analyses: A review and historical sketch[J]. Mathematics, 2022, 10(20): 1-23.

[9] BRADLEY E, ROBERT T. An Introduction to the Bootstrap[M]. New York: Chapmanand Hall, 1993.

[10] SØRLIE M, ØYE H A. Cathodes in Aluminium Electrolysis[M]. Dusseldorf: Aluminum-Verlag, 2010.

[11] MOBLEY K R. An Introduction to Predictive Maintenance[M]. Plant Engineering, 2002.

[12] VENKAT N, AUSTIN B, ADAM T, et al. Health index construction with feature fusion optimization for predictive maintenance of physical systems[J]. Structural and Multidisciplinary Optimization, 2022, 65(349): 1-23.

[13] WANG T Y. Trajectory similarity based prediction for remaining useful life estimation[D]. State of Ohio: University of Cincinnati, 2010.

[14] LUO BO, WANG H T, LIU H Q, et al. Early fault detection of machine tools based on deep learning and dynamic identification[J]. IEEE Transactions on Industrial Electronics, 2019, 66(1): 509-518.

[15] JIA X D, HUANG B, FENG J S, et al. A review of phm data competitions from 2008 to 2017: methodologies and analytics[J]. PHM Society Conference, 2018: 1-10.

[16] CAI H S, JIA X D, FENG J S, et al. A similarity based methodology for machine prognostics by using kernel two sample test[J]. ISA Transactions, 2020, 103: 112-121.

[17] RACHA K, SIMON M, BRIGITTE M, et al. RUL prediction based on a new similarity-instance based approach[C]. 2014 IEEE 23rd International Symposium on Industrial Electronics, Istanbul, 2014: 2463-2468.

[18] 晋殿卫, 顾则宇, 张志宏. 锂电池健康度和剩余寿命预测算法研究[J]. 电力系统保护与控制, 2023, 51(1): 122-130.

[19] 王昊. 航空发动机剩余使用寿命预测研究[D]. 大连: 大连理工大学, 2022.

[20] LIU L, WANG Z G. Encoding Temporal Markov Dynamics in Graph for Visualizing and Mining Time Series[C]. National Conference on Artificial Intelligence, Ithaca, 2018: 1-8.

[21] 罗溢, 李开成, 等. 基于马尔可夫转移场和深度残差网络的电能质量复合扰动多标签分类

[J]. 中国电机工程学报, 2024, 44107: 2519-2531.

[22] LI R J, WU Y, WU Q, et al. Emotion stimuli - based surface electromyography signal classification employing Markov transition field and deep neural networks[J]. Measurement, 2022(89): 1-11.

[23] ZHANG Y L, DUAN L X, DUAN M L. A new feature extraction approach using improved symbolic aggregate approximation for machinery intelligent diagnosis[J]. Measurement, 2019, 133: 468-478.

[24] JOHANN F, HICHAM J. Pyts: A python package for time series classification[J]. Journal of Machine Learning Research, 2020, 21(46): 1-6.

[25] ERRANDONEA I, BELTRÁN S, ARRIZABALAGA S. Digital twin for maintenance: A literature review[J]. Computers in Industry, 2020, 123: 103316.

[26] 李劼, 罗若木, 彭晨, 等. 铝电解数字孪生体构建及应用研究[J]. 中南大学学报(自然科学版), 2023, 54(2): 710-719.

第 15 章　基于分布式感知的氧化铝浓度动态仿真研究

氧化铝浓度的分布与电解过程的电流效率、温室气体排放及运行稳定性等参数都息息相关。第 11 章介绍了铝电解槽的分布式感知，为本章的氧化铝动态仿真研究提供了数据基础。本章针对传统铝电解多相多场的离线仿真速度响应不及时、对硬件要求高、仿真结果无法在线或直接用于指导生产实践等问题，将离线仿真数据与检测数据有效融合，开展铝电解动态仿真的研究，即基于实时阳极电流信号及未来预测值，结合氧化铝浓度与槽电阻的动态 U 形曲线关系，在 CFD 氧化铝浓度的离线仿真结果库的基础上，对氧化铝浓度进行了动态仿真，最终实现铝电解槽分布式信号采集与氧化铝浓度动态仿真的一体化[1-8]。

15.1　基于分布式感知的动态仿真方法构建

1) 基于状态感知数据的特征化与工况识别

针对铝电解本身高温、高腐蚀的复杂工作环境，以及特定系列电解的工艺条件，基于分布式的电流、温度等测试装置与技术，通过开发适用于铝电解过程信号的预处理方法，消除典型噪声干扰，提高信号感知的质量。从测量数据中提取有效特征，实现动态特征的在线精准预测与快速识别。

2) 面向典型工况参数离线仿真及仿真库构建

以感知所提取的特征工况作为边界条件，构建完整的铝电解槽“电-磁-热-流-力-浓度”场耦合仿真模型，通过对相关材料的取样与测试完成模型设定，通过离线计算得到各工况下的“电-磁-热-流-力-浓度”场的离线仿真结果，并对结果进行后处理获得各物理场的量化分布参数。将工况识别的特征信息、实时获得的电解槽各部分物性参数及实际电解槽结构特征，使用建模软件对铝电解槽精细模型构建，其对应的数字化建模的几何模型、依据各工况下的多相多场仿真计算结果、后处理关键结果等，构造成为离线仿真数据库并存储至文件服务器。

3) 基于分布状态感知数据与机理融合的动态仿真方法

针对铝电解槽的动态仿真问题，提出基于分布状态感知数据与多相多场融合的动态仿真方法。首先，根据电解槽的检测装置，运行温度分布、流动速度等因素的不同，对电解槽的动态工况特征进行归类；其次，对各类特征工况下的电解槽内多相多场模型仿真结果进行后处理，收集电解槽内多相多场的数据，构造仿真模型库；再者，建立实时采样数据辨识模型，利用实时采集的数据来调整和校准仿真模型；最后，通过多相多场耦合及数据/机理融合建模，将槽内多相多场的数据与电解槽的机理进行整合，构建出完整的动态电解槽模型，获取工业场景下槽内动态物质、能量平衡规律。技术路线如图 15-1 所示。

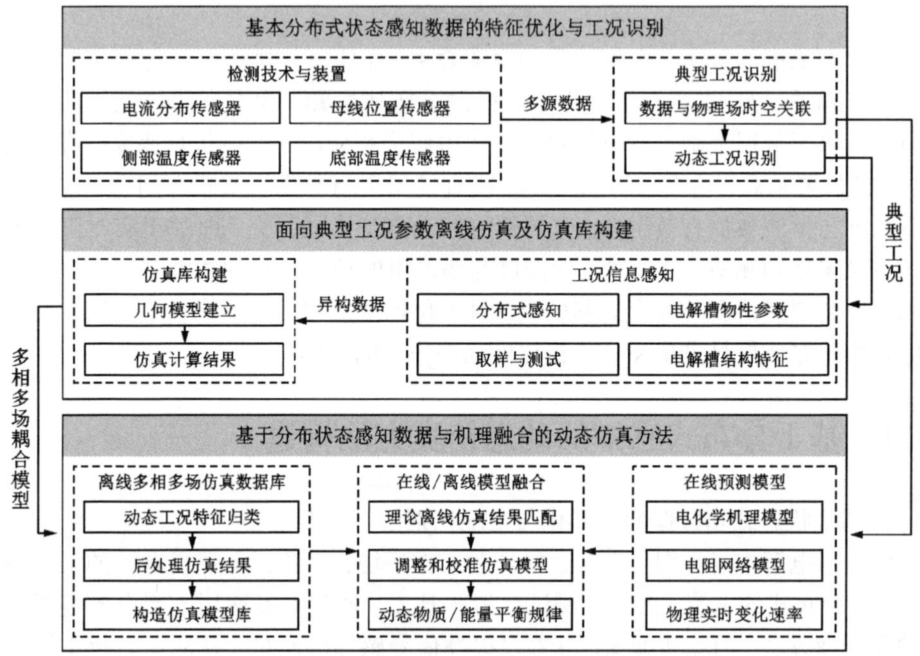

图 15-1　数据-机理融合技术路线图

需要说明的是，本方法采用的部分研究结果(如铝电解多场耦合仿真和微观仿真等)采用本课题组前人的研究方法和结果，本研究以氧化铝浓度场为例，所构建的方法如图 15-2 所示。

该动态仿真主要包括分布式感知数据特征化与工况识别(见本书第 2 章)、氧化铝浓度分布的离线仿真及数据库的构建、基于分布式感知与机理融合的氧化铝动态仿真。以下分别针对后两者进行介绍。

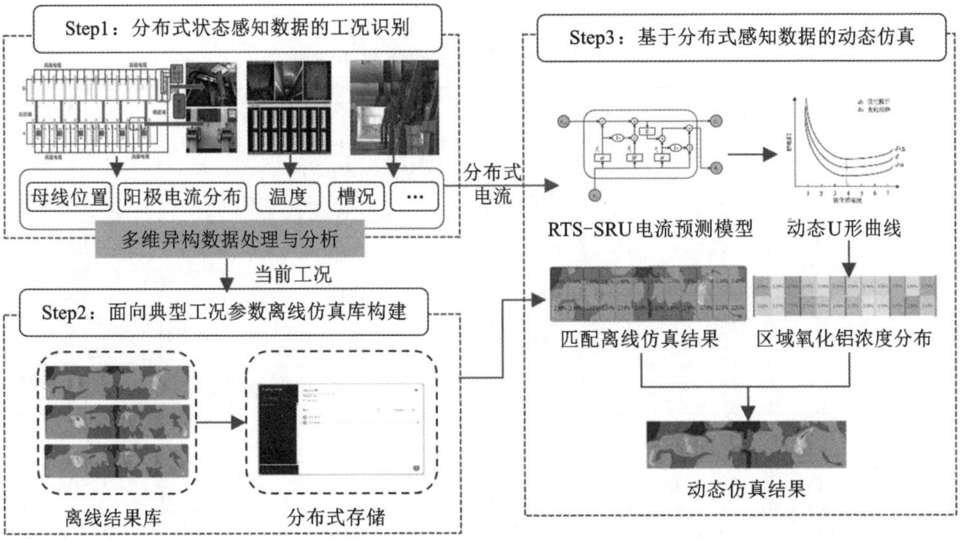

图 15-2　氧化铝浓度场的动态仿真

15.2　氧化铝浓度分布的离线仿真及仿真库构建

针对大型或超大型铝还原电解槽中氧化铝含量不均匀日益突出的问题，建立 400 kA 电解槽氧化铝混合过程的瞬态数值模型，利用 ANSYS CFX 软件进行氧化铝下料和浓度分布的计算[9-15]。

为简化计算过程并提高数值计算的收敛性，本节采用了以下步骤进行多组分流的数值求解。首先，在 ANSYS 平台上建立电-磁耦合模型，获得电解质区域的电流密度 J_b，进而计算出电解质区域电磁力 F_{EM} 和界面处氧化铝消耗分布。其次，利用第 1 步得到的电磁力计算结果，导入 CFX 软件，设置材料属性及边界条件，氧化铝组分的质量浓度被设置为 2.5%，求解气泡-电解质两相流稳态计算。再者，在 CFX 平台上将第 2 步的稳态计算转换为瞬态计算，并在模型中设置氧化铝添加和消耗函数。最后，该铝厂采用 400 kA 系列铝电解槽，实测电流为 382 kA，电流效率为 94%，消耗速率为 0.06449 kg/s，日均氧化铝消耗量为 5572 kg。下料分为两组交替动作，1、3、5 号为第一组，2、4、6 号为第二组。在一个完整的下料周期内，交替下料的动作间隔为 60 s，单次下料量为 3.95 kg，定容器大小为 1.32 kg。

进行分组下料后，氧化铝浓度分布呈周期变化。两组下料动作各自结束时各支路氧化铝浓度分布如表 15-1 所示，两组下料动作的氧化铝高浓度区域面积差异如图 15-3 所示，FD2 与 FD5 两个下料点的波动较大。

表 15-1　两个周期各支路氧化铝浓度

下料区域	阳极区域	420 s 质量分数/%	480 s 质量分数/%	下料区域	阳极区域	420 s 质量分数/%	480 s 质量分数/%
FD1	A01	2.679	2.499	FD4	A07	2.405	2.418
	A02	2.604	2.485		A08	2.417	2.527
	B01	2.492	2.48		B07	2.378	2.432
	B02	2.507	2.553		B08	2.442	2.576
FD2	A03	2.531	2.693	FD5	A09	2.596	2.519
	A04	2.477	2.494		A10	2.717	2.621
	B03	2.571	2.725		B09	2.549	2.506
	B04	2.457	2.464		B10	2.722	2.564
FD3	A05	2.508	2.445	FD6	A11	2.514	2.555
	A06	2.446	2.399		A12	2.483	2.667
	B05	2.57	2.52		B09	2.471	2.511
	B06	2.527	2.423		B10	2.379	2.401

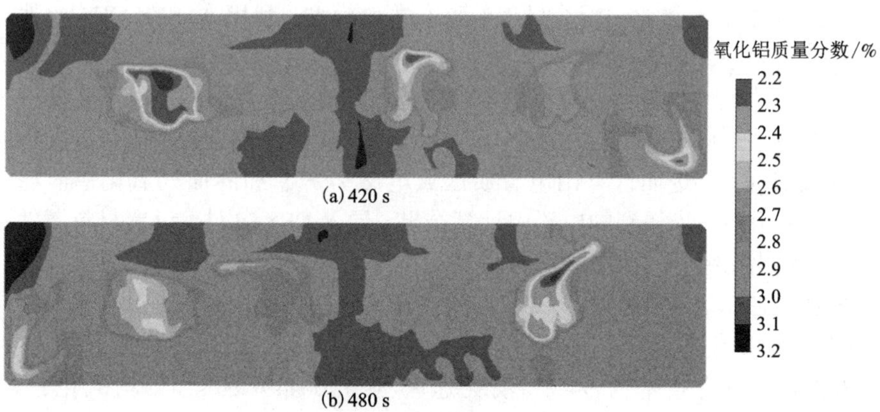

扫一扫，看彩图

图 15-3　交替下料动作的氧化铝浓度分布（z=1.12 m）

经过 CFD 仿真，得到了该时刻下各支路氧化铝浓度的分布趋势，并获得了氧化铝浓度的精细化分布结果。为了方便数据的备份和调用、提高数据的稳定性及文件共享，依据各工况下的两相流氧化铝浓度仿真计算的关键结果，将以 csv 文件形式的后处理结果打上标签，例如：Nor_Cross1_12 标记正常工况下，第一组下料动作后的 12 个步长的氧化铝浓度分布情况。使用基于开源的 MinIO 文件服务器实现数据的分布式存储，为浓度场数据创建单独的 bucket 构造其离线仿真数据库，如图 15-4 所示。在实际电解槽运行时，根据槽控机实时传递的信号，能够快速、高效地定位离线仿真结果，使用接下来的动态仿真计算在线仿真结果并绘制云图。

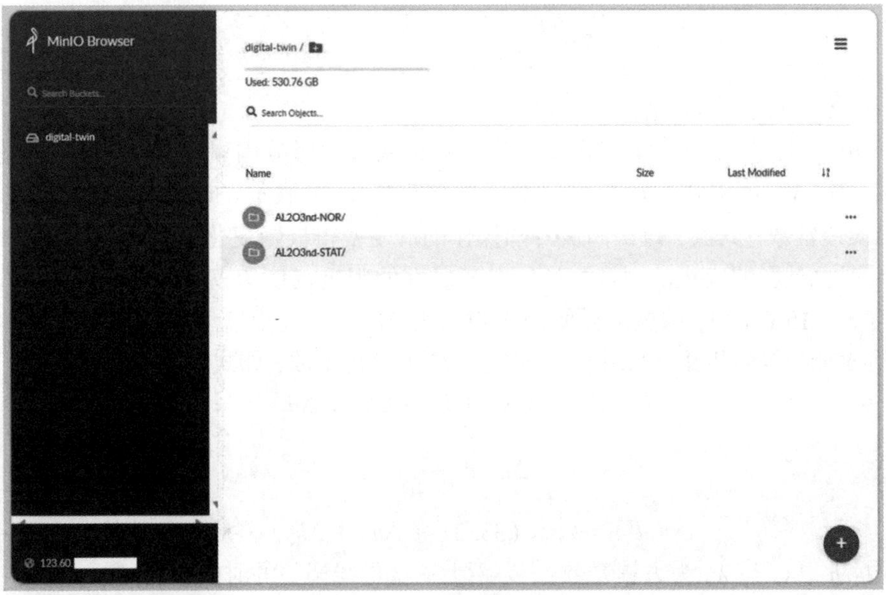

图 15-4　仿真结果库存储

15.3　基于分布式感知的氧化铝浓度动态仿真

通过 CFD 仿真得到了氧化铝浓度的精细化分布结果后，为了更准确地反映真实情况下的氧化铝分布情况，本节建立了定量槽电阻与氧化铝浓度之间的关系模型，并使用实际采样数据对模型进行了验证，从而对仿真结果进行了修正。

15.3.1　U 形曲线关系模型

槽电阻与氧化铝浓度存在呈不对称的 U 形定性关系，温度影响 U 形曲线左右移动，由于温度没有分布式采样数据，将其设为定值。在一个电解槽内的物化性质近似时，可将其视为一个整体，所以 U 形曲线的形状也大致类似。以天为时间步长时，根据机理分析及输入，构建槽电阻 R、氧化铝浓度 C 及极距 d 三者之间的数学关系，如式(15-1)所示：

$$R = f_1(C) + f_2(d) \tag{15-1}$$

在U形曲线的极值点前的半段，即多效应区及可控制区，R 与 C 基本符合如式(15-2)所示的指数关系。此外，现代预焙槽处于正常运行状态时，侧部炉帮比较稳定，阳极底掌形状基本不随极距变化而改变。极距变化基本不改变槽电阻与氧化铝浓度关系曲线的形状，极距变化仅造成U形曲线上下移动，从而近似认为其与电阻 R 呈线性关系，如式(15-3)所示。

$$f_1(C) = \lambda_1 \times e^{\lambda_2 \times C} \tag{15-2}$$

$$f_2(d) = k_1 \times d + b_1 \tag{15-3}$$

式中：λ_1、λ_2、k_1、b_1 为方程系数。

由于极距无法实时直接测量，关于极距调节的影响因素：首先，设定电压 V 升高 30 mV，极距 d 上升 1 mm，两者呈线性关系，V 取 4 V 时，极距为 40+e mm，e 为误差常数；其次，每次阳极升降操作的产生使得极距变化 Δh_d；最后，阳极消耗情况也是影响极距的因素之一，本节研究的阳极高度 H 为 650 mm，阳极消耗速度 h_c = 15 mm/d，阳极消耗使得极距增大 Δh_c。将极距信息通过其他可测参数进行表征为等效极距 d'，并代入式(15-3)中简化系数，如式(15-17)所示。

$$d' = 33.3V + b_2 + \Delta h_d + \Delta h_c \tag{15-4}$$

$$\Delta h_c = \frac{h_c}{8640} \times t \tag{15-5}$$

$$f_3(d') = \lambda_3 \times (33.3V + \Delta h_d + \Delta h_c) + \lambda_4 \tag{15-6}$$

式中：b_2、λ_3 与 λ_4 为方程系数；t 为距上一次母线调整的时间步长。

根据式(15-1)通过日级数据构建槽电阻、氧化铝浓度及其他参数之间的数学关系，(λ_1, λ_2, λ_3, λ_4)作为系数，针对多个自变量与因变量之间的关系模型进行参数估计。

15.3.2 U形曲线多元回归

在日级数据中，记录了槽电阻、氧化铝浓度及设定电压信号(表15-2)，经过3.2节的预处理操作，将其设为已有变量。

表 15-2 日级数据

参数	特征描述	维度
槽电阻	阳极电流与工作电压的表征	1
氧化铝浓度	氧化铝浓度化验值	1
设定电压	影响极距	1

对于工业嘈杂数据，在使用箱形图剔除异常的基础上，使用 MATLAB 曲线拟合工具箱(curve fitting toolbox，CFTool)进行多元回归。其中，使用 bisquare 加权函数进行稳健回归，根据距离拟合线的距离加权，有些异常值权重为 0，对其进行剔除。评价指标平均方根误差(RMSE)与决定系数(R^2)，预测值与原始对应点的误差平方和(SSE)的表达式如式(15-7)所示，校正决定系数(adjusted determination coefficient，Adjusted R^2)的表达式如式(15-8)所示。

$$\mathrm{SSE} = \sum_{i=1}^{n} (y_i - \hat{y}_i)^2 \tag{15-7}$$

$$R^2_{\mathrm{adjusted}} = 1 - \frac{(1 - R^2)(n - 1)}{n - p - 1} \tag{15-8}$$

式中：y_i 与 $\hat{y}_i$ 分别为样本 i 的真实值和预测值；n 为总时刻；p 为特征数量。

在同一个槽的母线位置固定时，全槽 R 为定值，可得全槽的 U 形曲线的评价指标，如表 15-3 所示。

表 15-3　U 形曲线多元回归评价指标

SSE	RMSE	R^2	Adjusted R^2
0.0536	0.0858	0.8825	0.8806

各评价指标显示拟合效果较好，将求解完成的(λ_1，λ_2，λ_3，λ_4)代入式(15-1)中，得到的拟合曲线方程如式(15-9)所示。

$$R = 0.729 \times \mathrm{e}^{-0.997 \times C} + 0.0201 \times (33.3V + \Delta h_{\mathrm{d}} + \Delta h_{\mathrm{c}}) + 1.342 \tag{15-9}$$

将表 15-4 中的秒级数据代入上述数学关系，以进行区域氧化铝浓度数值计算。

表 15-4　秒级数据

参数	特征描述	维度
槽电压	工作电压数据	1
分布式电流×24	时刻 k 下分布式电流预测数据	24
系列电流	计算正常化槽电压	1
设定电压	影响极距	1

续表15-4

参数	特征描述	维度
阳极移动	标记升降操作，计算极距变化	1
阳极消耗	距上一次母线调整的时间步长	1

秒级数据中记录了槽电压、设定电压等求解所需数据，其中包括分布式电流预测结果，计算出该时刻下的槽电阻；阳极移动信号可进行槽电阻调节，出铝后通过阳降操作使得极距保持不变，将此类阳降信号从表单中剔除；结合阳极消耗情况，可计算出每一时刻的极距。

15.3.3 氧化铝浓度动态仿真的实现

将实际区域氧化铝浓度修正理想仿真结果的方式将二者进行耦合，可实现二次仿真，即本文所提出的动态仿真。

1)匹配原始仿真结果

在仿真结果的氧化铝浓度波动过程中，下料操作是唯一引起氧化铝浓度变化的外界操作，因此，根据其下料状态信息回溯距今最近一次的下料信号，然后根据次数的奇偶性判断属于分组下料动作 1，即 1、3、5 下料点进行下料，距今时刻为步长 k，在第 15.1 节的仿真结果库中匹配 Nor_Cross1_k 的数据结果，并计算该时刻下仿真结果均值，结果如图 15-5 所示。

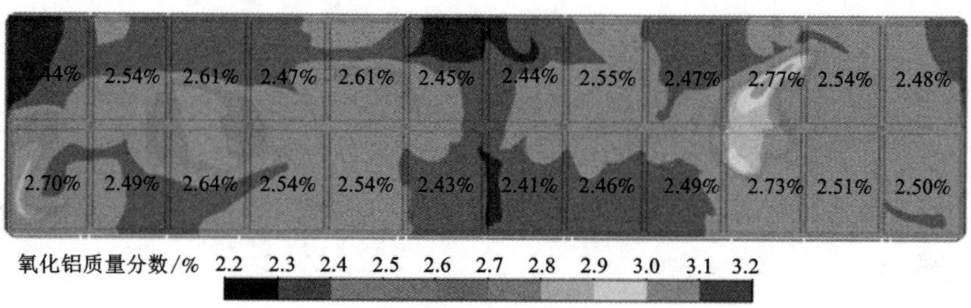

扫一扫，看彩图

图 15-5 匹配原始仿真结果及各区域浓度(z=1.12 m)

2)区域浓度变化率的计算

以 3106#某天第 3200 时刻为例，据阳极移动信号得 $\Delta h_d=-1$ mm，由式(15-6)得 $\Delta h_c=5.56$ mm，求解出各区域槽电阻并据预处理后的槽电阻描述性统计进行映射，去除因传感器测量导致的量纲的影响。运用式(15-8)求解出各区域的氧化铝浓度数值，如表 15-5 所示。

表 15-5　实际工况各区域氧化铝浓度

阳极区域	氧化铝质量分数/%	阳极区域	氧化铝质量分数/%
A01	2.49	B01	2.47
A02	2.43	B02	2.32
A03	2.46	B03	2.44
A04	2.42	B04	2.43
A05	2.44	B05	2.47
A06	2.47	B06	2.41
A07	2.52	B07	2.45
A08	2.47	B08	2.45
A09	2.48	B09	2.36
A10	2.44	B10	2.39
A11	2.38	B11	2.40
A12	2.62	B12	2.36

3)动态仿真的耦合

根据坐标(x, y)判断该点属于区域i，并通过计算得到每块阳极区域氧化铝浓度的修正系数σ_i。修正系数求解后进行仿真结果优化，计算各区域各点的实际预测氧化铝浓度：

$$C(x, y) = c(x, y) \times \sigma_i \tag{15-10}$$

式中：$c(x, y)$为 CFD 原始仿真结果中各点对应的理论氧化铝浓度；$C(x, y)$为各点对应的实际氧化铝浓度。各区域的坐标范围如表 15-6 所示。

表 15-6　各区域坐标范围

阳极区域	x 坐标/m	y 坐标/m	阳极区域	x 坐标/m	y 坐标/m
A01	(15, 89, 17, 59)	(-1.84, 0)	B01	(15.89, 17.59)	(0, 1.84)
A02	(14.19, 15.89)	(-1.84, 0)	B02	(14.19, 15.89)	(0, 1.84)
A03	(13.09, 14.19)	(-1.84, 0)	B03	(13.09, 14.19)	(0, 1.84)
A04	(11.69, 13.09)	(-1.84, 0)	B04	(11.69, 13.09)	(0, 1.84)
A05	(10.29, 11.69)	(-1.84, 0)	B05	(10.29, 11.69)	(0, 1.84)

续表15-6

阳极区域	x 坐标/m	y 坐标/m	阳极区域	x 坐标/m	y 坐标/m
A06	(8.89, 10.29)	(-1.84, 0)	B06	(8.89, 10.29)	(0, 1.84)
A07	(7.49, 8.89)	(-1.84, 0)	B07	(7.49, 8.89)	(0, 1.84)
A08	(6.09, 7.49)	(-1.84, 0)	B08	(6.09, 7.49)	(0, 1.84)
A09	(4.49, 6.09)	(-1.84, 0)	B09	(4.49, 6.09)	(0, 1.84)
A10	(3.29, 4.49)	(-1.84, 0)	B10	(3.29, 4.49)	(0, 1.84)
A11	(1.89, 3.29)	(-1.84, 0)	B11	(1.89, 3.29)	(0, 1.84)
A12	(0.19, 1.89)	(-1.84, 0)	B12	(0.19, 1.89)	(0, 1.84)

此时依据区域氧化铝浓度动态仿真后的全槽氧化铝浓度分布结果在区域边界的数值不够平滑，使用三次样条插值对结果进行平滑处理，这样可以保证插值函数的光滑性和连续性，同时避免了拉格朗日插值和牛顿插值中的龙格现象。此外，三次样条插值还可以通过控制节点的数量和位置来调整插值函数的拟合程度，从而适应不同的数据分布和噪声情况。

4）动态仿真精度与效率的分析

通过加载实际工业数据得到的动态仿真浓度，仿真方法指标对比如表15-7所示，仿真结果如图15-6所示。

表15-7　仿真方法指标对比

仿真方法	浓度分布范围/%	浓度分布标准差/%	累计耗时
离线仿真	2.258~3.349	0.157	4~5 h
动态仿真	2.249~3.274	0.147	2 min

扫一扫，看彩图

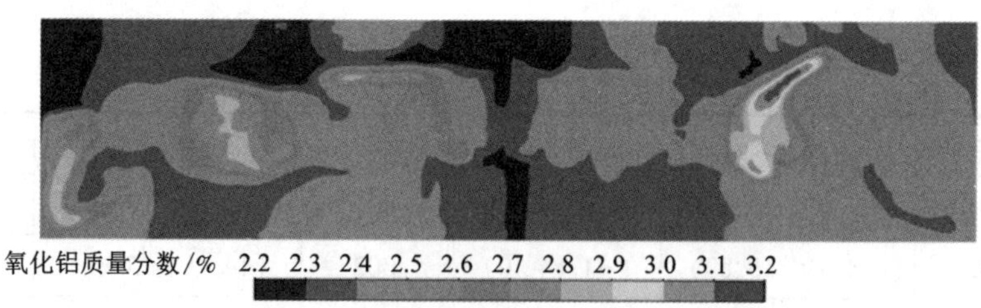

图15-6　氧化铝浓度动态仿真结果(z=1.12 m)

图 15-6 与图 15-5 相比，高浓度区域范围大致相同，且靠近出铝端的区域分布相对均匀，靠近烟道端 AB 侧的浓度差异更为明显，整体范围仍在浓度控制系统所要求的标准范围内。需要注意的是，由于没有分布式浓度检测数据，目前的动态仿真结果只与离线仿真结果进行对比。使用动态仿真方法时，只需结合自身分布式电流数据的变化，即可快速得到实时的浓度场分布优化结果，该方法较离线仿真分布范围接近，分布相对均匀，而预测时间可从传统 CFD 仿真所需的数小时缩短至几分钟，速度提升 120 倍。

最后简要归纳一下：本章在数据分析与处理的基础上，研究基于分布式感知的动态仿真方法构建，通过面向状态感知数据的工况识别、面向典型工况的离线仿真及仿真库构建、基于分布式状态感知的动态仿真技术路线，对氧化铝浓度进行动态仿真。

(1)针对大型或超大型铝还原电解槽中氧化铝含量不均匀日益突出的问题，建立 400 kA 电解槽氧化铝混合过程的瞬态数值模型，利用 ANSYS CFX 软件进行氧化铝下料和浓度分布的计算，并使用 MinIO 进行分布式存储，构建仿真结果库。

(2)机理与数据共同驱动，构建槽电阻、氧化铝浓度等参数的关系模型并进行多元回归，将定性分析的 U 形曲线求解为定量的数学关系。根据工况特征调用结果库数据，并使用第 3 章的电流预测结果作为在线感知数据进行氧化铝浓度动态仿真。动态仿真方法较传统仿真方法有更快的响应速度，而预测时间可从传统 CFD 仿真所需的数小时缩短至几分钟。该方法充分考虑分布式采样数据的波动及实际工况影响，实现仿真结果与真实数据的融合，提高原型系统运行的数据精度和响应速度。

参考文献

[1] 李劼，罗若木，彭晨，等. 铝电解数字孪生体构建及应用研究[J]. 中南大学学报(自然科学版)，2023，54(2)：710-719.

[2] 邓紫晴. 基于阳极电流字典对学习的铝电解分布式槽况监测方法[D]. 长沙：中南大学，2022.

[3] TANG B, SHI Y, LI J, et al. Design, simulation, and fabrication of multilayer Al_2O_3 ceramic micro-hotplates for high temperature gas sensors[J]. Sensors, 2022, 22(18): 6778.

[4] LI X, LIU B, QIAN W, et al. Design of soft-sensing model for alumina concentration based on improved deep belief network[J]. Processes, 2022, 10(12): 2537.

[5] CUI J, WANG P, LI X, et al. Multipoint feeding strategy of aluminum reduction cell based on distributed subspace predictive control[J]. Machines, 2022, 10(3): 220.

[6] XIE S, WANG H, PENG J. A hybrid prediction model of recycled sodium aluminate solution

concentration in evaporation process[J]. IEEE Transactions on Instrumentation and Measurement, 2021, 70: 1-13.

[7] BOJAREVICS V. Dynamic modelling of alumina feeding in an aluminium electrolysis cell[C]//CHESONIS. Light Metals 2019, Cham: Springer, 2019: 675-682.

[8] WRIGHT A W. The dynamic simulation and control of aluminium smelting cells[D]. Newcastle upon Tyne: Newcastle University, 1993.

[9] 杜善周, 黄涌波, 鲁绍杰, 等. 基于分布式感知的氧化铝浓度动态仿真[J]. 有色金属(冶炼部分), 2023(11): 26-32.

[10] 邹忠, 彭晨, 李劼, 等. 基于分布式感知的铝电解智能识别系统及应用[J]. 中南大学学报(自然科学版), 2023, 54(2): 732-743.

[11] 杜善周, 黄涌波, 鲁绍杰, 等. 基于分布式感知的氧化铝浓度动态仿真[J]. 有色金属(冶炼部分), 2023(11): 26-32.

[12] SIDRAK Y L. Dynamic simulation and control of the Bayer process: A review[J]. Industrial & Engineering Chemistry Research, 2001, 40(4): 1146-1156.

[13] 罗若木. 铝电解数字孪生体关键技术与原型系统研究[D]. 长沙: 中南大学, 2023.

[14] FERRÉ-BORRULL J, PALLARÈS J, MACÍAS G, et al. Nanostructural engineering of nanoporous anodic alumina for biosensing applications[J]. Materials, 2014, 7(7): 25-53.

[15] CHATTERJEE S, BASU S, CHATTOPADHYAY D, et al. Humidity sensor using porous tape cast alumina substrate[J]. Review of Scientific Instruments, 2001, 72(6): 2792-2795.

第 16 章　铝电解数字孪生体

为打通物理世界的实际电解槽和数字世界的三维模型之间的壁垒，加速铝电解行业的智能化进程，实现实时获取工厂周期内生产状况、直观了解工厂内电解槽的运行情况以及时分析并决策的目的，本章首先介绍数字孪生的基础知识，然后介绍本书作者及其团队所创建的铝电解数字孪生体，包括铝电解数字孪生体的体系框架的提出、铝电解数字孪生体的五维模型并设计其标准体系定义；在铝电解槽分布状态感知的基础上，结合前文预处理的铝电解多维数据、在线数据及仿真结果数据，使用关键技术完成铝电解数字孪生体原型系统的构建，为实现电解过程监控及铝电解企业数字化转型提供了可行的技术方法。

16.1　数字孪生基础知识

数字孪生是以数字化方式创建物理实体的虚拟模型，借助数据模拟物理实体在现实环境中的行为，通过虚实交互反馈、数据融合分析、决策迭代优化等手段，为物理实体增加或扩展新的能力。作为一种充分利用的模型，数据、智能并集成多学科的技术，数字孪生面向产品全生命周期过程，发挥连接物理世界和数字世界的桥梁和纽带作用，提供更加实时、高效、智能的服务[1]。

关于数字孪生的定义有很多。北京航空航天大学的陶飞在 *Nature* 杂志的评述认为数字孪生作为实现虚实之间双向映射、动态交互、实时连接的关键途径，如图 16-1 所示，可将物理实体和系统的属性、结构、状态、性能、功能和行为映

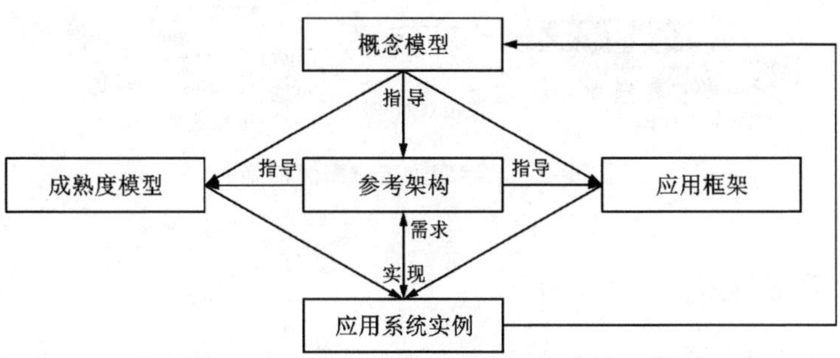

图 16-1　概念模型、参考架构、应用框架、成熟度模型之间的关系

射到虚拟世界，形成高保真的动态多维/多尺度/多物理量模型，为观察物理世界、认识物理世界、理解物理世界、控制物理世界、改造物理世界提供了一种有效手段[2]。CIMdata 推荐的定义[3]：“数字孪生（即数字克隆）是基于物理实体的系统描述，可以实现对跨越整个系统生命周期可信来源的数据、模型和信息进行创建、管理和应用。”

16.1.1 概念模型

数字孪生五维概念模型（图 16-2）首先是一个通用的参考架构，能适用不同领域的不同应用对象。其次，它的五维结构能与物联网、大数据、人工智能等新信息技术集成与融合，满足信息物理系统集成、信息物理数据融合、虚实双向连接与交互等需求。最后，孪生数据（digital-twin data，DD）集成融合了信息数据与物理数据，满足信息空间与物理空间的一致性与同步性需求，能提供更加准确、全面的全要素/全流程/全业务数据支持。服务（Ss）对数字孪生应用过程中面向不同领域、不同层次用户、不同业务所需的各类数据、模型、算法、仿真、结果等进行服务化封装，并以应用软件或移动端 App 的形式提供给用户，实现对服务的便捷与按需使用。连接（CN）实现物理实体、虚拟实体、服务及数据之间的普适工业互联，从而支持虚实的实时互联与融合。虚拟实体（virtual entity，VE）从多维度、多空间尺度及多时间尺度对物理实体进行刻画和描述。

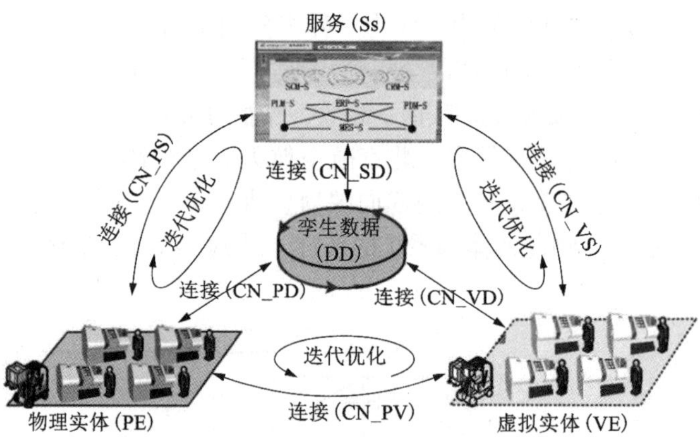

图 16-2 数字孪生五维概念模型[4]

16.1.2 系统架构

图 16-3 为数字孪生系统的通用参考架构[5-8]。一个典型的数字孪生系统包括用户域、数字孪生体、测量与控制实体、现实物理域和跨域功能实体共 5 个层次。

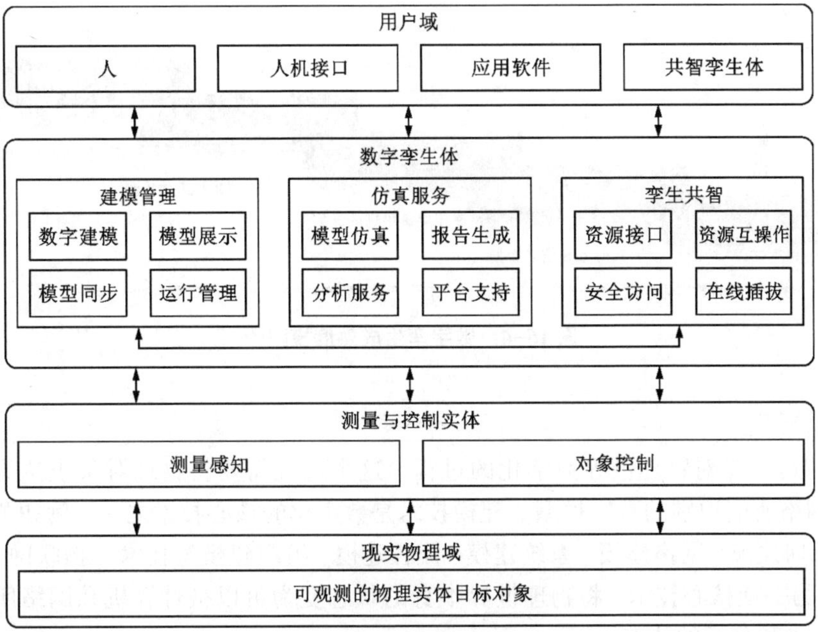

图 16-3　数字孪生系统的通用参考架构[9]

第 1 层(最上层)是使用数字孪生体的用户域，包括人、人机接口、应用软件，以及其他相关数字孪生体。第 2 层是与物理实体目标对象对应的数字孪生体，它是反映物理对象某一视角特征的数字模型，并提供建模管理、仿真服务和孪生共智 3 类功能。第 3 层是处于测量控制域，连接数字孪生体和物理实体的测量与控制实体，实现物理对象的状态感知和控制功能。第 4 层是与数字孪生对应的物理实体目标对象所处的现实物理域，测量与控制实体和现实物理域之间的测量数据流和控制信息流的传递。第 5 层是跨域功能实体，测量与控制实体、数字孪生及用户域之间的数据流和信息流动传递，需要信息交换、数据保证、安全保障等跨域功能实体的支持。

16.1.3　成熟度模型

数字孪生不仅仅是物理世界的镜像，也要接收物理世界实时信息，更要反过来实时驱动物理世界，并且进化为物理世界的先知、先觉甚至超体。这个演变过程称为成熟度进化，即数字孪生的生长发育将经历数化、互动、先知、先觉和共智等几个过程(图 16-4)。

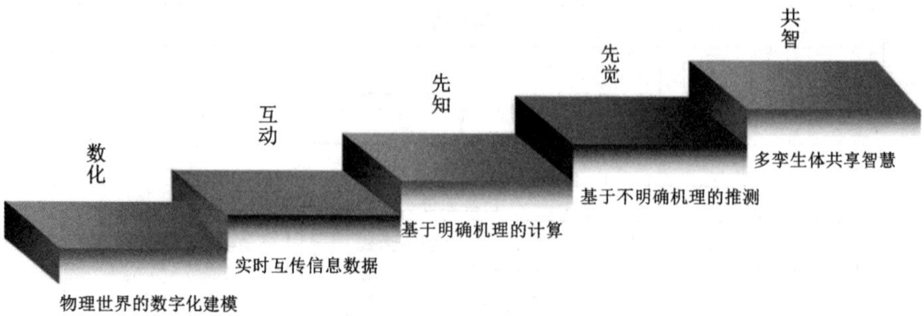

图 16-4　数字孪生成熟度模型[9]

1)数化

“数化”是对物理世界数字化的过程。这个过程需要将物理对象表达为计算机和网络所能识别的数字模型。建模技术是数字化的核心技术之一，例如测绘扫描、几何建模、网格建模、系统建模、流程建模、组织建模等技术。物联网是“数化”的另一项核心技术，将物理世界本身的状态变为可以被计算机和网络所能感知、识别和分析的状态。

2)互动

“互动”主要是指数字对象及其物理对象之间的实时动态互动。物联网是实现虚实之间互动的核心技术。数字世界的责任之一是预测和优化，同时根据优化结果干预物理世界，所以其需要将指令传递到物理世界。物理世界的新状态需要实时传导到数字世界，作为数字世界的新初始值和新边界条件。另外，这种互动包括数字对象之间的互动，依靠数字线程来实现。

3)先知

“先知”是指利用仿真技术对物理世界进行动态预测。这需要数字对象不仅能表达物理世界的几何形状，更需要在数字模型中融入物理规律和机理。仿真技术不仅要建立物理对象的数字化模型，还要根据当前状态，通过物理规律和机理来计算、分析和预测物理对象的未来状态。

4)先觉

如果说“先知”是依据物理对象的确定规律和完整机理来预测数字孪生的未来，那“先觉”就是依据不完整的信息和不明确的机理，通过工业大数据和机器学习技术来预感未来。如果要求数字孪生越来越智能和智慧，就不应局限于人类对物理世界的确定性知识，因为人类本身就不是完全依赖确定性知识而领悟世界的。

5)共智

“共智”是通过云计算技术实现不同数字孪生之间的智慧交换和共享，其隐含的前提是单个数字孪生内部各构件的智慧首先是共享的。所谓“单个”数字孪生体是人为定义的范围，多个数字孪生单体可以通过“共智”形成更大和更高层次的数字孪生体，这个数量和层次可以是无限的。

16.1.4　建模与仿真的一般技术原理

数字孪生关键技术主要包括建模、仿真和基于数据融合的数字线程，这是数字孪生的三项核心技术。

1)建模

数字化建模技术起源于 20 世纪 50 年代，建模的目的是将人们对物理世界或问题的理解进行简化和模型化。数字孪生的目的或本质是通过数字化和模型化，消除各种物理实体特别是复杂系统的不确定性。所以建立物理实体的数字化模型或信息建模技术是创建数字孪生、实现数字孪生的源头和核心技术，也是“数化”阶段的核心。

数字孪生的模型发展分为 4 个阶段，这种划分代表了工业界对数字孪生模型发展的普遍认识，如图 16-5 所示。

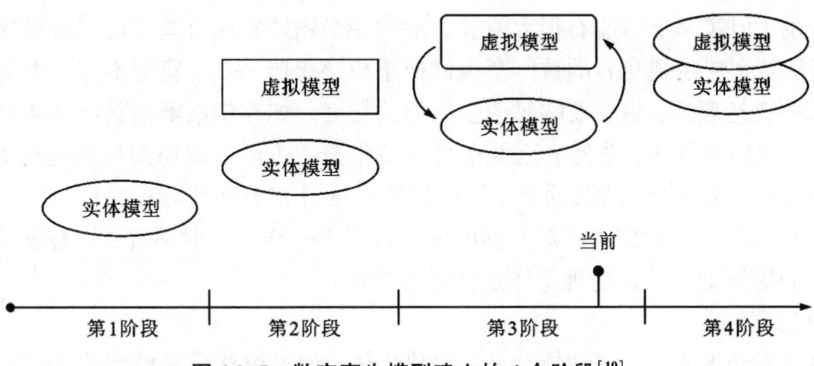

图 16-5　数字孪生模型建立的 4 个阶段[10]

第 1 阶段是实体模型阶段，没有虚拟模型与之对应。NASA 在太空飞船飞行过程中，会在地面构建太空飞船的双胞胎实体模型。这套实体模型曾在拯救 Apollo 13 的过程中起到了关键作用。

第 2 阶段是实体模型有其对应的部分实现的虚拟模型，但它们之间不存在数据通信。其实这个阶段不能称为数字孪生的阶段，一般准确的说法是实物的数字模型。还有就是虽然有虚拟模型，但这个虚拟模型可能反映的是来源于它的所有实体，例如设计成果二维/三维模型，同样使用数字形式表达了实体模型，但两者之间并不是个体对应的。

第 3 阶段是在实体模型生命周期里，存在与之对应的虚拟模型，但虚拟模型是部分实现的，这个就像是实体模型的影子，也可称为数字影子模型，在虚拟模型和实体模型间可以进行有限的双向数据通信，即实体状态数据采集和虚拟模型信息反馈。当前数字孪生的建模技术能够较好地满足这个阶段的要求。

第 4 阶段是完整数字孪生阶段，即实体模型和虚拟模型完全一一对应。虚拟模型完整表达了实体模型，并且两者之间实现了融合，实现了虚拟模型与实体模型间的自我认知和自我处置，相互之间的状态能够实时保真地保持同步。

值得注意的是，有时候可以先有虚拟模型，再有实体模型，这也是数字孪生技术应用的高级阶段。

一个物理实体不是仅对应一个数字孪生体，可能需要多个从不同侧面或视角描述的数字孪生体。人们很容易认为一个物理实体对应一个数字孪生体。如果只是几何的，这种说法尚能成立。但恰恰因为人们需要认识实体所处的不同阶段、不同环境中的不同物理过程，一个数字孪生体显然难以描述。如一台铝电解槽的热场(包括槽膛内型三维动态)、浓度场(氧化铝浓度的二维动态)等，需要用不同的数字孪生体进行描述。

不同的建模者从某一个特定视角描述一个物理实体的数字孪生模型似乎应该是一样的，但实际上可能有很大差异。前述一个物理实体可能对应多个数字孪生体，但从某个特定视角看的数字孪生体似乎应该是唯一的，实则不然。差异不仅是模型的表达形式，更重要的是孪生数据的粒度。如在铝电解槽数字孪生体构建中，可以利用槽电压、系列电流等集总参数信息，还可以应用阳极电流分布、阴极电流分布、金属槽壳温度分布、阴极钢棒温度分布等在线分布式信息反映电解槽运行状态。不同的建模者对数据的取舍肯定不一样。一般而言，细粒度数据有利于人们更深刻地认识物理实体及其运行过程。

2)仿真

从技术角度看，建模和仿真是一对伴生体：如果说建模是模型化人们对物理世界或问题的理解，那么仿真就是验证和确认这种理解的正确性和有效性。所以，数字化模型的仿真技术是创建和运行数字孪生体，保证数字孪生体与对应物理实体实现有效闭环的核心技术。

仿真是将包含了确定性规律和完整机理的模型转化成软件的方式来模拟物理世界的一种技术。只要模型正确，并拥有了完整的输入信息和环境数据，就可以基本正确地反映物理世界的特性和参数。

仿真兴起于工业领域，其作为工业中必不可少的重要技术，已经被世界上众多企业广泛应用到工业的各个领域中，是推动工业技术快速发展的核心技术，是工业 3.0 时代最重要的技术之一，在产品优化和创新活动中扮演不可或缺的角色。近年来，随着工业 4.0、智能优化制造等新一轮工业革命的兴起，新技术与传统制造的结合催生了大量新型应用，工程仿真软件也开始与这些先进技术结合，在研发设计、生产制造、试验运维等各环节发挥更重要的作用。

随着仿真技术的发展，这种技术被越来越多的领域所采纳，逐渐发展出更多类型的仿真技术和软件。按照这样的发展态势，物理世界(含人类社会)可以像电影《黑客帝国》那样，被事无巨细地仿真和模拟。

针对数字孪生紧密相关的工业制造场景，梳理其中所涉及的仿真技术如下：

(1)产品仿真：系统仿真、多体仿真、物理场仿真、虚拟实验等。

(2)制造仿真：工艺仿真、装配仿真、数控加工仿真等。

(3)生产仿真：离散制造工厂仿真、流程制造仿真等。

数字孪生是仿真应用的新巅峰。在数字孪生的成熟度的每个阶段，仿真都扮演着不可或缺的角色："数化"的核心技术——建模总是和仿真联系在一起，或者是仿真的一部分；"互动"是半实物仿真中司空见惯的场景；"先知"的核心技术本色就是仿真；很多学者将"先觉"中的核心技术——工业大数据视为一种新的仿真范式；"共智"需要通过不同孪生体之间的多种学科耦合仿真才能让思想碰撞，才能产生智慧的火花。数字孪生也因为仿真在不同成熟度阶段中无处不在，成为智能化和智慧化的源泉与核心。

3)数字线程

一个与数字孪生紧密联系在一起的概念是数字线程(digital thread)。数字孪生应用的前提是各个环节的模型及大量的数据，那么类似于产品的设计、制造、运维等各方面的数据，如何产生、交换和流转？如何在一些相对独立的系统之间实现数据的无缝流动？如何在正确的时间把正确的信息用正确的方式连接到正确的地方？连接的过程可如何追溯？连接的效果要如何评估？这些正是数字线程要解决的问题。CIMdata 推荐的定义："数字线程指一种信息交互的框架，能够打通原来多个竖井式的业务视角，连通设备全生命周期数据(也就是其数字孪生模型)的互联数据流和集成视图。"[4] 数字线程通过强大的端到端的互联系统模型和基于模型的系统工程流程来支撑。

数字线程是与某个或某类物理实体对应的若干数字孪生体之间的沟通桥梁，这些数字孪生体反映了该物理实体不同侧面的模型视图。数字孪生环境下，实现数字线程有如下需求[10]。

(1)能区分类型和实例。

(2)支持需求及其分配、追踪、验证和确认。

(3)支持系统跨时间尺度各模型视图间的实际状态记实、关联和追踪。

(4)支持系统跨时间尺度各模型间的关联以及其时间尺度模型视图的关联。

(5)记录各种属性及其随时间和不同的视图的变化。

(6)记录作用于系统以及由系统完成的过程或动作。

(7)记录使能系统的用途和属性。

(8)记录与系统及其使能系统相关的文档和信息。

16.2 铝电解数字孪生体架构

16.2.1 铝电解数字孪生体五维模型

本节依据铝电解过程的技术特点,以及数字孪生实现虚拟世界与真实世界虚实映射的优势,将铝电解生产过程装入数字孪生大框架中,定义基于铝电解的数字孪生体的五维模型[11]。电解工厂内的电解槽及系列设备构成物理实体 B_{PE},通过新兴技术创建与之对应的虚拟模型 B_{VE},基于铝电解工业设备感知的由多维数据、在线数据、动态仿真数据组成孪生数据 B_{DD},将各类数据、模型、算法进行封装构成提供便捷使用的服务平台 B_{Ss} 及实现虚实数据服务互联的交互连接 B_{CN} 的五维模型,具体关系如式(16-1)所示。

$$M_{BDT} = (B_{PE}, B_{VE}, B_{Ss}, B_{DD}, B_{CN}) \tag{16-1}$$

基于上述五维模型协同作用构成的铝电解数字孪生体,如图 16-6 所示。

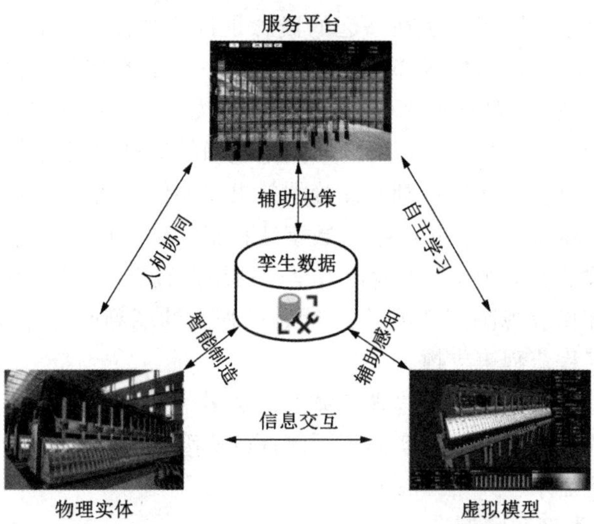

图 16-6 铝电解数字孪生体五维模型

16.2.2　铝电解数字孪生体标准体系

根据铝电解数字孪生原型系统的构建需求，分析其整体表达框架，实地调研铝电解厂的位置、面积、车间布局等环境因素，铝电解槽、出铝车、天车等设备元素，以及出铝、换极、下料等操作元素。在实地调研过程中，需要注意与工厂领导及指导教师详细沟通原型系统目标、规划及实现细节。本节对铝电解厂的虚拟现实原型系统开展功能性与非功能性的需求分析。

1）功能性需求

该系统具有展示场景、控制视角、区域触发、快速定位和信息检索等功能性需求。其中，展示场景要求系统能够真实展示铝电解厂各处的虚拟三维场景；控制视角要求用户能够自由移动以浏览该铝厂各处的虚拟现实场景，并通过控制角色视角实现；区域触发要求用户能够通过点击触发器限定区域完成层级跳转；快速定位要求用户能够通过窗口定位的方式快速到达指定电解槽；信息检索要求用户能够通过鼠标悬停物体上方查看概要信息或进行点击查询获得该目标的详细信息。通过对这些功能性需求的分析，可以为系统的设计和开发提供指导和参考。

2）非功能性需求

该系统具有精度特性、时间特性、适应特性和灵活特性等，以满足非功能性需求。其中，精度特性要求系统能够全面展示场景类模型，精细且清晰展示电解槽类重要模型，并保证数据信息传输的及时同步和信息查询结果的准确性；时间特性要求系统能够在 1~2 s 内响应用户的操作，并快速加载大量三维场景模型，对每一次的点击做出即时反馈；适应特性要求系统能够发布到 Windows、MAC 等多种平台上，以满足不同操作环境的要求，并确保操作系统与其他应用程序之间的转换，尽量避免发生如闪退和未响应等突发性情况；灵活特性要求系统界面美观且具有良好的互动性，满足多种操作方式，且不受因环境部署改变而引起精度和时效性变化的干扰。

依据上述铝电解行业的需求分析及铝电解智能优化制造发展要求，结合数字孪生技术自身特点，设计如图 16-7 所示的铝电解数字孪生体构建标准体系。该体系能规范关键技术标准，指导研发并打破技术壁垒，确保研究有效性；根据安全标准规范测试，指导评估及表明优化方法，保证其安全性和适用性；结合平台标准及行业应用标准，指导数字孪生原型系统在铝电解生产领域顺利落地。其中，根据数字孪生标准体系中的关键技术步骤，物理实体及交互连接属于硬件实施范畴，本研究的重点将围绕孪生数据、虚拟模型、服务平台展开。

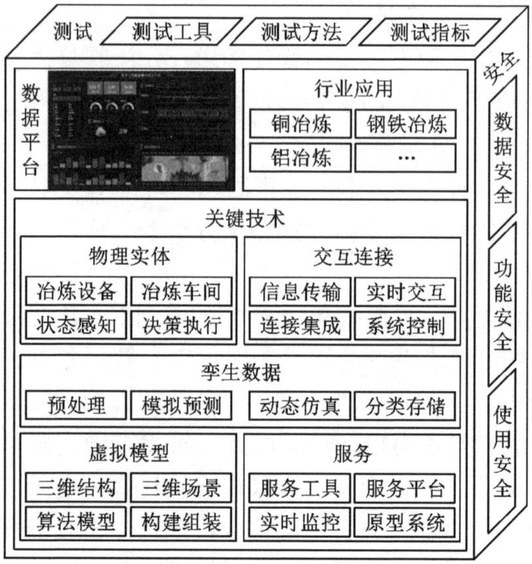

图 16-7　铝电解数字孪生体构建标准体系

16.3　铝电解数字孪生体原型设计

16.3.1　原型系统孪生数据设计

根据交互连接技术采集到铝电解厂物理实体信息，对其进行采样数据的预处理、分布式电流预测及物理场实时动态仿真，将上述处理结果作为预备数据，开展如下数据库设计，并将异构数据进行分类存储，搭建孪生数据并发布至云端，具体数据在后文进行集中展示。

1)结构化数据

预处理的日级、秒级数据及阳极电流预测数据属于结构化数据。首先，为其设计数据字典，目的是详细描述每个数据要素，数据字典如图 16-8 所示。

其次，在创建结构化数据库之前，必须对系统所需要的实体进行确定，通过数据字典确定数据库中的六个实体，确定实体属性及实体之间的联系，从而得到如图 16-9 所示的铝电解数字孪生原型系统实体-联系图(entity relationship diagram，E-R)。

最后，根据 E-R 图，构建电解槽(djc_rpt)、车间表(chj_rpt)、工艺表(gongyi_rpt)、效应表(effect_rpt)、物料表(wl_rpt)、历史表(his_rpt)6 个表单，如表 16-1～

名字：电解槽表
描述：每一个电解槽信息
定义：电解槽信息=槽ID+车间ID+工艺表ID+效应表ID+物料表ID+历史表ID
位置：存储至云服务器

名字：车间表
描述：每一个车间信息
定义：车间信息=车间ID+槽ID+槽数量+分组号
位置：存储至云服务器

名字：工艺表
描述：电解槽的工艺信息
定义：工艺信息=表ID+槽ID+时间+浓度+温度+分子比+电解质水平+铝水平
位置：存储至云服务器

名字：效应表
描述：电解槽的效应信息
定义：效应信息=表ID+槽ID+时间+等待时间+设定等待时间+状态
位置：存储至云服务器

名字：物料表
描述：电解槽的物料信息
定义：物料信息=表ID+槽ID+时间+下料量＋下料次数+欠料次数+过量次数+出铝量
位置：存储至云服务器

名字：历史表
描述：电解槽的历史信息
定义：历史信息=表ID+槽ID+时间+总电流+电压+电阻+工艺信号+下料状态+A01-B12分布式电流
位置：存储至云服务器

图 16-8　结构化数据数据字典

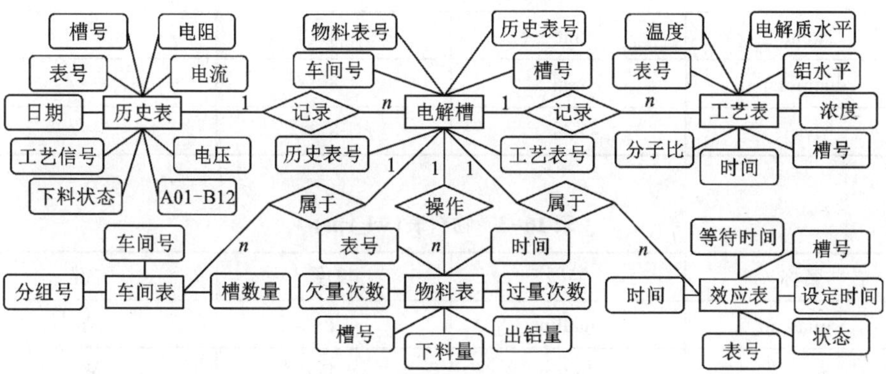

图 16-9　结构化数据 E-R 图

表 16-6 所示。这些表用来存放电解槽、车间、工艺参数、效应情况、生产信息、生产状态等基本信息，并采用 SQLServer 存储结构化数据。

表 16-1　电解槽(djc_rpt)

名称	类型	长度	主键
cao_id	int	4	是
chejian_id	smallint	2	—
gongyi_id	smallint	2	—

续表16-1

名称	类型	长度	主键
xiaoying_id	smallint	2	—
wuliao_id	smallint	2	—
lishi_id	smallint	2	—

表 16-2　工艺表(gongyi_rpt)

名称	类型	长度	主键
gongyi_id	smallint	2	是
cao_id	int	4	是
time	datetime	8	—
al2o3nd	real	8	—
fenzb	char(10)	10	—
wend	int	4	—
dianjiezsp	real	8	—
lvsp	real	8	—

表 16-3　物料表(wl_rpt)

名称	类型	长度	主键
wuliao_id	smallint	2	是
cao_id	int	4	是
time	datetime	8	—
xiall	int	4	—
xialcsh	int	4	—
qianlxlcsh	int	4	—
guolxlcsh	int	4	—
xichll	char(10)	10	—

表 16-4　车间表(chj_rpt)

名称	类型	长度	主键
chejian_id	smallint	2	是
fenzu_id	smallint	2	是
caonum	int	4	—

表 16-5　效应表(effect_rpt)

名称	类型	长度	主键
effect_id	smallint	2	是
cao_id	int	4	是
time	datetime	8	—
xiaoyddshj	int	8	—
shedxyddjk	real	8	—
xiaoyzt	char(10)	10	—

表 16-6　历史表(his_rpt)

名称	类型	长度	主键
lishi_id	smallint	2	是
cao_id	int	4	是
time	datetime	8	—
dianl	real	8	—
gongzdy	real	8	—
dianz	real	8	—
specialstate	int	4	—
feedingstate	int	4	—
A01	real	8	—
B12	real	8	—

2)非结构化数据

物理场离线仿真库结果属于非结构化数据，存储至 MinIO 分布式存储服务器，详见前文。后续开展的其他物理场仿真及工业现场拍摄的火眼图像也属于非结构化数据，已为其预留接口。

16.3.2 原型系统虚拟模型搭建

扫一扫，看本节彩图

虚拟模型开发任务一共分为三维结构、三维场景的建立，并结合前文研究的分布式电流预测模型及动态仿真算法模型进行构造组装，搭载至铝电解数字孪生体原型系统。

1)虚拟模型设计

原型系统三维模型素材主要包括整个电解厂和车间的地形数据，以及电解车间、天车、电解槽、出铝车及其他设施的位置和尺寸。Unity3D 作为场景开发工具，具有跨平台特性和可视化编程界面，且对配置要求不高，可低成本开发[12-15]。由于系统中建筑物和电解设备数量众多，需要使用 3D 建模软件辅助建模。3Ds Max 作为模型建立工具，具有强大的建模能力和渲染效果，能够提高模型的精度和逼真度，更容易学习和上手操作，适合跨学科研究人员的学习和使用。两者结合能够实现原型系统的高效开发和优质渲染，虚拟模型开发框架如图 16-10 所示，确定开发步骤后，辅助开发任务顺利进行。

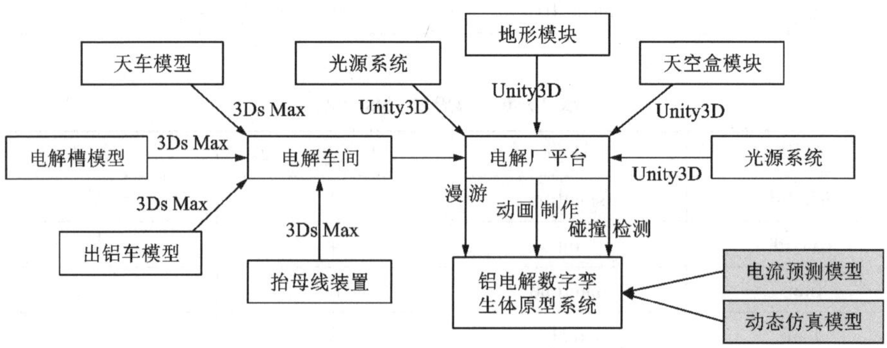

图 16-10 虚拟模型开发框架

由图 16-10 可知，基于现场调研初步处理后的图像数据，使用 3Ds Max 构建出铝电解数字孪生原型系统的园区内配景模型(如车间、人行道、路灯等)，以及各类电解设备、辅助电解设备(如抬母线装置、出铝车、换极装置、天车等)。基于生成的模型，使用 Unity3D 开发引擎进行功能开发。首先，将建立的三维模型导入 Unity3D 中，使其变为能被调用和处理的虚拟对象。其次，对物体进行贴图制作，制作远景以及近景光照烘焙，使模型更具有视觉真实感。最后，进行 shader、碰撞设置、镜头漫游，添加动态组件和自定义组件、动画等操作，为虚拟对象加入交互能力，完成各个虚拟对象之间的人-机交互、元素交互和视觉交互，从而为真实铝厂提供更好的监控和决策支持。

2) 三维模型构建

我国新设计的电解槽均为 400 kA 级以上的大型电解槽，但结构未发生根本性变革，均由上部结构、阴极结构、母线结构和电气绝缘四大部分组成。针对本研究的电解槽系列，利用 3Ds Max 创建出基本模型，再进行精细化建模。模型可导出为 FBX 文件，根据对铝厂的实际调查结果，使用实拍照片作为参照依据，对模型的具体尺寸和细节进行了处理，铝电解槽三维模型如图 16-11 所示。

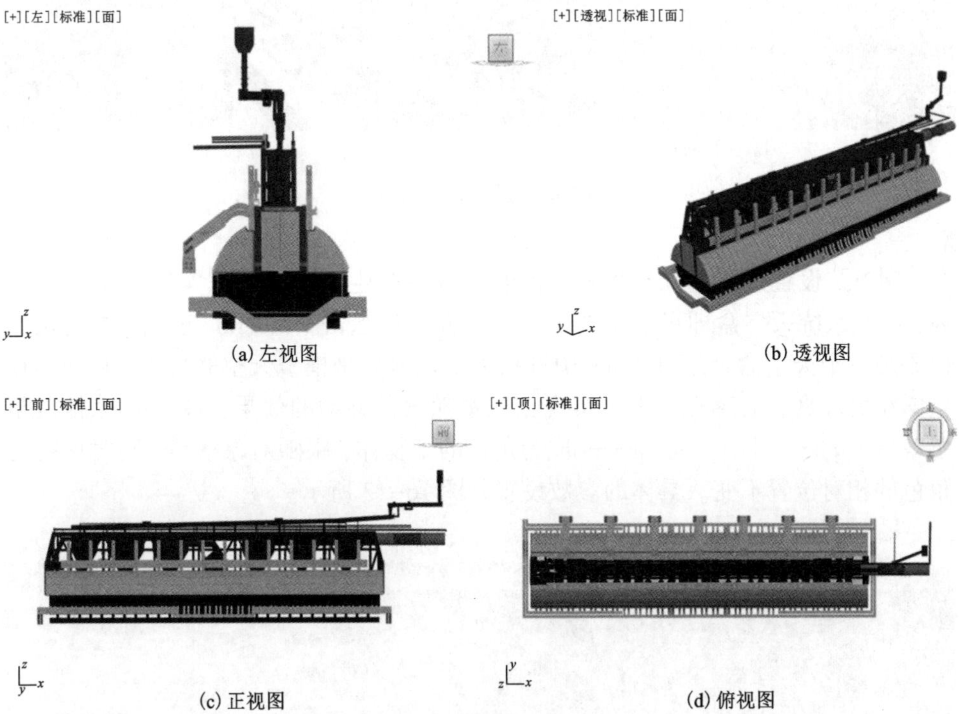

(a) 左视图　(b) 透视图　(c) 正视图　(d) 俯视图

图 16-11　电解槽三维模型

Unity3D 能够直接支持从 3Ds Max 中生成的模型文件。建立工程文件 DianJieLv，将前文中导出的三维模型 FBX 文件拖入 Assets 文件夹后，再将其拖入层级视窗中并将其 reset，确保模型的位置、旋转和缩放都被重置为默认值，其大小和比例与原始模型相同，以便后续操作。

3) 三维场景构建

首先，进行布局及贴图，根据工厂内的布局安排，通过调整 transform 组件或直接将模型调整到合适位置，依次安放预备阳极车间、炭素阴极生产厂区、铸锭区、电解车间等，如图 16-12(a) 所示。定义 CloneDianJieCaoItem() 函数，将电解槽复制，为每一个电解槽进行编号与布局，安放天车等其他设备后，根据实际比例进行调节，如图 16-12(b)所示。同时，在 Inspector 检查器窗口中，将对象 Material 中的着色器 Shader、MeshRenderer 及纹理贴图 Textures 等进行设置，设置光照和阴影，使得场景更符合真实情况，以达到更好的仿真效果。

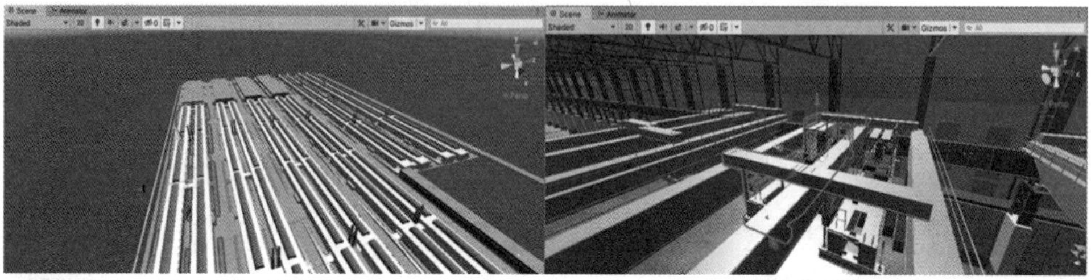

(a) 工厂布局　　(b) 车间局部

图 16-12　布局示意图

其次，设置天空盒和摄像机，铝电解数字孪生对天空的真实度需求不是太高，因此系统天空盒即可满足要求。本研究通过点击 Rendering 选项，给主摄像机添加一个天空盒，在 Sky Box 中选择天空盒材质来模拟天空的材质，从而为场景增添更加真实的感觉。为了实现相机跟随角色移动的效果，将 camera 挂载至游戏对象 player 上，并将 camera 成为角色的子物体，跟随对象移动，同时保持与角色的相对位置不变。具体的参数设置如图 16-13 所示。

图 16-13　天空盒及 camera 参数设置

最后，设置阳极导杆颜色随电流动态变化，在阳极导杆上设均匀的小方块，并将第 4 章的阳极电流预测结果数据设定读入接口，为其设定一个判断规则，当读取的值 anodes. dicAnode[id]大于设定标准值时会显示不同的颜色，正常值显示为绿色，如图 16-14 所示。

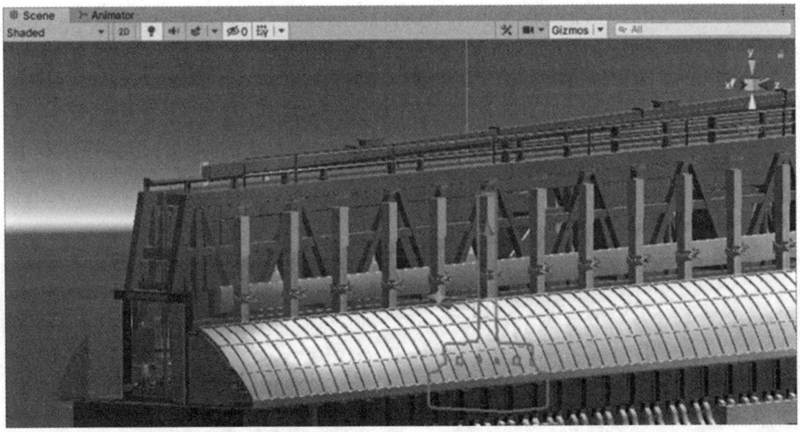

图 16-14　阳极导杆

4) UI 设计及嵌套跳转

根据每一层级的数据展示需求，在 canvas 上设置 UI 区域和参考点，结合布局、样式、交互等方面调整控件及设置代码数值，以满足用户的需求，如图 16-15 所示，并使用 Unity3D 的数据库插件来实现数据传输。

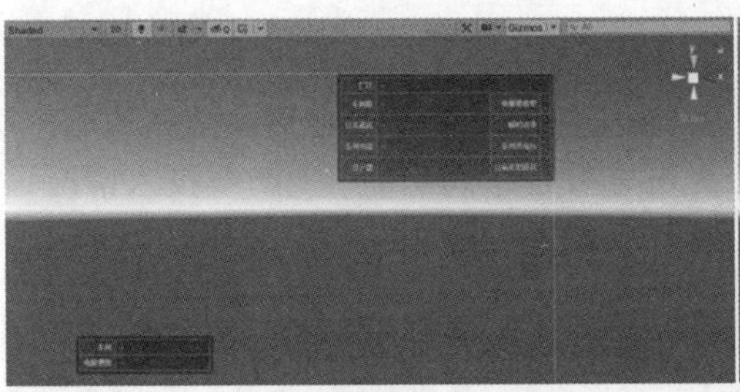

(a) 电解厂

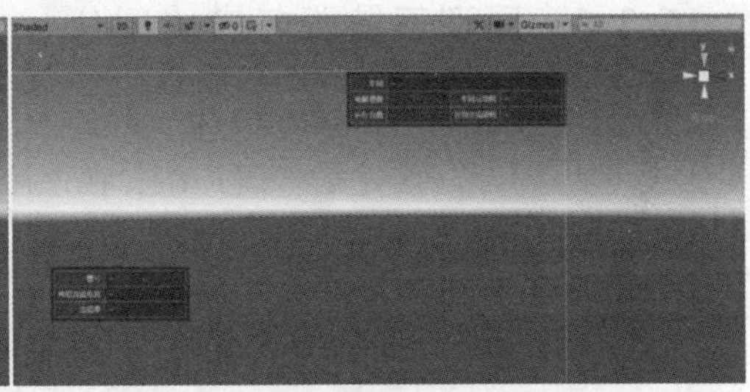

(b) 电解车间

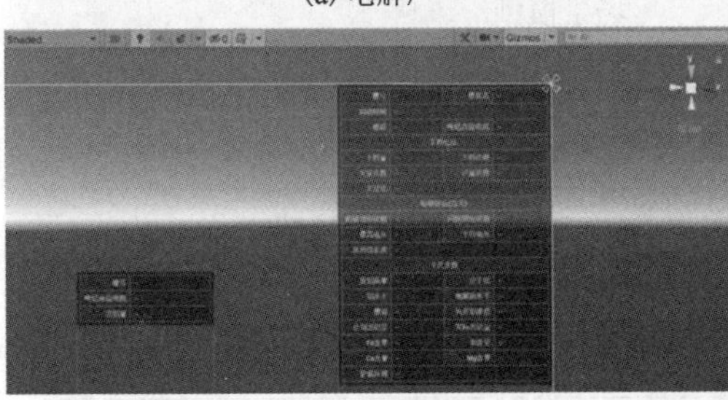

(c) 电解槽

(d) 跳转

图 16-15　各场景及跳转功能 UI 界面

再者，为了实现页面跳转，设置碰撞器。在铝电解原型系统虚拟模型中，一共设置有三级界面，在物体上设置边框大小，并在碰撞器上挂载脚本，以实现鼠标点击后的页面跳转功能，如图 16-16 所示。在此，碰撞器作为触发器使用，当物体进入或离开碰撞器的范围时，可以触发相应的事件或行为。在实现页面跳转的过程中，记录如 OnMouseDown( )、OnMouseExit( )等场景物体的鼠标事件，并将其记录在 ChangFangItem. cs 中进行人-机交互。

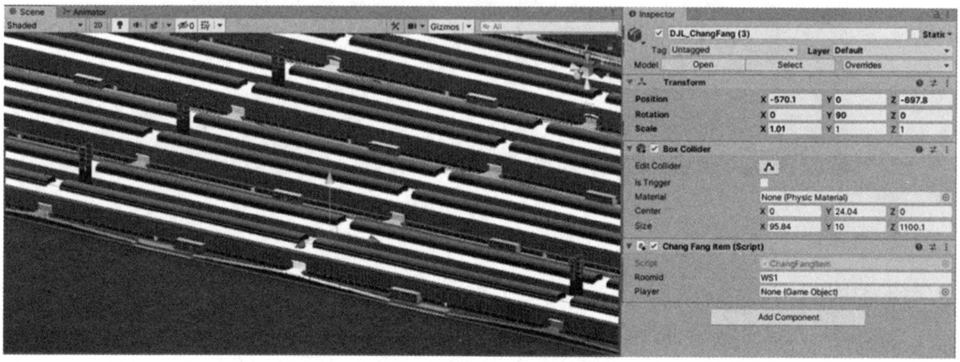

图 16-16　碰撞器设置

16.3.3　原型系统服务模块划分

铝电解数字孪生服务平台一共分为三个模块，分别对应相应的操作和功能，服务模块划分。首先是电解厂级，在该层级可查看各车间功能、生产线投入情况概览及各功能车间生产消耗情况。电解厂级用例描述如表 16-7 所示。

表 16-7　电解厂级用例描述表

用例名称	场景模型
事件流	打开 exe
	使用滚轮缩放
	使用方向键盘，控制漫游角色进行前、后、左、右移动
	鼠标悬停在“车间建筑”上方时弹出概要信息
	对“车间建筑”进行点击操作，即可进入电解车间二级系统

其次是电解车间级，可监控氧化铝使用、电力消耗和阳极消耗等生产情况，以确保该车间符合各项生产指标。此外，在该层级中还可以进行漫游视角的调

整。当某一编号电解槽进行生产操作时，同一编号虚拟电解槽也将同步进行相应操作。电解车间级用例描述如表 16-8 所示。

表 16-8　电解车间级用例描述表

用例名称	场景模型
事件流	进入二级系统
	使用滚轮缩放
	使用方向键盘，控制漫游角色进行前、后、左、右移动
	监控该车间某一电解槽的生产操作
	鼠标悬停“电解槽”上方时弹出概要信息
	对“电解槽”进行点击操作，即可进入电解设备三级系统

最后是电解设备级，该层级读取槽控机实时数据和历史曲线数据，并在右上角的悬浮框中展示电解槽的状态信息，包括槽号、分子比、阳极效应情况、铝水平、电解质水平等信息，同时也展示下料情况、出铝量等其他生产信息。电解设备级用例描述如表 16-9 所示。

表 16-9　电解设备级用例描述表

用例名称	场景模型
事件流	进入三级系统
	使用滚轮缩放
	使用鼠标拖住，控制“电解槽”进行旋转移动
	监控生产信息
	查看仿真云图

16.4　铝电解数字孪生体原型系统测试

系统测试是用来检验开发的系统是否满足用户需求的，通常在开发完成以后进行，以找到软件系统中的错误。测试人员直接运行系统，无需了解内部代码的情况，检查系统的功能是否按照用户需求实现了。

16.4.1 原型系统发布

铝电解数字孪生原型系统显示三维场景时需要保证画面流畅、不卡顿，保证模型的细节和精度，以及保证光影效果的真实性和逼真度，以更好地模拟出真实场景，具体硬件要求如表 16-10 所示。

表 16-10 原型系统软硬件开发环境

软/硬件环境	类别	型号/版本
硬件环境	中央处理器	Intel(R) Xeon(R) W-2223 CPU @ 3.60 GHz
	图形处理器	NVIDIA GeForce RTX 2070
	内存	16 GB DIMM 2666 MHz
	显存	10 GB
软件环境	操作系统	Windows 10
	三维软件	Unity 2019.4.0f1
		Autodesk 3Ds Max 2021
	数据存储	Microsoft SQL Server Management Studio 18
		Minio：RELEASE.2021-06-07T21：40：51Z

开发完成后，将数据库搭建在云服务器上，以提高数据的可靠性和可用性。用户可以通过互联网访问云数据库，并进行数据的读取。采用服务器平台为支撑环境，能够适应大多数企业用户的实际需求。为了实现这一目的，在 streaming assets 文件夹中添加了 Url.txt 文件，其中存放着数据库发布的网址。用户只需要将公网地址 http://116.62.177.62:8080/作为文件中的本机数据库地址，就可以通过网络进行访问。这种基于云服务器的数据库部署方式，不仅提高了数据的安全性和可靠性，还可以通过云服务商提供的弹性计算和存储资源，满足系统的扩展和升级需求，为系统的长期运行提供了保障。为了提高系统的使用性和兼容性，需要将铝电解数字孪生体原型系统转变为可执行文件，只有这样才能将其应用于每个用户的操作系统之中。用户可以使用不同的设备和平台访问铝电解数字孪生体原型系统，实现了系统的多平台兼容性和普适性。

16.4.2 原型系统测试流程

扫一扫，看本节彩图

为了满足一般企业用户的实际需求，铝电解数字孪生原型系统采用普通硬件平台为支撑环境。为了提高测试的效率，本研究选取 5 台实验室设备进行并行测试。测试环境配置如表 16-11 所示。

表 16-11　原型系统软硬件测试环境

软/硬件环境	类别	型号/版本
硬件环境	中央处理器	Intel Corei5
	内存	8 GB DDR 42133 MHz
软件环境	操作系统	Windows 10

1) 电解厂级测试

进入一级界面后，右上角显示该分厂的生产状态信息，鼠标控制可查看铝电解厂全貌，包括厂区的地形模型，如地形地貌、路面、人行道等，园区内配景模型(树、草坪、路灯、公共设施、园区内景观、远景植物等)，车间之间烟气净化和排烟系统。

Case1：鼠标右键点击可拖动进行漫游，鼠标滚轮进行视角远近控制，图 16-17 分别展示两个不同视角的漫游场景。

(a) 视角 1　　(b) 视角 2

图 16-17　电解厂级漫游

Case2：鼠标悬停至“电解车间”上方会显示车间信息，图 16-18 分别展示两个不同视角的悬浮数据。

Case3：快速定位，在这三级界面中均可通过左侧电解槽快速定位窗口，输入电解槽号点击跳转快速定位至某一电解槽。如若槽号输入错误将会显示 ID 不存在，三级界面均可实现，如图 16-19 所示。

2) 电解车间级测试

鼠标左键点击“车间建筑”，进入电解车间二级界面。右上角显示该车间的生产状态信息，可查看铝电解车间全貌，车间外围背景内展示电解槽设备、天车、

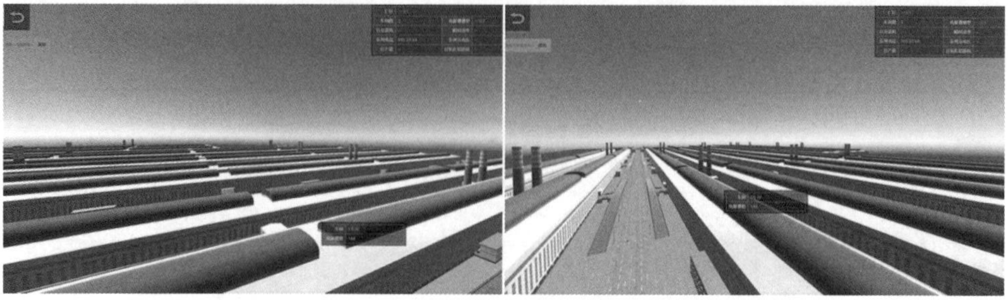

(a) 视角 1　　(b) 视角 2

图 16-18　电解厂级数据展示

图 16-19　跳转测试

出铝车、容器、母线抬升装置。

Case1：使用 W、S 两个按键分别控制视角前后移动，鼠标右键点击可拖动进行视角旋转，图 16-20 分别展示两个不同视角的漫游场景。

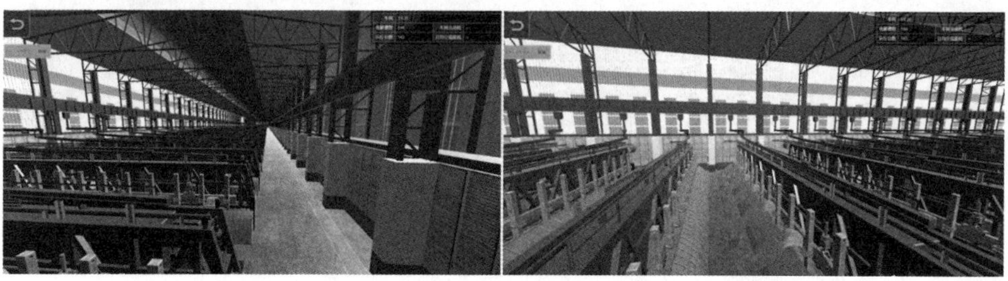

(a) 视角 1　　(b) 视角 2

图 16-20　电解车间级漫游

Case2：将鼠标悬停到某一电解槽上弹出概要信息，可查看槽号、出铝直流吨耗和该电解槽出铝量信息，如图 16-21 所示。

车间实际生产指标从铝电解控制系统生产数据库中读取。右上方悬浮框可查看车间号，该车间的电解槽数量及运行台数、车间总功耗、日均交流能耗等数据。

3) 电解槽级测试

鼠标左键点击电解槽设备，进入电解槽三级界面。右上角显示该电解槽的生

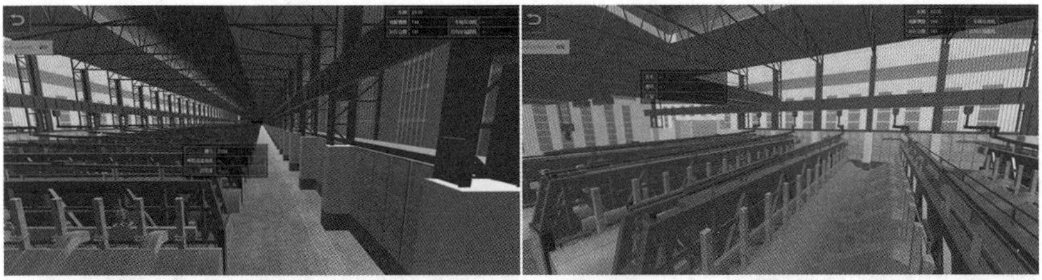

(a) 视角1　　(b) 视角2

图 16-21　电解车间级数据展示

产状态信息，可查看电解槽全貌，电解槽工艺及控制信息，显示实时数据及历史数据、传感器位置及对应温度显示。此外，下方的悬浮框中展示阳极电流分布、针振、摆动、电解质温度及熔融状态等信息。

Case1：鼠标右键点击可拖动进行视角旋转，鼠标滚轮设置电解槽大小的缩放，可查看电解槽细节以及火焰状态、电流预警信息，如图 16-22 所示。

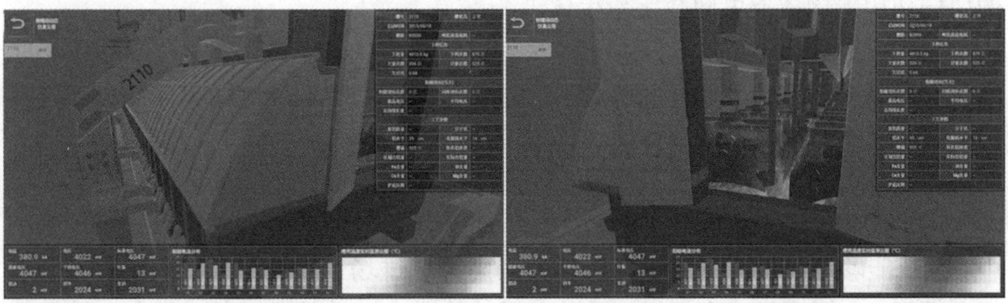

(a) 视角1　　(b) 视角2

图 16-22　滚轮缩放电解槽图

右上方悬浮框展示该电解槽的槽号、启动时间、槽龄、吨铝直流电耗，下料信息、阳极效应和工艺参数(如原铝质量、分子比、铝水平、电解质水平、氧化铝浓度等)。下方悬浮框显示槽控机采集的原始数据(如电流、电压、针振、摆动、斜率、阳极电流分布等)。

Case2：点击左上角物理场动态仿真云图后进入如图 16-23 所示的界面，此刻可根据实时阳极电流数据调用本书第 5 章的动态仿真模型，实时获取氧化铝浓度分布。

将动态仿真结果实时展示出来，后续研究可在此基础之上，提出一系列应对不同电流波动情况的下料工艺调整措施。

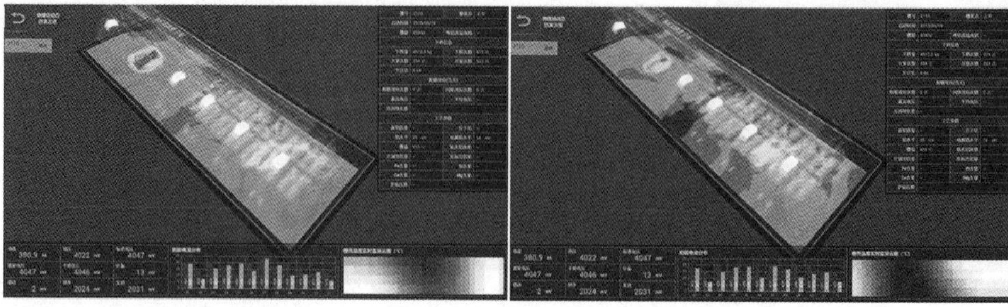

(a) 时刻1　　(b) 时刻2

图 16-23　物理场动态仿真云图

最后简要归纳一下：本章在数据分析与处理、阳极电流预测及氧化铝浓度动态仿真的基础上，构建了可实时同步物理实体电解槽的运行参数的铝电解数字孪生原型系统。

(1)定义了铝电解数字孪生体五维模型，设计了标准体系并明确了研究方法，构建了物理实体、虚拟模型、孪生数据、服务及交互连接五维模型，在五维模型的协同作用下构成铝电解数字孪生体。

(2)使用关键技术进行了铝电解数字孪生体原型系统搭建。通过结构化和非结构化数据存储完成孪生数据搭建；通过实地调研与考察，使用 3Ds Max 三维建模，对电解槽等重要模型进行精细化建模，使用 Unity3D 三维引擎进行模型导入、布局与贴图，设置天空盒及 UI 等，以搭建虚拟模型，并进行服务模块划分。

(3)将原型系统发布后，进行了铝电解数字孪生体原型系统的测试。在测试中，系统能够真实展示出铝电解厂各处的虚拟三维场景。系统包括电解厂级、电解车间级、电解槽级三个层级，层级之间的关联度设计精准巧妙，对电解槽参数的变化趋势和规律实时监测，能够进行浓度场动态仿真计算，有助于现场及时采取下料控制措施，保障电解槽的稳定运行。

参考文献

[1] Gartner survey reveals digital twins are entering mainstream use[EB/OL]. [2020-04-13]. https://www.gartner.com/en/newsroom/press-releases/2019-02-20-gartner-survey-reveals-digital-twins-are-entering-mai.

[2] TAO F, QI Q. Make more digital twins[J]. Nature, 2019(573): 490-491.

[3] BILELLO P. PLM 现状-今天的市场与主流趋势[C]. 北京：2019PLM 市场与产业发展论坛，2018.

[4] TAO F, LIU W, ZHANG M, et al. Five-dimension digital twin model and its ten applications

[J]. Comput Integr Manuf Syst, 2019, 25(1): 1-18.

[5] 全国信息技术标准化技术委员会. 物联网参考体系结构: GB/T 33474—2016[S]. 北京: 中国标准出版社, 2017.

[6] Information technology - Internet of Things Reference Architecture: ISO/IEC 30141: 2018 [S/OL]. [2020-04-13]. https://www. iso. org/standard/65695. html.

[7] Digital twin manufacturing framework-Part 1: Overview and general principles: ISO/CD 23247-1 [S/OL]. [2020-04-13]. https:// www. iso. org/standard/75066. html.

[8] Digital twin manufacturing framework - Part 2: Reference architecture: ISO/CD 23247 - 2 [S/OL]. [2020-04-13]. https:// www. iso. org/standard/78743. html.

[9] 数字孪生体实验室, 安世亚太. 数字孪生体技术白皮书(2019)[R/OL]. (2019-12-27) [2020-04-19]. https://download. csdn, net/download/BIT202/12233860.

[10] MACDONALD C. 为泵建立数字孪生体[J/OL]. ANSYS ADVANTAGE, 2017, 11(1): 8-10. [2020-04-13]. https://www. ansys. com/zh-CN/About-ANSYS/advantage-magazine/Volume-XI. Issue-1-2017/creating-a-digital-twin-for-a-pump.

[11] LI J, QIANG K J, YANG C H, et al. Construction and application of digital twin in aluminum electrolysis[C]//SAMNEL WAGSTAFF. Light Metals 2024, TMS, 2024: 453-463.

[12] 李劼, 罗若木, 彭晨, 等. 铝电解数字孪生体构建及应用研究[J]. 中南大学学报(自然科学版), 2023, 54(2): 710-719.

[13] 罗若木. 铝电解数字孪生体关键技术与原型系统研究[D]. 长沙: 中南大学, 2023.

[14] 彭晨. 知识-数据联合驱动的铝电解槽故障分析及寿命预测研究[D]. 长沙: 中南大学, 2023.

[15] 邹忠, 彭晨, 李劼, 等. 基于分布式感知的铝电解智能识别系统及应用[J]. 中南大学学报(自然科学版), 2023, 54(2): 732-743.

第 17 章　铝电解智能优化制造关键技术集成

将铝电解槽分布式感知、工况识别、数字孪生、在线控制及远程决策等技术进行综合集成并构建综合服务平台，就可支撑现代铝电解企业智能优化制造体系的构建。

针对我国铝电解生产系列中干扰槽运行的因素多、大型铝电解槽多场多相关系复杂且耦合强烈、槽内不同工作区动态特性差异大所带来的多变量、非线性决策与控制难题，本章在铝电解状态感知和工况智能识别基础上，通过研究铝电解物质/能量平衡的动态调控区域行为特性，获取用于决策与控制的知识。从全槽基准控制、分区精细调节、关联工况校正的思想提出铝电解智能动态均衡调控方法，并集成应用知识智能和数据智能，开发建立起数字孪生-知识融合的两级智能决策与控制系统，解决了基于电解槽分布式动态工况信息实施生产过程优化决策与精细化均衡控制的关键技术难题[1-8]。

17.1　铝电解槽分布式感知与工况智能识别

17.1.1　分布式感知与动态工况智能识别的总体方案

本书第 15 章已经对铝电解槽分布式感知进行了阐述，在此不再赘述。分布式感知技术虽然实现了对铝电解槽多种参数的检测并共计获取了 9 种来源的多源异构数据，但还不代表其实现了对电解槽的智能感知。因为许多重要状态参数不能直接获取，必须通过将多源异构数据与专家知识相融合，方能实现对铝电解槽重要状态参数的智能识别。

我们在铝电解槽全分布状态实时感知的基础上，针对铝电解复杂动态工况的识别认知与可视化表征难题，深入研究以分布式在线检测信息为核心的多源异构数据与电解槽“电-磁-热-流-浓度”等多物理场时空分布特性的关联关系，提取以阳极电流分布区域强度和噪声动态特征为主要判据的槽状态区域动态特征识别多元知识，并集成应用多元知识融合的多种智能方法和动态仿真方法，建立铝电解动态工况两级(边缘端-云端)智能识别方法。最后，通过将原始检测/感知信息与两次智能识别信息进行整合与集成，存储于边缘端级或云端级数据库中，用于后续构建铝电解槽和车间数字孪生体[9-14]。

动态工况智能识别的总体方案及其与相关模块的关系如图 17-1 所示。

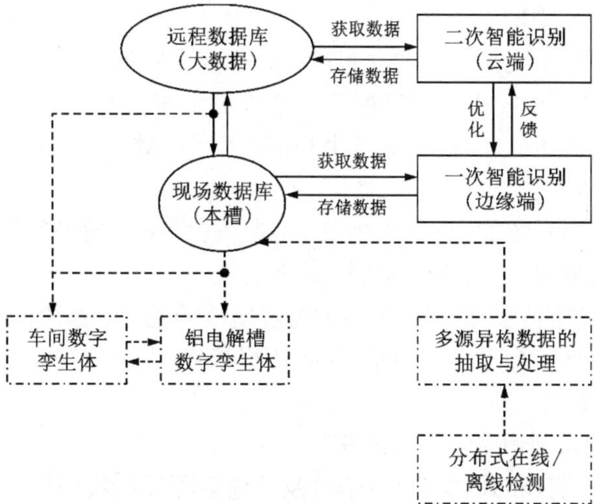

图 17-1　铝电解槽动态工况智能识别总体方案及其与相关模块的关系

一次智能识别主要满足现场实时控制与生产管理对槽况快速识别的需要，由配备在生产现场(槽控机+边缘计算端)的智能识别系统对电解槽状态的动态过程进行识别。系统采用数据-知识融合的关联辨识方法，在上层的智能识别级(即二次智能识别)的优化支持下，主要利用在线检测的实时感知信息和短周期(秒级、分钟级、小时级、每日级和每周级)数据，对槽内区域氧化铝浓度状态、区域阳极效应趋势特征、区域过热度状态、区域磁流体稳定性特征、炉膛炉底状态、换极质量、阳极故障、现场操作状态、区域下料故障、电解槽安全状态、阳极消耗等 11 类动态工况进行快速识别，以满足生产现场快速决策与实时控制之需。

二次智能识别(云端级)是建立在整个生产系列之上的智能识别系统，本章为之开发和集成应用了 shapelet 转换、鲁棒字典学习和多元知识融合等智能方法和动态仿真方法。它基于混合云与大数据，因此能在更长时间周期和更广空间内获取用于智能识别的数据资源与计算资源，在状态参数一次智能识别的基础上对电解槽动态工况和生产系列整体状态进行深度识别，获得更加准确和更加全面的智能感知结果，为电解槽和车间数字孪生体的建立、生产管控过程的优化、智能决策功能的实现等奠定坚实的基础。

铝电解企业在跨年和全槽生命周期内大数据平台的建设上，不论是从计算资源搭建还是人才资源配置上来说，都无法在短期内完成，因此构建以高等院校为主体、面向铝电解控制的二次智能识别和智能优化的第三方公有云，不但非常重要，同时也非常紧迫。目前，中南大学已建设了铝电解大数据中心。

17.1.2 动态工况的一次智能识别

1)一次智能识别的参数种类

一次智能识别系统能识别的分布式状态参数主要包括氧化铝浓度、电解质过热度、阳极工作稳定度(以电阻针振这一特征变量表达)、铝液稳定度(以电阻摆动这一特征变量表达)、阳极效应发生趋势(以阳极效应发生的临近度 TAE 这一特征变量表达)等。

一次智能识别系统能识别的"集总"型参数(即按全槽平均值进行识别)主要有电解质表观电阻率、分子比、炉膛大小等。

此外，一次智能识别系统还对多种电解槽故障趋势、故障隐患或故障发生的特征状态变量或特征信息进行识别(包括阳极病变、阳极工作故障、槽底沉淀、下料器故障、槽破损等)。

2)一次智能识别用多元知识的获取

通过深入研究分布式在线检测信号及其他多源异构数据与电解槽时空分布特性的关联关系，获取了 11 类用于铝电解槽动态工况识别的知识。其中最重要的是，以阳极电流分布区域强度和噪声动态特征为主要判据的槽状态区域动态特征识别多元知识。

获取 11 类用于铝电解槽动态工况识别知识的基本途径如下：

(1)区域氧化铝浓度状态。

区域浓度状态的特征提取，需要计算电解槽每个下料点区域对应的总阳极电流的变化趋势，利用实时采集的在线阳极电流分布信号，通过 2 min 时间窗口的中值递推滤波，得到在线平滑阳极电流分布值(Ac)；然后根据槽型设计特点，计算每个下料点区域的总阳极电流($S\_Ac=\sum Ac$)，而总阳极电流变化趋势采用铝电解控制中槽电阻斜率与累斜的思路与算法，得出总阳极电流对应的斜率(dS_Ac/dt)和累斜[$\sum(dS\_Ac/dt)$]，这 2 个特征变量用于描述每个下料点区域氧化铝浓度的变化趋势。

(2)区域阳极效应趋势特征。

区域效应趋势的特征提取，需要实时跟踪每块阳极电流的变化趋势。实时采集的在线阳极电流，通过 1 h 时间窗口的中值递推滤波，得到 Ac_l；通过 2 min 时间窗口的中值递推滤波，得到(Ac_s)，将两者的差值 $Ac\_l-Ac\_s=\Delta Ac$ 作为区域阳极效应趋势预报的特征变量。

(3)区域过热度状态。

在线阳极母线位置信号经过惯性滤波后得到 B_p，计算每次自动阳极移动时单位电压变化所对应的 B_p 变化，将这个特征变量定义为电阻率 $dz=dV/dB_p$，结果用于描述电解质的黏性，间接反映全槽过热度的变化趋势；出铝作业期间，通过计算出铝过程总的母线位移量 ΔB_p，然后除以出铝量 M_t，得到吨铝行程 $Td=\Delta B_p/M_t$，这个特征变量可用于描述炉膛大小的变化，也间接反映全槽过热度的变化趋势；非特殊作业期间，计算一定时间内在线烟气温度的变化量(扣除环境温度的影响) $\Delta Ts/\mathrm{d}t$，这个特征变量也可以作为铝电解槽全槽过热度变化趋势的辅助判据。最后，再叠加从槽内各区域阳极电流分布信号在下料调控、极距调控和氟化盐添加调控过程中所显现出来的波动特征，获得区域过热度状态信息。

(4)区域阳极和磁流体稳定性。

通过对在线阳极电流分布信号进行傅里叶分析，得到特征变量：高频噪声 N_h 和低频噪声 N_l。与传统控制中的针振和摆动类似，N_h 可以描述阳极底部电化学反应过程中气膜导致的激烈波动；N_l 可以描述阳极附近炉膛不规整或炉底沉淀导致的铝液(磁流体)波动。

(5)炉膛炉底状态。

通过计算一定时间周期内在线侧壁与钢棒温度的变化信息 ΔT_side，借助热传导模型或仿真计算结果，可以推导出对应位置的炉膛厚度变化量 ΔH_fs；同样通过计算一定时间周期内在线阴极电流分布的变化信息 ΔCc，借助仿真计算可以推导出对应位置的炉底厚度变化量 ΔH_fb。这 2 个特征变量能描述炉膛与炉底的工艺状态，同时槽稳定性描述特征变量 Nl 也能一定程度上间接反映炉膛炉底的工艺状态。

(6)换极质量。

通过跟踪换极后 16 h、24 h 和 36 h 对应阳极的电流趋势值(2 min 时间窗口中值递推滤波)，加上对应阳极达到全电流的时间，这 4 个特征变量可以用来定量分析换极质量的好坏。

(7)阳极故障。

通过跟踪非特殊作业期间和非阳极移动期间，每块阳极电流 30 min 内的趋势变化值为 ΔAc_30 min，当 ΔAc_30 min 比 30 min 前的原始值 Ac_origin 高 10%以上，而且持续时间 ΔT_Ac>=15 min，就可以推断可能存在阳极故障发生(比如脱极和长包等)。用这 2 个特征变量来预报阳极故障时，需要将槽波动状态考虑进去，如槽波动大时，这 2 个特征变量的预报阈值要自动调整，或者不做预报。

(8)现场操作状态。

换极过程物料与能量的智能补偿完全依赖换极位置，因此换极极号的自动识别非常重要，我们采用类似区域效应预报中 60 min 长周期 AH_l 和 2 min 短周期 AH_s 的追踪方法，当某块阳极 AH_s<(AH_l×10%)，而且持续时间 ΔT_ah≥5 min，我们就可以推断这块阳极将更换，从而实现极号的自动识别。为了提高鲁棒性，需要将槽波动状态考虑进去，如槽波动大时，这 2 个特征变量的预报阈值要自动

调整。

另外，换极期间一定时间内在线烟气温度的变化量（扣除环境温度的影响）$\Delta Ts/\mathrm{d}t$，也可以定量描述热损失的情况，从而对换极过程能量的智能补偿做辅助判据。

为了确保极号识别不会出错，我们将换极表功能集成进上位机系统，通过比对换极表推断出的极号与自动识别的极号，如果一致，控制系统就可以实施智能补偿；如果不一致，就提醒现场操作人员进一步确认后，再实施智能补偿。这种方法可确保换极过程的智能补偿万无一失，而且不需要现场操作人员烦琐地人工输入极号。

(9) 区域下料故障。

采用 3 h 内区域效应预报次数 F_n 和 3 个连续欠/过下料周期内欠/过比 F_r（欠量下料时间/过量下料时间）作为区域下料故障预报的特征变量。

(10) 电解槽安全状态。

定义每次阳极移动对应的在线阳极母线位置移动量 ΔB_a，用这个特征变量来实现阳极移动的智能报警，确保阳极动作万无一失。报警内容包括电机正反转错误保护、电机不动作保护、母线绝对位置保护。

定义全槽区域温度基准值 T_b 和一定时间内的温度变化值 ΔT_t，用这 2 个特征变量来描述铝电解槽区域的漏槽风险。当 T_b 和 ΔT_t 超过设定的阈值时，就实施漏槽报警。

(11) 阳极消耗。

通过定义每日阳极母线位置的移动量——日均母线行程 D_d 这个特征变量，来反映阳极的消耗情况，D_d 异常变化为阳极质量的监测提供了定量依据。

17.1.3 动态工况的二次智能识别

1) 二次智能识别的状态参数种类

二次智能识别的状态参数包括如下几类：

(1) 统计分析槽状态参数。

主要指以月、季度和年为时间单位，以工区、车间和系列为考察对象的各类生产管理用状态参数，包括槽电压、电流效率、吨铝直耗、阳极效应系数、槽噪声、手动操作、下料量、离线测量和化验工艺参数等，采用的分析方法为平均值分析、离散度分析、波动分析、偏移分析和影响因素分析等。

(2) 智能分析槽状态特征参数。

主要指以一次智能识别和现场专家槽状态分析结果为依据的各类智能分析方法得到的槽状态参数，包括基于神经网络深度学习得出的热平衡分析状态、基于动态仿真的槽内温度分布和炉膛形状、区域氧化铝浓度场分布状态等。

(3)控制调优状态参数。

主要指基于一次智能识别结果、现场专家槽状态分析结果的深度数据分析与调优结果，包括各类现场专家智能优化控制的预设阈值参数，比如区域下料故障预报阈值、区域效应预报阈值、极号自动识别计算用阈值、区域浓度控制计算用阈值等；另外，通过智能分析方法得到的氧化铝与氟盐下料决策参数也包括在内。

(4)领导驾驶舱状态参数。

主要指基于效益最大化的生产调度智能决策用参数，比如基于实时铝价的停开槽与强化电流效益分析用参数、基于错峰电价的生产控制参数自调整用参数。

2)二次智能识别的主要方法

以下是本书作者及其团队开发应用的几种智能识别方法。

(1)基于 shapelet 转换的铝电解槽状态参数分类方法。

在一级智能识别中，对阳极电流分布信号主要采用频域进行特征提取，且提取的特征比较单一，因此通过二次智能识别可以进行更深入的处理。该方法主要包含两个部分：第一部分，根据阳极电流信号鉴别特征不受维度限制的特点，提出一种基于动态鉴别序列 shapelet 转换的多变量时间序列分类方法，可在鉴别特征不受维度限制的情况下对阳极电流信号进行分类；第二部分，根据阳极电流信号分类及时性的要求，提出一种基于综合评价的早期分类器，综合考虑分类的早期性和准确性，在保证一定准确率的情况下，对阳极电流信号尽可能早地进行分类。通过用真实铝电解阳极电流信号数据进行训练和测试，实验结果表明本章所提的方法能够实现阳极电流信号准确和及时分类，在此基础上设计并开发了阳极电流信号数据实时分类系统。

(2)基于鲁棒字典学习的铝电解槽状态特征提取方法。

由于铝电解生产过程中工艺参数众多、变量间存在非线性关系、特征选择困难、专家经验存在个体差异、过程模态(如阳极效应、阳极滑落等)时常变化、过程中存在干扰原始数据的奇异值和噪声等，导致传统槽况监测方法建模过程难以收敛、对槽况监测的精度不高、存在较高的误报率等一系列问题，使得相关研究难以在实际中得到有效应用。基于此，本章提出了基于鲁棒字典学习的铝电解槽状态特征提取方法，其框架如图 17-2 所示。该方法能对无标签的测量数据进行建模，消除训练数据中的奇异值，更适用于多模态工业系统。

以铝电解阳极电流分布信号处理为例，基于鲁棒字典学习的铝电解槽状态特征提取过程主要分为离线建模和在线监测两个部分。在离线建模阶段，首先获取无标签历史数据，并为其建立鲁棒字典学习模型。基于阳极电流信号，采用提出鲁棒字典学习方法进行铝电解槽状态特征提取，从而实现铝电解过程的模态识别和槽况的异常诊断。

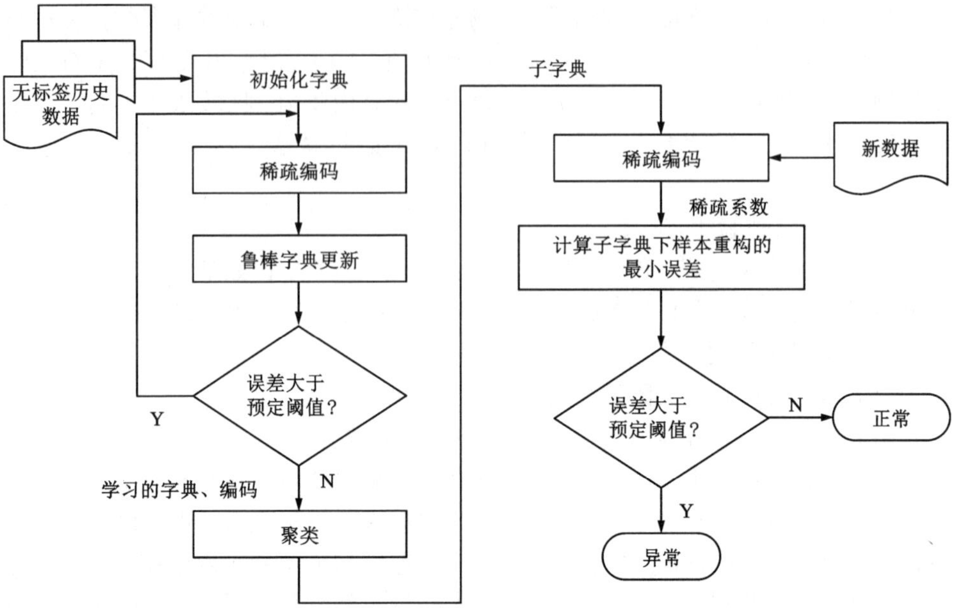

图 17-2　基于鲁棒字典学习的铝电解槽状态特征提取方法框架

(3)多元知识驱动的槽状态参数智能识别方法。

多元知识驱动的氧化铝浓度智能识别方法中多元知识获取主要包括关键工艺机理知识获取、基于敏感频段的表观氧化铝浓度数据知识获取、下料状态形式化表示及综合下料周期数据知识获取、基于语义知识量化的表观溶解滞后系数新知识获取四部分。在关键机理知识获取部分，结合“欠升-过降”的经验知识与溶解滞后相关的工艺机理，获取氧化铝浓度与溶解性能、氧化铝浓度与槽电压、下料状态间关键工艺机理知识，形成适应不同工况条件的氧化铝浓度工艺机理知识库；在知识库引导下，将下料状态形式化表示为综合下料周期(integrated feeding period, IFP)，将正常化槽电压计算为表观氧化铝浓度(pseudo alumina concentration, PAC)；然后，分析 IFP 和 PAC 间隐含的工艺语义知识，并给出量化方案，得到表观溶解滞后系数(pseudo dissolution hysteresis coefficient, PDHC)。通过分析，发现 PDHC 异常高值、正常和异常低值分别对应了工业槽中氧化铝浓度的异常低、正常和异常高的性质。经实际生产数据验证，利用此性质进行氧化铝浓度智能识别，可显著提前工业槽氧化铝浓度异常低状态的检测时间，以及检测到斜率法难以识别的氧化铝浓度异常高状态，如图 17-3 所示。

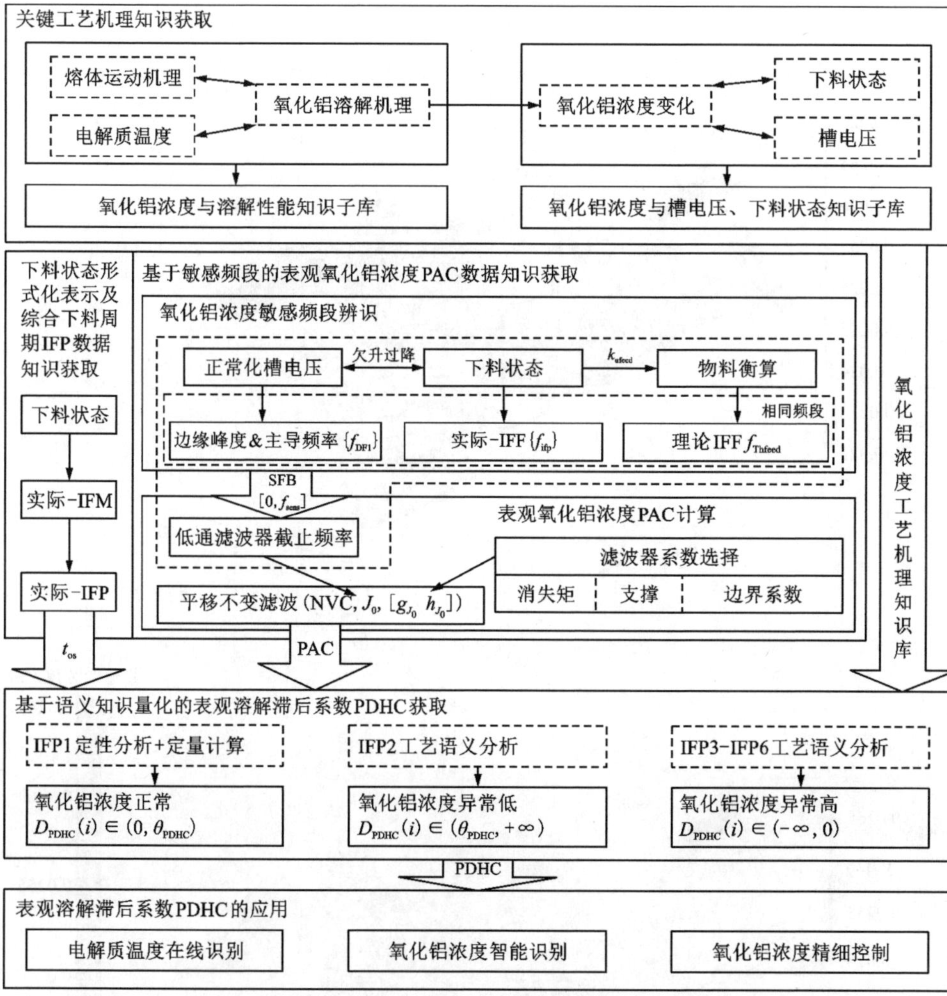

图 17-3　多元知识驱动的氧化铝浓度异常状态的智能识别方法框架

(4)基于动态仿真的槽况识别方法。

以区域氧化铝浓度的二次智能识别为例，通过建立铝电解槽分布式等效槽电阻模型及其与氧化铝浓度变化速率的关系模型。该浓度的变化属于一个多维度的序列数据，为了全面地提取支路电阻变化的时序性特征，以及在不同维度数据空间中受其他支路电阻或工业操作变化而改变的特征，应用基于 ConvLSTM 模型在时空特征提取的优异性，设计开发氧化铝浓度动态仿真算法。以某 400 kA 级铝电解槽上的研究为例，进电面 A 侧为 x 轴，烟道段侧为 y 轴，z 轴为 CFD 预测氧化铝浓度 $c_{理}$，绘制散点图如图 17-4 所示。为实现绘制浓度等高线图时的数据平滑过渡，基于空间散点结合 Hermite 插值方法实现整个曲面的拟合。

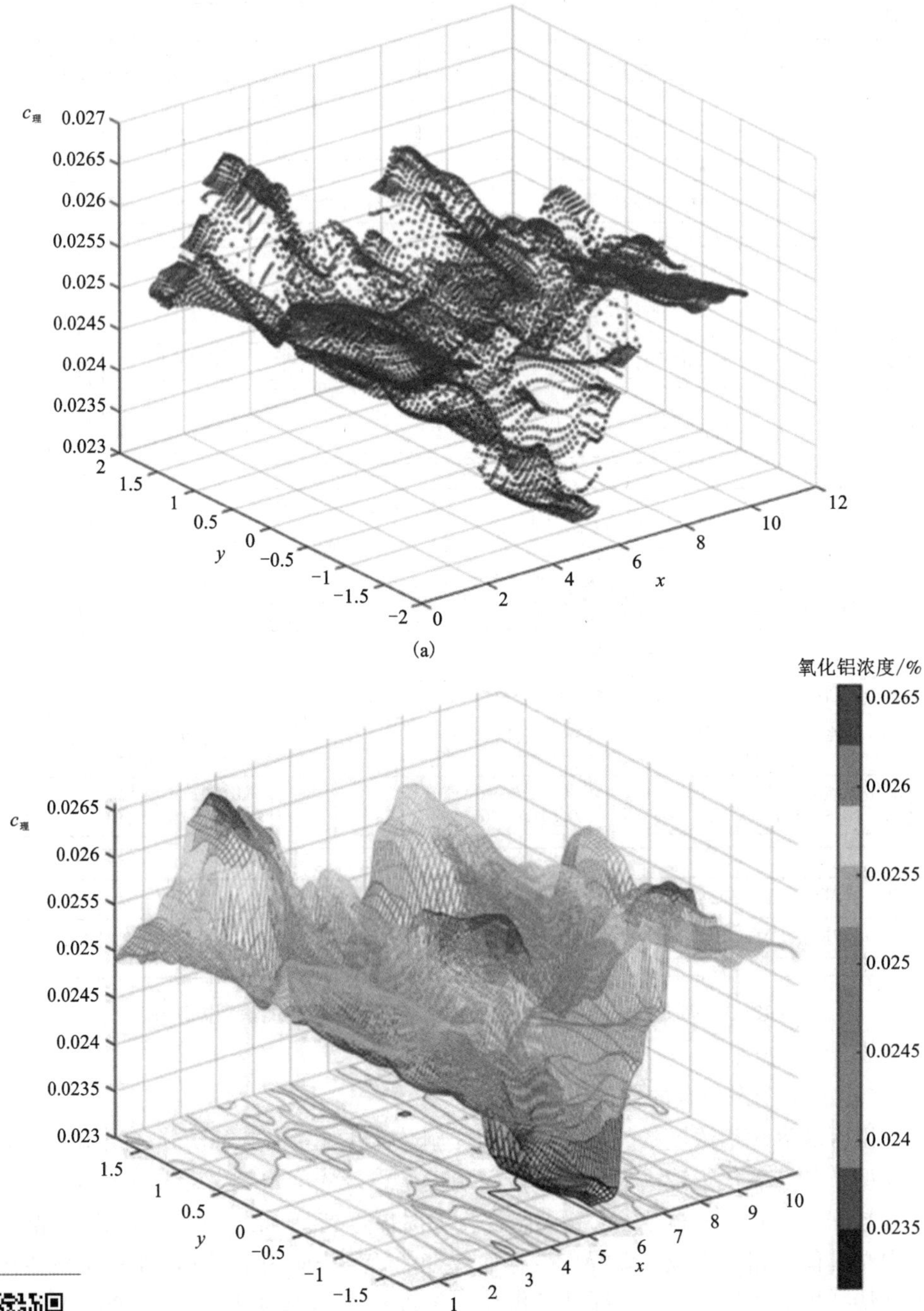

图 17-4　仿真结果散点图及曲面拟合图

扫一扫，看彩图

17.1.4　支撑智能识别的云计算平台架构

铝电解槽智能识别的技术实现方案依赖图 17-5 所示的云计算平台架构，其中来自多源信息采集层的在线传感信息、离线测量和化验信息、电解车间天车称重信息，以及通过一次智能识别分析计算出的结果，统一供现场专家智能优化组件中的现场专家槽状态分析模块应用和管理，同时这些计算结果，也用于现场控制的智能优化处理；一次智能识别和现场专家槽状态分析结果，均通过企业私有云边缘计算层的远程专家智能优化控制接口组件，实现与第三方(中南大学)公有云平台的远程交互；电解车间采集的火眼视频，也通过企业私有云边缘计算层的非结构化数据传输缓冲组件，实现与第三方公有云平台的远程存储。

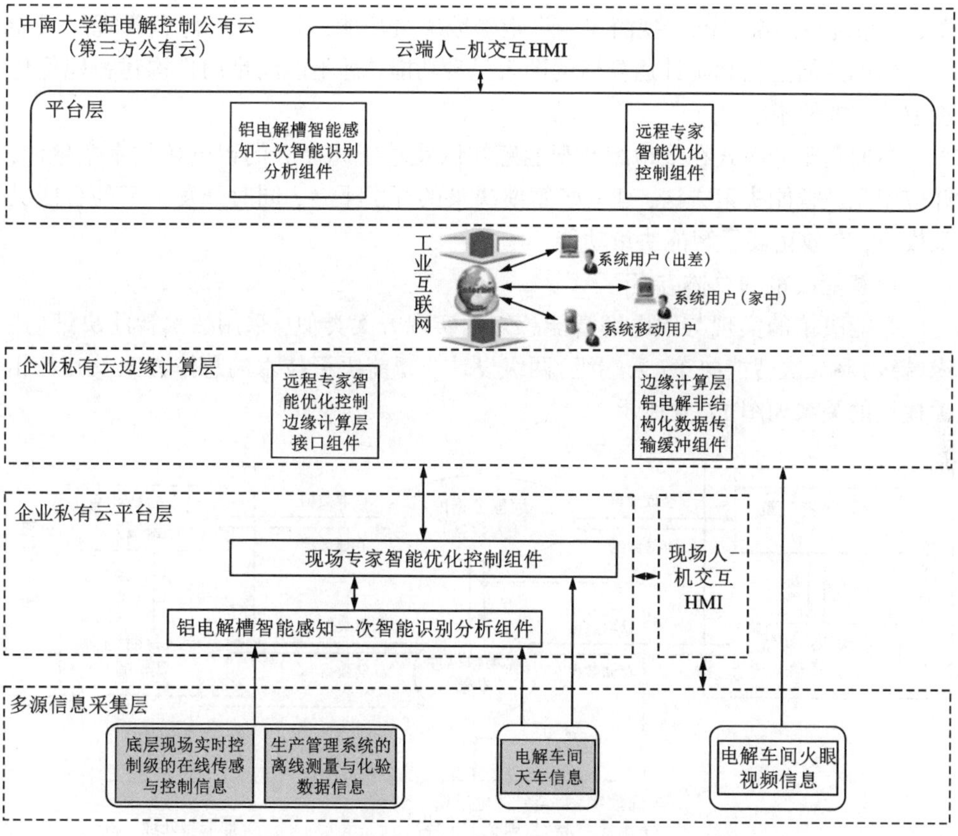

图 17-5　支撑铝电解槽智能识别的云计算平台架构

第三方公有云平台层的铝电解热平衡分析组件，用于处理现场发来的一次智能识别和现场专家槽状态分析结果，并生成铝电解槽热平衡分析状态二次智能识别结果。另外，铝电解槽智能感知的二次智能识别分析组件，还能在一次智能识别和现场专家槽状态分析结果的基础上进行进一步分析，并生成有关统计分析、仿真分析、控制调优和领导驾驶舱的二次智能识别槽状态参数。

所有二次智能识别的状态参数，均可以通过远程专家智能优化控制组件，实现与现场边缘计算层相应接口的远程交互，并进一步传递到现场专家智能优化控制组件，实现二次智能识别状态参数参与现场控制的智能优化。

17.2 铝电解智能决策

常规的铝电解管控系统由于一方面缺乏基于分布式在线检测与智能感知的铝电解数字孪生体，另一方面缺乏先进智能决策方法的支持，因此智能决策功能很弱，对系统控制层只能实现简单的设定参数决策功能，对生产与经营管理层只能实现简单数据挖掘和统计运算后的图表呈现功能，远不能满足用户构建智能优化制造体系的要求。

我们基于分布式在线检测与智能感知以及基于此建立的铝电解数字孪生体，并应用先进智能决策方法，建立了智能决策的开发平台，同时开发了新的智能决策模块，有效拓展了智能决策功能。

1)智能决策的总体方案

智能决策的实现与铝电解智能感知的实现方案类似，采用一次智能决策(边缘端级)和二次智能决策(云端级)两级设计。智能决策技术的总体方案及其与相关模块的关系如图 17-6 所示。

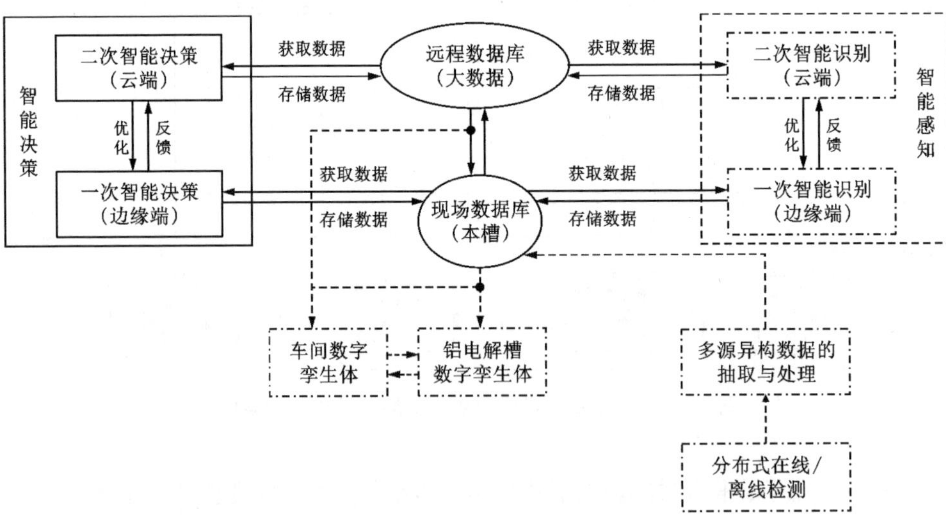

图 17-6 智能决策技术的总体方案及其与相关模块的关系

一次智能决策主要满足现场实时控制与生产管理对实时和快速决策的需要，一般是基于分钟级别、小时级别、每日级别和每周级别的数据密度来进行计算，因此决策算法不能太复杂，且必须运算快速可靠。在上层的智能决策级(即二次智能决策)的优化支持下，针对过程状态和现场工艺技术参数进行优化，包括对控制参数设定、区域氧化铝浓度控制、精准阳极效应预报与抑制、过热度控制、槽稳定性控制、槽安全管控、阳极更换后的能量与物料补偿、出铝任务调整及氟盐下料控制等进行优化，并为现场技术人员提供操作支持。

二次智能决策(云端级)是建立在整个生产系列之上的智能决策系统，它基于混合云与大数据，因此能在更长时间周期和更广空间内获取用于智能决策的数据资源与计算资源，并能应用更加复杂的智能决策算法。因此，在一次智能决策的基础上，针对一次智能决策的技术参数进行离线优化决策，能做出更准确、更全面、更高层次的决策，例如对电解槽重要设定参数进行深度优化，同时面向企业高层管理人员提供决策支持。

支撑铝电解智能决策的云计算平台架构如图 17-7 所示。

一次智能决策系统配置在生产现场(槽控机+边缘端)，决策结果一方面通过控制参数修正指令下发给现场的实时控制单元，另一方面为现场工艺技术管理提供决策支持。一次智能决策还可通过现场人-机交互 HMI 来进行管理、验证和优化。

二次智能决策系统设置在云端(中南大学大数据中心)，但也可以下移或同时设置在铝电解企业的大数据中心(或计算站)。二次智能决策结果一方面为一次智能决策提供优化支持，另一方面为生产调度、生产管控及企业经营管理提供决策支持。二次智能决策组件还可通过云端人-机交互 HMI 进行管理、验证和优化。

一次智能决策与二次智能决策之间，均通过企业私有云边缘计算层的远程专家智能优化控制接口组件实现远程交互。

2)一次智能决策

一次智能决策，从决策服务的对象可划分为面向实时智能优化控制的决策和面向现场工艺技术管理的智能决策。采用的方法主要为数字孪生信息与专家知识融合推理分析的智能决策方法。

面向实时智能优化控制的智能决策是多维度的，以前控制系统中所设计的“操机员设定次数”和“程序员级设定参数”有上百个，分授权等级由人工进行调整；而基于本章开发的智能决策技术，现在都能转变为系统自动调整，只留少量的参数人工调整界面，给实现人-机互动使用。

一次智能决策中比较重要的决策内容及基本原理如下。

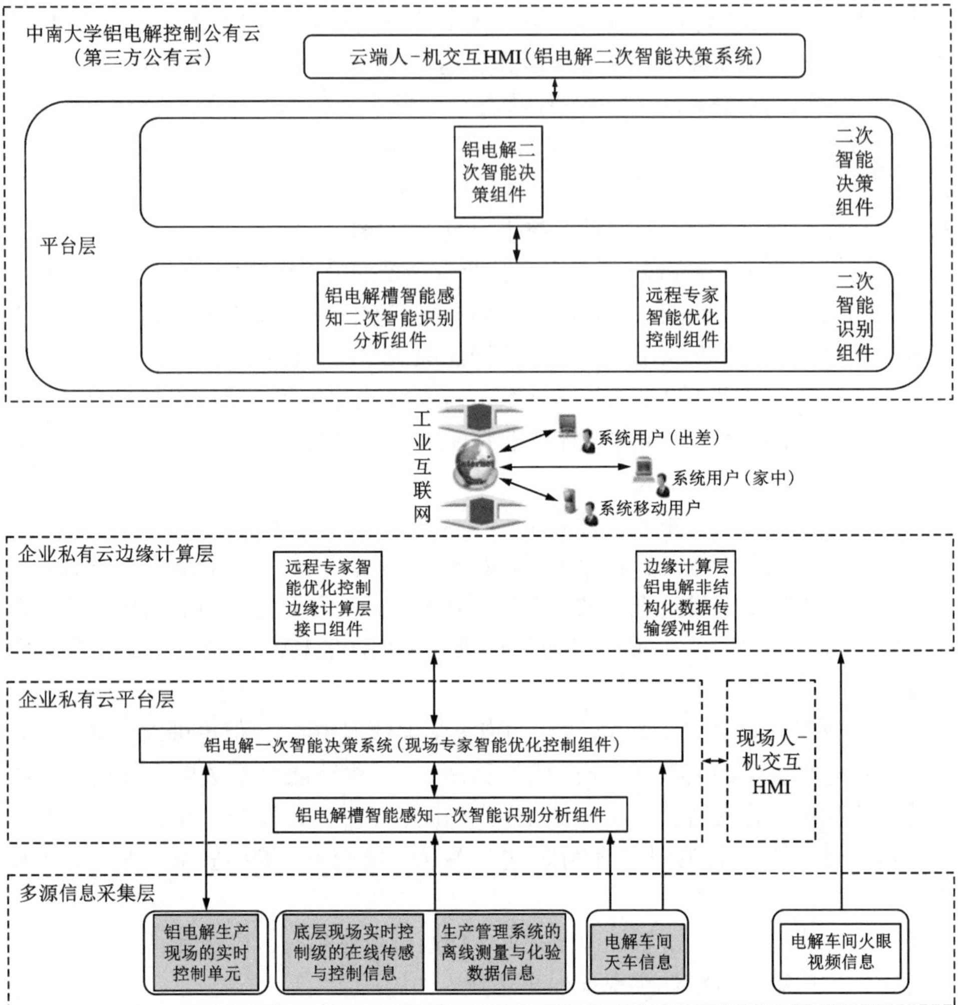

图 17-7 支撑铝电解智能决策的云计算平台架构

(1)区域浓度控制优化决策。

基于区域浓度特征的智能识别结果，设置每个下料点对应的基准下料比例系数参数，根据流速场仿真和电解生产的工艺特征，电解槽两端下料点区域的下料系数要小，中间下料点区域基本与整体浓度控制基准一致，然后依据区域浓度特征变量，对下料比例系数进行适当微调整，以满足各下料点区域浓度的均匀性控制需要。这种决策的控制既保证整体浓度可控，同时又兼顾各下料点浓度变化的差异。

(2)精准阳极效应预报与抑制决策。

一般来说，由于正常电解状态下的铝液波动以及气泡的产生与排放都处于一种较为稳定的状态，极距也非短时间内能够自行大幅变化，因此阳极电流具有与槽电压不同的波动性质，即阳极电流的波动幅度较槽电压要小得多。因此，一旦阳极电流出现较大偏差时，往往预示着局部电解质发生了较大的变化，其电流值会在短期或者一段时间内偏离原有状态。

基于区域效应趋势的智能识别结果，能准确确定阳极效应发生的位置，同时结合阳极电流变化的幅度和槽电压的变化程度能进一步推断效应发生的强度，这为精准位置的效应抑制提供了可靠的决策依据。对于一般强度的效应只需在对应区域的下料点连续单点下料几次来抑制，而对于强度比较大的阳极效应除了对应点下料，还需要在临近的下料点甚至全槽下料点都进行一定程度的下料才能抑制。一次智能决策模块能根据效应的发生情况对预报阈值、效应强度基准、效应抑制下料参数进行了配置和优化，达到了较好的精准效应预报和抑制作用。

(3)过热度及氟盐添加控制优化决策。

基于过热度状态的智能识别结果，一次智能决策模块能每隔 8 小时进行一次过热度趋势推断，然后根据推断结果对氟盐下料策略进行修正，具体来说是通过一个调整系数因子 k 来实现氟盐下料策略的优化。当过热度变化偏热时，k 的值大于 1，并根据过热度偏差程度取适当的值；当过热度偏冷时，k 的值小于 1，其大小同样取决于过热度偏差程度。此外，智能决策模块还会通过热平衡诊断来决策是否调整设定电压。

(4)阳极更换过程的智能补偿决策。

换极过程的物料和能量补偿是控制系统优化的一个重要方面，传统控制在换级时一般采取停料一定时间，附加较高电压，然后分几挡(3~4 挡)回归到正常电压。引入在线阳极电流分布信息后，这种补偿策略的优化空间显著拓展。基于智能识别结果——极号的自动识别，物料补偿可以根据极号区分角部极和中间极，角部极可以在下料补偿上采用单点停料，中间极可以采用单点小欠或正常下料，包括采用模糊分挡的方法实现不同部位多级控料策略；能量补偿同样可以根据极号区分角部极和中间极，角部极附加电压可以比基准值高一些，中间极附加电压可以低一些，同样采用模糊分挡的方法实现不同部位多级附加电压策略。智能决策模块根据智能识别的结果，在角部极和中间极“6 挡控料补偿-6 挡 4 级附加电压补偿”的策略中做出决策，并对每挡和每级的基准值进行决策。

(5)槽稳定性的智能优化决策。

基于槽稳定性的智能识别结果，不但能知道电解槽波动的情况，而且能判断波动的位置。智能决策模块调控稳定性的手段除了调整附加电压，还可以配合优化单点下料控制策略。当电解槽波动不是由于阳极安装不当这种极限问题导致时，一般情况下噪声是局部炉膛不规整造成的。这种情况当有经验的工艺人员遇到时，一般会通过将烟道端的下料器关闭一段时间来抑制，这主要是因为一般情况下烟道端角部问题比较多、角部位置炉膛容易出现不规整。基于这种思路，借鉴炉膛炉底状态的智能识别结果，智能决策模块当发现某些阳极噪声比较大时，会对下料参数与控制策略进行优化决策，当阳极噪声有所缓解时再恢复正常下料，同时对波动比较严重的铝电解槽提出精准的调极策略。

(6)槽安全管控的智能决策。

基于电解槽安全状态的智能识别结果，智能决策模块可实施铝电解槽的智能安全管控，包括区域下料异常智能报警决策、阳极故障智能报警决策、槽侧壁与钢棒温度异常智能报警决策、漏槽智能报警决策等。

面向现场工艺技术管理的智能决策：

①控制参数自修正。基于氧化铝浓度和过热度的智能识别结果，结合预定的控制参数调整策略与范围，实现对设定电压、基准下料间隔、阳极效应预报基准、电阻针振与摆动标准、各类附加电压等控制参数进行自修正。在槽况异常期间，重要设定参数(如设定电压、基准下料间隔)在修正参数自动下发前，提请工艺管理人员确认后再实施。

②出铝任务智能调整。基于热平衡状态的智能识别结果，结合预定的工艺参数调整策略与范围，实现出铝量任务的自动下达。

③氟盐下料量的智能调整。基于热平衡及过热度智能识别结果，在预定的控制参数调整策略与范围内，实现氟盐下料量的自动调整。

3)二次智能决策

二次智能决策，从决策服务的对象可划分为面向电解槽重要设定参数的二次智能决策和面向高层管理人员的智能决策。从决策方法来分，目前本章开发了多种智能决策方法，包括基于统计分析与数据挖掘的智能决策、基于仿真分析的槽况优化综合智能决策、基于被控对象不同健康度的参数优化智能决策、基于大数据进化学习方法的生产调度智能决策等，经过集成，形成知识智能与数据智能相结合的二次智能决策系统。

(1)基于统计分析与数据挖掘的智能决策。

以月、季度和年为时间单位，可以单槽、工区、车间和系列为对象进行统计分析和进行关联信息的挖掘，包括将状态信息、控制信息、管理信息、经营信息及挖掘出的信息以丰富多样的曲线与图表的方式呈现出来。

(2)基于仿真分析的槽况优化综合智能决策。

主要指借助智能识别(包括动态仿真计算)得到的炉膛形状、区域氧化铝浓度场的分布状态、铝电解槽各物理场的实时状态等反映槽工艺特征的结果，来实现槽况的深度分析，特别是对异常槽况的确诊和恢复决策。

(3)基于大数据进化学习方法的生产调度智能决策。

以实现企业效益最大化为目标，进行高层生产调度的智能决策，对企业经营具有很大的价值。例如，基于实时铝价、电价及原材料价格等市场行情的变化，以企业效益最佳为目标，进行停开槽方案决策和工艺技术条件的方案选择决策，能帮助企业实现效益最大化。

17.3　铝电解智能控制

本书作者及其团队曾开发应用低电压高效节能控制技术，并实现了在我国广泛的推广应用。本节所介绍的内容是在原有技术上实现了重大的创新升级。最显著的特征是，新的智能控制技术能够基于在线分布式感知与工况识别技术，获取丰富的铝电解槽区域动态变化信息，对现代大型铝电解槽进行分区精细均衡调控，显著提高大型铝电解槽全槽状态的均匀性，从而使控制系统不仅有更强的能力正确应对电解槽运行中面临的各种干扰(如生产原料劣质化或品质波动、人工操作质量下降、用电负荷波动、槽面保温料崩塌等)，而且有更强能力在动态变化的环境与条件下将电解槽维持在相应的最佳状态下运行，从而取得显著的增效、节能与减排效果。

控制系统抗干扰能力和控制精准度的提升对我国铝电解工业尤为重要。这是因为，我国一些铝电解企业生产中存在的强烈干扰因素多，例如国家电投青铜峡铝业股份有限公司，由于使用杂质含量不断增多的国产原料(我国铝土矿资源劣质化引起)、工人劳动强度因槽况恶化而增大、高素质技术与作业人员流失严重等因素导致生产技术经济指标不断下滑。而新的智能控制技术的应用使铝电解槽能在多种不利因素下保持稳定运行，并减轻工人劳动强度，提升电解车间的劳动生产率，增强电解系列运行的安全性，降低异常槽的发生率，扭转技术经济指标下滑的不利局面。

1)智能控制的总体方案

总体方案如下。

(1)通过我们开发的工业网络系统及交互式集成服务平台，将新一代智能控制及其相关子系统(包括分布式在线/离线检测、多源异构数据获取与处理、一次和二次智能识别、铝电解槽及铝电解车间数字孪生体、一次和二次智能决策等)，集成融为一个整体，从而显著提升智能控制(子)系统的控制性能与控制精准度。

(2)智能控制的“分布式状态获取与解析”模块与数字孪生体结合，不仅提升了状态信息的准确度与精度，而且解决了以往控制系统不能实时获得电解槽不同工作空间(区域)动态信息的问题，使槽况感知更加全面、准确。

(3)智能控制的“多目标动态协同优化”模块与智能决策子系统结合，获得对控制目标集与控制参数集的优化支持。

(4)提出“全槽基准控制–分区精细调节–关联工况校正”的思想，构建铝电解智能均衡精准调控方法，实现对铝电解槽的均衡精准调控。

集成上述创新开发的数字孪生–知识融合的铝电解智能控制系统的技术原理如图 17–8 所示。

2)智能控制系统的工作原理

该系统的工作原理如图 17–8 所示。

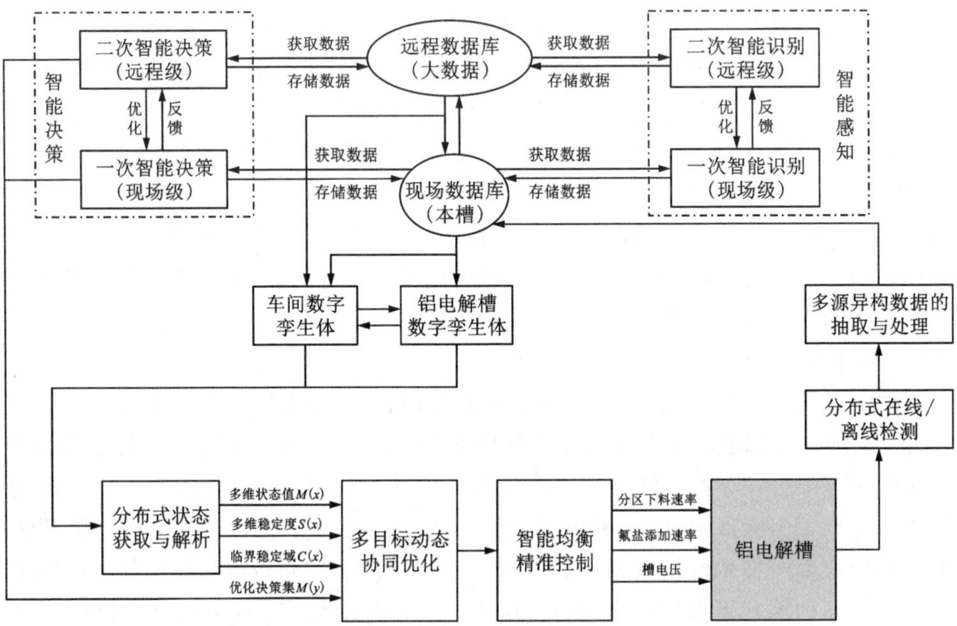

图 17–8　数字孪生–知识融合的铝电解智能控制系统

(1)控制系统首先调用“分布式状态获取与解析”模块，从“铝电解槽数字孪生体”中获取“多维状态值 $M(x)$”(即描述电解槽状态参数集)；同时，通过分析一定时间周期内多维状态的波动特性，获得与多维状态参数相对应的“多维稳定度 $S(x)$”(即描述电解槽状态参数稳定度的数据集)；并且，通过对状态参数的最佳控制区域进行辨识，得出“临界稳定域 $C(x)$”。之所以将状态参数的最佳控制区域称为临界稳定域，是基于我们的临界稳定控制思想，即能使电解槽电流效率和直流电流综合最优的铝电解槽槽况位于“临界稳定”的区域。

(2)控制系统再调用“多目标动态协同优化”模块，使用上述“分布式状态获取与解析”模块所输出的多维状态值 $M(x)$、多维稳定度 $S(x)$、临界稳定域 $C(x)$ 及来自智能决策模块的“优化决策集 $M(y)$”为输入变量，对重要控制参数进行多目标动态协同优化。

(3)控制系统最后调用“智能均衡精准调控”模块，进行综合推理与运算，得到槽上各个下料点的下料速率(即分区下料速率)、氟盐添加速率和槽电压三个操作变量的多步优化控制序列，形成控制指令发送给控制执行机构，使电解槽的各区域重要状态参数均能快速、均衡、稳定地逼近目标状态，从而达到高效、节能和低排放的目标。

17.4　铝电解智能优化制造综合服务平台

17.4.1　综合服务平台的总体技术方案

我们开发了一种可支持铝电解智能优化制造体系建设的综合服务平台，其基本构成如图 17-9 所示。

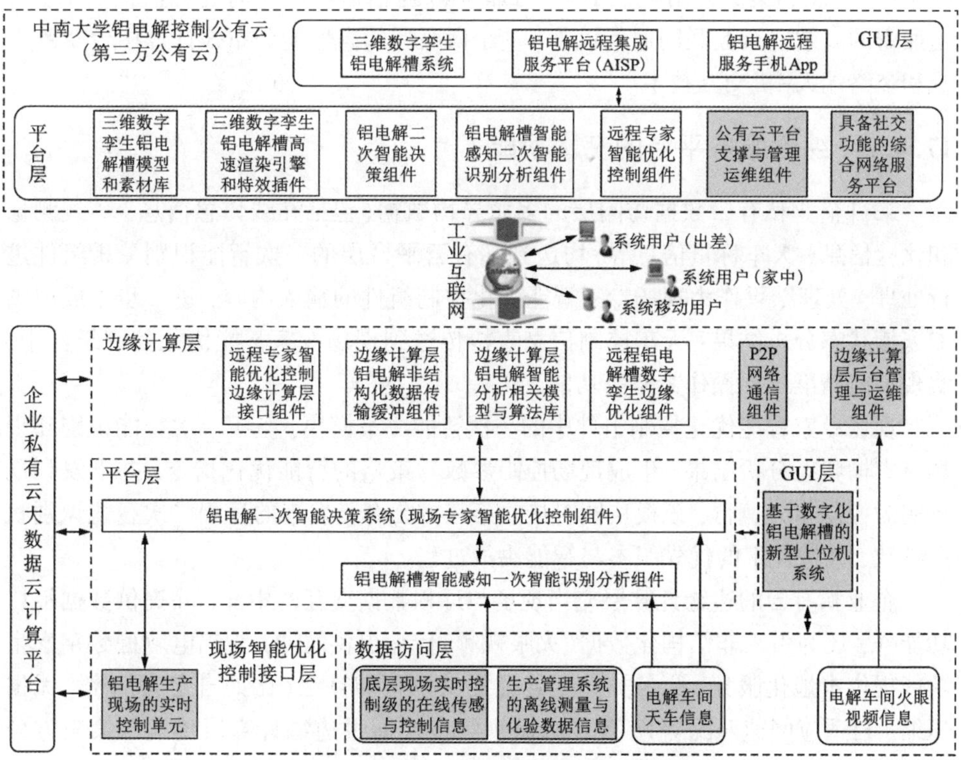

图 17-9　铝电解智能优化制造综合服务平台

(1)综合应用工业大数据、工业互联网与混合云架构技术构建网络体系总体架构。云架构是一种软件工程设计方法，其核心思想是以数据为中心、完全分布式结构。这种软件架构一方面使用户信息的存储及加工过程高度集中在某一区域(机房或信息中心)，有利于系统硬件设备(服务器群)和系统软件的维护和管理；另一方面当用户信息加工过程中出现计算瓶颈时，能轻松实现“集中”服务器群间的高度分布式并行计算。这种架构避免了信息存储加工设备(服务器群)和系统软件的重复建设，使信息化系统实现最大范围的资源共享，而使用过程中整个信息处理过程对用户而言完全是透明的。

(2)网络体系能覆盖“电解槽-生产系列-企业(分厂、集团)-远程第三方(中南大学)”。网络体系按扁平化设计，但按功能可划分为如下四个层级：多源信息采集层、企业私有云平台层、企业私有云边缘计算层及第三方公有云平台层。该体系架构能满足将铝电解过程的智能感知、智能优化决策及工艺服务支持等功能扩展分布于从现场装备(铝电解槽等)到远程服务平台的分布式网络体系中。

(3)开发和集成应用基于 TCP+可靠 Udp 通信协议的实时远程监控技术、自主加密的高效安全互联网通信机制、基于微服务的高性能分布式计算中台及跨平台和多终端人-机交互技术。

17.4.2 综合服务平台的基本功能

来自企业私有云数据访问层的多源异构数据(包括在线传感信息、离线测量和化验信息、天车称重信息等)均送到私有云平台层的一次智能识别分析组件进行处理，处理结果作为现场专家智能优化控制组件的输入内容，进一步生成现场专家槽状态分析结果；天车控制信息直接传送到现场专家智能优化控制组件中，实现智能精准出铝操作策略等功能。

现场专家智能优化控制组件中的一次智能决策模块，基于一次智能识别和现场专家槽状态分析结果，生成现场控制参数与策略的智能优化指令，并下发到现场实时控制单元执行；该模块同时接收第三方公有云发来的远程二次智能识别状态参数，并按预定的优先级参与智能决策过程。

企业私有云的边缘计算层充当现场与远程数据交互的中介，除提供数据接口功能外，还为引入非结构化数据(火眼视频)传输提供缓冲，为铝电解槽数字孪生功能提供本地化服务，为各类数据处理提供模型和算法(比如自定义加密、无损压缩、自适应网速匹配等)；现场火眼视频直接通过边缘计算层传送到第三方公有云平台。

企业私有云的人-机交互界面，就是基于铝电解槽数字孪生体的新型铝电解控制上位机系统，除提供传统控制的人-机交互功能外，还提供在线传感信息的动态与历史数据监视与曲线查询、电解槽换极操作与换极质量精细化管理、电解槽阳极工作状态监视与阳极故障报警、一体化多信息融合历史曲线等功能。

第三方公有云平台层除提供三维铝电解数字孪生构建的后台技术外，还为二次智能识别状态参数分析组件(包括火眼图像识别和槽热平衡分析模块)，同时提供二次智能决策组件，具备基于大数据分析的智能诊断与决策功能。另外，平台层提供远程智能优化控制组件，该组件充当二次智能识别状态参数与现场智能优化控制的桥梁，能为铝电解槽控制与工艺的远程优化提供支持，是实现现场专家智能优化控制和远程专家智能优化控制两级优化的重要一环。

第三方公有云平台的人-机交互界面，是基于云端的数据可视化应用，包括三维数字孪生铝电解槽系统、远程集成服务平台(AISP)、远程服务手机 APP 三大部分，能实现跨平台和跨终端的多维度数据呈现。

这种混合云架构的实现方式不但契合目前铝电解企业的信息化应用水平，而且能借助高校在计算资源与人才储备上的优势，快速拓展铝电解控制智能化应用的深度与广度。

17.4.3　铝电解大数据中心(铝电解工业大数据平台)

铝电解生产与检测装备的自动化与信息化水平不断提升，全流程中每天产生海量数据，传统的数据处理与分析方式已经难以适应现代铝电解生产要求。首先，我国铝电解生产控制系统对大型铝电解槽的参数检测正在从传统的集总参数检测向分布式参数检测发展。以我们开发的系统为例，对于一个装备 368 台铝电解槽的 400 kA 生产系列，其数据传送规模为 200 M/日(基本型)至 40 G/日(扩展型)不等。其次，铝电解企业的信息化程度、许多辅助生产车间及其装备的自动化水平也在显著提高，因此一个大型铝电解企业集团每天都产生海量的数据。然而，存在于分厂、车间、工序中的信息孤岛问题与信息“碎片化”问题没有得到实质性解决，企业的高层次决策与综合决策依然以传统个人计算机的数据处理方式为主进行，不能适应现代工业的发展要求。因此，建设铝电解工业大数据平台已迫在眉睫。我们搭建的一种铝电解工业大数据平台总体框架如图 17-10 所示。

该系统的原始数据直接来源于铝电解生产企业，首先通过部署在企业端的消息中间件服务器和文件服务器来收集铝电解企业产生的结构化数据、半结构化数据和非结构化数据，然后通过 VPN 把这些数据发送到位于中南大学的铝电解工业大数据平台。在平台端，主要部署有数据解析服务器、分布式内存网格服务器、分布式数据库集群、Hadoop 集群、文件服务器和应用服务器等。数据解析服务器主要负责解析来自企业端的结构化数据，然后把解析完的数据存入分布式内存网格服务器中。分布式内存网格服务器主要负责存储实时数据并实时同步数据

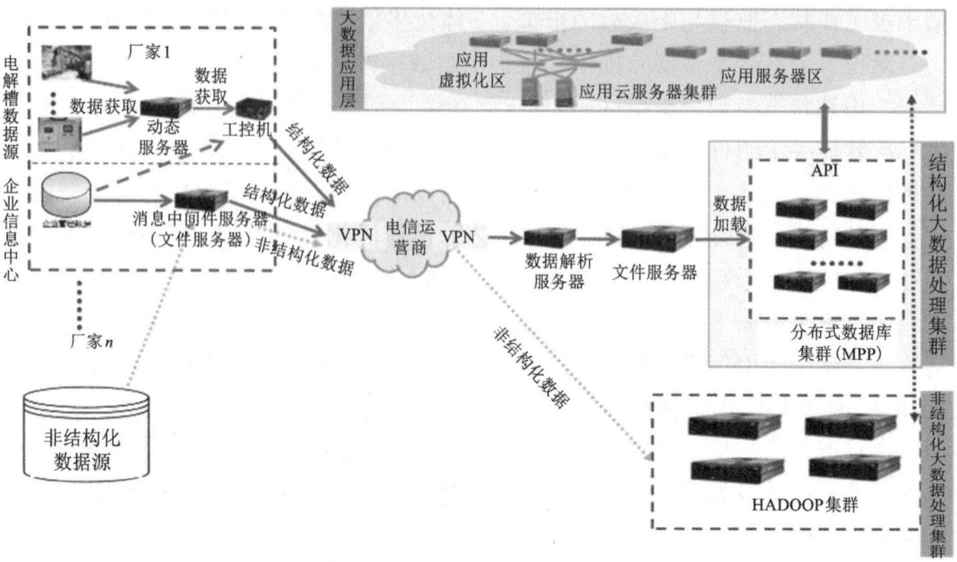

图 17-10　铝电解工业大数据平台总体框架

到分布式数据库集群。分布式数据库集群主要用于存储所有数据。分布式内存网格服务器和分布式数据库集群根据应用服务器的具体需求提供不同类型的数据。Hadoop 集群和文件服务器主要用于存储非结构化数据。

17.4.4　铝电解云服务人-机交互软件平台

为了加速铝电解工业数字化、网络化、智能化发展，我们搭建了基于大数据的铝电解云服务平台，通过融合工业互联网、5G、大数据、人工智能等新一代信息技术，期望给铝电解生产模式、组织方式和产业形态带来深刻变革。

基于大数据的铝电解云服务人-机交互软件平台，包含远程集成服务软件和铝电解云服务 APP 两部分。远程集成服务软件可以实现远程车间云监控（如图 17-11 所示）、远程历史曲线云监控（如图 17-12 所示）等功能。铝电解云服务 APP（如图 17-13 所示）可保证在手机端查看云服务平台的相关数据，包含报表查看（含查看日报、查看班报、查看统计报、查看效应报、查看故障报等）、现场槽状态录入、查看工艺曲线、查看历史曲线等功能。

图 17-11　远程车间云监控

扫一扫，看彩图

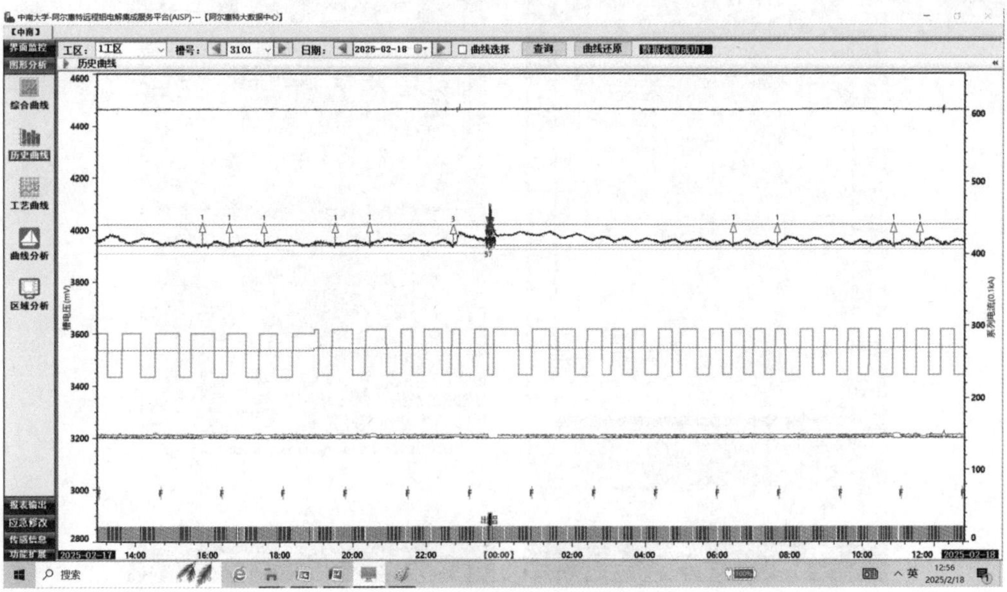

图 17-12　远程历史曲线云监控

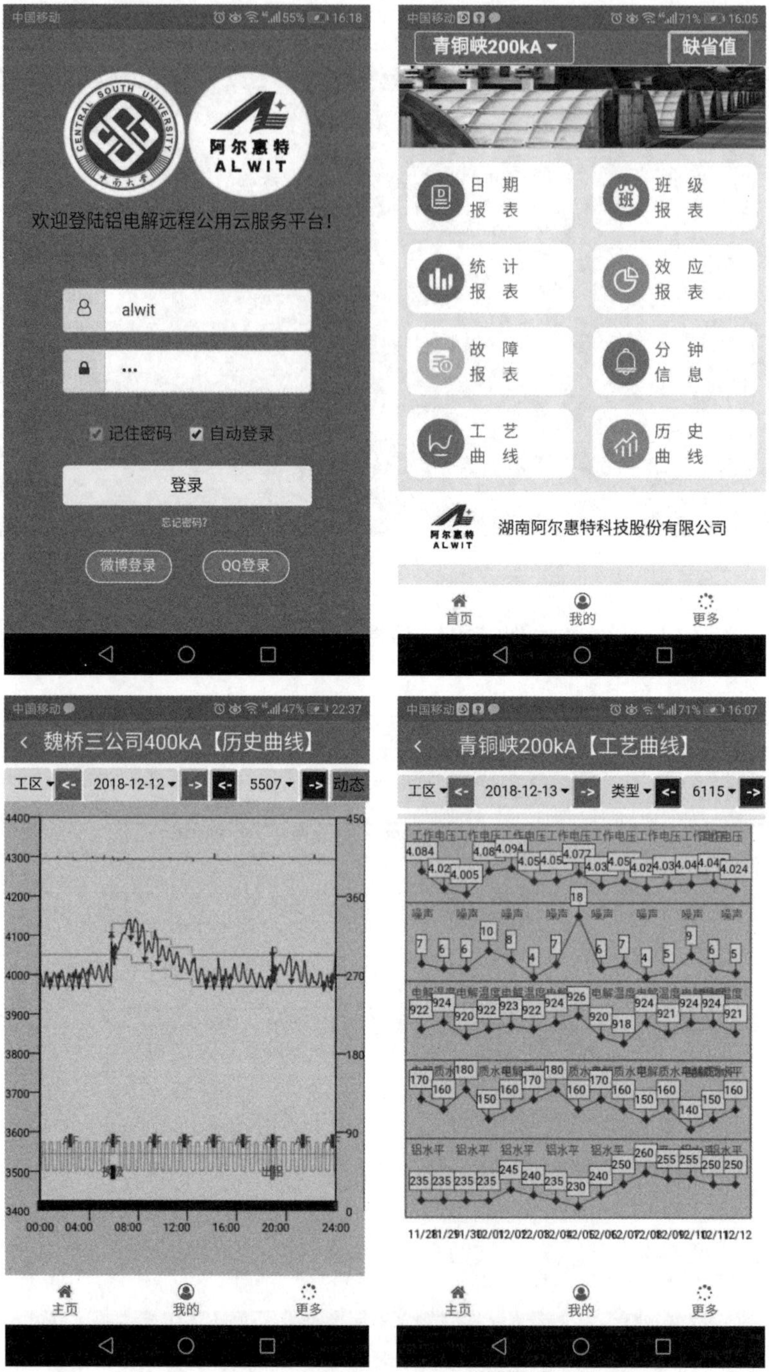

图 17-13　铝电解云服务 APP

参考文献

[1] 张红亮，李劼，阳春华，等. 面向智能制造的冶金-信息交叉领域人才培养模式创新探究[J]. 创新与创业教育，2018，9(5)：59-63.

[2] 桂卫华，岳伟超，谢永芳，等. 铝电解生产智能优化制造研究综述[J]. 自动化学报，2018，44(11)：1957-1970.

[3] 李劼，罗若木，彭晨，等. 铝电解数字孪生体构建及应用研究[J]. 中南大学学报(自然科学版)，2023，54(2)：710-719.

[4] 桂卫华，曾朝晖，陈晓方，等. 知识驱动的流程工业智能制造[J]. 中国科学：信息科学，2020，50(9)：1345-1360.

[5] ZHANG H, LI T, LI J, et al. Progress in aluminum electrolysis control and future direction for smart aluminum electrolysis plant[J]. JOM, 2017, 69: 292-300.

[6] 罗若木. 铝电解数字孪生体关键技术与原型系统研究[D]. 长沙：中南大学，2023.

[7] LI J, QIANG K J, YANG C H, et al. Construction and application of digital twin in aluminum electrolysis[C]//SAMNEL WAGSTAFF. Light Metals 2024, TMS, 2024: 453-463.

[8] SUN Y, GUI W, CHEN X, et al. A dynamic spatial distributed information clustering method for aluminum electrolysis cell[J]. Engineering Applications of Artificial Intelligence, 2023, 126: 106793.

[9] YUE W, GUI W, XIE Y. Experiential knowledge representation and reasoning based on linguistic Petri nets with application to aluminum electrolysis cell condition identification[J]. Information Sciences, 2020, 529: 141-165.

[10] YUE W, CHEN X, GUI W, et al. A knowledge reasoning Fuzzy-Bayesian network for root cause analysis of abnormal aluminum electrolysis cell condition[J]. Frontiers of Chemical Science and Engineering, 2017, 11: 414-428.

[11] LI J, YANG B, SONG W. A new data mining process model for aluminum electrolysis[M]// Proceedings The 2009 International Symposium on Intelligent Information Systems and Applications (IISA 2009). Academy Publisher, 2009: 193.

[12] SUN Y, GUI W, CHEN X, et al. Evaluation model of aluminum electrolysis cell condition based on multi-source heterogeneous data fusion[J]. International Journal of Machine Learning and Cybernetics, 2024, 15(4): 1375-1396.

[13] YUE W, GUI W, CHEN X, et al. A data and knowledge collaboration strategy for decision-making on the amount of aluminum fluoride addition based on augmented fuzzy cognitive maps [J]. Engineering, 2019, 5(6): 1060-1076.

[14] QIANG K, LI J, ZHANG J, et al. A method for anode effect prediction in aluminum electrolysis cells based on multi-scale time series modeling[C]//SAMNEL WAGSTAFF. Light Metals 2024, Cham: Springer, 2024: 436-444.

第 18 章　铝电解智能优化制造发展及前景展望

18.1　铝电解智能优化制造关键技术发展展望

18.1.1　总体发展方向

现代铝电解生产在操作、控制与决策等方面存在诸多的人工经验依赖，整体智能化水平不高，这也直接导致了铝电解槽难以处于理论最佳节能状态运行，阻碍了铝电解槽深度节能的实现。当前，铝电解槽大型化和节能低碳要求导致铝电解全流程的控制复杂度增加，精细化、智能化的运行优化成为进一步实现铝电解绿色高效生产的关键[1-3]。

对此，研究面向低碳与高效运行的全流程多元知识融合数字孪生建模与优化方法、基于多元知识驱动的铝电解智能识别、诊断与优化理论，突破铝电解生产系统分布式感知及个性化、精细化、智能化运行优化问题具有典型示范意义。

现有研究表明，从节能低碳的角度出发，构造基于数字孪生的铝电解全流程生产建模与协同决策的挑战性难题为：①如何获取铝电解过程的分布式信息以及多要素知识，构建多元有序关联知识库；②如何在分布式感知与要素知识的基础上，构造具备智慧化的铝电解数字孪生体；③如何实现铝电解全流程的要素知识推理，以及在数字孪生平台上实现面向全流程的协同优化决策。针对这些挑战性难题，国内外还没有形成完善的理论方法和成熟的解决方案[1-5]。

18.1.2　发展展望

正在开发或已开发应用但仍在持续提升中的技术、装备与平台，主要为在以下几个方面：

1)铝电解生产全流程感知网络与全要素多元知识库

铝电解全流程多状态参数分布式感知网络的构建：围绕全槽内外“电-热-流”等物理场中关键状态参数的感知，设计开发面向烟气组分及流量的新型多传感器系统，结合已有的分布式检测系统，开发面向复杂槽结构的感知网络拓扑架构，研究感知网络在高温、强磁及强粉尘环境下的鲁棒性，优化和提升感知网络的鲁棒性，实现对铝电解槽全流程分布式状态的精准感知。

基于语义网络模型的全要素知识获取：基于铝电解生产过程特性，研究传感器网络所获取的分布式时序数据中知识提取方法、工艺操作人员片段式知识整理方法、铝电解系统化机理知识的总结方法；针对生产系统中的数据知识、操作人员的经验知识和机理知识，构建全要素知识语义网络模型，基于知识的类型、结构、关系等特征，建立基于概率分布和半定量描述的知识语义网络模型，获得知识的获取与表达方法。

铝电解工业大数据处理与全要素多元知识库的构建：构造铝电解工业大数据系统，并基于自适应采样方法解决铝电解动态不平衡性分布式数据的关联处理与分析技术，实现对铝电解生产大数据的有效挖掘；进而针对铝电解过程的控制与决策系统具有复杂多层级的特点，从铝电解槽区域操作、铝电解槽整体槽控及生产系列的管控等不同层级粒度出发，构建具有多粒度层次的知识图谱拓扑结构，实现半定量概率语义网络模型与多粒度知识图谱的嵌套，构造铝电解过程全要素多元知识库。

2)基于大数据与多元知识库的铝电解数字孪生体

基于全流程感知的铝电解槽物理场动态仿真技术：基于所采集的铝电解全流程数据及知识，开发铝电解过程的多维度、多尺度信息表达模型，离线时进行全面计算，获得较为全面的物理场仿真结果库；根据实时分布式感知网络获得的铝电解槽的分布式参数集，结合各部分物性参数及实际铝电解槽结构特征，开发分布式采集参数集的模式识别方法，通过模式识别结果获得最匹配的基准离线仿真结果；对分布式采集参数集的特征值进行提取，以此对基准离线仿真结果进行快速插值计算与修正，获得物理场实时动态仿真结果。

复杂恶劣工业场景下铝电解槽与孪生体间云端信息传输及共享技术：针对铝电解的恶劣环境，研究稳定的工业现场与云端机房的通信方法，设计现场铝电解槽(槽控制系统)至企业边缘计算层(铝电解数字孪生体)之间的数据传输包的结构与传输模式，实现现场铝电解槽感知数据及多元知识的精准快速传输，以及在企业端边缘计算层由数字孪生体完成智能识别、诊断及优化信息的实时传输，并将孪生体的推理与优化执行信号发送至现场铝电解槽控制系统中，实现铝电解槽与孪生体间云端信息传输及共享。

基于大数据与多元知识库的铝电解全流程数字孪生体的构建：在铝电解工业大数据及多元知识库的基础上，运用 3D 建模软件结合铝厂实地参数与信息获取，构建铝电解槽精细的三维物理模型及铝电解厂的实际工艺流程模型；然后将此模型与已完成的铝电解全流程感知与工业大数据进行配置连接，在铝电解厂恶劣的环境下形成虚拟镜像与映射，实现在数字空间构建虚拟的铝电解厂，并直观映射铝电解厂工艺周期内生产状况及铝电解槽内的运行情况，此为物理铝电解槽到数字虚拟铝电解槽的映射；研究数字空间到物理空间的方法，基于知识库的知识推理，包括发送下料、抬母线及出铝等指令，实现孪生铝电解槽具备反馈作用于实际铝电解槽的能力，此为数字虚拟铝电解槽到物理铝电解槽的映射。

3）基于数字孪生的铝电解全流程建模及智能优化关键方法

基于大数据及知识图谱的铝电解全流程状态识别方法：基于铝电解槽全分布式感知网络所获取的时序数据及铝电解全要素多元知识库，构建基于模糊认知图的动态因果系统，设计节点有意义、连接有价值、流程可推理的工况识别与评价认知图，并应用高效向量推理实现铝电解过程的分布式工况识别和总体评价。

基于多元知识联合推理的铝电解全流程诊断预警方法：基于前述对工况的识别与评价，量化出工况关联知识元和描述知识关系的关联关系矩阵，提出应用关联因子对关联关系矩阵进行联合推理计算，通过消除重复因子得到特定工况的关联度强弱的排序，对工况进行量化的诊断。以漏槽诊断与预警为例，通过建立槽外壳温度场分布模型，基于温度场及热平衡相关知识关系矩阵的联合推理计算，确定漏槽阈值，提供精准及时的漏槽预警。

基于铝电解孪生体的全流程虚拟制造与工艺控制参数优化方法：针对大型铝电解企业原料来源复杂、原料性质波动频繁、能源构成复杂的特性，在铝电解数字孪生体平台上，以能量守恒协同、物质分布协同、经济效益协同为约束，构建铝电解虚拟制造运行动态模型，归纳涵盖生产工艺、设备、操作、物料、供应链等多种数据来源的领域实体类型、属性类型及关系种类；在铝电解大数据与知识库的支撑下，进行虚拟制造模型的求解，即完成虚拟制造过程，得到最优化工艺参数集合，对区域下料设定优化、单槽电压设定优化、单槽分子比设定优化、系列长期工艺优化等进行量化，以虚-实互动模型为支撑，以数字化控制系统为执行部件，实现孪生铝电解槽对物理铝电解槽的工艺与控制方面的优化。

4）基于数据/知识融合的铝电解智能优化制造关键装备与技术

基于机器视觉的铝电解移动巡检小车与分析平台：采用智能激光雷达导航避障、智能视觉分析、大数据智能分析及自动化无人作业技术，实现铝电解槽火眼视频采集和传输，采用深度学习算法提取火眼视频视觉特征，并进行过热度等关键工况状态参数的分析，将视频采集结果保存在服务器中，并将分析结果返回到前端。提出基于机器视觉的工况异常检测巡检装置与工艺协同设计方案，完成功能试验和试运行，实现数字化铝电解车间移动式工艺数据测量。企业端边缘计算层完成炉面和火眼视频的智能识别，将识别出的炉面状态信息、火焰状态信息和工艺测量信息统一归档管理，并将所有原始视频样本、识别结果和工艺测量信息远程传送到铝电解大数据中心。

基于全槽温度在线检测的铝电解槽漏槽报警及工艺预警方法：在分布式在线全槽温度检测系统的基础上，开发铝电解槽温度场实时检测与预警方法，通过建立槽外壳温度场分布模型，在设定的阈值下提供精准及时的漏槽预警；在此基础上，构建槽壳温度场动态仿真模型，对槽内炉膛形状等进行动态定性与半定性描述，为生产技术的改进与优化提供可靠的在线分析工具，同时也能为生产管理人员提供炉膛异常的工艺预警。

铝电解智能精准出铝平台：研究基于槽况的出铝任务定量模型，以最小的铝电解槽波动和最佳的经济效益为目标，获得出铝量的智能化建议；开发出铝过程的速度控制方法，获得出铝电子秤、风管风压控制和槽控机耦合控制模型；研究基于无线的精准出铝信息传输方法，获得出铝过程控制和与槽控机联动的长距离无线通信技术、出铝作业人员在现场基于 WiFi 网络的移动式平板通信等，实现对铝电解槽出铝过程的精准控制。

铝电解全自动换极定位技术与装备：针对铝电解现场高磁场的工作环境，实现基于高精度定位平台的数字化铝电解车间室内位置信息获取，并据此构建铝电解车间天车调度原型系统，同时为移动巡检小车导航提供位置信息。

基于大模型或大模型+小模型的铝电解工况诊断、生产过程优化与决策平台：充分发挥大模型(即机器学习大模型)的强大数据处理能力、模式识别与复杂决策能力，开发基于大模型或小模型+大模型的铝电解工况(包括槽况及生产系列工况)诊断、生产过程优化与决策技术及平台，解决长期以来依赖人工或依赖基于小模型的决策程序与系统面向大时空范围(如跨年跨月、跨企业与跨生产系列)的海量数据(信息)所体现出来的视野不足且推理、分析与自我提升能力均有限的问题。重点可开展的研究为：铝电解数字 AI 专家(用于人员培训、生产作业指导、生产过程优化指导与决策支持等)，铝电解工况综合分析系统，铝电解槽慢时变工艺与控制参数(如下料间隔、设定槽电阻、氟盐添加速率、出铝量等)的自动优化与自动设置系统等。

持续发展并融合集成上述技术、装备与平台，可实现对铝电解智能优化制造体系的持续升级，支撑铝电解工业绿色、低碳、高效、高质量与可持续发展。

18.2　铝电解智能优化制造技术与铝电解槽结构变革性技术的协同发展

18.2.1　铝电解槽结构变革的必要性与变革思路

为了最大程度实现铝电解节能降碳，铝业界首先不断地提高铝电解过程的电流效率；在电流效率提升到临界工业槽的极限(96%)后，我国率先开辟了低电压节能技术路线。一些铝企通过采用各种技术与措施(如新一代数智化技术、阴极或阳极材质与结构优化技术等)，可在保持高电流效率(93%~95%)的前提下，将槽平均电压降低到 3.72 V 附近，从而取得显著节能效果。但若试图进一步降低槽电压，即使铝电解槽的极距或各部分的欧姆压降还有进一步的降低空间，发现现行铝电解槽上部的保温方式也已无法支撑超低电压下的热平衡稳定。

这主要是由于现行铝电解槽上部结构设计形式比较固化，槽上部的保温依靠的是覆盖氧化铝原料所形成的保温层。该保温层上方虽然还有集气罩，但集气罩基本没有保温功能，且封闭不严实。为了使车间烟气的无组织排放达标，铝电解槽设计的抽风量较大，例如一台 400 kA 铝电解槽的烟气量达到了 8000~10000 m^3/h，折算可知，铝电解槽内烟气被空气稀释 90%以上，不仅直接带走铝电解槽大量的热，而且烟气处理量很大，烟气净化系统的运行负荷相应较大。上述这样的结构方式与运行特点使铝业界期待的未来几大深度节能降碳方向均遇到了瓶颈性难题。

(1)超低电压节能遇到了热平衡难以有效维持，且劳动生产率的提升遇到了阳极更换难以实现无人化/全自动化的难题。

在超低电压下，单靠增强铝电解槽侧部与底部保温难以维持超低电压运行所需的热平衡状态，而增加上部保温料厚度也临近极限，且过厚的保温料使更换阳极时人工扒料与捞结壳块作业的劳动强度增大，更换阳极时间延长，更换阳极作业对铝电解槽热平衡及运行稳定性的冲击增大，且扒料和捞电解质块的人工作业工序的存在成为实现无人化/全自动化更换阳极的最大障碍。

(2)烟气余热回收利用遇到了烟气温度低导致的回收利用不经济的难题。

输入铝电解槽的电能大部分转化为热能，这是因为按槽电压对应的能量来计算，3.7 V 以上的槽电压中，只有 1.1~1.2 V 的理论分电压所对应的电能转化成了化学能(即电化学分解反应所需的化学能，且造成电流效率损失的二次反应还会使该化学能 5%~7%又转化成热能)；槽电压的其余部分(包括过电压和全槽欧姆压降)所对应的电能均转化为热能。上述热能占输入电能的比例高达 70%以上。这些热能只有很少部分在铝电解槽内用于加热阳极和氧化铝等原料，其余均散发到周围空气中，或者被烟气带走，最终散发到空气中。鉴于当前大规模工业生产的先进直流电耗在 12000 kW·h/t Al 以上，对应产生的热能在 8400 kW·h/t Al 以上，若能回收利用其中部分热量，对于铝电解槽综合节能意义重大。由于现行低电压运行条件下，铝电解槽散热量的 55%以上都从铝电解槽上部散出，因此如何回收槽上部散发的热能，特别是如何利用烟气吸收和承载热能，进行烟气余热回收利用越来越受到业界重视。但现行铝电解槽烟气被空气大量稀释，且集气罩基本无保温功能导致烟气未能充分吸收槽上部散出的热能，烟气出口温度低(200 ℃以下)，导致烟气余热无较大回收利用价值。

(3)铝电解生产直接使用新能源(替代火电)面临难以柔性消纳的难题。

我国铝电解生产使用的火电比例高是导致铝电解工业碳排放总量高的主要原因。我国为发展风电和光电等新能源，期待电能使用量巨大(年耗电总量 5500 亿 kW·h 以上)的铝电解工业能成为供应不稳定的新能源的“柔性消纳器”。但长期以来，铝电解要求供电平稳，难以实现柔性生产，这是由于现行结构铝电解槽及其运转工艺对热平衡的调节手段有限，若输入铝电解槽的电能波动过大会导致铝电解槽热平衡波动过大，从而严重影响电流效率和电耗指标，甚至导致铝电解槽无法正常运行。究其原因是现行铝电解槽的热平衡调控只能通过调节极距(即调节槽电压)从而调节能量输入来实现，因此，当为了消纳新能源而要强制增大或减小能量输入(即不允许自由调节槽电压来调节能量输入)时，铝电解槽的热平衡就只能依靠铝电解槽的自平衡能力(主要依靠炉帮变薄或长厚)。本书作者及团队曾经进行的研究及工业应用表明，在依赖铝电解槽自平衡能力的条件下，通过调整铝电解槽工艺并采取柔性控制策略，铝电解槽能稳定运行的柔性范围可达±5%。但要达到业界所期望的±20%的柔性范围，则必须进行铝电解槽结构运行调控技术的变革，实现对铝电解槽散热量的调控，从而解决铝电解槽在较大柔性运行条件下的热平衡稳定难题。

为解决上述难题，总体变革思路：变革铝电解槽的保温结构与烟气密闭结构，主要分为以超低电压节能为目标，强化上部保温；以余热回收利用为目标，强化烟气密闭并提升烟气温度；以消纳新能源的柔性运行为目标，实现对铝电解槽散热可调控；以无人化/自动化换极为目标，改变现行的覆盖料保温模式。

为了实现铝电解槽余热回收利用，并利用侧部热量调控作为热平衡调控的辅助手段，国内外提出了针对铝电解槽侧部进行余热回收并进行调控和利用的技术。例如，一项中国发明专利[6]提出在铝电解槽侧部安装散热器，通过散热器来实现余热回收和槽帮动态调节。本书作者及团队提出了多个针对铝电解槽结构及相关配套技术进行变革的专利。以一种梯度保温型密闭型铝电解槽为例[7]，基本思路是，提出一种梯度保温密闭结构，把铝电解槽的上部保温(含烟气封闭)分为三个区域：由阳极与内保温盖板构成的电解质熔体保温区(即内层保温区，对应阳极气体产出区)、由槽中间通道适度封闭构成的中间集气与保温区(即中间保温区，对应高温烟气区)、由具有集气与保温双重功能的外罩板构成的外层集气与保温区(即外层保温区，对应低温烟气区)。采用这种梯度保温密闭方式，既能使铝电解槽阳极区不同组件材料在相适宜的温度范围工作，又能显著增强铝电解槽的保温与密闭效果，创造一系列有利于节能、降碳与增效的条件，例如：阳极铝导杆及钢铝接头不能处于过高温度区，因此通过梯度保温密闭方式可让其在低温烟气区工作；铝电解槽上部保温显著增强可以满足超低电压节能对热平衡稳定的要求；保温与烟气密闭均显著增强可使烟气排放量大幅降低（如降低60%以上），且烟气充分吸收槽上部的散热，使铝电解槽烟气出口温度大幅提升（如提高到300 ℃以上），从而为烟气余热的经济利用（包括余热发电）创造有利条件；增加对烟气排放量进行调控的装置，可使烟气排放量调控成为铝电解槽热平衡调控的一个新手段，从而增强铝电解槽柔性运转能力，实现对供应不稳定的新能源的大范围柔性消纳；梯度保温方式可降低阳极上方的保温料厚度，甚至完全由预制的保温盖板替代现行保温料（预制保温盖板跟随阳极更换一道出入铝电解槽），从而取消阳极更换时的扒料与捞电解质块作业程序，创造有利于实现无人化/全自动化换极的条件，提高劳动生产率、降低工人劳动强度；显著降低阳极更换时间可减少换极对铝电解槽热平衡与物料平衡的冲击。

18.2.2 铝电解智能优化制造技术与铝电解槽结构变革性技术协同发展的主要内容与前景展望

以本书作者及其团队发明的梯度保温密闭铝电解槽为例，要实现预期目标，须协同开发数智化技术与铝电解槽结构变革性技术。主要包括以下几个方面。

1）面向变革性结构铝电解槽的物理场仿真技术

基于"电-热-多相流-相变"等多相多场强耦合的新型铝电解槽动态热平衡解析：构建出涵盖电场、热场、多相流（电解质、铝液和烟气）、相变（槽帮凝固或熔化）等多相多场强耦合的数值模型，研究各物理场之间的耦合关系及相互影响规律，并通过分布式实测电流和温度数据以及现场多场测试数据对模型进行验证和修正。

基于"电-热-多相流-组分传输"等多相多场强耦合的新型铝电解槽动态热/质平衡解析：引入电解质电阻率、黏度等物性参数随电解质组分、温度等变化的非线性关系，并结合铝电解原理、焦耳定律、能量平衡、动量平衡和质量平衡等控制方程，建立涵盖电场、热场、多相流场和考虑组分传输的氧化铝浓度场等多相多场强耦合模型。利用该模型解析氧化铝下料过程对全槽熔体区热分布和槽整体热/质平衡的影响规律，获悉氧化铝下料控制对氧化铝运输、浓度分布及温度分布的动态影响机制。

综合以上方法，形成成套的面向深度节能降碳的变革性铝电解槽物理场仿真技术。

2）面向深度节能降碳和新能源消纳的铝电解槽结构设计

以深度节能降碳和新能源消纳为目标，形成变革性铝电解槽的设计理念，即通过梯度保温密闭型方式，实现铝电解槽的可控保温。以铝电解槽稳定性及烟气温度（最佳余热回收条件）为衡量准则，以漏风比及其他铝电解槽工艺条件等为控制输入，构建梯度保温密闭低碳铝电解槽的智能动态平衡模型，研究烟气温度和槽稳定性之间的动态平衡关系；在此基础上，完成梯度保温密闭型铝电解槽的设计，变革铝电解槽上部结构、盖板结构，并创新铝电解槽内衬保温结构、氧化铝及氟盐下料系统结构的设计思路。

3）面向深度节能降碳和新能源消纳的电解质体系研究

适宜的熔盐成分是支撑铝电解槽高效低耗运行的基础。为此，研究电解质成分和铝电解工艺参数对电解质黏度、润湿性（与碳材料、铝液）等的影响，获得可以在较低温度下运行的高导电电解质体系。面向深度节能降碳和新能源消纳对体系初晶温度的调节需求，开发电解质初晶温度快速调节方法、匹配深度节能与新能源消纳的电解质体系。

4）面向深度节能降碳和新能源消纳的关键支撑材料和器件研发

在铝电解槽变革性结构设计的基础上，开展如下研发工作：开发耐蚀涂层材料，减少阳极钢爪和打壳下料锤头的消耗；开发具有更高致密度和抗氧化性能力的炭阳极及抗氧化阳极涂层材料，减缓铝电解预焙阳极因空气与烟气氧化所产生的无效消耗；开发耐高温、耐蚀热阻隔材料，满足槽上相关部件的保温与隔热要求；开发阳极保温材料与保温盖板，改变现行的保温料保温方式。

2024 年以来，本书作者及其团队已经与铝企合作开展了 400 kA 梯度保温密闭铝电解槽工业化试验，初步验证了其主要设计理念的可行性，相关技术在进一步优化与升级中，虽尚未实现全部目标，但展现了该技术良好的发展前景。

（1）超低电压节能。

由于铝电解槽上部保温显著增强，为超低电压节能（如实）打开了空间。

（2）烟气深度净化。

烟气排放总量可减少 60%以上，为烟气中污染物深度净化和碳捕集创造了重要条件。

（3）余热回收利用。

烟气出口温度可提高到 300 ℃以上，为实现余热回收利用开辟了新的空间。

（4）柔性运转。

烟气流量调节与槽内热平衡的关联作用十分显著，为面向新能源消纳实现电解系列柔性运转提供了新的调控手段。

（5）无人化/全自动作业。

可望开发出阳极保温盖板替代全部或部分现行保温料，实现换极时不进行人工扒料等作业，为换极无人化/全自动化创造条件。

18.3 铝电解智能优化制造技术与基于惰性电极的“无碳”铝电解技术的协同发展

18.3.1 “无碳”铝电解技术的必要性与发展现状

以惰性阳极替代现行铝电解工艺使用的消耗性炭阳极，可使铝电解过程阳极上释放的气体从 CO_2 和 PFC 温室气体转变为氧气，从而实现铝电解过程无温室气体排放，并且使铝电解车间变成大“氧吧”。因此，基于惰性阳极的铝电解技术被称为“无碳”铝电解技术，被视为铝电解过程无碳的终极解决方案。

在惰性电极铝电解技术巨大的环保及潜在经济优势驱动下，国际上美铝、加铝、俄铝等铝业公司及澳大利亚科学和工业组织、美国阿贡国家实验室等研究机构均投入了人力物力资源，长期开展相关研究，并于近几年宣称取得了突破性进展。其中，2018 年 5 月，美铝、力拓、加拿大政府、魁北克政府和苹果公司联合投资 1.88 亿加元，成立 Elysis 合资公司，开展惰性阳极材料及其铝电解技术研究；2019 年 12 月，Elysis 向苹果公司出售第一批无碳铝，并宣布在 2024 年实现商业化；2021 年 1 月，Elysis 开始向 Michelob ULTRA 宣称提供了低碳铝，制备了至少 250 万个啤酒罐体，实现了无碳铝的规模应用；2021 年 4 月 20 日，Elysis 宣布在 Alma 铝冶炼厂 450 kA 系列上进行其惰性阳极技术的首次安装和测试。2021 年 4 月 22 日，俄罗斯铝业宣称已在 140 kA 惰性阳极铝电解槽上稳定生产铝，实现日产约 1 t。上述事件标志着国外企业通过资本技术融合模式，正在努力突破惰性阳极铝电解技术。

国内中南大学、中国铝业公司、东北大学等机构长期开展了相关研究。其中，中南大学(包括本书作者及其团队)自 20 世纪 90 年代以来先后在惰性阳极的选材、性能评价与批量制备，TiB_2/C 复合阴极的成型、润湿性评价及工程制造，低温铝电解质体系筛选及性能测定，新型铝电解槽结构设计与工程建造等方面开展了大量工作，并针对金属陶瓷惰性阳极材料，开展了实验室规模的系列电解实验研究及 4 kA、20 kA 级半工程化电解试验，曾取得同期国际报道的最好指标。2008—2015 年，中铝郑州研究院开展了合金体系和金属陶瓷体系的无碳铝电解技术开发，研发团队在阳极材料、阴极材料、耐蚀材料、仿真设计、控制系统、配套工艺技术等方面做了大量的工作，并在 40 kA 铝电解槽上进行了半工业化验证。此外，东北大学及昆明理工大学分别在金属陶瓷惰性阳极材料、惰性阳极导电率、机械强度及抗熔盐腐蚀性能优化，以及小规模铝电解试验等方面也取得了进展。但是我国目前的整体进展与国外宣称的进展相比，已经存在了差距，因此，急需持续开展相关研究以实现该技术的整体突破，形成具有自主知识产权的惰性电极铝电解技术，摆脱在技术层面上可能受制于人的状态[5]。

18.3.1 铝电解智能优化制造技术与“无碳”铝电解技术协同发展的主要内容及前景展望

由于惰性电极铝电解槽为一个全新的设计，其电平衡、热平衡与下料行为的控制均与现行槽有本质区别，且惰性电极铝电解槽没有可参照的系统，因此需要针对惰性电极铝电解槽的特点与难度，开发与之匹配的智能控制优化系统，从而让惰性电极铝电解槽处于最佳运行状态。其主要研发内容有以下几点。

1）惰性电极工程化关键技术

（1）工业用惰性阳极结构设计与制备。

开发满足工程化与工业试验要求的金属陶瓷惰性阳极结构，建立金属陶瓷惰性阳极批量制备专用设备体系，研究制备工艺参数对大尺寸金属陶瓷惰性阳极致密度、均一性等的影响，获得工业用惰性阳极批量制备技术。

（2）工业用 TiB_2 阴极的结构设计与制备。

基于 TiB_2 阴极的工程化尺寸，开展高润湿耐腐蚀 TiB_2 阴极的工程化制备以及抗氧化涂层的制备与涂覆。同时，开展 TiB_2 阴极抗腐蚀性、出电方式和防护方法的工程化试验，为工业化试验提供关键数据与支撑。

（3）多室惰性电极铝电解槽控制技术。

惰性铝电解槽生产是多室高频率下料过程，接近连续下料模式，对下料装置的连续性和稳定性提出了很高的要求，对传统的气体方式下料提出了挑战，而且惰性电极铝电解槽生产需要在饱和浓度点运行，若下料装置发生故障会导致浓度快速走低，这会对阳极寿命产生非常不利的影响，因此对下料装置的性能要求会非常苛刻。对此，需研究下料方式、下料频率、下料位置等对多室铝电解槽中氧化铝分散的影响，获得多室铝电解槽氧化铝浓度调控技术。

2）惰性电极铝电解槽工业化试验。

（1）大尺寸惰性阳极批量生产与工业试验。

建立金属陶瓷惰性阳极批量试制生产线，开展可满足工业化尺寸与结构要求的惰性阳极的批量制备；在惰性电极铝电解槽中，全面考察金属陶瓷惰性阳极的抗腐蚀、抗热震性及电连接可靠性等性能，为惰性电极铝电解槽技术开发提供惰性阳极材料与技术。

（2）大尺寸惰性阴极批量生产与工业试验。

开展可润湿性 TiB_2 阴极的工业化尺寸制备以及阴极抗氧化和抗腐蚀涂层的涂覆，在惰性电极铝电解槽中考察 TiB_2 阴极的电连接稳定性、抗腐蚀、力学等性能，为开发惰性电极铝电解槽提供关键阴极技术原型。

(3)多室惰性电极铝电解槽控制技术优化。

研究惰性电极铝电解槽在线传感器系统现场软硬件的迭代优化，特别是关键部位的实时监测传感器系统；$Na_3AlF_6-K_3AlF_6-AlF_3$ 电解质体系下，饱和浓度点控制模型与算法的迭代优化；烟气流量智能调控方法的迭代优化；局部惰性阳极移动智能调整方法的迭代优化；基于在线阳极电流分布信息的多室浓度均匀性控制的迭代优化；$Na_3AlF_6-K_3AlF_6-AlF_3$ 电解质体系下，最佳工艺技术条件的迭代优化；$Na_3AlF_6-K_3AlF_6-AlF_3$ 电解质体系下，最优工艺操作制度(出铝等)的迭代优化；详细收集整个工业化试验过程数据，形成惰性电极铝电解槽生产的技术体系。

(4)工业级(如 200 kA 容量)惰性电极铝电解槽结构优化。

对工业级铝电解槽的上部保温进行设计与优化，构建低电压-高电流效率型竖式(多室)体系，实现对上部保温的可控；对工业级铝电解槽的磁流体进行优化，通过自身模型或其他必要手段，确保熔体有一定的流动，实现对氧化铝浓度均匀性、温度均匀性及气泡溢出的可控。

工业级惰性电极铝电解试验：建造工业级的低电压-高电流效率型竖式惰性电极铝电解槽，并开展试验，全面考察惰性阳极、可润湿阴极与铝电解槽结构及与之相匹配的控制技术等，为工业应用提供支撑。

(3)高效节能型“无碳”铝电解成套技术开发。

惰性阳极铝电解工艺虽然是实现铝电解过程无温室气体排放的终极方案，但在高效节能方面面临了比现行炭素阳极铝电解工艺更大的难题。这是因为，一方面阳极产出的氧气的高氧化活性可能加剧铝的二次反应，导致电流效率下降；另一方面理论分解电压较使用炭阳极高出约 1.0 V，虽然极化电压约低 0.4 V，但两者相抵还是高出 0.6 V，若直接叠加在槽电压中，会使直流电耗高出约 2000 kW · h/t Al。要解决上述难题，需要从电极与槽结构、运行工艺及数智化技术这三大方面进行综合创新，从而构建起高效节能型“无碳”铝电解成套技术体系。

参考文献

[1] 张红亮，李劼，阳春华，等. 面向智能制造的冶金-信息交叉领域人才培养模式创新探究[J]. 创新与创业教育，2018，9(5)：59-63.

[2] 桂卫华，岳伟超，谢永芳，等. 铝电解生产智能优化制造研究综述[J]. 自动化学报，2018，44(11)：1957-1970.

[3] 李劼，罗若木，彭晨，等. 铝电解数字孪生体构建及应用研究[J]. 中南大学学报(自然科学版)，2023，54(2)：710-719.

[4] 桂卫华, 曾朝晖, 陈晓方, 等. 知识驱动的流程工业智能制造[J]. 中国科学: 信息科学, 2020, 50(9): 1345-1360.

[5] 田忠良, 赖延清, 银瑰, 等. 低温铝电解研究进展[J]. 有色金属(冶炼部分), 2004(5): 26-28.

[6] 梁学民, 冯冰, 李晓春, 等. 基于过热度的铝电解槽能量平衡调节方法、系统、电解槽[P]. 中国, 202010575557.3.

[7] 李劼, 张红亮, 冉岭, 等. 一种梯度保温密闭型铝电解槽[P]. 中国, ZL202310838776.X

图书在版编目(CIP)数据

铝电解智能优化制造基础与应用 / 李劼著. --长沙:中南大学出版社, 2024.12. --ISBN 978-7-5487-6071-9

Ⅰ. TF821.032.7

中国国家版本馆 CIP 数据核字第 202468JZ91 号

铝电解智能优化制造基础与应用

LÜDIANJIE ZHINENG YOUHUA ZHIZAO JICHU YU YINGYONG

李劼 著

□**出 版 人** 林绵优
□**责任编辑** 史海燕
□**责任印制** 唐 曦
□**出版发行** 中南大学出版社
社址:长沙市麓山南路 邮编:410083
发行科电话:0731-88876770 传真:0731-88710482
□**印 装** 湖南省众鑫印务有限公司

□**开 本** 710 mm×1000 mm 1/16 □**印张** 25.75 □**字数** 517 千字
□**互联网+图书 二维码内容** 图片 47 张
□**版 次** 2024 年 12 月第 1 版 □**印次** 2024 年 12 月第 1 次印刷
□**书 号** ISBN 978-7-5487-6071-9
□**定 价** 168.00 元